Joaquín Bernal

EKG-Interpretation in der Kleintierpraxis

Joaquín Bernal

EKG-Interpretation in der Kleintierpraxis

Ins Deutsche übertragen von Dr. med. vet. Mag. phil. Gertrude Edtstadtler-Pietsch

Mit einem Beitrag von PD Dr. Marianne Skrodzki

schlütersche

Bibliografische Information der Deutschen Nationalbibliothek
Die Deutsche Nationalbibliothek verzeichnet diese Publikation in der Deutschen Nationalbibliografie; detaillierte bibliografische Daten sind im Internet über http://dnb.ddb.de/ abrufbar.

ISBN 978-3-89993-074-0

Titel der Originalausgabe: Manual práctico de interpretación electrocardiográfica, by Joaquín Bernal.

ISBN: 978-84-935971-9-1

Satz: Dörlemann Satz, Lemförde
Druck und Bindung: Werbedruck Aug. Lönneker GmbH & Co. KG, Stadtoldendorf

Meinen Eltern, die neben vielen anderen Dingen alles dafür getan haben, mir die beste Bildung und Ausbildung zu ermöglichen und damit die essenzielle und unverzichtbare Basis für ein erfülltes und glückliches Leben in Freiheit geschaffen haben.

Joaquín Bernal de Pablo-Blanco
1. September 2008

Vorwort und Einführung

Mehr als hundert Elektrokardiogramme zu sammeln, die einen repräsentativen Querschnitt durch die gesamte Kardiologie des Hundes darstellen, ist wahrlich kein leichtes Unterfangen. Das Vorhaben war ehrgeizig: Wir wollten eine Sammlung von 120 repräsentativen EKG von Hunden anlegen, in der sich alle häufigen kardiologischen Erkrankungen dieser Spezies finden, von der Sinusarrhythmie über alle möglichen Veränderungen von Wellen und Intervallen bis zu den komplexen und selteneren Arrhythmien wie totalem AV-Block, persistierendem Sinusknotenstillstand oder AV-Knoten-Tachykardien. Und all das, ohne auf Simulationen zurückzugreifen. Unser Ehrgeiz war es, ausschließlich Original-EKG zu verwenden, die zudem alle dem Anspruch einer homogenen, standardisierten Optik entsprechend sollten, indem nur gleich aussehende EKG-Streifen mit einer Länge von 15 cm im Buch verwendet werden sollten.

Nach vielen Stunden des Suchens in den Archiven von Cardiovet, dem Zentrum für kardiologische Ferndiagnostik, sind wir unter den vielen Tausenden von Elektrokardiogrammen fündig geworden. Die Mühe hat sich, wie wir meinen, gelohnt.

Der erste Teil des Buches bietet den Kollegen mit noch geringer EKG-Erfahrung das erforderliche Basiswissen und macht sie mit den grundlegenden Elementen der Elektrokardiographie vertraut: Herzfrequenz, Herzrhythmus, elektrische Herzachse, Wellen, Zacken, Strecken und Intervalle. Die einzelnen Themen zu vertiefen, würde allerdings den Rahmen dieses Buches sprengen. Dazu sei der Leser auf die am Ende des Buches angeführten bibliographischen Angaben verwiesen.

Ziel dieses Buches ist, dem Leser die Grundlagen der kaninen Elektrokardiographie in praktischer und handlicher Form anhand von klinischen Fallbeispielen näherzubringen.

Auf den rechten Seiten wird jeweils ein Fall vorgestellt. Neben einer Kurzinformation zum Patienten und dessen Krankengeschichte sowie dem Original-EKG sind nicht nur jene Fragen aufgeführt, die sich der Untersucher stellen sollte, sondern auch die Normalwerte der einzelnen elektrokardiographischen Parameter. Die freie Spalte soll dem Leser zur Übung dienen, um hier die selbst ermittelten Werte eintragen zu können.

Auf der jeweils darauffolgenden Seite erscheint derselbe EKG-Streifen nochmals, doch mit der Bezeichnung der Wellen und Zacken sowie unter Nennung der vorliegenden Arrhythmien oder sonstiger signifikanter Charakteristika. Die nebenstehende Tabelle fasst die ermittelten Parameter zusammen, wichtige Befunde werden hervorgehoben und der darunterliegende Textabschnitt gibt Antwort auf die zuvor gestellten Fragen.

Der Wert dieser EKG-Sammlung liegt darin, dass sie dem praktizierenden Tierarzt – und möglicherweise auch manchem Kardiologiespezialisten – einen kasuistischen Reichtum bietet, der dem einzelnen Kollegen sicher niemals in dieser Form zur Verfügung stehen würde. Mit dieser Fülle an unterschiedlichen Fällen soll es jedem Tierarzt erleichtert werden, die nötigen Erfahrungen zu erwerben, um sicher und zweifelsfrei EKG interpretieren und korrekte elektrokardiographische Diagnosen stellen zu können.

Die Fallstudien werden in zwei Abschnitten präsentiert. Im ersten Abschnitt (Abschnitt A) werden die einfacheren und häufiger vorkommenden Fälle präsentiert, während der zweite Abschnitt (Abschnitt B) komplexere Elektrokardiogramme enthält. In beiden Teilen des Buches wurden die Fälle in zufälliger Reihenfolge angeordnet, damit der Leser die Problemlösung nicht aufgrund einer logischen Anordnung nach bestimmten Arten der Arrhythmien oder Erkrankungen erraten kann.

Da das Buch vor allem als didaktisches Werk gedacht ist, wurden bei den meisten Fällen das Signalement und die Anamnese so modifiziert, dass die gesamte Bandbreite an möglichem kardiologischem Patientenmaterial einer Tierklinik abgedeckt wird. Es sei jedoch nochmals darauf hingewiesen, dass sich alle Fälle auf echte Patienten beziehen, die in der Patientendatei unseres Zentrums für kardiologische Ferndiagnostik erfasst sind. Alle EKG-Aufzeichnungen sind echt und wurden weder mit Bildbearbeitungsprogrammen verändert noch in anderer Weise manipuliert. Aus diesem Grund finden sich in vielen EKG-Kurven technische Artefakte oder solche, die durch Zittern oder Bewegungen des Patienten entstanden sind. Genau das ist jedoch für die weniger EKG-erfahrenen Tierärzte von Vorteil, da gerade die richtige Unterscheidung zwischen Artefakt und pathologisch verändertem Elektrokardiogramm den schwierigsten Punkt bei der Interpretation dieses diagnostischen Verfahrens darstellt. In der Regel können wir nämlich bei der elektrokardiographischen Untersuchung nicht auf die Kooperation unserer Patienten zählen.

Ich hoffe, dass es mir gelungen ist, ein informatives, nützliches und abwechslungsreiches Buch zu gestalten, das dem besseren Verständnis dieser für die Kardiologie so wesentlichen diagnostischen Disziplin dient.

Joaquín Bernal de Pablo-Blanco
Madrid

Danksagung

Mein Dank geht an alle, die auf die eine oder andere Weise zur Realisierung dieses Buchprojekts beigetragen haben:

An die Patienten, Tierbesitzer und Tierärzte, die das Zusammentragen der zahlreichen in diesem Buch enthaltenen EKG-Aufzeichnungen möglich gemacht haben und dadurch dazu beigetragen haben, ein – wie ich hoffe – für alle nützliches Werk entstehen zu lassen.

An das Verlagsteam von Servet, insbesondere an Tatiana Blasco, die in ihrer Eigenschaft als Koordinatorin dieses Projekts all die Verspätungen und nicht erfüllten Versprechungen, die offenbar jedem Autor inhärent sind, ertragen musste.

An alle Mitarbeiter von Cardiovet: An Juani, durch dessen Hände die meisten der Tausende von EKG gingen, aus denen die für dieses Buch geeigneten ausgesucht wurden; an Laura, die als Koordinatorin im immer etwas schwierigen Spannungsdreieck Autor-Mitarbeiter-Verlag zu vermitteln hatte; und an Sol, dafür, dass sie mich ertragen hat.

An Raquel Matellanes und insbesondere Ángel Soto, die an der Redaktion der Antworten für viele der vorgestellten klinischen Fälle mitgearbeitet haben.

An Enrique Ynaraja und Alberto Montoya, die nicht nur an diesem Buch mitgearbeitet haben, sondern die als Meister ihrer Fachdisziplin und als Freunde in all den Jahren einen unschätzbaren und entscheidenden beruflichen Einfluss ausgeübt haben.

Ihnen allen gilt mein ausdrücklicher Dank.
Joaquín Bernal de Pablo-Blanco

Autor

Joaquín Bernal de Pablo-Blanco
Cardiovet. Zentrum für kardiologische Ferndiagnostik
Madrid (Spanien)

Mitarbeiter

Raquel Matellanes Ferreras
Cardiovet. Zentrum für kardiologische Ferndiagnostik
Clínica Veterinaria Bulevar
Madrid (Spanien)

Alberto Montoya Alonso
Professor für Innere Medizin und Chirurgie
Direktor der Veterinärmedizinischen Abteilung
Institut für Veterinärpathologie der Veterinärmedizinischen Fakultät
Universidad de Las Palmas de Gran Canaria (Spanien)

Ángel Soto Bustos
Kardiologische Abteilung der Medizinischen Tierklinik
Universidad Complutense de Madrid
Cardiovet. Zentrum für kardiologische Ferndiagnostik
Madrid (Spanien)

Enrique Ynaraja Ramírez
Servicios Veterinarios Albéitar
Vall d'Uxó, Castellón (Spanien)

Abkürzungsverzeichnis

A.	Arteria
AT	atriale Tachykardie
AVER	AV-Ersatzrhythmus
BID	zweimal täglich
bpm	Schläge pro Minute (beats per minute)
DTI	Dauertropfinfusion
ggr.	geringgradig
h	Stunden
HCM	Hypertrophe Kardiomyopathie
HOCM	Hypertrophe obstruktive Kardiomyopathie
i. m.	intramuskulär
i. v.	intravenös
kg	Kilogramm
KOF	Körperoberfläche
KM	Körpermasse
MEA	mittlere elektrische Herzachse
mEq	Milliäquivalent
mg	Milligramm
min	Minute
ml	Milliliter
mV	Millivolt
ng	Nanogramm
p. o.	per os
s	Sekunde
s.	siehe
s. c.	subkutan
SID	einmal täglich
SVES	supraventrikuläre Extrasystole
TID	dreimal täglich
QID	viermal täglich
VES	ventrikuläre Extrasystole
VT	ventrikuläre Tachykardie
µg	Mikrogramm

Inhaltsverzeichnis

Einleitung

Grundlagen der EKG-Interpretation

Als Einführung zu den in der Folge vorgestellten klinischen Fällen bietet dieses Kapitel eine kurze Zusammenfassung der Grundlagen der Elektrokardiographie, die die spätere EKG-Interpretation erleichtern soll: Bestimmung von Herzfrequenz und Herzrhythmus, Berechnung der mittleren elektrischen Herzachse und Messung der wichtigsten Wellen und Intervalle.

Angesichts des Umfangs und der Komplexität des Themas würde eine ausführliche Besprechung der einzelnen Herzrhythmusstörungen den Rahmen dieses Buches sprengen. Um sich zu den jeweiligen Fällen das entsprechende Hintergrundwissen zu beschaffen und somit einen maximalen Nutzen aus diesem Handbuch zu ziehen, sei der Leser gegebenenfalls auf die einschlägige Fachliteratur verwiesen.

Die Elektrokardiographie basiert auf der graphischen Aufzeichnung der elektrischen Phänomene, die sich während der einzelnen Phasen der Herzperiode im Herzen ereignen. Jede Information über die kardiale Anatomie spiegelt somit in Wirklichkeit nur das wider, was anhand charakteristischer elektrokardiographischer Kriterien messbar ist. Die stärkste Aussagekraft besitzen dabei natürlich jene Informationen, die sich auf die Gesamtheit der im Myokard entstehenden elektrischen Impulse, bzw. Potentialdifferenzen, beziehen (Herzfrequenz, Arrhythmien etc.).

Wie jede andere Untersuchung auch ist die Elektrokardiographie nur eines von mehreren diagnostischen Verfahren, sodass die EKG-Interpretation bzw. die elektrokardiographische Diagnose in keinem Fall mit der endgültige Diagnose für den individuellen Patienten gleichzusetzen ist. Eine abschließende Diagnose muss stets auf der Basis von Anamnese, klinischer Allgemeinuntersuchung und den diversen verfügbaren Untersuchungsbefunden erfolgen.

Die Auswertung eines EKG sollte stets systematisch und nach einer festgelegten Vorgehensweise ablaufen, bei der alle der folgenden Schritte nacheinander abgearbeitet werden:

- Bestimmung der Herzfrequenz.
- Bestimmung des Herzrhythmus.
- Berechnung der mittleren elektrischen Herzachse.
- Messung von Wellen, Zacken und Intervallen.
- Beurteilung von Veränderungen an P-QRS-T.

Bestimmung der Herzfrequenz

Unter der Herzfrequenz versteht man die Anzahl der Herzschläge pro Minute. Beim Menschen (sowie auch bei der Katze) folgen die Herzschläge regelmäßig aufeinander, sodass sich die Herzfrequenz rasch und einfach bestimmen lässt. Im Gegensatz dazu ist der Herzrhythmus beim Hund für gewöhnlich unregelmäßig: Bei dieser respiratorischen Sinusarrhythmie zeigen sich Frequenzvariationen, die höchst signifikant sein können, je nachdem, anhand welcher Strecke der EKG-Aufzeichnung die Herzfrequenz ermittelt wird. Aus diesem Grund ist es beim Hund wichtig, die Herzschläge während mindestens sechs aufeinander folgender Sekunden auf der EKG-Kurve zu zählen.

Eine ganze Minute abzulesen, ist jedoch nicht sinnvoll, da sich in einem solchen Zeitraum in der Regel Artefakte im EKG ergeben, die die korrekte Ermittlung der Herzfrequenz stören. Zudem würde dies bedeuten, dass man mit übermäßig langen Papierstreifen hantieren müsste, was recht unpraktisch wäre.

In der Praxis werden für gewöhnlich folgende Methoden zur Bestimmung der Herzfrequenz verwendet:

- Abzählen der RR-Intervalle (Intervall zwischen zwei R-Zacken) zwischen zwei der auf handelsüblichem EKG-Papier am Rand eingedruckten schwarzen Markierungen. Je nach Fabrikat variiert die Form dieser Markierungen, und auch der Abstand zwischen zwei Markierungen kann von Hersteller zu Hersteller unterschiedlich sein (Abb. 1). In der Regel beträgt die Distanz zwischen zwei Markierungen 10 cm, was bei einem Papiervorschub von 50 mm/s 2 s entspricht. Somit ist die Anzahl der zwischen zwei Markierungen liegenden QRS-Komplexe mit 30 zu multiplizieren, um die Herzfrequenz pro Minute zu erhalten.

  Sind die EKG-Aufzeichnungen länger, sollten die Komplexe vorzugsweise über längere Distanzen gezählt werden (30 oder 60 cm). Die aufgrund der respiratorischen Sinusarrhythmie beim Hund mögliche Fehlerquelle reduziert sich mit zunehmender Länge der abgezählten EKG-Strecke.

Abb. 1: Normalerweise werden auf handelsüblichem EKG-Papier bereits vom Hersteller Markierungen (in diesem Fall schwarz) im Abstand von 10 cm eingedruckt. Dieser Abstand entspricht bei einem Papiervorschub von 50 mm/s einem Zeitintervall von 2 s, bei einer Schreibgeschwindigkeit von 25 mm/s einem Intervall von 4 s.

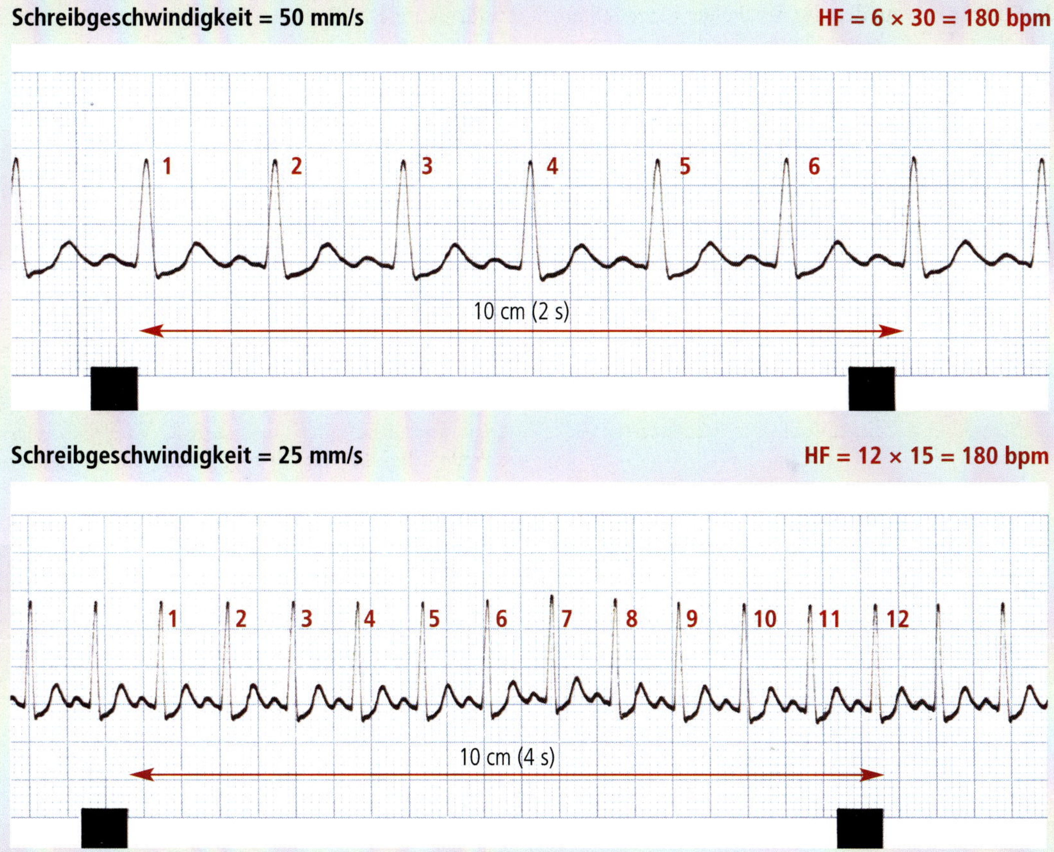

Abb. 2: Elektrokardiogramm eines Patienten, aufgenommen mit unterschiedlichen Schreibgeschwindigkeiten. Zur raschen Berechnung der Herzfrequenz wird die Anzahl der QRS-Komplexe über eine gegebene Distanz ermittelt.

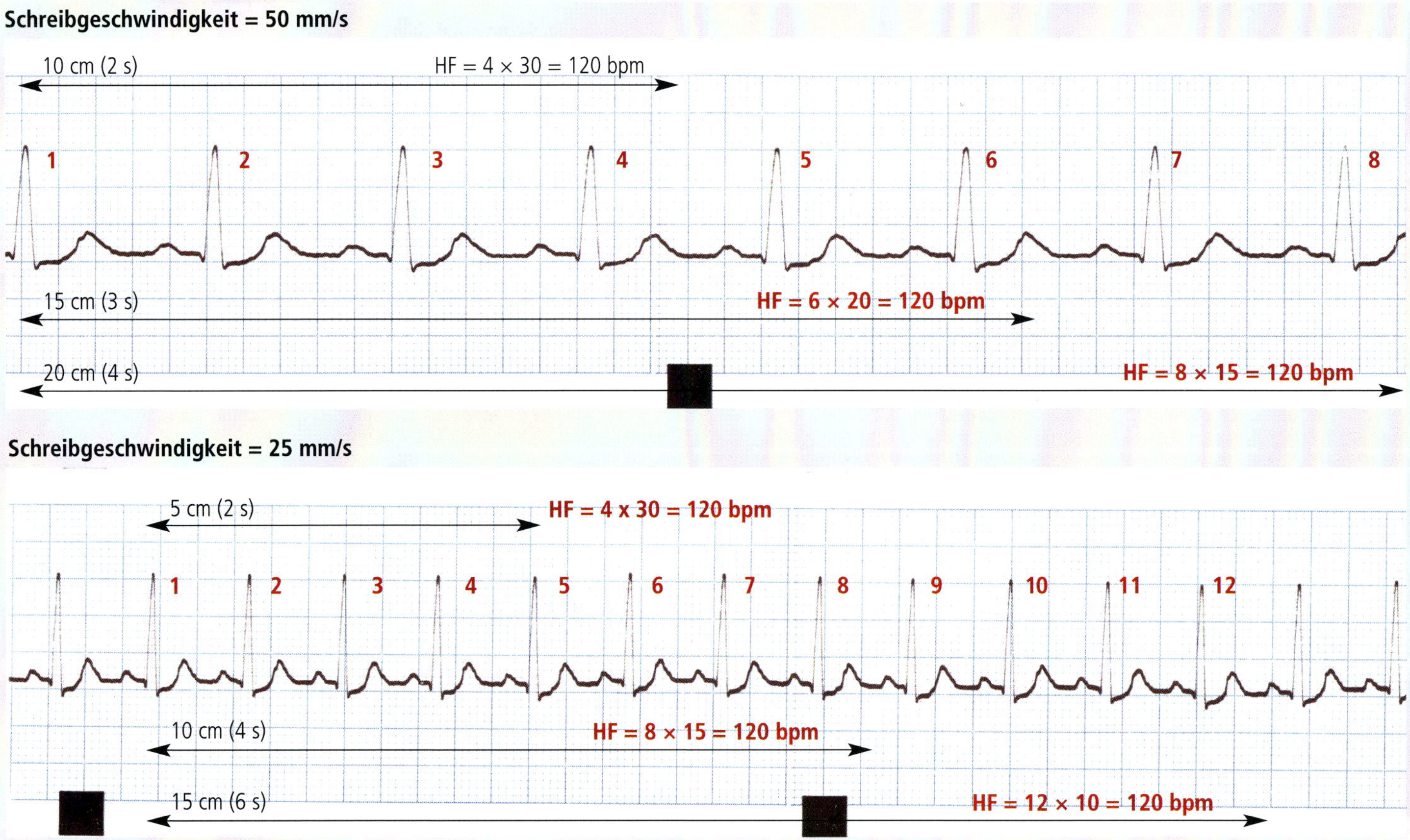

Was unbedingt bekannt sein muss, ist die Schreibgeschwindigkeit des EKG: 25 oder 50 mm/s (Abb. 2). In der nachstehenden Tabelle sind die jeweiligen Äquivalente zwischen Distanz und Zeit für beide Fälle zusammengefasst (vgl. auch Abb. 3a, 3b, 3c und 3d).

Schreib-geschwindigkeit	Distanz (cm)	Zeit (s)	Herz-frequenz
50 mm/s	5	1	× 60
	10	2	× 30
	15	3	× 20
25 mm/s	5	2	× 30
	10	4	× 15
	15	6	× 10

Abb. 3a und 3b: Beispiele zur Bestimmung der Herzfrequenz durch Zählen der QRS-Komplexe.

Schreibgeschwindigkeit = 50 mm/s **HF = 7 × 20 = 140 bpm**

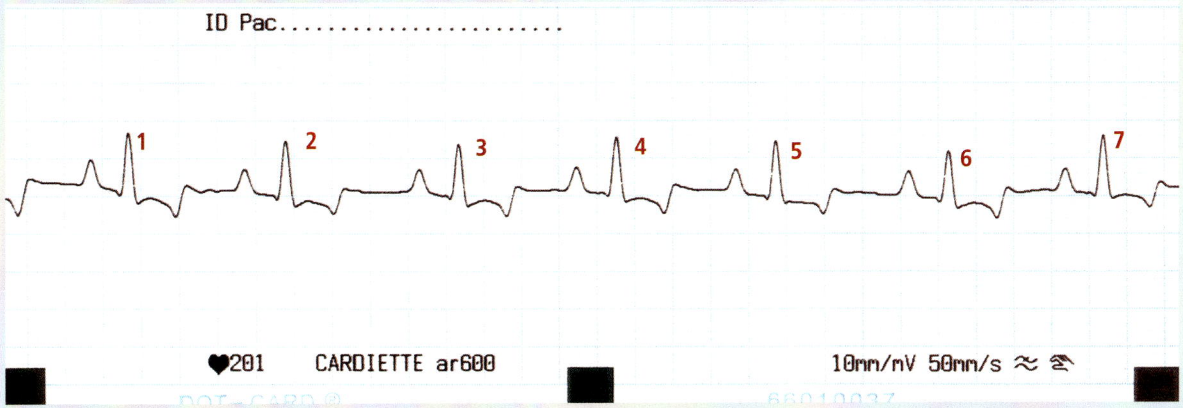

Schreibgeschwindigkeit = 50 mm/s **HF = 9 × 20 = 180 bpm**

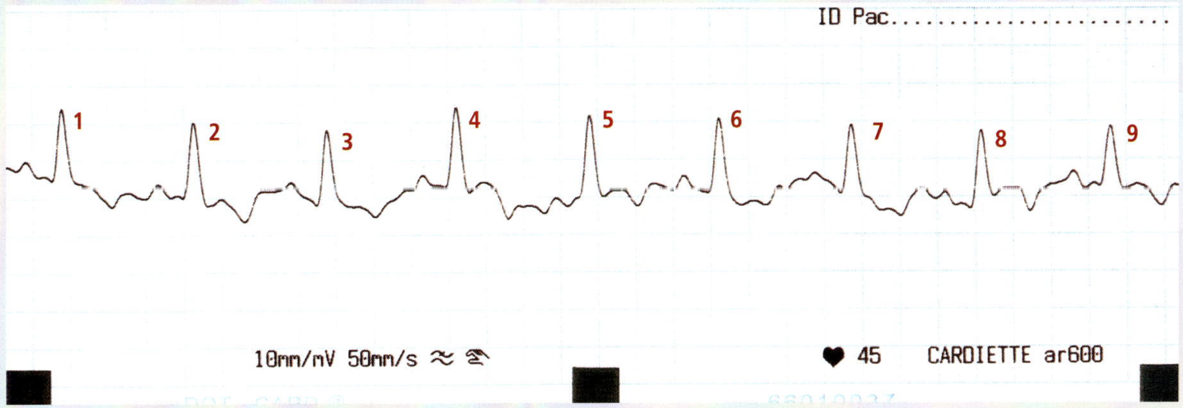

Abb. 3c: Ist der Herzrhythmus regelmäßig, entstehen bei der Bestimmung der Herzfrequenz auch dann keine wesentlichen Fehler, wenn die QRS-Komplexe nur über kurze Distanzen gezählt werden. In diesem Fall wurden die QRS-Komplexe nur über 2 s gezählt. Dabei erhielt man eine Herzfrequenz von 150 bpm, wobei die tatsächliche Frequenz 140 bpm betrug.

Schreibgeschwindigkeit = 50 mm/s **HF = 5 × 30 = 150 bpm**

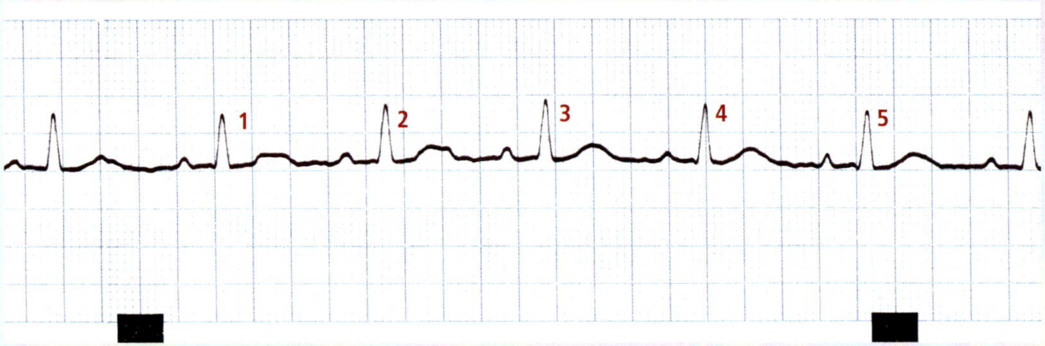

Wie zu erkennen ist, muss zur Bestimmung der Herzfrequenz nur noch die jeweils für die gegebene Distanz ermittelte Anzahl von QRS-Komplexen entsprechend multipliziert werden. So lassen sich z. B. die Herzschläge pro Minute (bpm) bei einer Papiergeschwindigkeit von 50 mm/s berechnen, indem man 3 s am EKG-Papier markiert (d. h. 15 cm), die Komplexe in diesem Bereich zählt und danach mit 20 multipliziert. Das ist einfach und geht schnell, und ermöglicht die Bestimmung der Herzfrequenz auch bei Arrhythmien.

Schreibgeschwindigkeit = 50 mm/s

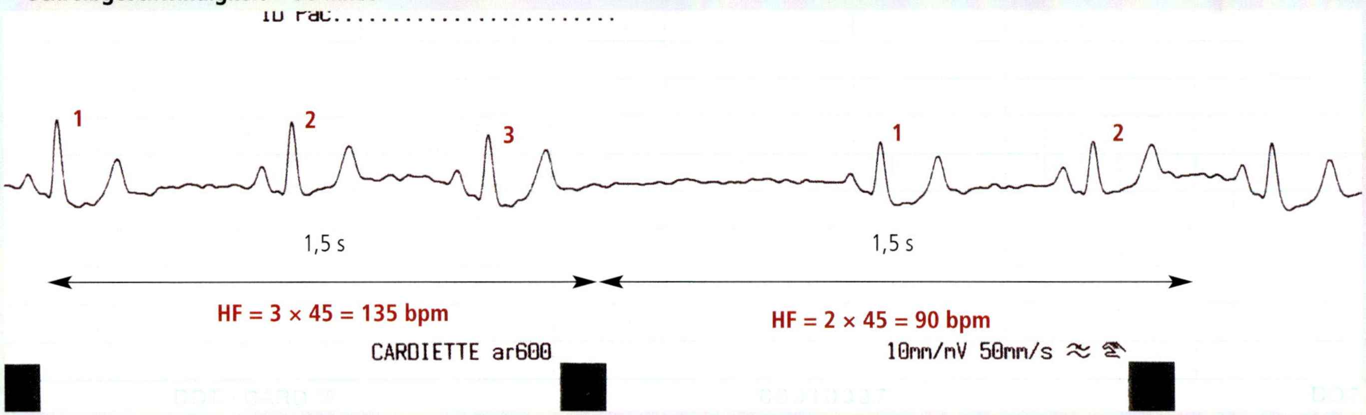

Abb. 3d: Wenn Arrhythmien bestehen (insbesondere bei niedriger Herzfrequenz), muss die Zählung der QRS-Komplexe über längere Distanzen erfolgen, da andernfalls signifikante Fehler entstehen können. An diesem Beispiel ist zu erkennen, wie die berechnete Herzfrequenz zwischen 90 und 135 bpm variieren kann, je nachdem, in welchem Bereich der EKG-Kurve die Komplexe gezählt wurden.

▶ Mit dem EKG-Lineal (Abb. 4), das mit einer aufgedruckten Skala versehen ist, kann die Herzfrequenz auf einen Blick abgelesen werden. Man legt das Lineal mit dem Pfeil an der ersten R-Zacke an und liest die Zahl an der zweiten, darauffolgenden R-Zacke ab.

Diese Methode ist allerdings nur für einen regelmäßigen Herzrhythmus anwendbar (Abb. 5). Andernfalls werden mehrere RR-Intervalle gemessen, aus denen danach das arithmetische Mittel berechnet wird.

Bei unregelmäßigem Herzrhythmus müssen somit stets mehrere verschiedene Abschnitte am EKG zur Bestimmung der Herzfrequenz herangezogen werden, indem man die Maximal-, Minimal- und Durchschnittswerte sowie etwaige Variationen ermittelt.

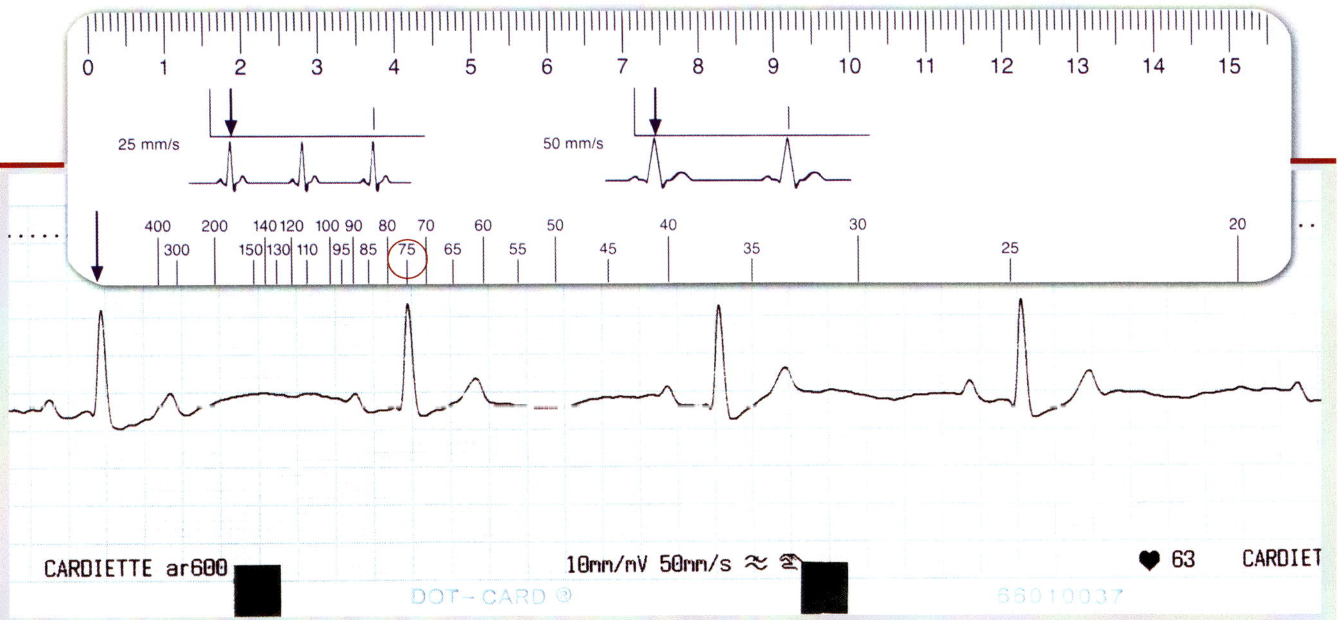

Abb. 4 und 5: Spezielle EKG-Lineale ermöglichen die einfache Bestimmung der Herzfrequenz. Das EKG-Lineal wird mit dem Pfeil genau an der ersten R-Zacke angelegt. Die Zahl, die auf der Höhe der nächsten R-Zacke auf dem Lineal steht, gibt die Herzfrequenz an. In unserem Beispiel sind dies 75 bpm.

Schreibgeschwindigkeit = 50 mm/s
HF = 75 bpm

Bestimmung des Herzrhythmus

Zu ermitteln ist, ob der Herzrhythmus regelmäßig oder unregelmäßig ist (Abb. 6), d. h., ob der Abstand zwischen zwei aufeinander folgenden R-Zacken immer gleich oder aber unterschiedlich lang ist. In letzterem Fall ist herauszufinden, ob es sich um eine Sinusarrhythmie handelt oder nicht.

Zur Beurteilung des Herzrhythmus kann man einen EKG-Zirkel verwenden, mithilfe dessen man die einzelnen RR-Intervalle in ihrer Länge vergleichen kann. Eine andere Möglichkeit ist das Abzählen der 1-mm-Quadrate des Millimeterpapiers des EKG-Streifens.

Wie man herausgefunden hat, sind die im Sinusknoten entstehenden Impulse beim Hund nie wirklich regelmäßig. Daher wird der Herzrhythmus des Hundes auch dann als regelmäßig bezeichnet, wenn zwischen den RR-Intervallen kleine Unterschiede bestehen. Als maximal zulässige Differenz gelten 0,12 s (sechs Millimeterquadrate bei einer Schreibgeschwindigkeit von 50 mm/s, bzw. drei Quadrate bei 25 mm/s) (Abb. 7).

Variiert die Länge der einzelnen RR-Intervalle um mehr als 0,12 s, muss der Herzrhythmus als unregelmäßig bezeichnet werden.

Abb. 6: Beim normalen Sinusrhythmus ist der Abstand zwischen den R-Zacken über die gesamte Aufzeichnungskurve konstant.

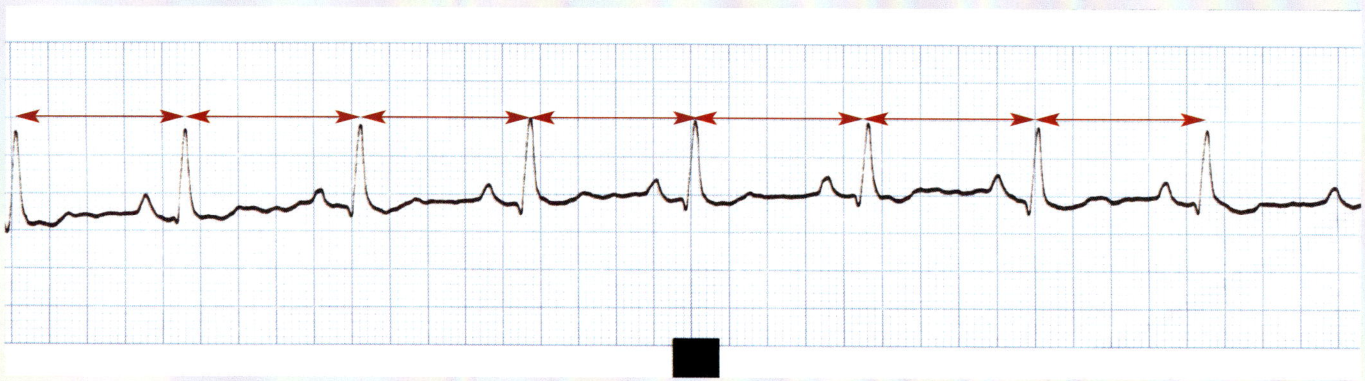

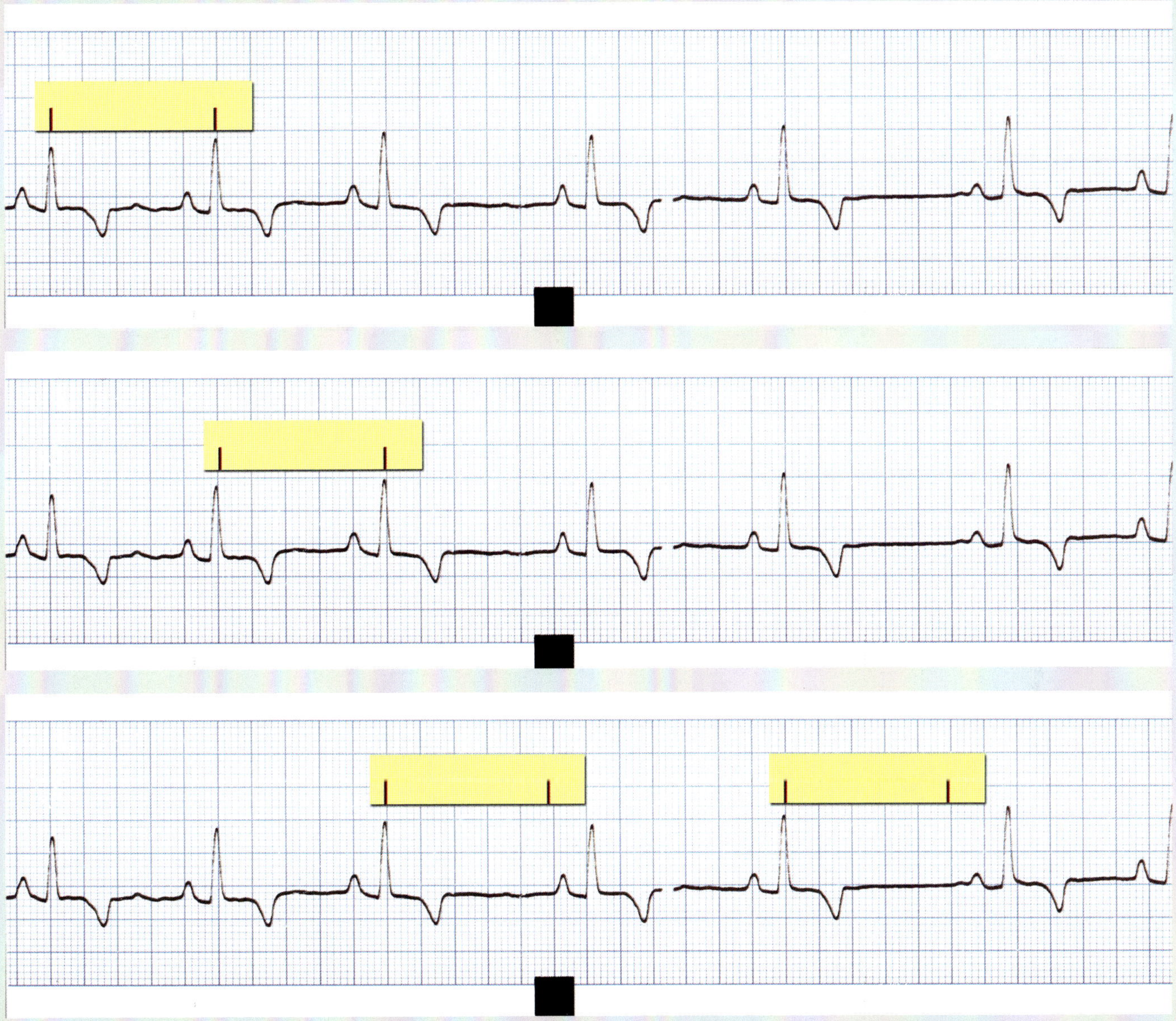

Abb. 7: Um einen Herzrhythmus als regelmäßig bezeichnen zu können, darf die Differenz zwischen zwei RR-Intervallen maximal 0,12 s betragen (6 Kästchen bei einer Schreibgeschwindigkeit von 50 mm/s). In diesem Fall liegt sie etwas darüber.

Wird ein unregelmäßiger Herzrhythmus festgestellt, ist zu überprüfen, ob die Schwankungen periodisch wiederkehren oder ob sie in ungeordneter, chaotischer Reihenfolge auftreten. So können unter Umständen vielleicht nach jeweils fünf kurzen Intervallen fünf lange Intervalle folgen oder nach je drei normalen Intervallen stets ein längeres RR-Intervall; oder aber es ist keinerlei »Ordnung« in den Schwankungen zu erkennen. Möglich sind also:

- Regelmäßige Arrhythmien.
- Unregelmäßige Arrhythmien (Abb. 8).

Die Unterscheidung zwischen diesen beiden Formen gelingt am leichtesten, wenn man versucht, das nächste RR-Intervall in einer Gruppe von Herzzyklen »vorherzusagen«. Ist dies möglich, liegen periodische Schwankungen des Herzrhythmus vor. Lässt sich jedoch das nächste Intervall nicht »vorhersagen«, handelt es sich um ungeordnete, unvorhersehbare Arrhythmien.

Gelegentlich und insbesondere in Fällen, wo nicht jedem QRS-Komplex eine P-Welle vorausgeht, kann es notwendig sein, den Vorhofrhythmus (Aufeinanderfolge von P-Wellen) und den Kammerrhythmus (Aufeinanderfolge von QRS-Komplexen) getrennt voneinander zu beurteilen. Dies erfolgt, wie bereits beschrieben, ebenfalls mithilfe des EKG-Zirkels oder durch Abzählen der Millimeterquadrate zwischen zwei aufeinanderfolgenden P-Wellen oder QRS-Komplexen.

Abb. 8: Hier ist eindeutig ein unregelmäßiger Herzrhythmus zu erkennen, wobei die Schwankungen zudem nicht vorhersagbar sind: Es handelt sich somit um eine unregelmäßige Arrhythmie.

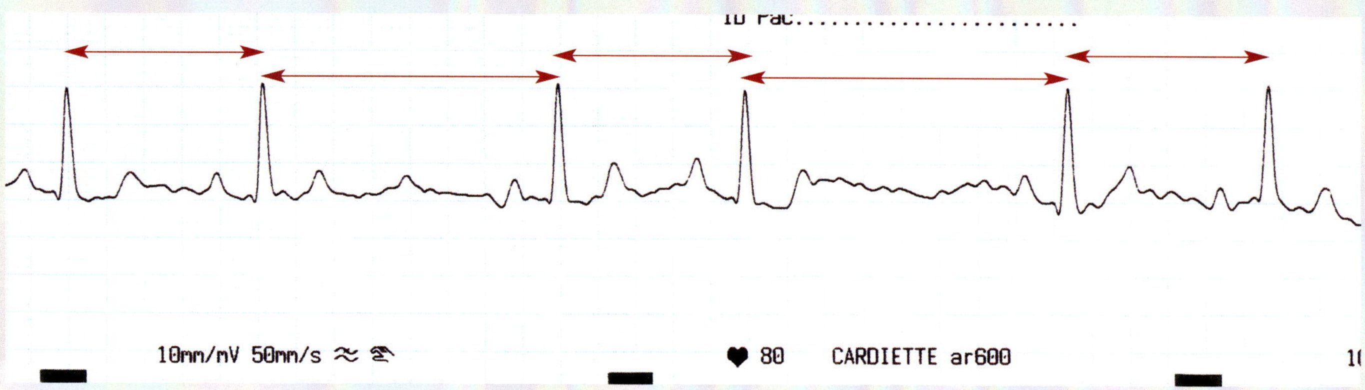

Berechnung der mittleren elektrischen Herzachse

Die wichtigste Information, die uns die mittlere elektrische Herzachse (MEA) liefert, besteht einerseits in der Identifizierung einer etwaigen ventrikulären Vergrößerung sowie andererseits in der Beurteilung von Störungen der intraventrikulären Erregungsausbreitung.

Um zu verstehen, was die elektrische Herzachse ist, und um diese bestimmen zu können, müssen wir uns die elektrischen Vektoren in Erinnerung rufen, die zur Darstellung der im Rahmen eines Herzzyklus auftretenden Potenzialunterschiede verwendet werden. Der Herzzyklus wird in kurze zeitliche Abschnitte unterteilt und für jeden einzelnen wird der entsprechende Vektor berechnet. Anhand dieser Teilvektoren lässt sich die elektrische Herzachse bestimmen, die dem Hauptvektor entspricht, der die gesamte elektrische Herzaktivität während eines kompletten Herzzyklus repräsentiert.

Die elektrische Herzachse lässt sich im EKG nach drei bzw. vier mehr oder minder einfachen Methoden bestimmen: anhand der Ableitung mit der höchsten positiven R-Zacke, anhand der isoelektrischen Ableitung oder durch Berechnung des Vektors aus zwei beliebigen, im 90°-Winkel zueinander stehenden Ableitungen.

Die sicherlich genaueste, einfachste und gleichzeitig universell gültige Art und Weise der Bestimmung der elektrischen Herzachse ist die nach den mathematischen Tabellen von Tilley (Tilley-Tabelle). Nach diesem System ermittelt man die absoluten Werte von Ableitung I und Ableitung III, sucht diese in der Tabelle auf der x-Achse bzw. y-Achse auf und liest den MEA-Wert am Schnittpunkt dieser Koordinaten ab.

Diese Methode ist einfach, in allen Fällen gültig und exakter als andere Methoden, auch wenn letztere gelegentlich schneller zum Endergebnis führen.

In Ableitung I werden zunächst die positiven Kästchen des QRS-Komplexes ermittelt (z. B.: zehn positive Kästchen der R-Zacke). Danach summiert man alle negativen Kästchen des QRS-Komplexes (z. B.: zwei negative Kästchen für die Q-Zacke und vier für die S-Zacke, also insgesamt sechs negative Kästchen). Nun bildet man die Summe aus den zehn positiven Kästchen der R-Zacke und den sechs negativen Kästchen der Q- und S-Zacke: (+10) + (–6) = +4.

Gleiches wird für die Ableitung III durchgeführt, sodass man z. B. einen Wert von +8 erhält (Abb. 9).

Nun sucht man die beiden Werte, also +4 für die Ableitung I und +8 für die Ableitung III auf der x- bzw. y-Achse der Tabelle auf. Verfolgt man die beiden Koordinaten, so schneiden sie sich beim Wert von +71°. Das ist in unserem Beispiel die mittlere elektrische Herzachse (MEA).

Die Tilley-Tabellen sind am Ende dieses Kapitels zu finden (TILLEY 1992). Sie ermöglichen die korrekte Bestimmung der MEA, vorausgesetzt die Werte für die Ableitungen I und III wurden richtig ermittelt.

Nachdem der MEA-Wert ermittelt ist, wenden wir uns dem hexaaxialen System, einem mit sechs Achsen versehenen Kreis zu, dessen Zentrum schematisch über dem Herzen des Patienten liegt und der in Winkelintervallen von 30° in zwölf Sektoren eingeteilt ist. Dabei befindet sich 0° am rechten Schnittpunkt von Kreishalbierender und Umfang. In der oberen Kreishälfte liegen die 30°-Sektoren von –30° bis –180°, in der unteren Hälfte die entsprechenden Sektoren mit positivem Vorzeichen. Da der Wert von –180° mit dem von +180° zusammenfällt, bleibt er immer ohne mathematisches Vorzeichen (Abb. 10).

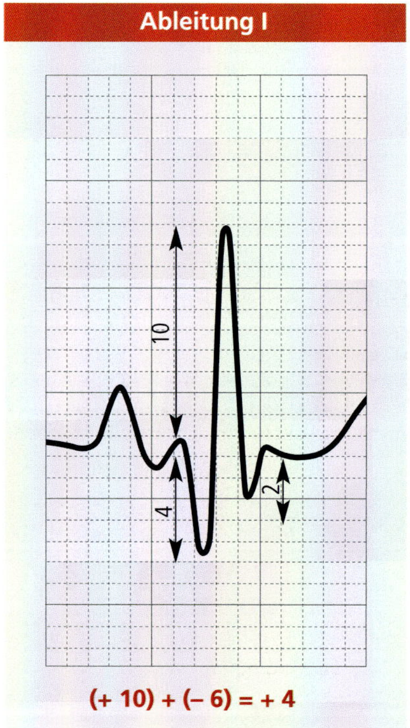

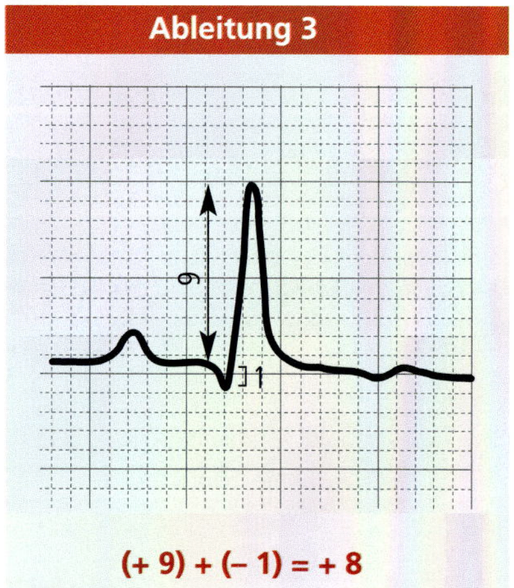

Abb. 9: Beispiel für die Bestimmung der elektrischen Herzachse anhand der TILLEY-Tabelle.

Summe Ableitung III, positiv	Summe Ableitung I, positiv												
	0,0	0,5	1,0	1,5	2,0	2,5	3,0	3,5	4,0	4,5	5,0	6,0	7,0
0,0		30	30	30	30	30	30	30	30	30	30	30	30
0,5	90	60	49	44	41	39	38	37	36	35	35	34	33
1,0	90	71	60	53	49	46	44	42	41	40	39	38	37
1,5	90	76	67	60	55	52	49	47	45	44	43	41	39
2,0	90	79	71	65	60	56	53	51	49	47	46	44	42
2,5	90	81	74	68	64	60	57	54	52	51	49	47	45
3,0	90	82	76	71	67	63	60	57	55	53	52	49	47
3,5	90	83	78	73	69	66	63	60	58	56	54	51	49
4,0	90	84	79	75	71	68	65	62	60	58	56	53	51
4,5	90	85	80	76	73	69	67	64	62	60	58	55	53
5,0	90	85	81	77	74	71	68	66	64	62	60	57	55
6,0	90	86	82	79	76	73	71	69	67	65	63	60	57
7,0	90	87	83	81	78	75	73	71	69	67	65	63	60
8,0	90	87	84	82	79	77	75	73	71	69	68	65	
9,0	90	87	85	82	80	78	76	74	73				
10,0	90	88	85	83	81	79	77						
11,0	90	88	86	84									
12,0	90												
13,0													

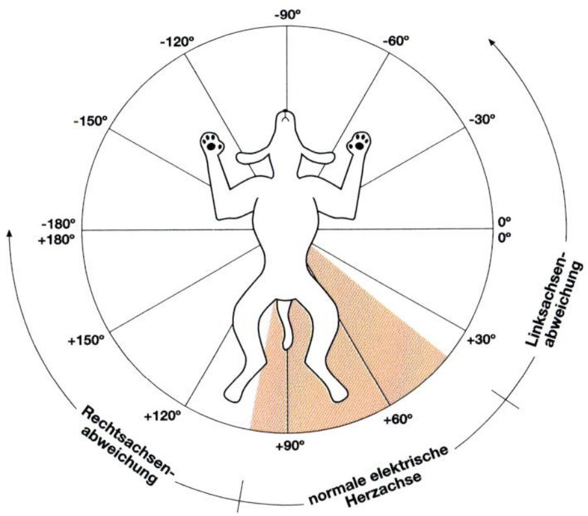

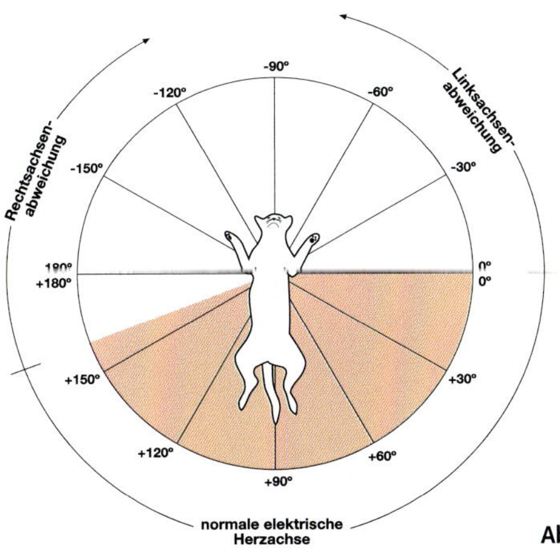

Abb. 10: Schema nach TILLEY (1992).

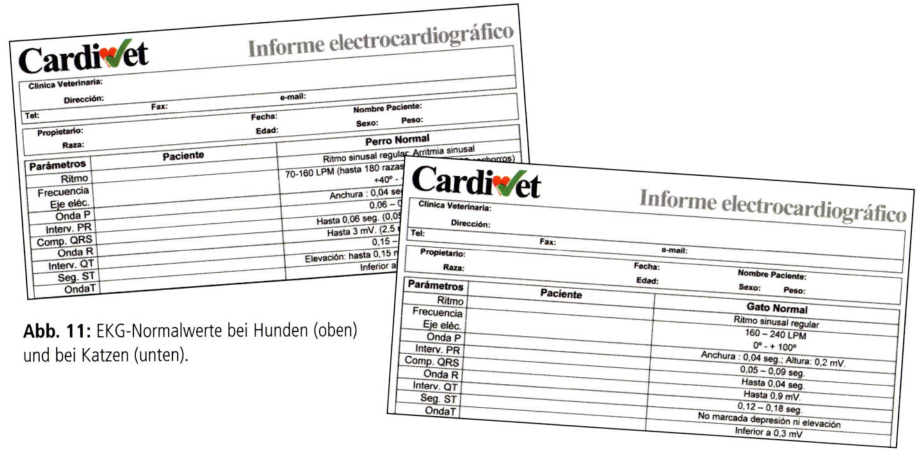

Cardivet — Informe electrocardiográfico

Clínica Veterinaria:
Dirección:
Tel: Fax: e-mail:
Propietario: Fecha: Nombre Paciente:
Raza: Edad: Sexo: Peso:

Parámetros	Paciente	Perro Normal
Ritmo		Ritmo sinusal regular; Arritmia sinusal
Frecuencia		70-160 LPM (hasta 180 razas
Eje eléc.		+40° -
Onda P		Anchura : 0,04 se
Interv. PR		0,06 –
Comp. QRS		Hasta 0,06 seg. (0,0
Onda R		Hasta 3 mV. (2,5
Interv. QT		0,15 –
Seg. ST		Elevación: hasta 0,15
OndaT		Inferior a

Cardivet — Informe electrocardiográfico

Clínica Veterinaria:
Dirección:
Tel: Fax: e-mail:
Propietario: Fecha: Nombre Paciente:
Raza: Edad: Sexo: Peso:

Parámetros	Paciente	Gato Normal
Ritmo		Ritmo sinusal regular
Frecuencia		160 – 240 LPM
Eje eléc.		0° - + 100°
Onda P		Anchura : 0,04 seg.; Altura: 0,2 mV.
Interv. PR		0,05 – 0,09 seg.
Comp. QRS		Hasta 0,04 seg.
Onda R		Hasta 0,9 mV.
Interv. QT		0,12 – 0,18 seg.
Seg. ST		No marcada depresión ni elevación
OndaT		Inferior a 0,3 mV

Abb. 11: EKG-Normalwerte bei Hunden (oben) und bei Katzen (unten).

- **Linksachsenabweichung:** Abweichung der elektrischen Herzachse nach links.
- **Rechtsachsenabweichung:** Abweichung der elektrischen Herzachse nach rechts.

Abbildung 11 zeigt beispielhaft je ein EKG-Befundblatt für Hund bzw. Katze, wie es vom Zentrum für kardiologische Ferndiagnostik der Autoren üblicherweise verwendet wird. Neben der Spalte für die Werte des jeweiligen Patienten sind in der rechten Spalte die physiologischen Normwerte angegeben.

Normbereich für die mittlere elektrische Herzachse	
Hund	+40° – +100°
Katze	0° – +160°

Messung von Wellen, Zacken und Intervallen

Bevor man darangeht, Wellen und Intervalle zu messen, müssen sowohl die Papiergeschwindigkeit als auch die Spannungsverstärkung im EKG bekannt sein.

Für EKG bei Hund und Katze beträgt die Papiergeschwindigkeit in der Regel 50 mm/s, obwohl manche französische Autoren die Geschwindigkeit von 25 mm/s bevorzugen.

Beide Möglichkeiten weisen Vor- und Nachteile auf: Bei einem Papiervorschub mit 50 mm/s lässt sich jede einzelne Welle besser darstellen und genauer messen. Im Gegensatz dazu ist es bei einer Papiergeschwindigkeit von 25 mm/s einfacher, Rhythmusveränderungen zu erkennen und entsprechende Variationen Atmungsphasen bzw. Arrhythmien zuzuordnen.

Bei einer Schreibgeschwindigkeit von 25 mm/s entspricht jedes kleine Kästchen (1 mm) einem Zeitwert von 0,04 s, während bei einer Papiergeschwindigkeit von 50 mm/s ein Kästchen von 1 mm ein Zeitintervall von 0,02 s darstellt.

In gleicher Weise entspricht ein kleines Kästchen des Millimeterpapiers bei einer Spannungsverstärkung von einem Zentimeter pro Millivolt 0,1 mV (Eichzacke 10 mm/mV), während dies bei einer Einstellung auf 5 mm = 1 mV dem Wert von 0,2 mV entspricht. Bei einer doppelt so hohen Eichzacke (20 mm = 1 mV) steht jedes kleine Kästchen für 0,05 mV.

Elektrokardiographische Wellen

P-Welle

Die P-Welle entsteht durch die Erregungsausbreitung in den Vorhöfen. In der Regel besteht die P-Welle aus einem kleinen, glatten, runden Bogen, weist eine kleine Amplitude auf und bleibt in der Ableitung II auf der Seite der isoelektrischen Linie (positiv, monophasisch). P-Wellen können jedoch auch biphasisch (positiv und negativ) sein bzw. positiv mit einer zentralen Eindellung.

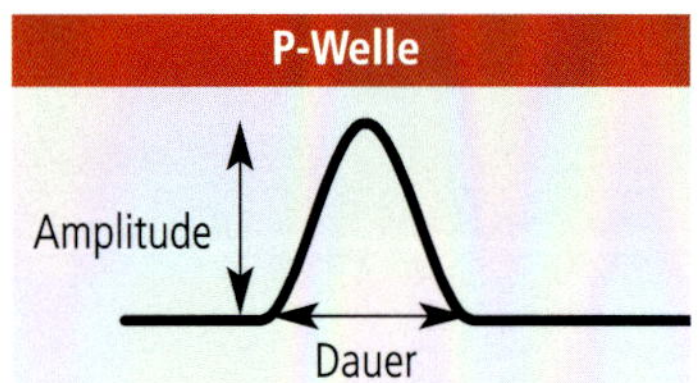

Abb. 12a: Die P-Welle ist in Ableitung II positiv. Gemessen wird die Breite (Dauer) und die Höhe (Amplitude) der Welle.

Definierte Maximalwerte für die P-Welle

	Dauer	Amplitude
Hund	0,04 s	0,4 mV
Katze	0,04 s	0,2 mV

Zu messende Parameter

- **Dauer (Breite):** Die Breite der P-Welle wird innen an der Kurve gemessen, und zwar beginnend mit dem Abheben von der isoelektrischen Linie, d. h. in der Regel positiv in Ableitung II, bis zu der Stelle, wo die Kurve wieder zur Grundlinie zurückkehrt. Die Dauer wird in Sekunden ausgedrückt.
- **Amplitude (Höhe):** Die Amplitude wird in Ableitung II von der isoelektrischen Linie bis zum höchsten Punkt der Kurve gemessen, und zwar sowohl bei positiven wie auch bei negativen Wellen (Abb. 12a und 12b).

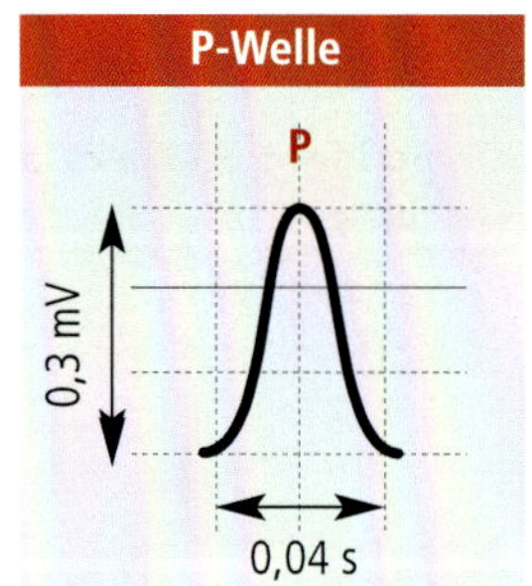

Abb. 12b: Beim Hund sollte die P-Welle die Dauer von 0,04 s (2 mm) und eine Amplitude von 0,4 mV (4 mm) nicht übersteigen.

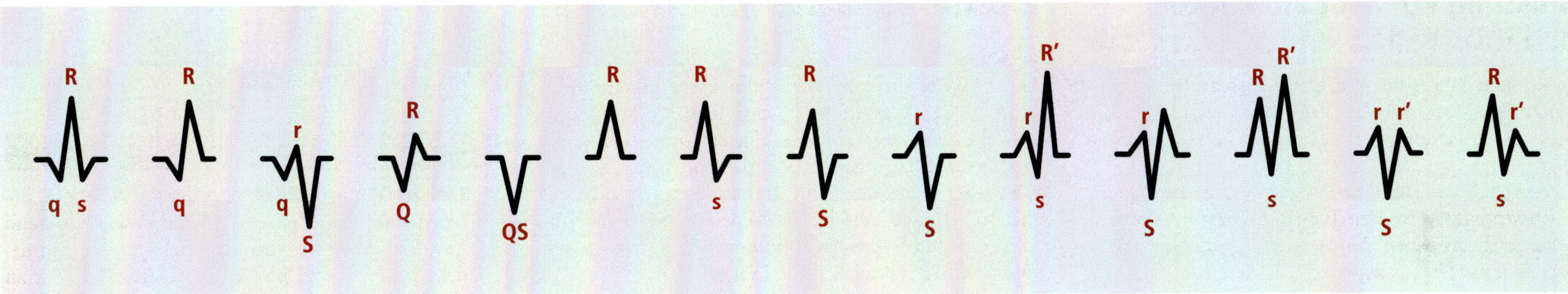

Abb. 13: Nomenklatur des QRS-Komplexes.

QRS-Komplex

Der QRS-Komplex ist Ausdruck der Erregungsausbreitung im Ventrikelmyokard (ventrikuläre Depolarisation). Dabei bilden sich folgende Zacken:

- **Q-Zacke:** Sie ist die erste Zacke mit negativem Ausschlag und geht der R-Zacke voraus.
- **R-Zacke:** Sie ist, in Ableitung II, die erste positive Zacke des QRS-Komplexes.
- **S-Zacke:** Sie folgt der positiven R-Zacke und hat einen negativen Ausschlag.

Nicht immer sind alle genannten Zacken tatsächlich vorhanden; am häufigsten fehlt die Q- oder die S-Zacke oder aber beide (Abb. 13). Ist keine R-Zacke vorhanden, ist die erste Bewegung im QRS-Komplex die Q-Zacke und man spricht von QS-Zacke oder QS-Komplex.

Die im EKG dargestellten Zacken werden mit Großbuchstaben bezeichnet, es sei denn, ihre Amplitude ist kleiner als 0,5 mV, dann sind sie mit einem Kleinbuchstaben beschriftet. Auf diese Art und Weise kann man folgende QRS-Komplexe erhalten: QRS, qRS, QrS, QRs, RS, QS, QR, rS, qR, Rs, Qr, bzw. eine weitere komplette Liste an Möglichkeiten, wenn nur negative Zacken vorliegen (Abb. 13).

Zu messende Parameter

- **Dauer (Breite):** Die Dauer wird von Beginn der Q-Zacke an (falls nicht vorhanden, von der ersten Abweichung von der Grundlinie an) bis zum Ende der S-Zacke (falls fehlend, bis zum Ende der R-Zacke) gemessen. Sie wird in Sekunden ausgedrückt.

- **Amplitude der Q-, R- und S-Zacken (Höhe):** von der Grundlinie bis zum jeweils höchsten Punkt, egal ob positiv oder negativ. In der Regel misst man nur die R-Zacken. Wie später noch ausgeführt werden wird, müssen die Q- und S-Zacken nur hinsichtlich einer Rechtsherzvergrößerung als Kriterien berücksichtigt werden. Die Amplitude wird in Millivolt ausgedrückt (Abb. 14a und 14b).

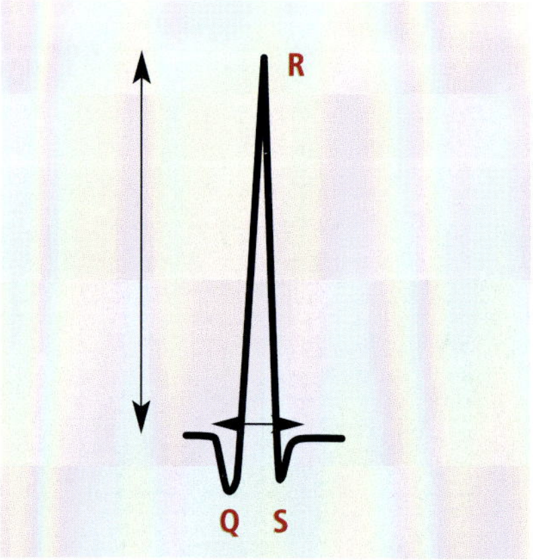

Abb. 14a: Der QRS-Komplex wird in seiner Breite (Dauer) vom Beginn der Q-Zacke an bis zum Ende der S-Zacke und in seiner Höhe (Amplitude) von der isoelektrischen Linie bis zum höchsten Punkt der R-Zacke gemessen.

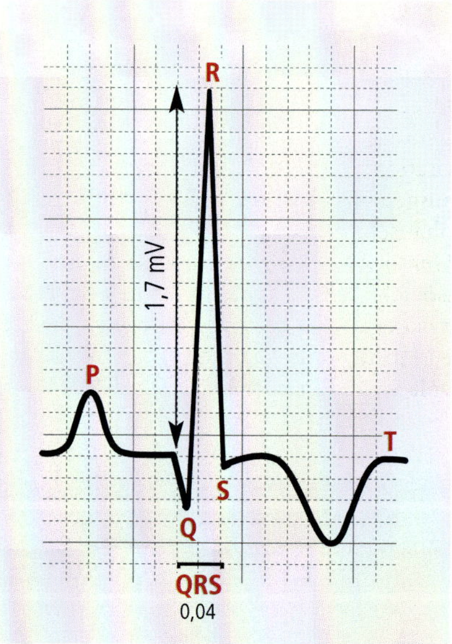

Abb. 14b: Die Dauer des QRS-Komplexes sollte beim Hund 0,05 s (0,06 bei großen Rassen) nicht übersteigen. Die Höhe der R-Zacke sollte maximal 2,5 mV betragen (3 mV bei großen Rassen).

Definierte Maximalwerte für den QRS-Komplex

	Dauer QRS	Amplitude R-Zacke
Hund	0,05 s (kleine Rassen)	2,5 mV (kleine Rassen)
	0,06 s (große Rassen)	3 mV (große Rassen)
Katze	0,04 s	0,9 mV

T-Welle

Die T-Welle hat nach dem QRS-Komplex die zweitgrößte Amplitude. Sie ist der letzte Ausschlag in einem Herzzyklus und stellt die Erregungsrückbildung im Ventrikelmyokard (ventrikuläre Repolarisation) dar. Die T-Welle kann sehr unterschiedlich ausgeprägt sein, und zwar positiv, negativ oder biphasisch.

Gemessen wird ihre Amplitude, beginnend an der isoelektrischen Linie bis zum höchsten Punkt, und zwar egal, ob positiv oder negativ. Sie sollte 25 % der R-Höhe nicht übersteigen. Auch sie wird in Millivolt ausgedrückt (Abb. 15 und 16).

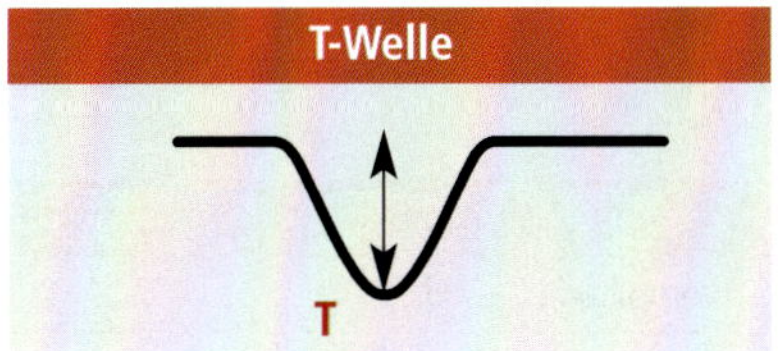

Abb. 15: Bei der T-Welle wird die Amplitude beginnend an der isoelektrischen Linie bis zum höchsten Punkt, und zwar egal ob positiv oder negativ, gemessen.

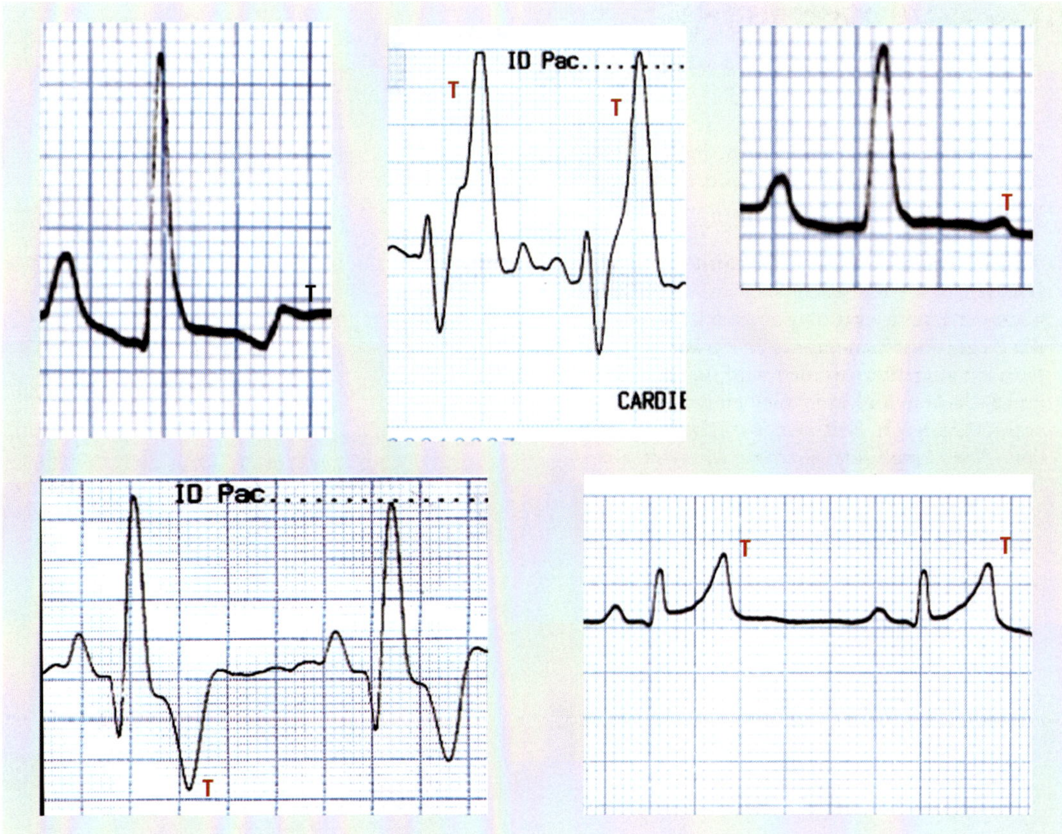

Abb. 16: Die T-Welle kann sehr unterschiedlich ausgeprägt (positiv, negativ oder biphasisch) bzw. unspezifisch sein. Sie kann bei ein und demselben Patienten selbst in kürzester Zeit ihre Morphologie grundlegend ändern.

Elektrokardiographische Intervalle

PR-Intervall

Dieses Intervall reicht vom Beginn der P-Welle bis zum Beginn der Q-Zacke, und sollte daher korrekterweise als PQ-Dauer bezeichnet werden. Ist keine Q-Zacke vorhanden, wird auch die PQ-Dauer (das PR-Intervall) bis zum Beginn der R-Zacke gemessen.

Dieses Intervall beschreibt die Zeit, die der elektrische Stimulus benötigt, um den gesamten supraventrikulären Anteil des Herzens zu durchlaufen: vom Sinusknoten bis zum AV-Knoten (Abb. 17).

Normbereich für das PR-Intervall	
Hund	0,06 – 0,13 s
Katze	0,05 – 0,09 s

QT-Intervall

Dieses Intervall umfasst die gesamte Zeitdauer der De- und Repolarisation der Ventrikel und entspricht der Kammersystole.

Gemessen wird vom Beginn der Q-Zacke (bzw. der R-Zacke, falls Q fehlt) bis zum Ende der T-Welle (Abb. 18).

Die Dauer des QT-Intervalls ist indirekt proportional zur Herzfrequenz: je höher die Frequenz, desto kürzer die QT-Dauer; je niedriger die Herzfrequenz, desto länger das QT-Intervall.

Normbereich für das QT-Intervall	
Hund	0,15 – 0,25 s
Katze	0,12 – 0,18 s

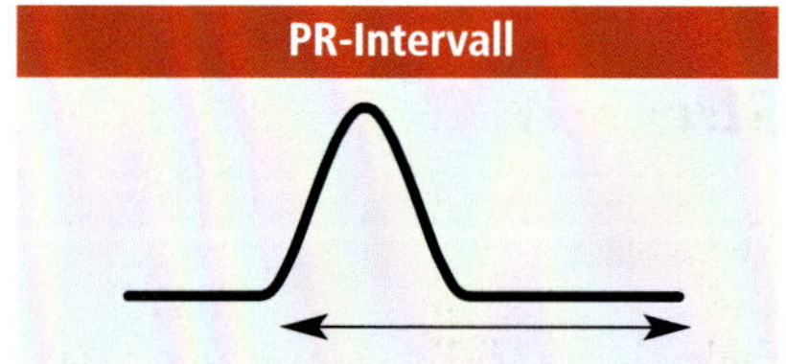

Abb. 17: Das PR-Intervall wird vom Beginn der P-Welle bis zum Beginn der ersten Welle (Q-Zacke) des QRS-Komplexes gemessen.

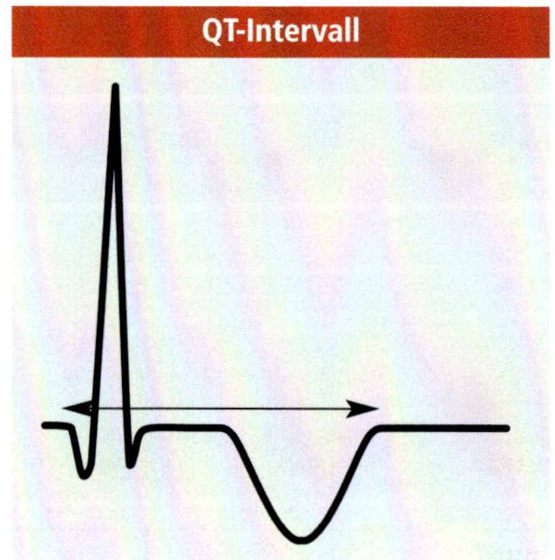

Abb. 18: Das QT-Intervall wird vom Beginn des QRS-Komplexes an bis zum Ende der T-Welle gemessen.

Elektrokardiographische Strecken

ST-Strecke

Die ST-Strecke stellt das Intervall zwischen dem Ende des QRS-Komplexes und dem Beginn der T-Welle dar und sollte auf der Grundlinie liegen. Gemessen wird ihre positive oder negative Abweichung von der isoelektrischen Linie (Hebung oder Senkung). Sie wird daher auch in Millivolt ausgedrückt (Abb. 19 und 20).

Definierte Maximalwerte für die ST-Strecke		
	Hebung	Senkung
Hund	< 0,15 mV	< 0,2 mV
Katze	< 0,1 mV	< 0,1 mV

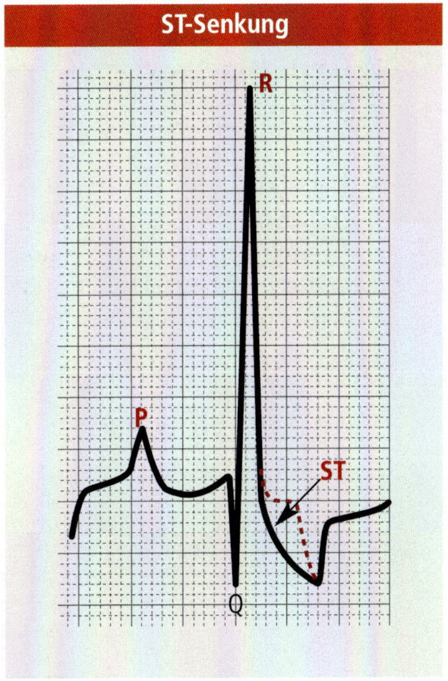

Abb. 19: Die isoelektrische Linie senkt sich ab, um den absteigenden Ast der R-Zacke mit der T-Welle zu verbinden; der normale Verlauf wäre entlang der rot gepunkteten Linie.

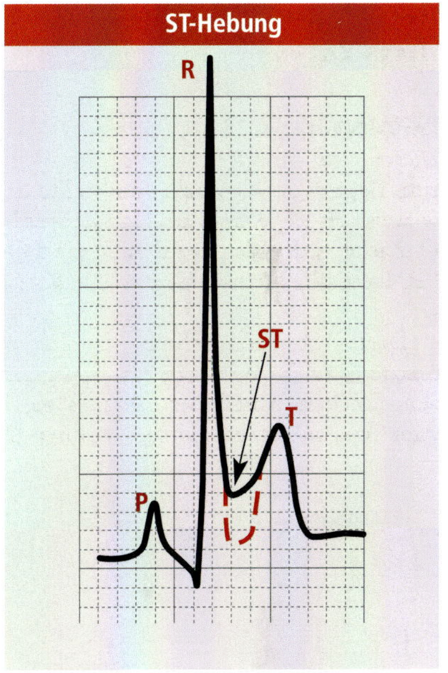

Abb. 20: Der absteigende Ast der R-Zacke verbindet sich zu früh mit der T-Welle, anstatt bis auf die isoelektrische Linie abzufallen (rote gestrichelte Linie).

Beurteilung der Veränderungen an P-QRS-T

Linksatriale Vergrößerung

Eine verlängerte Dauer der P-Welle wird auch als P-mitrale bezeichnet und steht meist in Zusammenhang mit einer Vergrößerung des linken Vorhofs. Die Bezeichnung P-mitrale ist von der häufigsten Ursache der Linksherzbelastung, nämlich der Mitralklappeninsuffizienz, abgeleitet, bei der es zur Regurgitation des Blutes aus dem linken Ventrikel in den linken Vorhof kommt. Durch die Überlastung des linken Vorhofs infolge des Drucks und des Blutvolumens wird dieser zunehmend dilatiert (Abb. 21a und 21b).

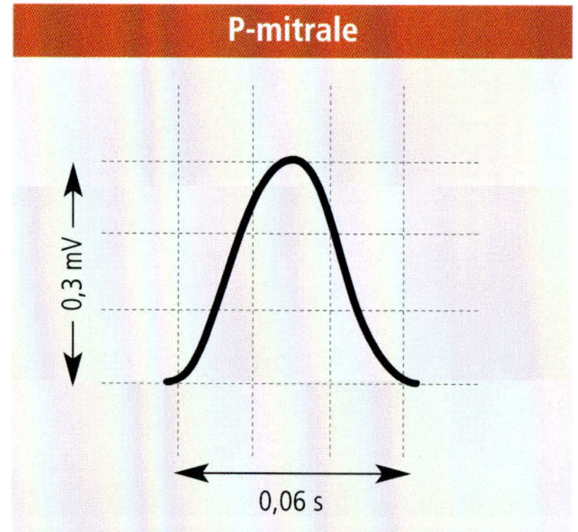

Abb. 21a: Die P-Welle sollte beim Hund maximal 0,04 s (zwei Kästchen bei einer Schreibgeschwindigkeit von 50 mm/s) betragen.

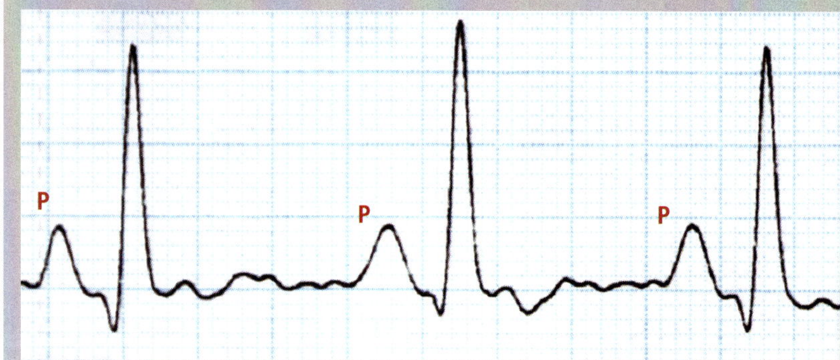

Abb. 21b: P-mitrale weist auf eine Dilatation des linken Vorhofs hin. Die P-Welle misst in diesem Fall 0,07 s.

Abb. 22: Breite, doppelgipfelige P-Wellen bei einem Mastino mit Dilatation des linken Vorhofs.

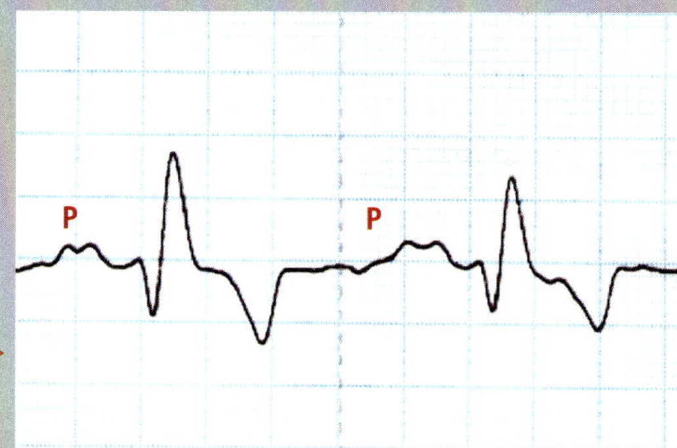

Charakteristische EKG-Merkmale	Häufigste Ursachen (Abb. 23)
■ Verbreiterte P-Wellen (> 0,04 s beim Hund).	■ Mitralklappenendokardiose.
■ Doppelgipfelige P-Welle (M-förmig; eher selten) (Abb. 22).	■ Angeborene Kardiopathien: Mitralklappeninsuffizienz, Aortenstenose, persistierender Ductus arteriosus, interventrikuläre Verbindung (Ventrikelseptumdefekt / VSD).
■ Liegt auch eine Hypertrophie / Dilatation des linken Ventrikels vor, sind zusätzlich Merkmale einer Linksherzvergrößerung im EKG zu sehen.	■ Dilatative Kardiomyopathie.

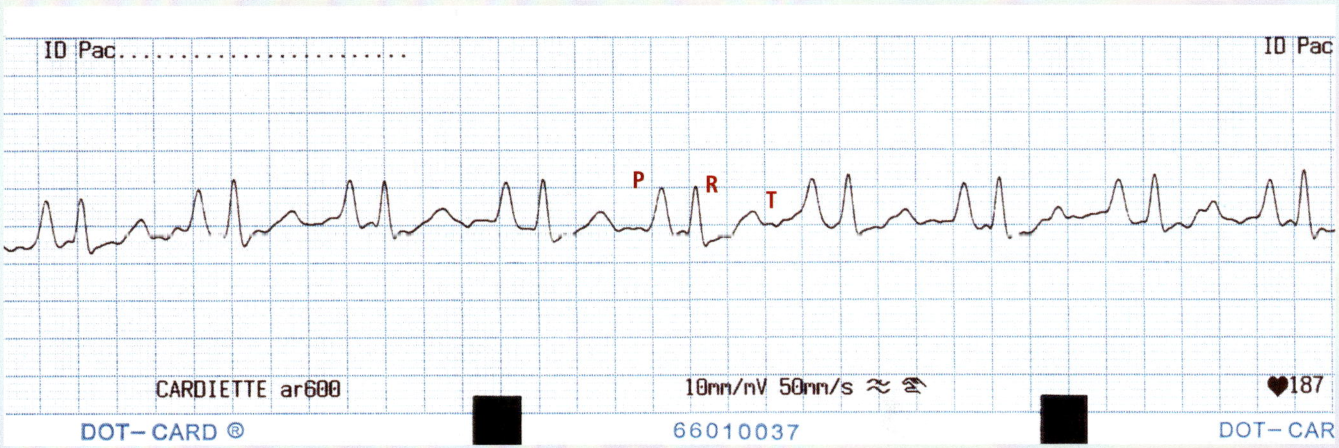

Abb. 23: Das EKG stammt von einem 15-jährigen Mischlingshund mit Klappenendokardiose. Die Anwesenheit von P-mitrale und P-pulmonale spricht für das Vorliegen einer Dilatation beider Vorhöfe infolge einer Insuffizienz von Mitral- und Trikuspidalklappe.

Rechtsatriale Vergrößerung

Eine Erhöhung der Amplitude der P-Welle ist unter der Bezeichnung P-pulmonale bekannt. Der Name P-pulmonale entstand aufgrund der Tatsache, dass diese Veränderung am häufigsten auf chronische Atemwegserkrankungen zurückzuführen ist, wodurch sich mit der Zeit eine pulmonale Hypertension entwickelt. Durch die übermäßige Druckbelastung kommt es schließlich zur Erweiterung des rechten Vorhofs. Häufigste Ursache beim Hund ist der Trachealkollaps (Abb. 24a und 24b).

In diesem Zusammenhang ist zu bedenken, dass sich bei erhöhter Herzfrequenz tendenziell auch die P-Welle überhöht ist, sodass bei Tachykardien der Verdacht auf eine Erweiterung des rechten Vorhofs nur mit Vorsicht geäußert werden sollte.

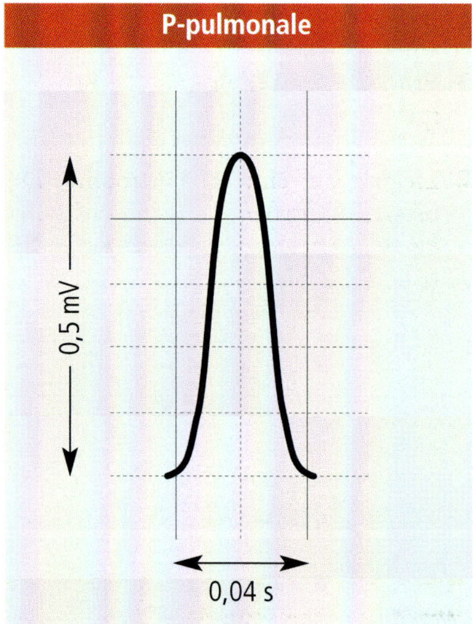

Abb. 24a: Die P-Welle sollte beim Hund maximal 0,4 mV (vier Kästchen bei einer Eichung von 1 cm = 1 mV) betragen.

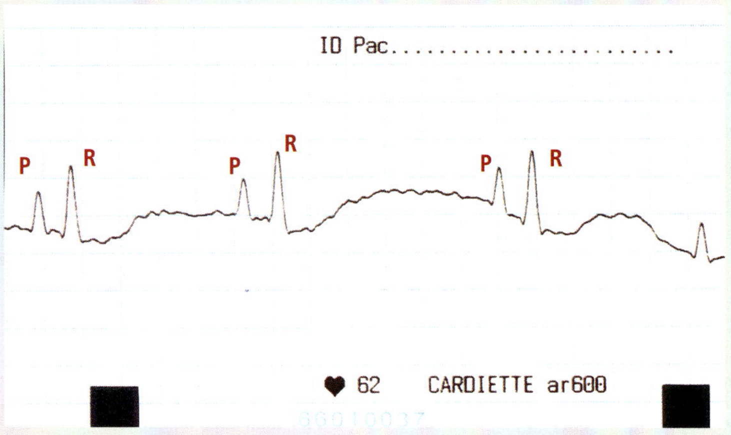

Abb. 24b: P-pulmonale bei einem Yorkshire Terrier mit Trachealkollaps. P-pulmonale weist für gewöhnlich auf das Vorhandensein einer Erweiterung des rechten Vorhofs hin.

Charakteristische EKG-Merkmale

- Erhöhte P-Wellen (> 0,4 mV), gelegentlich spitz.
- Liegt auch eine Hypertrophie / Dilatation des rechten Ventrikels vor, sind zusätzlich Merkmale einer Rechtsherzvergrößerung im EKG zu sehen (Abb. 25).

Häufigste Ursachen

- Sinustachykardie.
- Cor pulmonale: Trachealkollaps, chronische Bronchitis, Bronchopneumonie, Obstruktion der oberen Atmwege etc.
- Trikuspidalendokardiose (bei P-biatriale, also verlängerter P-Dauer und erhöhter P-Amplitude).
- Angeborene Kardiopathien: Trikuspidalklappendysplasie, Pulmonalstenose, interatriale Verbindung (Atriumseptumdefekt / ASD).
- Filariose.

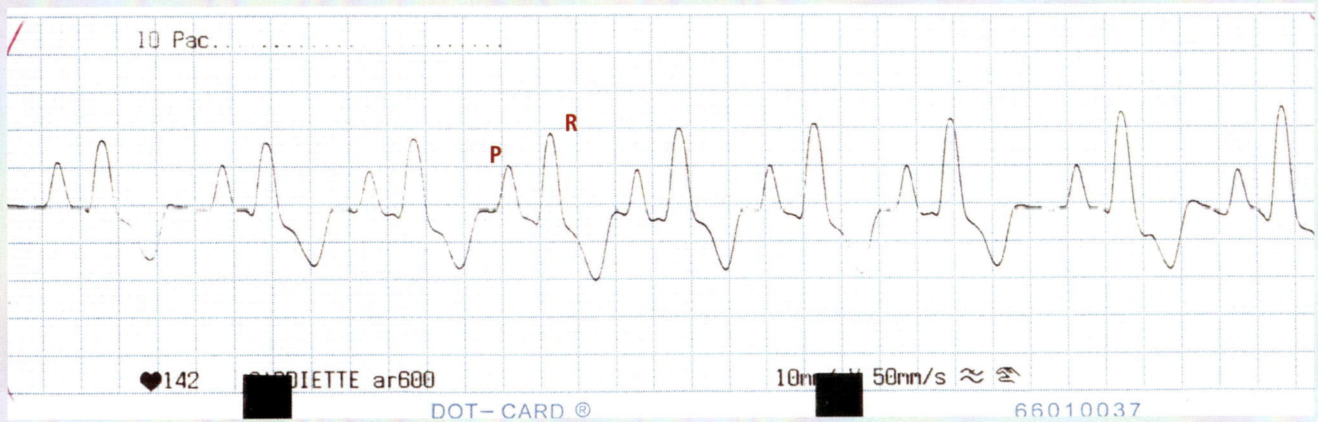

Abb. 25: 14-jähriger Dackel mit Dilatation beider Vorhöfe infolge einer Endokardiose von Mitral- und Trikuspidalklappe. In nahezu allen Fällen geht die erworbene Trikuspidalklappeninsuffizienz mit einer Insuffizienz der Mitralklappe einher. Im EKG dieser Patienten sind häufig sowohl P-mitrale als auch P-pulmonale zu beobachten.

Linksventrikuläre Vergrößerung

Die Kriterien einer Kardiomegalie lassen keine Unterscheidung zwischen Hypertrophie oder Dilatation der Ventrikel zu, sodass in der Regel beide Phänomene angesprochen werden. Zudem ist zu bedenken, dass die Empfindlichkeit eines Elektrokardiogramms für die Entdeckung anatomischer Veränderungen am Herzen nicht sehr hoch ist, sodass wir uns auf Kriterien beziehen, die mit einer Vergrößerung der Herzkammern kompatibel sind (Abb. 26a, 26b, 27a und 27b).

Charakteristische EKG-Merkmale

- Dauer des QRS-Komplexes > 0,05 s (> 0,06 s bei großen Rassen).
- Höhe der R-Zacke > 2,5 mV in Ableitung II (> 3 mV bei großen Rassen).
- Summe der R-Zacken in Ableitung II und Ableitung aVF > 4 mV.
- In Ableitung I Fehlen von S- und R-Zacken > 1,5 mV.
- Linksabweichung der Herzachse.
- Konzentrische Hypertrophie: R-Zacke in Ableitung I höher als in den Ableitungen III und aVF.
- Exzentrische Hypertrophie: R-Zacke in den Ableitungen I, II und III erhöht.
- P-mitrale (falls zusätzlich linksatriale Dilatation).
- Veränderte ST-Strecke und T-Wellen > 25 % über R-Höhe (typisch bei Hunden mit dekompensierter kongestiver Herzinsuffizienz).

Normales EKG

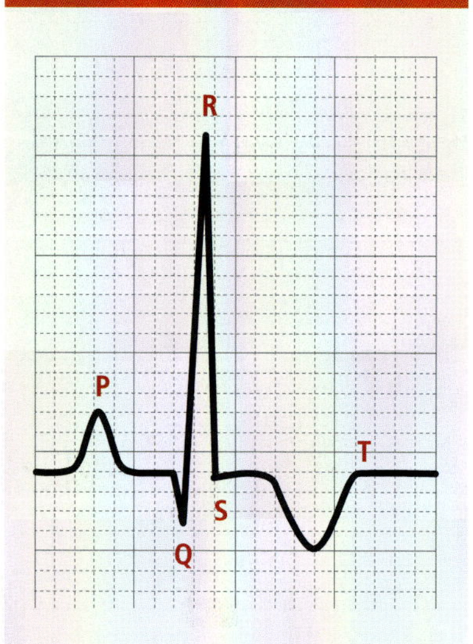

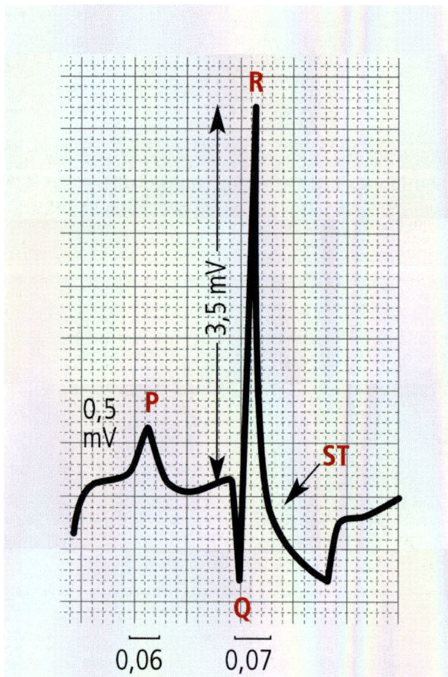

Abb. 26a und 26b: Die hohe R-Zacke und der verbreiterte QRS-Komplex sprechen für eine Vergrößerung des linken Ventrikels (Hypertrophie oder Dilatation). Bei fortgeschrittener kongestiver Herzinsuffizienz werden diese Veränderungen häufig von modifizierten P- und T-Wellen und veränderter ST-Strecke begleitet.

Häufigste Ursachen

- Angeborene Kardiopathien: Aortenstenose, persistierender Ductus arteriosus, Mitralklappeninsuffizienz, Ventrikelseptumdefekt (VSD).
- Dilatative Kardiomyopathie.
- Mitralklappenendokardiose.
- Linksschenkelblock.

Abb. 27a: Das EKG stammt von einem 12-jährigen Pekinesen mit einer senilen chronischen atrioventrikulären Valvulopathie. Die verbreiterten QRS-Komplexe (> 0,07 s) weisen auf eine Dilatation des linken Ventrikels hin. Man achte auch auf die breiten und hohen P-Wellen sowie auf die ST-Senkung.

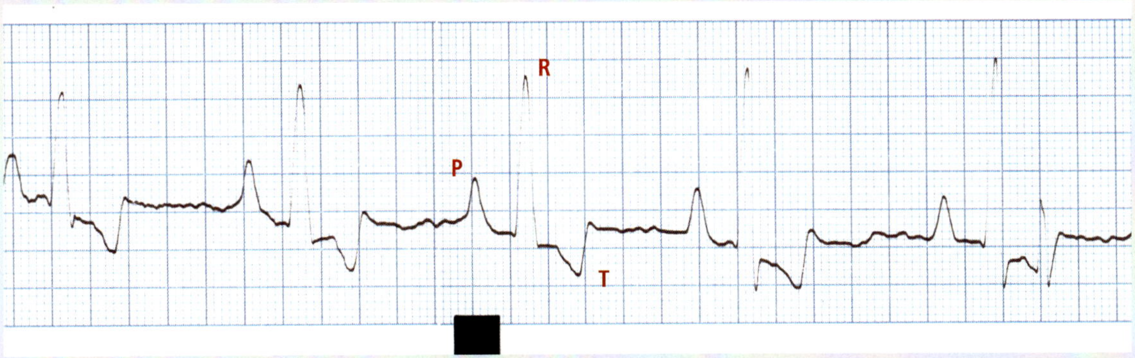

Abb. 27b: Das EKG stammt von einem 15-jährigen Mischlingshund mit Mitralklappenendokardiose (man achte auf P-mitrale). Die hohen R-Zacken (3,2 mV) und die verbreiterten QRS-Komplexe (0,07 s) sprechen deutlich für eine Vergrößerung des linken Ventrikels.

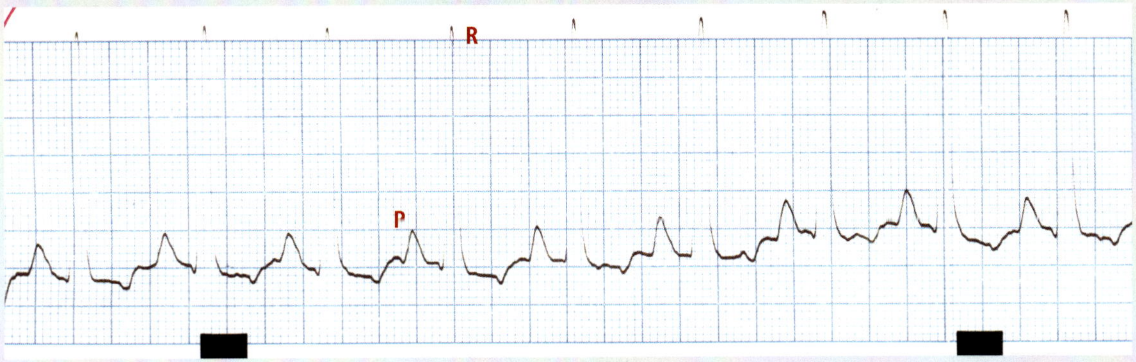

Rechtsventrikuläre Vergrößerung

Die Hauptkomponente des QRS-Komplexes ist die Folge der Depolarisation des linken Ventrikels; somit muss die Vergrößerung des rechten Ventrikels sehr deutlich sein, um im EKG registriert werden zu können (Abb. 28a und 28b).

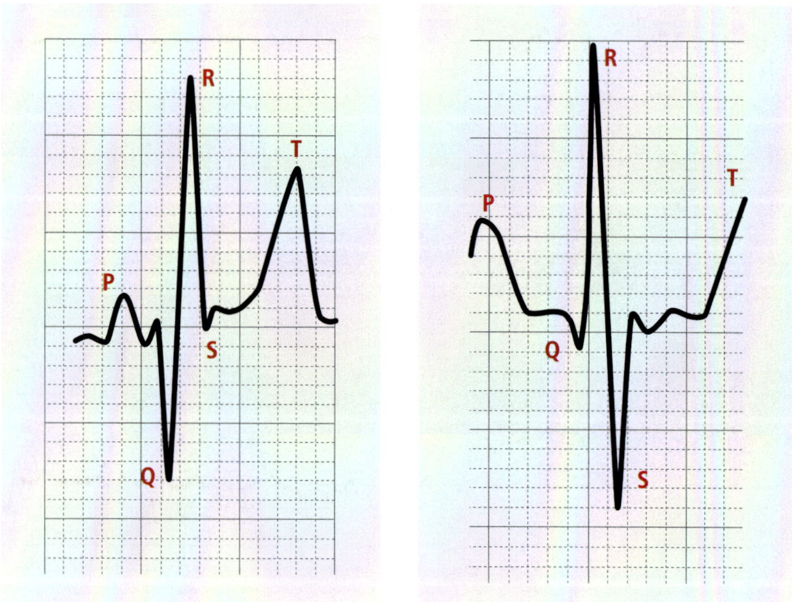

Abb. 28a und 28b: Die tiefen Q- und S-Zacken sind Teil der Kriterien für eine Rechtsherzhypertrophie/-dilatation.

Charakteristische EKG-Merkmale (Abb. 29)

- S-Zacke > 0,5 mV in Ableitung I.
- S-Zacke > 0,35 mV in Ableitung II.
- S-Zacke in Ableitungen I, II, III und aVF.
- Q-Zacke > 0,5 mV in Ableitungen I, II, III und aVF.
- Rechtsabweichung der Herzachse.
- P-pulmonale.

Häufigste Ursachen

- Angeborene Kardiopathien: Pulmonalstenose, Fallot-Tetralogie, Trikuspidalklappendysplasie.
- Dilatative Kardiomyopathie.
- Mitral- und Trikuspidalklappenendokardiose.
- Filariose.
- Hämangiosarkom des rechten Vorhofs.
- Cor pulmonale.
- Chronische Atemwegserkrankungen.
- Rechtsschenkelblock.

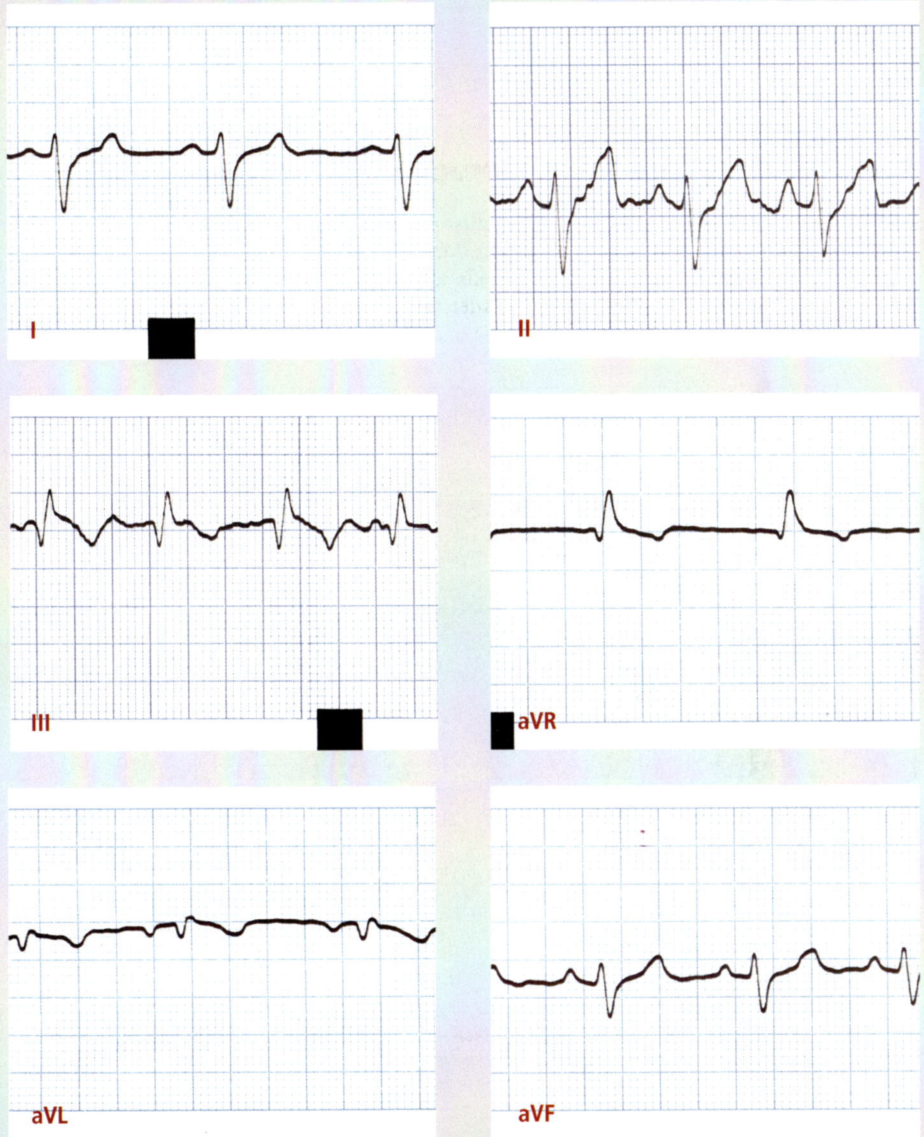

Abb. 29: Vollständige EKG-Aufzeichnungen eines Hundes, bei dem verschiedene Kriterien auf eine Rechtsherzhypertrophie/-erweiterung hinweisen: Rechtsabweichung der Herzachse; S-Zacken in Ableitungen I, II und aVF; tiefe S-Zacken in Ableitung II. In diesen Fällen sollte daran gedacht werden, dass die genannten Veränderungen von einem Rechtsschenkelblock verursacht sein könnten.

Veränderungen des PR-Intervalls

Am häufigsten wird eine Verlängerung des PR-Intervalls (genau genommen der PQ-Dauer) beobachtet, d.h. die gemessene Strecke vom Beginn der P-Welle bis zum Beginn der ersten Welle (Q-Welle) des QRS-Komplexes ist verlängert. Dauert dieses Intervall beim Hund länger als 0,13 s und bei der Katze länger als 0,09 s, spricht man von einem verlängerten PR-Intervall und es liegt ein atrioventrikulärer Block ersten Grades (AV-Block I°) vor (Abb. 30).

Vom physiologischen Standpunkt aus handelt es sich um eine verzögerte Überleitung des elektrischen Impulses von seinem Ursprung, dem Sinusknoten, zum AV-Knoten, sodass die Erregungsausbreitung verzögert bei den Ventrikeln ankommt. Sobald der Impuls jedoch den AV-Knoten erreicht hat, ist die weitere Erregungsausbreitung vollkommen normal (vorausgesetzt, es besteht nicht ein zusätzliches, davon unabhängiges Problem an den Herzkammern). Somit ist auch der folgende QRS-Komplex normal.

Gelegentlich können die PR-Intervalle auch inkonstant sein. Dies ist der Fall beim AV-Block zweiten Grades (AV-Block II°), Typ Mobitz I. Dabei wird das PR-Intervall mit jedem Herzschlag etwas länger, bis es ab einem kritischen Punkt zur vollständigen Blockierung der Überleitung kommt und der Impuls nicht mehr vom AV-Knoten zu den Ventrikeln weitergeleitet wird. In der EKG-Kurve zeigt sich eine schrittweise Verlängerung aufeinanderfolgender PR-Intervalle, bis eine P-Welle erscheint, der kein entsprechender QRS-Komplex folgt.

Beobachtet man dasselbe Phänomen, jedoch mit relativ normalen PR-Intervallen und einer Blockierung im AV-Knoten ohne Vorzeichen, so wird dies als AV-Block II°, Typ Mobitz II (»Mobitzblock«) bezeichnet.

Noch schwerwiegender sind die Fälle von AV-Blöcken dritten Grades (AV-Block III°) oder totalen AV-Blöcken, bei denen zwischen P-Wellen und QRS-Komplexen keinerlei Relation mehr herzustellen ist. Die Überleitung der Erregung von den Vorhöfen zu den Ventrikeln ist vollständig blockiert und ein Ersatzzentrum übernimmt die Kammerfrequenz. Dieser vollkommen unabhängige Ersatzrhythmus weist eine Frequenz auf, die niedriger als normal ist und je nach Entstehungsort zwischen 40 und 60 Schläge pro Minute beträgt. In diesen Fällen ist kein PR-Intervall zu messen, da kein elektrischer Impuls zu den Ventrikeln weitergeleitet wird.

Klinisch betrachtet haben alle AV-Blöcke denselben Ursprung, wobei es sich meist um extrakardiale Ätiologien handelt. Die häufigste Ursache ist ein gesteigerter Vagotonus, der bei den meisten Tieren physiologisch und ohne klinische Bedeutung ist, vor allem bei Hunden brachyzephaler Rassen. In solchen Fällen müssen andere mögliche Ursachen der pathologischen vagalen Hypertonie in Betracht gezogen werden, z. B. zerebral bedingte Hypertonie, Hypothermie, Kompression des N. vagus in der zervikalen, mediastinalen oder retrobulbären Region etc.

Als weitere mögliche Ursachen von Bradykardien mit Blockierungen der Erregungsleitung sind zu berücksichtigen: Hypothyreose, Intoxikationen oder Nebenwirkungen von Antiarrhythmika und Anästhetika.

Bei einem AV-Block III° ist besonders auf Erkrankungen zu achten, die mit einer hochgradigen Kaliämie einhergehen (z. B. chronische Niereninsuffizienz und vor allem Addison-Syndrom). Differentialdiagnostisch auszuschließen sind des Weiteren schwere Herzerkrankungen wie das Sick-Sinus-Syndrom sowie Kardiopathien im weit fortgeschrittenen Stadium. In manchen Fällen können atrioventrikuläre Blockierungen auch idiopathischer Natur sein.

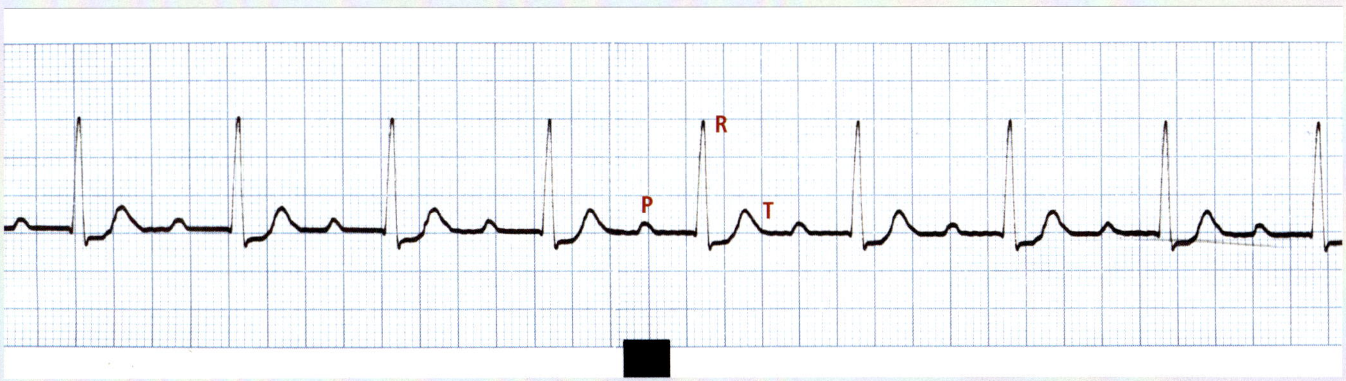

Abb. 30: AV-Block I° bei einem 12-jährigen Pekinesen. Das PR-Intervall misst 0,15 s.

Veränderungen des QT-Intervalls

Wie bereits erwähnt, ist die Dauer des QT-Intervalls umgekehrt proportional zur Herzfrequenz: Sie ist bei verringerter Herzfrequenz verlängert und bei erhöhter Herzfrequenz verkürzt (Abb. 31).

Unabhängig davon gibt es bestimmte häufige Ursachen von Variationen des QT-Intervalls:

Verlängertes QT-Intervall (Abb. 32a)

- Hypokalzämie: Hypoparathyreoidismus, Niereninsuffizienz, Eklampsie, Alkalose, Pankreatitis.
- Hypokaliämie: Cushing-Syndrom, Diuretikatherapie, Alkalose.
- Ethylenglykol-Intoxikation.
- Hypothermie.
- Antiarrhythmika-Therapie.

Verkürztes QT-Intervall (Abb. 32b)

- Hyperkalzämie: Hyperparathyreoidismus, Lymphom, multiples Myelom, Kalziumsupplementierung.
- Hyperkaliämie.
- Digitalis-Intoxikation.

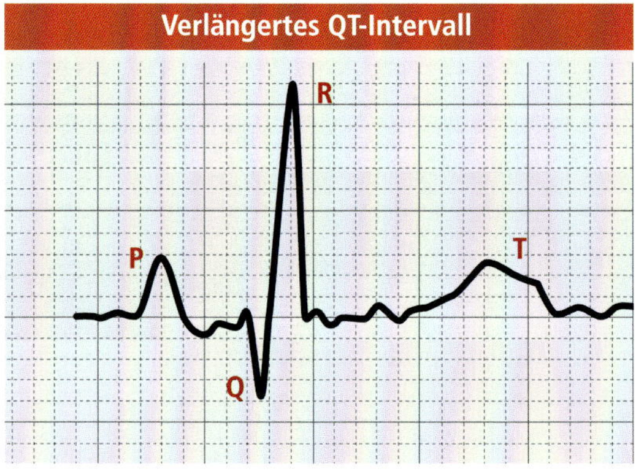

Abb. 31: Verlängertes QT-Intervall: 0,3 s.

Abb. 32a: Deutlich verlängertes QT-Intervall (0,3 s) bei einer Hündin mit Eklampsie.

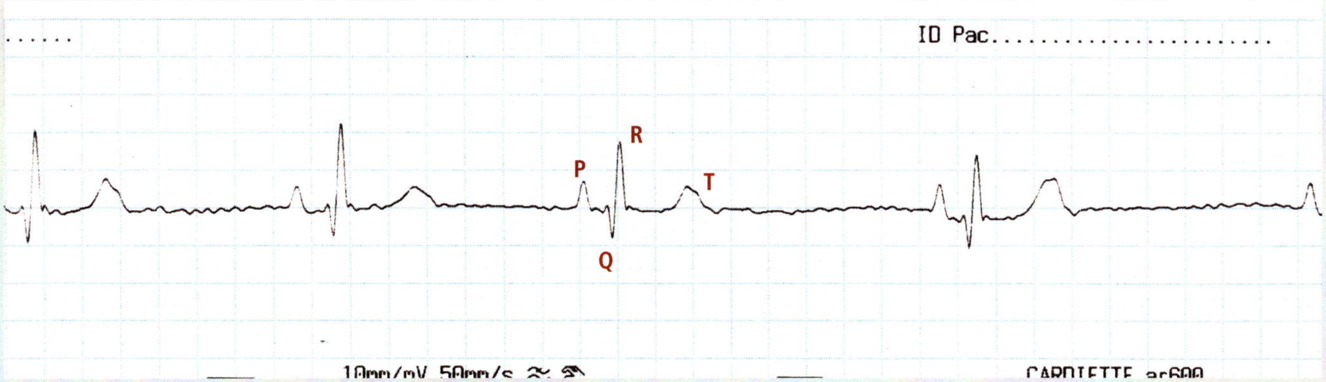

Abb. 32b: Verkürztes QT-Intervall bei einem Hund mit Sinustachykardie (240 bpm). Das QT-Intervall verhält sich indirekt proportional zur Herzfrequenz. Stark negative T-Wellen und eine ST-Senkung stellen einen deutlichen Hinweis auf eine hochgradige kardiale Dekompensation dar.

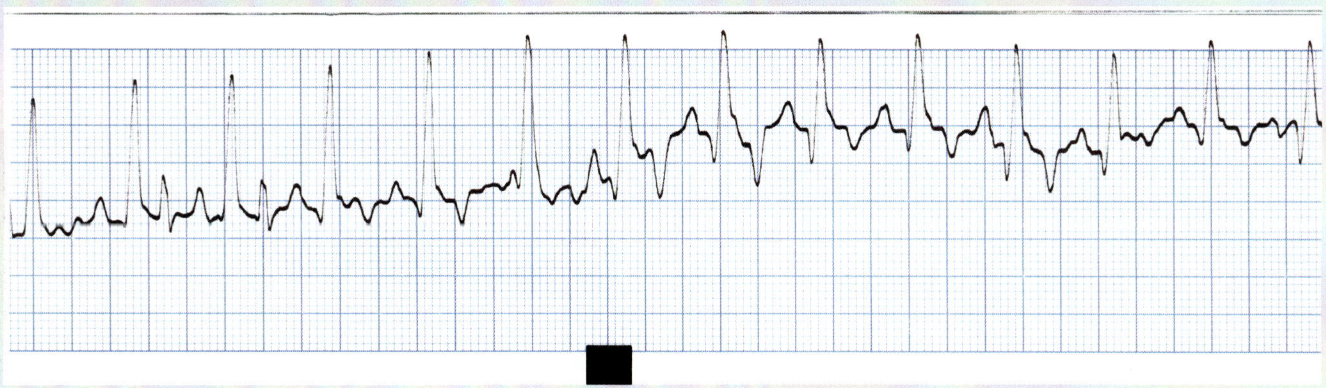

Veränderungen der ST-Strecke und der T-Welle

Abweichungen im Verlauf der ST-Strecke (ST-Hebung oder ST-Senkung, Abb. 33a und 33b) und Veränderungen der T-Welle kommen in der Regel gleichzeitig vor und sind meist auf dieselben Prozesse zurückzuführen, nämlich:

- Veränderungen im Elektrolythaushalt, vor allem veränderte Kaliumgehalte im Blut, und zwar sowohl bei erhöhten als auch bei verringerten Konzentrationen.
- Hypoxie des Myokards jedweder Ätiologie: Kongestive Herzinsuffizienz, Ateminsuffizienz, Anämie, Hypovolämie etc. (Abb. 34a, 34b und 34c).

Bei der ST-Strecke kann eine Hebung oder eine Senkung vorliegen, die T-Wellen können die unterschiedlichsten Formen aufweisen (positiv, negativ, biphasisch). Diese morphologischen Änderungen können gemeinsam und gleichzeitig auftreten. In solchen Fällen sind die Veränderungen fast immer signifikant, auch wenn es oft nicht möglich ist, die Ursache zu identifizieren.

Bei der kongestiven Herzinsuffizienz besteht typischerweise eine ST-Senkung und die T-Wellen sind stark negativ.

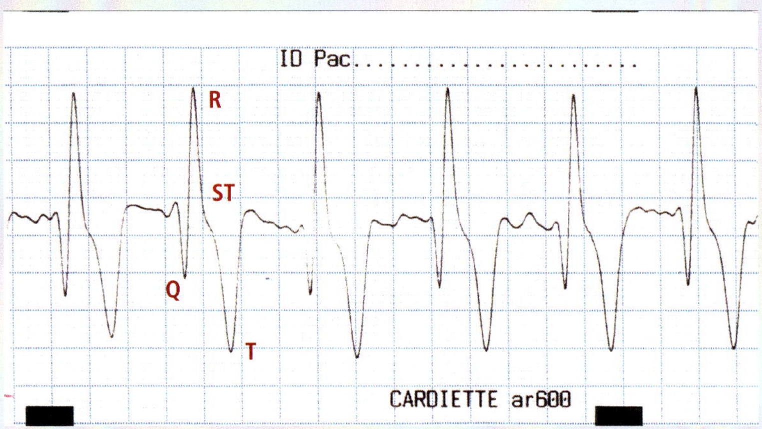

Abb. 33a: Patient mit Vorhofflimmern. Die extrem negativen T-Wellen und die ST-Senkung sind typisch für eine hochgradige kardiale Dekompensation.

Abb. 33b: Drei Monate alter Cocker-Spaniel-Welpe mit schwerer angeborener Herzkrankheit. Man achte auf die Größe der T-Wellen und auf die starke ST-Hebung.

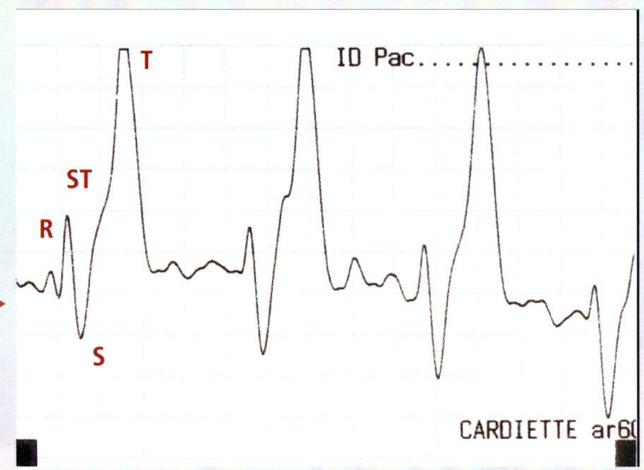

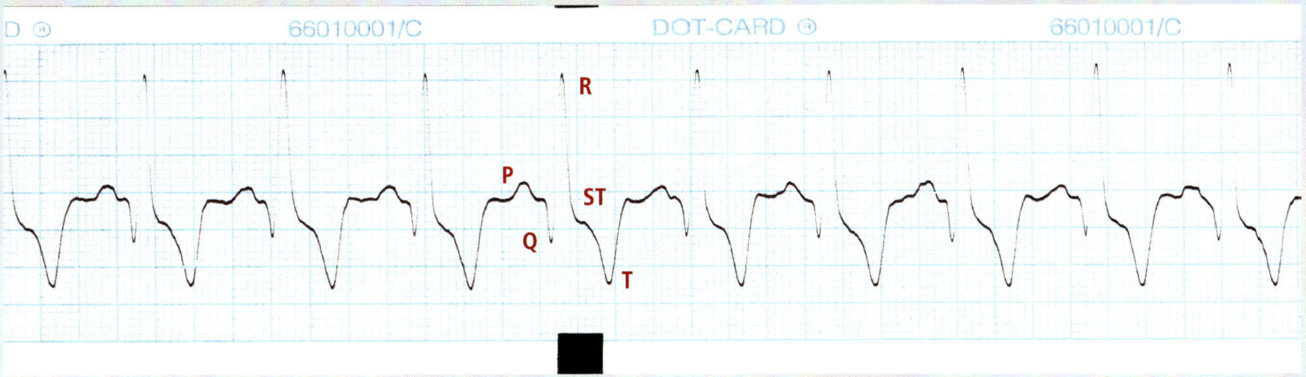

Abb. 34a: Typisch für eine dekompensierte kongestive Herzinsuffizienz sind eine ST-Senkung und T-Wellen mit stark negativer Amplitude, wie auf dem dargestellten EKG zu erkennen.

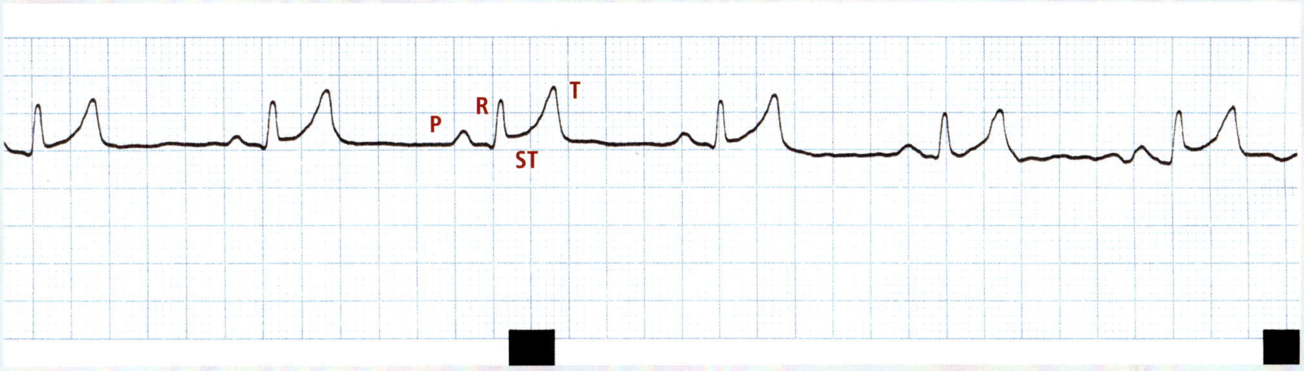

Abb. 34b: Die Veränderungen an der ST-Strecke (in diesem Fall mit leichter Hebung) und bei den T-Wellen stellen keine exklusiven Charakteristika einer Herzinsuffizienz dar. Es handelt sich um unspezifische Veränderungen, die aufgrund verschiedenster Ursachen infolge von Myokardhypoxie und/oder Elektrolytimbalanzen entstehen können.

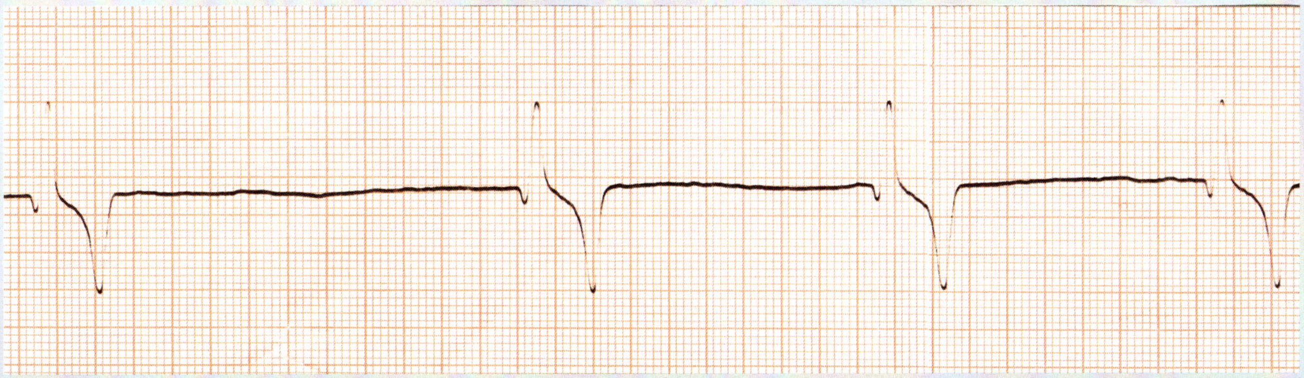

Abb. 34c: Patient mit Addison-Syndrom. Man erkennt die spitzen T-Wellen großer Amplitude, was sehr für eine hochgradige Hyperkaliämie spricht. Der persistierende Vorhofstillstand mit fehlenden P-Wellen, Bradykardie und großen spitzen T-Wellen stellt eine schwere Herzrhythmusstörung dar, die typisch für diese Krankheit ist.

Summe Ableitung III, positiv	Summe Ableitung I, positiv																					
	0,0	**0,5**	**1,0**	**1,5**	**2,0**	**2,5**	**3,0**	**3,5**	**4,0**	**4,5**	**5,0**	**6,0**	**7,0**	**8,0**	**9,0**	**10,0**	**11,0**	**12,0**	**13,0**	**14,0**	**15,0**	**20,0**
0,0		30	30	30	30	30	30	30	30	30	30	30	30	30	30	30	30	30	30	30	30	30
0,5	90	60	49	44	41	39	38	37	36	35	35	34	33	33	33	32	32	32	32	32	32	31
1,0	90	71	60	53	49	46	44	42	41	40	39	38	37	36	35	35	34	34	34	33	33	32
1,5	90	76	67	60	55	52	49	47	45	44	43	41	39	38	38	37	36	36	36	35	35	33
2,0	90	79	71	65	60	56	53	51	49	47	46	44	42	41	40	39	38	38	37	37	36	35
2,5	90	81	74	68	64	60	57	54	52	51	49	47	45	43	42	41	40	39	39	38	38	36
3,0	90	82	76	71	67	63	60	57	55	53	52	49	47	45	44	43	42	41	40	39	39	37
3,5	90	83	78	73	69	66	63	60	58	56	54	51	49	47	46	44	43	42	42	41	40	38
4,0	90	84	79	75	71	68	65	62	60	58	56	53	51	49	47	46	45	44	43	42	42	39
4,5	90	85	80	76	73	69	67	64	62	60	58	55	53	51	49	48	47	45	44	43	43	40
5,0	90	85	81	77	74	71	68	66	64	62	60	57	55	52	51	49	48	47	46	45	44	41
6,0	90	86	82	79	76	73	71	69	67	65	63	60	57	55	53	52	50	49	48	47	46	43
7,0	90	87	83	81	78	75	73	71	69	67	65	63	60	58	56	54	53	51	50	49	48	44
8,0	90	87	84	82	79	77	75	73	71	69	68	65	62	60	58	56	55	53	52	51	50	46
9,0	90	87	85	82	80	78	76	74	73	71	69	67	64	62	60	58	57	55	54	53	52	48
10,0	90	88	85	83	81	79	77	76	74	72	71	68	66	64	62	60	58	57	56	54	53	49
11,0	90	88	86	84	82	80	78	77	75	73	72	70	67	65	63	62	60	59	57	56	55	50
12,0	90	88	86	84	82	81	79	78	76	75	73	71	69	67	65	63	61	60	59	57	56	52
13,0	90	88	86	84	83	81	80	78	77	76	74	72	70	68	66	64	63	61	60	59	58	53
14,0	90	88	87	85	83	82	80	79	78	77	75	73	71	69	67	66	64	63	61	60	59	55
15,0	90	88	87	85	84	82	81	80	78	77	76	74	72	70	68	67	65	64	62	61	60	55
20,0	90	89	88	87	85	84	83	82	81	80	79	77	76	74	72	71	70	68	67	65	65	60

Summe Ableitung III, negativ	Summe Ableitung I, positiv																				
	0,0	**0,5**	**1,0**	**1,5**	**2,0**	**2,5**	**3,0**	**3,5**	**4,0**	**4,5**	**5,0**	**6,0**	**7,0**	**8,0**	**9,0**	**10,0**	**11,0**	**12,0**	**13,0**	**14,0**	**15,0**	**20,0**
0,0		30	30	30	30	30	30	30	30	30	30	30	30	30	30	30	30	30	30	30	30	30
0,5	–90	–30	0	11	16	19	21	22	23	24	25	26	26	27	27	27	28	28	28	28	28	29
1,0	–90	–60	–30	–11	0	7	11	14	16	18	19	21	22	23	24	25	25	26	26	26	27	27
1,5	–90	–71	–49	–30	–16	–7	0	5	7	11	13	16	18	20	21	22	23	23	24	24	25	26
2,0	–90	–76	–60	–44	–30	–19	–11	–5	0	4	7	11	14	16	18	19	20	21	22	22	23	25
2,5	–90	–79	–67	–53	–41	–30	–21	–14	–8	–4	0	6	9	12	14	16	17	19	20	20	21	23
3,0	–90	–81	–71	–60	–49	–39	–30	–22	–16	–11	–7	0	5	8	11	13	15	16	17	18	19	22
3,5	–90	–82	–74	–65	–55	–46	–38	–30	–23	–18	–13	–6	0	4	7	10	12	14	15	16	17	21
4,0	–90	–83	–76	–68	–60	–52	–44	–37	–30	–24	–19	–11	–5	0	4	7	9	11	13	14	15	19
4,5	–90	–84	–76	–71	–64	–56	–49	–42	–36	–30	–25	–16	–9	–4	0	3	6	8	10	12	13	18
5,0	–90	–85	–79	–73	–67	–60	–53	–47	–41	–35	–30	–21	–14	–8	–4	0	3	6	8	9	11	16
6,0	–90	–86	–81	–76	–71	–66	–60	–54	–49	–44	–39	–30	–22	–16	–11	–7	–3	0	3	5	7	13
7,0	–90	–86	–82	–78	–74	–69	–65	–60	–55	–51	–46	–38	–30	–23	–18	–13	–9	–6	–3	0	2	10
8,0	–90	–87	–83	–80	–76	–72	–68	–64	–60	–56	–52	–44	–37	–30	–24	–19	–15	–11	–8	–5	–2	7
9,0	–90	–87	–84	–81	–78	–74	–71	–67	–64	–60	–56	–49	–42	–36	–30	–25	–20	–16	–13	–9	–7	3
10,0	–90	–87	–85	–82	–79	–76	–73	–70	–67	–63	–60	–53	–47	–41	–35	–30	–25	–21	–17	–14	–11	0
11,0	–90	–88	–85	–83	–80	–77	–75	–72	–69	–66	–63	–57	–51	–45	–40	–35	–30	–26	–22	–18	–15	–3
12,0	–90	–88	–86	–83	–81	–79	–76	–74	–71	–68	–66	–60	–54	–49	–44	–39	–34	–30	–26	–22	–19	–7
13,0	–90	–88	–86	–84	–82	–80	–77	–75	–73	–70	–68	–63	–57	–52	–47	–43	–38	–34	–30	–26	–23	–10
14,0	–90	–88	–86	–84	–82	–80	–78	–76	–74	–72	–69	–65	–60	–55	–51	–46	–42	–38	–34	–30	–27	–13
15,0	–90	–88	–87	–85	–83	–81	–79	–77	–75	–73	–71	–67	–62	–58	–53	–49	–45	–41	–37	–33	–30	–16
20,0	–90	–89	–87	–86	–85	–83	–82	–81	–79	–78	–76	–73	–70	–67	–63	–60	–57	–53	50	–47	–44	–30

Summe Ableitung III, positiv	Summe Ableitung I, negativ																				
	0,0	**0,5**	**1,0**	**1,5**	**2,0**	**2,5**	**3,0**	**3,5**	**4,0**	**4,5**	**5,0**	**6,0**	**7,0**	**8,0**	**9,0**	**10,0**	**11,0**	**12,0**	**13,0**	**14,0**	**15,0**	**20,0**
0,5	−150	−150	−150	−150	−150	−150	−150	−150	−150	−150	−150	−150	−150	−150	−150	−150	−150	−150	−150	−150	−150	−150
1,0	90	150	180	−169	−164	−161	−159	−158	−157	−156	−155	−154	−154	−153	−153	−153	−152	−152	−152	−152	−152	−151
1,5	90	120	150	169	180	−173	−169	−166	−164	−162	−161	−159	−158	−157	−156	−155	−155	−154	−154	−154	−153	−153
2,0	90	109	131	150	164	173	180	−175	−172	−169	−167	−164	−162	−160	−159	−158	−157	−157	−156	−156	−155	−154
2,5	90	104	120	136	150	161	169	175	180	−176	−173	−169	−166	−164	−162	−161	−160	−159	−158	−158	−157	−155
3,0	90	101	113	127	139	150	159	166	172	176	180	−174	−171	−168	−166	−164	−163	−161	−160	−160	−159	−157
3,5	90	99	109	120	131	141	150	158	164	169	173	180	−175	−172	−169	−167	−165	−164	−163	−162	−161	−158
4,0	90	98	106	115	125	134	142	150	157	162	167	174	−180	−176	−173	−170	−168	−166	−165	−164	−163	−159
4,5	90	97	104	112	120	128	136	143	150	156	161	169	175	180	−176	−173	−171	−169	−167	−166	−165	−161
5,0	90	96	102	109	116	124	131	138	144	150	155	164	171	176	180	−177	−174	−172	−170	−168	−167	−162
6,0	90	95	101	107	113	120	127	133	139	145	150	159	166	172	176	180	−177	−174	−172	−171	−169	−164
7,0	90	94	99	104	109	114	120	126	131	136	141	150	158	164	169	173	177	180	−177	−175	−173	−167
8,0	90	94	98	102	106	111	115	120	125	129	134	142	150	157	162	167	171	174	177	180	−178	−170
9,0	90	93	97	100	104	108	112	116	120	124	128	136	143	150	156	161	165	169	172	175	178	−173
10,0	90	93	96	99	102	106	109	113	116	120	124	131	138	144	150	155	160	164	167	171	173	−177
11,0	90	93	95	98	101	104	107	110	113	117	120	127	133	139	145	150	155	159	163	166	169	180
10,0	90	92	95	97	100	103	105	108	111	114	117	123	129	135	140	145	150	154	158	162	165	177
12,0	90	92	94	97	99	101	104	106	109	112	114	120	126	131	136	141	146	150	154	158	161	173
13,0	90	92	94	96	98	100	103	105	107	110	112	117	123	128	133	137	142	146	150	154	157	170
14,0	90	92	94	96	98	100	102	104	106	108	111	115	120	125	129	134	138	142	146	150	153	167
15,0	90	92	93	95	97	99	101	103	105	107	109	113	118	122	127	131	135	139	143	147	150	164
20,0	90	92	93	94	95	97	98	99	101	102	104	107	110	113	117	120	123	127	130	133	136	150

Summe Ableitung III, negativ	Summer Ableitung I, negativ																				
	0,0	**0,5**	**1,0**	**1,5**	**2,0**	**2,5**	**3,0**	**3,5**	**4,0**	**4,5**	**5,0**	**6,0**	**7,0**	**8,0**	**9,0**	**10,0**	**11,0**	**12,0**	**13,0**	**14,0**	**15,0**	**20,0**
0,5	−150	−150	−150	−150	−150	−150	−150	−150	−150	−150	−150	−150	−150	−150	−150	−150	−150	−150	−150	−150	−150	−150
1,0	−90	−120	−131	−136	−139	−141	−142	−143	−144	−145	−145	−146	−147	−147	−147	−148	−148	−148	−148	−148	−148	−149
1,5	−90	−109	−120	−127	−131	−134	−136	−138	−139	−140	−141	−142	−143	−144	−145	−145	−146	−146	−146	−147	−147	−148
2,0	−90	−104	−113	−120	−125	−128	−131	−133	−135	−136	−137	−139	−141	−142	−142	−143	−144	−144	−144	−145	−145	−147
2,5	−90	−101	−109	−115	−120	−124	−127	−129	−131	−133	−134	−136	−138	−139	−140	−141	−142	−142	−143	−143	−144	−145
3,0	−90	−99	−106	−112	−116	−120	−123	−126	−128	−129	−131	−133	−135	−137	−138	−139	−140	−141	−141	−142	−142	−144
3,5	−90	−98	−104	−109	−113	−117	−120	−123	−125	−127	−128	−131	−133	−135	−136	−137	−138	−139	−140	−141	−141	−143
4,0	−90	−97	−102	−107	−111	−114	−117	−120	−122	−124	−124	−129	−131	−133	−134	−136	−137	−138	−138	−139	−140	−142
4,5	−90	−96	−101	−105	−109	−112	−115	−118	−120	−122	−124	−127	−129	−131	−133	−134	−135	−136	−137	−138	−138	−141
5,0	−90	−95	−100	−104	−107	−111	−113	−116	−118	−120	−122	−125	−127	−129	−131	−132	−133	−135	−136	−137	−137	−140
6,0	−90	−95	−99	−103	−106	−109	−112	−114	−116	−118	−120	−123	−125	−128	−129	−131	−132	−133	−134	−135	−136	−139
7,0	−90	−94	−98	−101	−104	−107	−109	−111	−113	−115	−117	−120	−123	−125	−127	−128	−130	−131	−132	−133	−134	−137
8,0	−90	−93	−97	−99	−102	−105	−107	−109	−111	−113	−115	−117	−120	−122	−124	−126	−127	−129	−130	−131	−132	−136
9,0	−90	−93	−96	−98	−101	−103	−105	−107	−109	−111	−112	−115	−118	−120	−122	−124	−125	−127	−128	−129	−130	−134
10,0	−90	−93	−95	−98	−100	−102	−104	−106	−107	−109	−111	−113	−116	−118	−120	−122	−123	−125	−126	−127	−128	−132
11,0	−90	−92	−95	−97	−99	−101	−103	−104	−106	−108	−109	−112	−114	−116	−118	−120	−122	−123	−124	−126	−127	−131
10,0	−90	−92	−94	−96	−98	−100	−102	−103	−105	−107	−108	−110	−113	−115	−117	−118	−120	−121	−123	−124	−125	−130
12,0	−90	−92	−94	−96	−98	−99	−101	−102	−104	−105	−107	−109	−111	−113	−115	−117	−119	−120	−121	−123	124	−128
13,0	−90	−92	−94	−96	−97	−99	−100	−102	−103	−104	−106	−108	−110	−112	−114	−116	−117	−119	−120	−121	−122	−127
14,0	−90	−92	−93	−95	−97	−98	−100	−101	−102	−103	−105	−107	−109	−111	−113	−114	−116	−117	−119	−120	−121	−125
15,0	−90	−92	−93	−95	−96	−98	−99	−100	−102	−103	−104	−106	−108	−110	−112	−113	−115	−116	−118	−119	−120	−125
20,0	−90	−91	−92	−93	−95	−96	−97	−98	−99	−100	−101	−103	−104	−106	−108	−109	−110	−112	−113	−115	−115	−125

Mathematische Tabelle zur Berechnung der mittleren elektrischen Herzachse. Aus TILLEY (1992).

Die Fallstudien werden in zwei Abschnitten präsentiert. Im ersten Abschnitt (Abschnitt A) werden die einfacheren und häufiger vorkommenden Fälle vorgestellt, während der zweite Abschnitt (Abschnitt B) komplexere Elektrokardiogramme enthält. In beiden Teilen des Buches wurden die Fälle in zufälliger Reihenfolge angeordnet, damit der Leser die Problemlösung nicht aufgrund einer logischen Anordnung nach bestimmten Arten der Arrhythmien oder Erkrankungen erraten kann.

EKG-Interpretation

Abschnitt A: Häufig vorkommende, einfachere klinische Fälle

Abschnitt B: Komplexere klinische Fälle

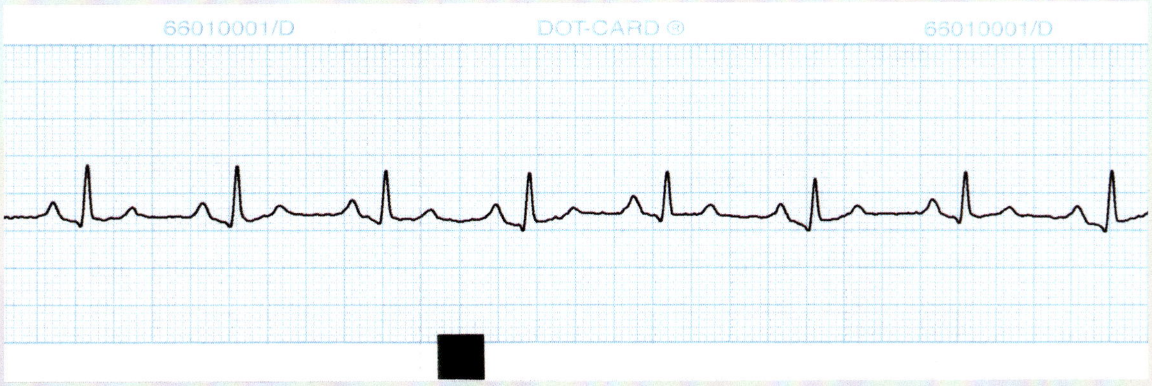

Ableitung II; 1 cm = 1 mV; 50 mm/s

Patient	
Rasse	Dalmatiner
Alter	9 Jahre
Geschlecht	Männlich

Anamnese
Geriatrische Untersuchung. Patient symptomfrei.

- Welcher Herzrhythmus ist dargestellt? Liegen irgendwelche Veränderungen an Wellen, Zacken oder Intervallen vor?

- Kann die Herzfrequenz als normal bezeichnet werden? Welche Abweichungen sind möglich und warum?

Parameter	Patient	Normwerte
Grundrhythmus		Sinusrhythmus; Sinusarrhythmie
Herzfrequenz		70–160 bpm (bis zu 180 bei kleinen Rassen und bis zu 220 bei Welpen)
Elektrische Herzachse		+40° – +100°
P-Welle		Breite: 0,04 s; Höhe: 0,4 mV
PR-Intervall		0,06–0,13 s
QRS-Komplex		Bis zu 0,06 s (0,05 s bei kleinen Rassen)
R-Zacke		Bis zu 3 mV (2,5 mV bei kleinen Rassen)
QT-Intervall		0,15–0,25 s
ST-Strecke		Hebung: bis zu 0,15 mV; Senkung: < 0,2 mV
T-Welle		< 25 % der R-Höhe
Sonstiges		

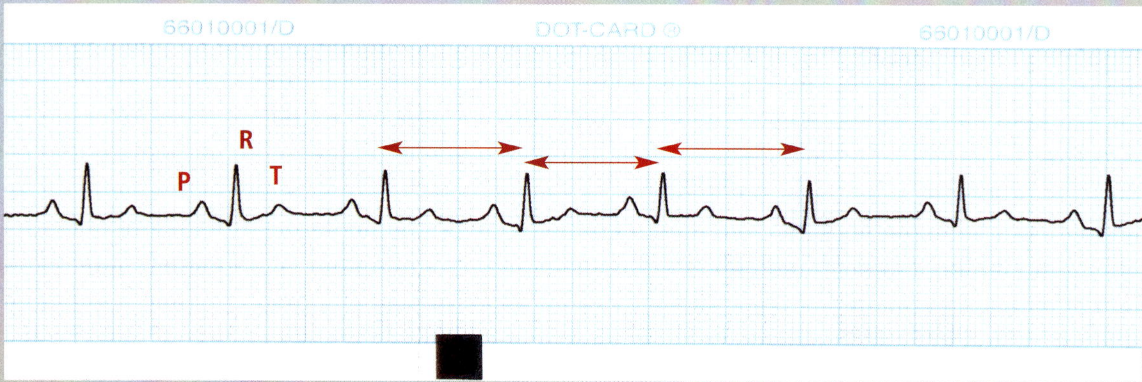

Untersuchte Parameter	
Grundrhythmus	Normaler Sinusrhythmus
Herzfrequenz	160 bpm
Elektrische Herzachse	—
P-Welle	0,04 s × 0,2 mV
PR-Intervall	0,09 s
QRS-Komplex	0,04 s
R-Zacke	0,7 mV
QT-Intervall	0,16 s
ST-Strecke	Normal
T-Welle	Normal
Sonstiges	—

► Welcher Herzrhythmus ist dargestellt? Liegen irgendwelche Veränderungen an Wellen, Zacken oder Intervallen vor?

Es handelt sich um einen normalen Sinusrhythmus mit einer Herzfrequenz von 160 bpm. Der reguläre Sinusrhythmus wird beim Hund als normal angesehen, obwohl sich bei den meisten herzgesunden Hunden in Ruhe häufig eine Sinusarrhythmie beobachten lässt, die mit einem respiratorisch bedingten dominanten Vagotonus in Zusammenhang steht.

Trotz der leichten Unregelmäßigkeiten bei den einzelnen RR-Intervallen, wie sie hier vorliegen, kann der Herzrhythmus noch als normaler Sinusrhythmus bezeichnet werden.

Alle Werte für Wellen, Zacken und Intervalle liegen innerhalb der Norm.

► Kann die Herzfrequenz als normal bezeichnet werden? Welche Abweichungen sind möglich und warum?

Die Frequenz liegt für diesen individuellen Patienten im oberen Normbereich. Sie ist zwar noch als normal anzusehen, liegt aber doch höher als die durchschnittliche Herzfrequenz in Ruhe bei Hunden vergleichbarer Charakteristika (Rasse, Alter etc.). Das Auftreten einer erhöhten Herzfrequenz ohne Sinusarrhythmie ist bei herzgesunden Tieren auf Vorgänge (pathologischer oder physiologischer Natur) zurückzuführen, die mit einem Anstieg des Sympathikotonus einhergehen, wie Schmerz, Fieber, Anämie, Angst, Hypoxie, Behandlung mit Sympathomimetika oder Anticholinergika etc.

Da bei diesem Patienten keine anderen Ursachen zu finden sind, ist die erhöhte Herzfrequenz wohl auf den durch die Untersuchung erzeugten Stress zurückzuführen.

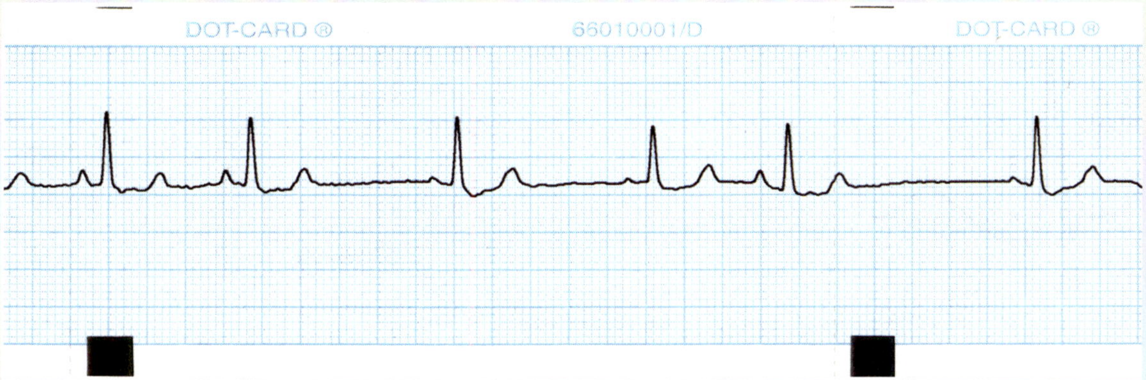

Ableitung II; 1 cm = 1 mV; 50 mm/s

Patient	
Rasse	Pekinese
Alter	8 Jahre
Geschlecht	Weiblich

Anamnese

Im linken Hemithorax systolisches Herzgeräusch Grad III/VI. Thoraxröntgen ohne besonderen Befund.

- ► Ist eine Arrhythmie zu erkennen? Worauf ist diese zurückzuführen?
- ► Liegen noch andere Veränderungen an Wellen, Zacken oder Intervallen vor?
- ► Welche Therapie ist angezeigt?

Parameter	Patient	Normwerte
Grundrhythmus		Sinusrhythmus; Sinusarrhythmie
Herzfrequenz		70–160 bpm (bis zu 180 bei kleinen Rassen und bis zu 220 bei Welpen)
Elektrische Herzachse		+40° – +100°
P-Welle		Breite: 0,04 s; Höhe: 0,4 mV
PR-Intervall		0,06–0,13 s
QRS-Komplex		Bis zu 0,06 s (0,05 s bei kleinen Rassen)
R-Zacke		Bis zu 3 mV (2,5 mV bei kleinen Rassen)
QT-Intervall		0,15–0,25 s
ST-Strecke		Hebung: bis zu 0,15 mV; Senkung: < 0,2 mV
T-Welle		Weniger als 25 % der R-Höhe
Sonstiges		

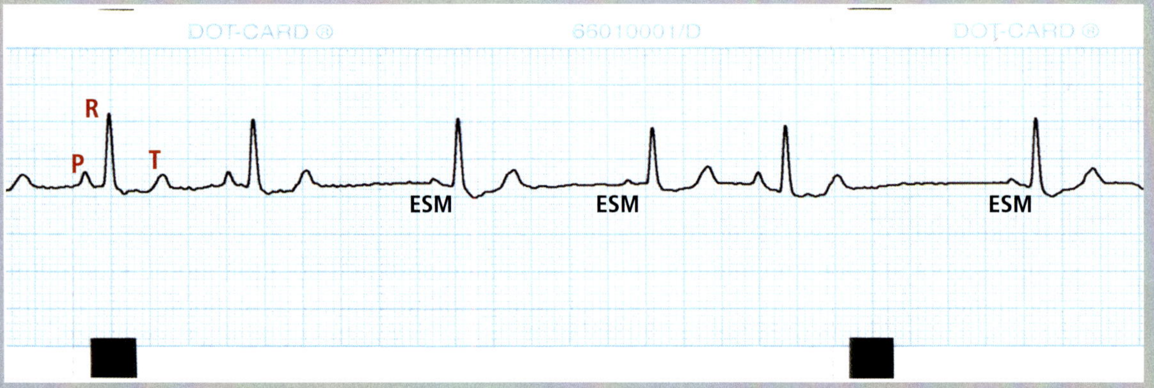

Untersuchte Parameter	
Grundrhythmus	Respiratorische Sinusarrhythmie
Herzfrequenz	120 bpm
Elektrische Herzachse	—
P-Welle	0,04 s × 0,2 mV
PR-Intervall	0,09 s
QRS-Komplex	0,04 s
R-Zacke	0,9 mV
QT-Intervall	0,20 s
ST-Strecke	Normal
T-Welle	Normal
Sonstiges	Ektopischer Schrittmacher (ESM)

► Ist eine Arrhythmie zu erkennen? Worauf ist diese zurückzuführen?

Respiratorische Sinusarrhythmie bei einer Herzfrequenz von 120 bpm. Es handelt sich um den üblichen Herzrhythmus gesunder Hunde, der durch das Vorherrschen des Vagotonus während einer der Atmungsphasen entsteht; dabei kommt es bei der Inspiration zu einer Stimulierung des Sympathikus bei vagaler Hemmung, sodass der Herzrhythmus beschleunigt wird. Beim Ausatmen ist der umgekehrte Vorgang zu beobachten.

Bei brachyzephalen Hunderassen kann die respiratorische Arrhythmie stark ausgeprägt sein, da bei diesen Tieren rassebedingt ein erhöhter Vagotonus vorliegt.

Bei herzkranken Tieren stellt das Vorhandensein einer respiratorischen Arrhythmie einen positiven Umstand dar, da sie mit der Aktivierung der kompensatorischen Mechanismen des Herzens zu verschwinden neigt.

► Liegen noch andere Veränderungen an Wellen, Zacken oder Intervallen vor?

Bei manchen Komplexen zeigen sich die P-Wellen verändert. Es handelt sich um einen ektopischen Schrittmacher. Dieser steht ebenfalls mit der respiratorischen Arrhythmie in Zusammenhang. Die P-Wellen weisen in den Momenten mit verringerter Herzfrequenz niedrigere Amplituden auf. Dieser Befund ist ohne klinische Bedeutung.

► Welche Therapie ist angezeigt?

Solange das Tier keine Symptome zeigt, ist eine spezifische kardiologische Therapie nicht erforderlich. Wie sich nämlich gezeigt hat, ist eine medikamentelle Behandlung bei Hunden ohne Anzeichen einer kongestiven Herzerkrankung weder in der Lage, die Lebensqualität zu verbessern oder lebensverlängernd zu wirken, noch das Fortschreiten einer Herzerkrankung aufzuhalten.

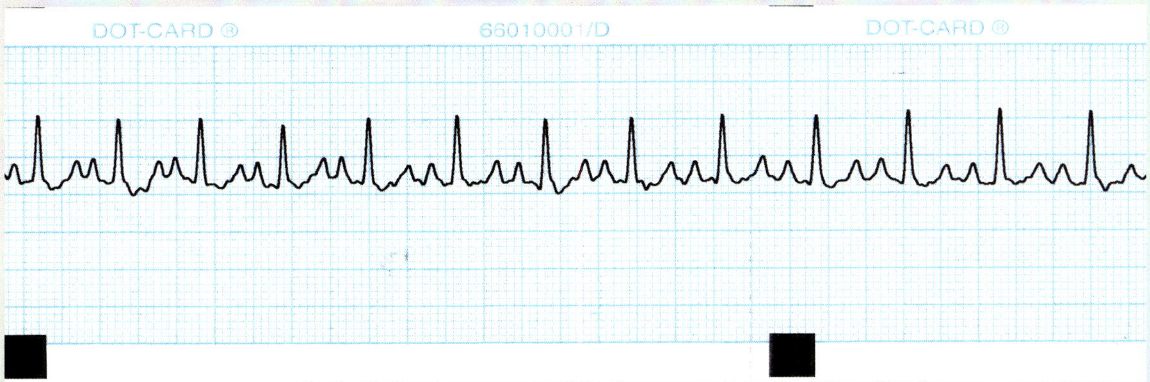

Ableitung II; 1 cm = 1 mV; 50 mm/s

Patient	
Rasse	Zwergspitz
Alter	3 Monate
Geschlecht	Weiblich

Anamnese

Erbrechen, Durchfall, Dehydration, beschleunigte Atmung. Ein Herzgeräusch ist nicht zu auskultieren

- Welche Herzfrequenz ist in diesem EKG zu beobachten?
- Welche Ursachen kann dieses Phänomen haben?
- Ist aufgrund dieses EKG eine Behandlung erforderlich?

Parameter	Patient	Normwerte
Grundrhythmus		Sinusrhythmus; Sinusarrhythmie
Herzfrequenz		70–160 bpm (bis zu 180 bei kleinen Rassen und bis zu 220 bei Welpen)
Elektrische Herzachse		+40° – +100°
P-Welle		Breite: 0,04 s; Höhe: 0,4 mV
PR-Intervall		0,06–0,13 s
QRS-Komplex		Bis zu 0,06 s (0,05 s bei kleinen Rassen)
R-Zacke		Bis zu 3 mV (2,5 mV bei kleinen Rassen)
QT-Intervall		0,15–0,25 s
ST-Strecke		Hebung: bis zu 0,15 mV; Senkung: < 0,2 mV
T-Welle		Weniger als 25 % der R-Höhe
Sonstiges		

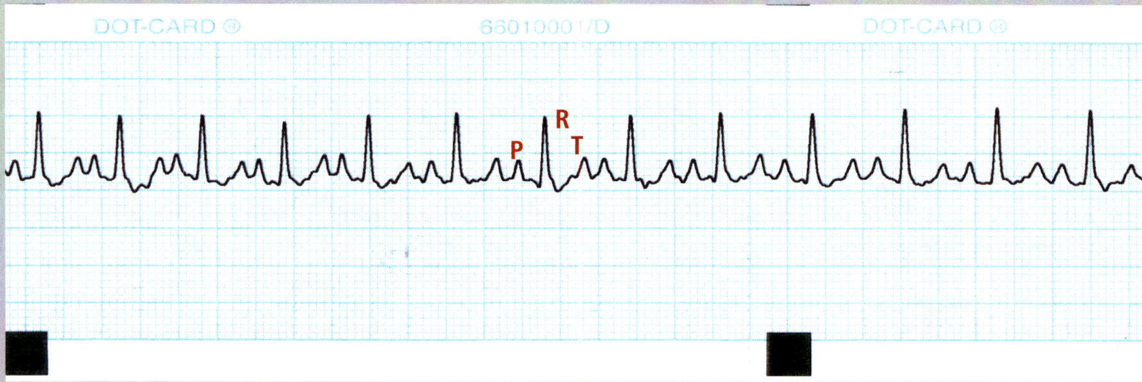

Untersuchte Parameter	
Grundrhythmus	**Sinustachykardie**
Herzfrequenz	**240 bpm**
Elektrische Herzachse	—
P-Welle	0,04 s × 0,25 mV
PR-Intervall	0,08 s
QRS-Komplex	0,04 s
R-Zacke	0,9 mV
QT-Intervall	0,16 s
ST-Strecke	Normal
T-Welle	**> 25 % der R-Höhe**
Sonstiges	—

► Welche Herzfrequenz ist in diesem EKG zu beobachten?

Sinustachykardie bei 240 bpm.

► Welche Ursachen kann dieses Phänomen haben?

Zu einer Erhöhung der Herzfrequenz kommt es infolge einer Aktivierung des Sympathikus oder einer Hemmung des Parasympathikus aufgrund verschiedenster Prozesse. Ob der eine oder der andere Mechanismus des vegetativen Nervensystems überwiegt, ist von der Art des Stimulus und individuellen, patientenbezogenen Faktoren abhängig.

Bei gesunden Tieren steigt die Herzfrequenz bei körperlicher Belastung oder aufgrund starker emotionaler Reize wie z.B. Angst. Bei Patienten mit dekompensierter Herzkrankheit entsteht die Tachykardie als Reaktion des Körpers auf entstehende Kompensationsmechanismen wegen fortgesetzt verringerten Herzminutenvolumens.

Bei herzgesunden Patienten kann es infolge unterschiedlicher, aber immer sehr starker Reize zur Tachykardie kommen. Zu den häufigsten Stimuli zählen: Fieber, Anämie, Sepsis, Hypoxie, Hypovolämie, Hypotonie, Hypertonie, Dehydratation, Hypokaliämie, Medikamente etc.

► Ist aufgrund dieses EKG eine Behandlung erforderlich?

Da es sich in diesem Fall mit an Sicherheit grenzender Wahrscheinlichkeit um eine physiologische Tachyarrhythmie extrakardialen Ursprungs handelt, ist keine Therapie notwendig. Mit dem Verschwinden der primären Krankheitsprozesse gibt sich auch die Arrhythmie.

Infolge der Tachykardie kommt es durch die Reduzierung des Herzminutenvolumens und den erhöhten Sauerstoffverbrauch des Herzens zu hämodynamischen Veränderungen. Obwohl die dabei auftretenden Symptome in der Regel leicht und passager sind und von den Tieren gut verkraftet werden, kann bei extrem erhöhter Herzfrequenz oder länger andauernder Tachykardie eine vorübergehende Behandlung notwendig werden, um eine sekundäre Ischämie zu verhindern.

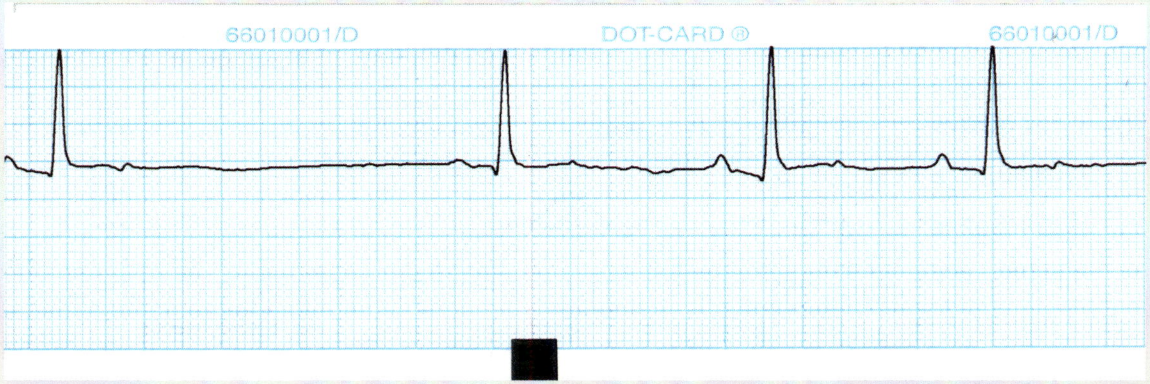

Ableitung II; 1 cm = 1 mV; 50 mm/s

Patient	
Rasse	Labrador
Alter	8 Jahre
Geschlecht	Weiblich

Anamnese

Erschöpfung, Übergewicht. Arrhythmie bei Auskultation.

- Welcher Herzrhythmus und welche Herzfrequenz sind dargestellt?
- Welche Erkrankungen sind mit einem solchen EKG vereinbar?
- Was ist in diesem Fall die wahrscheinlichste Diagnose?

Parameter	Patient	Normwerte
Grundrhythmus		Sinusrhythmus; Sinusarrhythmie
Herzfrequenz		70–160 bpm (bis zu 180 bei kleinen Rassen und bis zu 220 bei Welpen)
Elektrische Herzachse		+40° – +100°
P-Welle		Breite: 0,04 s; Höhe: 0,4 mV
PR-Intervall		0,06–0,13 s
QRS-Komplex		Bis zu 0,06 s (0,05 s bei kleinen Rassen)
R-Zacke		Bis zu 3 mV (2,5 mV bei kleinen Rassen)
QT-Intervall		0,15–0,25 s
ST-Strecke		Hebung: bis zu 0,15 mV; Senkung: $< 0,2$ mV
T-Welle		Weniger als 25 % der R-Höhe
Sonstiges		

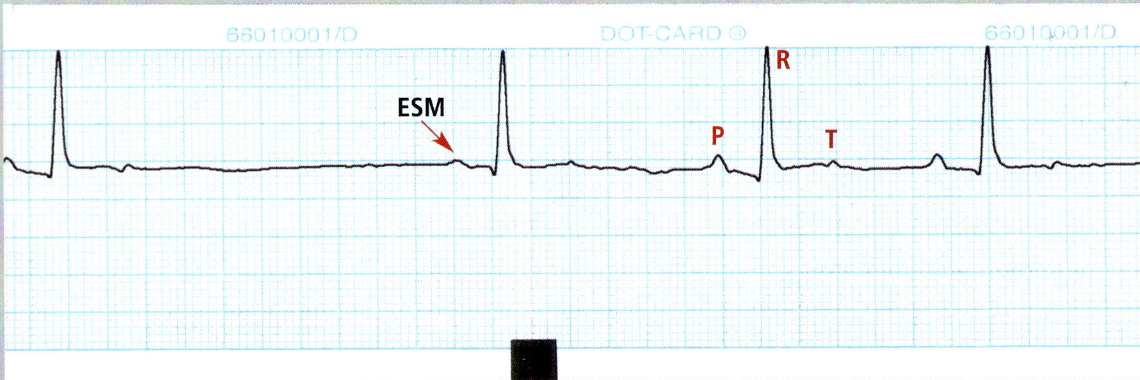

Untersuchte Parameter	
Grundrhythmus	Respiratorische Sinusarrhythmie
Herzfrequenz	80 bpm
Elektrische Herzachse	—
P-Welle	0,04 s × 0,15 mV
PR-Intervall	0,12 s
QRS-Komplex	0,05 s
R-Zacke	1,6 mV
QT-Intervall	0,20 s
ST-Strecke	Normal
T-Welle	Normal
Sonstiges	Wandernder Schrittmacher

► Welcher Herzrhythmus und welche Herzfrequenz sind dargestellt?

Sinusarrhythmie bei einer Herzfrequenz von 80 bpm. Diese Frequenz liegt am unteren Rand des Normbereichs, sodass von einer geringgradigen Bradykardie gesprochen werden muss. Zu beobachten ist auch ein wandernder Schrittmacher mit einer Formänderung der P-Welle.

► Welche Erkrankungen sind mit einem solchen EKG vereinbar?

Niedrige Herzfrequenzen können bei trainierten Tieren oder bei brachyzephalen Hunden aufgrund deren erhöhten Vagotonus physiologischer Natur sein.

Pathologische Bradykardien können kardialen Ursprungs und die Folge von Störungen der Erregungsausbreitung oder Impulsentstehung sein. Die häufigsten Ursachen sind:

- Sick-Sinus-Syndrom.
- Sekundär bei Myokarditis, Klappendegeneration oder kardialen Neoplasien.
- Myokardfibrose infolge des natürlichen Alterungsprozesses.

Häufiger sind extrakardiale Ursachen der Bradyarrhythmie aufgrund von Erkrankungen wie:

- Hypothyreose.
- Elektrolytimbalanzen wie Hypokalzämie oder Hyperkaliämie bei Niereninsuffizienz oder Addison-Krankheit.
- Raumforderungen mit retrobulbärer, zervikaler oder mediastinaler Lokalisation, bei denen es durch den ausgeübten Druck zur Vagusstimulation kommt.
- Schwere systemische Erkrankungen verschiedenster Ätiologie (Nervensystem, Verdauungstrakt, Atemwege etc.) können ebenfalls eine Vagus-Reaktion auslösen.

► Was ist in diesem Fall die wahrscheinlichste Diagnose?

Da außer Übergewicht und Erschöpfung keine anderen Symptome vorliegen, ist Hypothyreose die wahrscheinlichste Diagnose. Dabei handelt es sich um eine endokrine Störung, die mit einem verringerten basalen Stoffwechsel aller Organsysteme einhergeht. Im EKG zeigt sich dies mit dem typischen Befund einer Bradykardie.

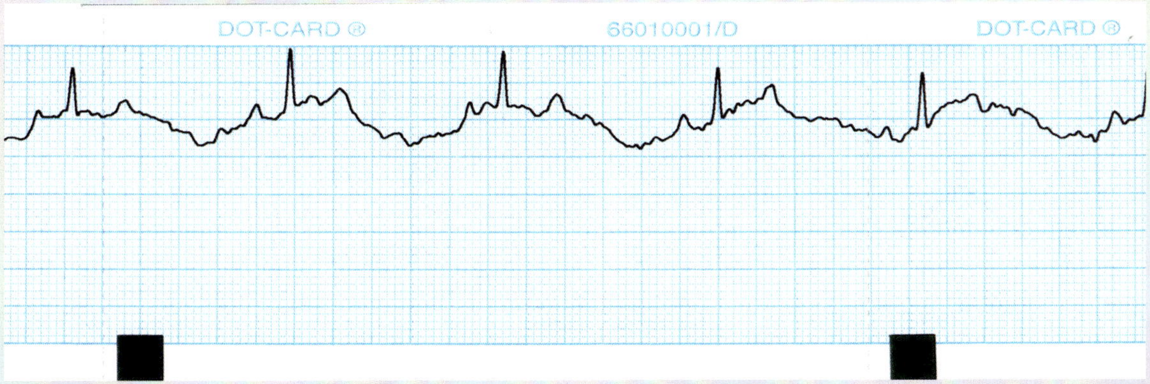

Ableitung II; 1 cm = 1 mV; 50 mm/s

Patient	
Rasse	Chow-Chow
Alter	5 Jahre
Geschlecht	Männlich

Anamnese

Husten und Dyspnoe. Ein Herzgeräusch ist nicht zu auskultieren.

- Welche Veränderungen sind im EKG zu beobachten?
- Wie lassen sich diese vermeiden?
- Welche Untersuchung eignet sich am besten zur Diagnosesicherung?

Parameter	Patient	Normwerte
Grundrhythmus		Sinusrhythmus; Sinusarrhythmie
Herzfrequenz		70–160 bpm (bis zu 180 bei kleinen Rassen und bis zu 220 bei Welpen)
Elektrische Herzachse		+40° – +100°
P-Welle		Breite: 0,04 s; Höhe: 0,4 mV
PR-Intervall		0,06–0,13 s
QRS-Komplex		Bis zu 0,06 s (0,05 s bei kleinen Rassen)
R-Zacke		Bis zu 3 mV (2,5 mV bei kleinen Rassen)
QT-Intervall		0,15–0,25 s
ST-Strecke		Hebung: bis zu 0,15 mV; Senkung: < 0,2 mV
T-Welle		Weniger als 25 % der R-Höhe
Sonstiges		

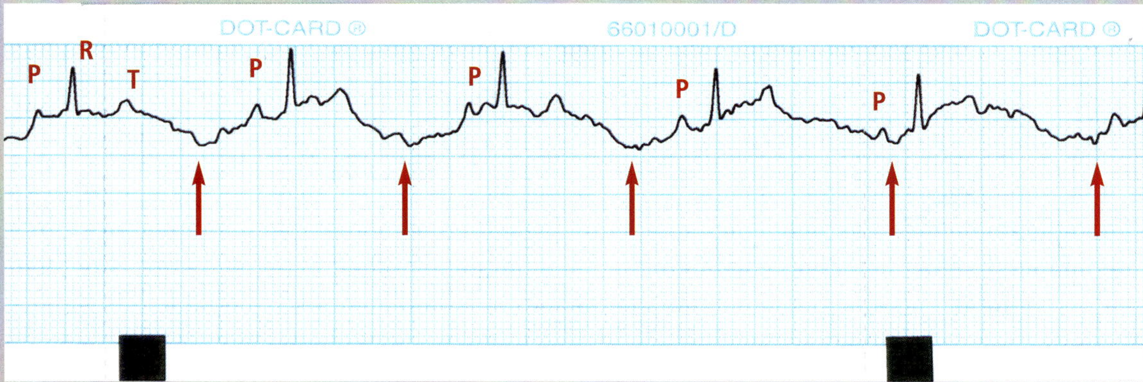

Untersuchte Parameter	
Grundrhythmus	Normaler Sinusrhythmus
Herzfrequenz	120 bpm
Elektrische Herzachse	—
P-Welle	0,04 s × 0,2 mV
PR-Intervall	0,10 s
QRS-Komplex	0,04 s
R-Zacke	0,7 mV
QT-Intervall	0,18 s
ST-Strecke	Normal
T-Welle	Normal
Sonstiges	—

► Welche Veränderungen sind im EKG zu beobachten?

Zu erkennen sind Schwankungen um die Grundlinie herum, die möglicherweise durch die dyspnoebedingten Atembewegungen des Patienten verursacht wurden (man achte auf die mit einem Pfeil markierten Stellen). Es liegt ein normaler Sinusrhythmus bei physiologischer Herzfrequenz vor. Hinweise auf eine Hypertrophie oder Dilatation des Herzens sind nicht zu erkennen. Auffällig sind die positiven, leicht überlappenden P-Wellen infolge der Schwankungen der Nulllinie.

► Wie lassen sich diese vermeiden?

Zur Vermeidung dieser und anderer Arten von Artefakten kann man vor der Anfertigung des EKG die Dyspnoe bzw. den Husten des Patienten z. B. durch Sauerstoffgabe behandeln und / oder das Tier sedieren. Anästhesieprotokolle, die sich am wenigsten auf die Herzfunktion und die elektrokardiographischen Parameter auswirken, sind:

- Butorphanol 0,4 mg/kg i. m. mit Diazepam 0,25 mg/kg i. v.
- Buprenorphin 10 mg/kg i. m. mit Diazepam 0,25 mg/kg i. v.

► Welche Untersuchung eignet sich am besten zur Diagnosesicherung?

Ist die EKG-Aufzeichnung nicht brauchbar, empfiehlt sich eine Wiederholung des EKG. Die Dyspnoe des Patienten ist dabei mit den genannten Mitteln unter Kontrolle zu halten.

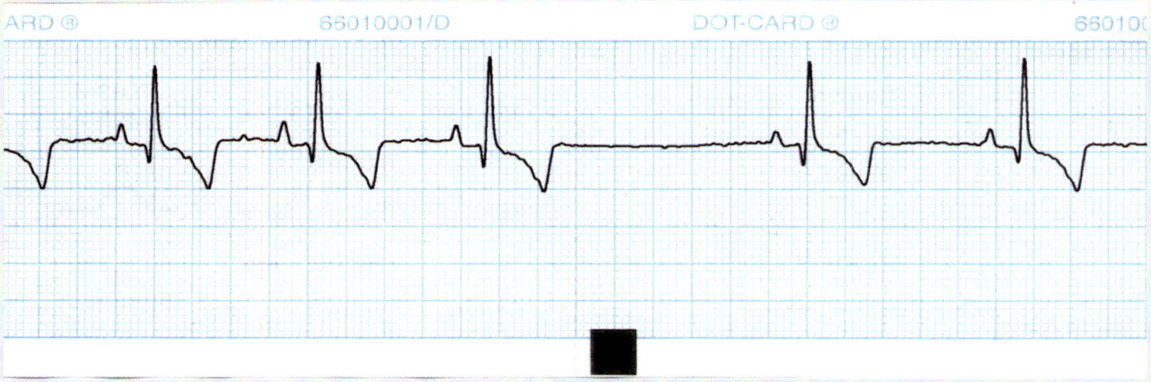

Ableitung II; 1 cm = 1 mV; 50 mm/s

Patient	
Rasse	Pekinese
Alter	7 Jahre
Geschlecht	Weiblich

Anamnese

Präanästhetische Untersuchung vor Zahnreinigung. Gelegentlicher Husten. Auskultation: Arrhythmie, trockene und pfeifende Atemgeräusche. Ein Herzgeräusch ist nicht zu auskultieren. Blutbefund o.b.B.

- ▶ Welche Arrhythmie ist im EKG zu erkennen? Liegen noch weitere Veränderungen vor?
- ▶ Worauf können diese Abweichungen zurückzuführen sein?
- ▶ Gibt es Grund zur Sorge? Sind hinsichtlich der Narkose besondere Vorsichtsmaßnahmen erforderlich?

Parameter	Patient	Normwerte
Grundrhythmus		Sinusrhythmus; Sinusarrhythmie
Herzfrequenz		70–160 bpm (bis zu 180 bei kleinen Rassen und bis zu 220 bei Welpen)
Elektrische Herzachse		+40° – +100°
P-Welle		Breite: 0,04 s; Höhe: 0,4 mV
PR-Intervall		0,06–0,13 s
QRS-Komplex		Bis zu 0,06 s (0,05 s bei kleinen Rassen)
R-Zacke		Bis zu 3 mV (2,5 mV bei kleinen Rassen)
QT-Intervall		0,15–0,25 s
ST-Strecke		Hebung: bis zu 0,15 mV; Senkung: < 0,2 mV
T-Welle		Weniger als 25 % der R-Höhe
Sonstiges		

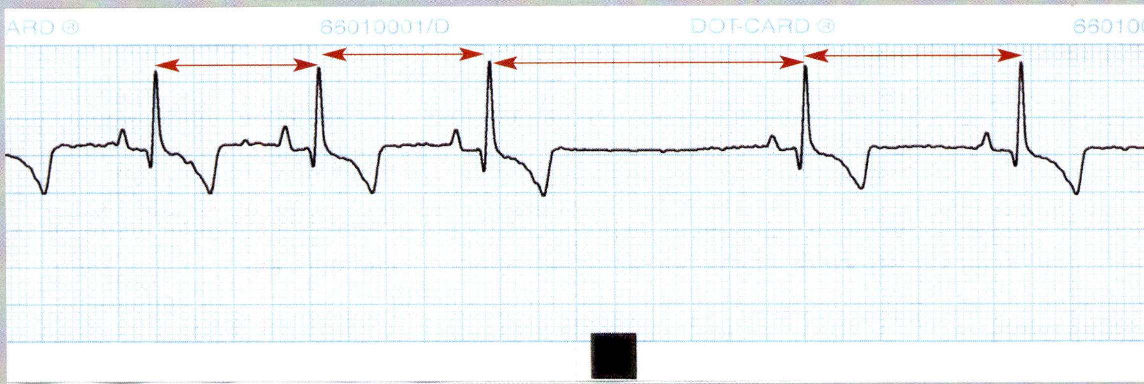

Untersuchte Parameter	
Grundrhythmus	Respiratorische Sinusarrhythmie
Herzfrequenz	120 bpm
Elektrische Herzachse	—
P-Welle	0,04 s × 0,2 mV
PR-Intervall	0,08 s
QRS-Komplex	0,05 s
R-Zacke	1,1 mV
QT-Intervall	0,20 s
ST-Strecke	Normal
T-Welle	**> 25 % der R-Höhe**
Sonstiges	—

▶ Welche Arrhythmie ist im EKG zu erkennen? Liegen noch weitere Veränderungen vor?

Respiratorische Sinusarrhythmie bei einer Herzfrequenz von 120 bpm. Dieser Herzrhythmus ist beim Hund absolut normal und physiologisch, vor allem bei brachyzephalen Rassen, bei denen die Arrhythmie aufgrund des erhöhten Vagotonus stark ausgeprägt sein kann.

Die Phasen unterschiedlicher Frequenz stehen mit den jeweiligen Abschnitten des Atmungszyklus in Zusammenhang: Bei der Inspiration wird der Sympathikus stimuliert und der Herzrhythmus beschleunigt sich, während bei der Exspiration der Vagotonus vorherrscht und den gegenteiligen Effekt bewirkt.

Auch T-Wellen mit vergrößerter Amplitude sind im EKG zu erkennen.

▶ Worauf können diese Abweichungen zurückzuführen sein?

Höhere T-Wellen können zwar auch bei gesunden Tieren auftreten, werden jedoch generell mit zwei großen pathologischen Komplexen in Verbindung gebracht: Störungen des Elektrolyt- und Säure-Basen-Haushalts und sämtlichen Prozessen, die eine Myokardhypoxie verursachen.

Aufgrund der Charakteristika des Patienten muss vermutet werden, dass es sich um eine mangelnde Sauerstoffversorgung des Myokards handelt, die auf das Vorliegen des Brachyzephalensyndroms zurückzuführen ist. Die bei der Auskultation bemerkten trockenen und pfeifenden Atemgeräusche weisen auf eine Erkrankung der oberen Atemwege hin, die wahrscheinlich chronischer Natur ist.

▶ Gibt es Grund zur Sorge? Sind hinsichtlich der Narkose besondere Vorsichtsmaßnahmen erforderlich?

Dieser Herzrhythmus ist bei Hunden vollkommen normal und daher ohne klinische Relevanz. Ein routinemäßiger Einsatz von Atropin ist nicht notwendig.

Dennoch sollte man bei einer Vollnarkose besonders auf die korrekte Beatmung und gute Sauerstoffversorgung während des gesamten Eingriffs achten. Bei diesen Patienten sollte nicht nur eine ausreichende Präoxigenierung vor der Narkoseeinleitung selbstverständlich sein, sondern auch die künstliche Beatmung, sogar bei kurzen Eingriffen. Der Tubus wird zur ausschließlichen Sauerstoffzufuhr auch nach Beendigung des Eingriffs so lange wie möglich belassen, sodass der Patient erst im letzten Moment extubiert wird.

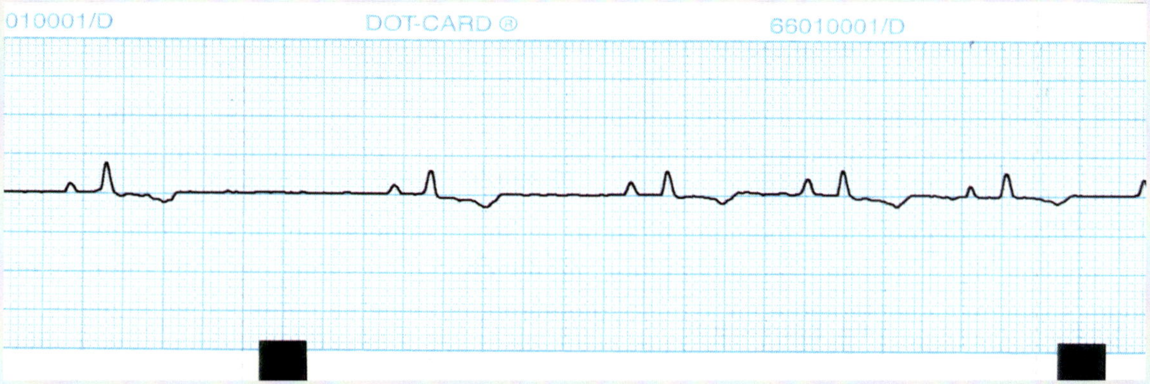

Ableitung II; 1 cm = 1 mV; 50 mm/s

Patient	
Rasse	Malteser
Alter	9 Jahre
Geschlecht	Weiblich

Anamnese
Erschöpfung, Übergewicht. Geriatrische Untersuchung.

- ▶ Welcher Herzrhythmus und welche Herzfrequenz liegen vor?
- ▶ Sind Veränderungen im EKG zu beobachten?
- ▶ Welche Untersuchung wäre in diesem Fall sinnvoll?

Parameter	Patient	Normwerte
Grundrhythmus		Sinusrhythmus; Sinusarrhythmie
Herzfrequenz		70–160 bpm (bis zu 180 bei kleinen Rassen und bis zu 220 bei Welpen)
Elektrische Herzachse		+40° – +100°
P-Welle		Breite: 0,04 s; Höhe: 0,4 mV
PR-Intervall		0,06–0,13 s
QRS-Komplex		Bis zu 0,06 s (0,05 s bei kleinen Rassen)
R-Zacke		Bis zu 3 mV (2,5 mV bei kleinen Rassen)
QT-Intervall		0,15–0,25 s
ST-Strecke		Hebung: bis zu 0,15 mV; Senkung: $<$ 0,2 mV
T-Welle		Weniger als 25 % der R-Höhe
Sonstiges		

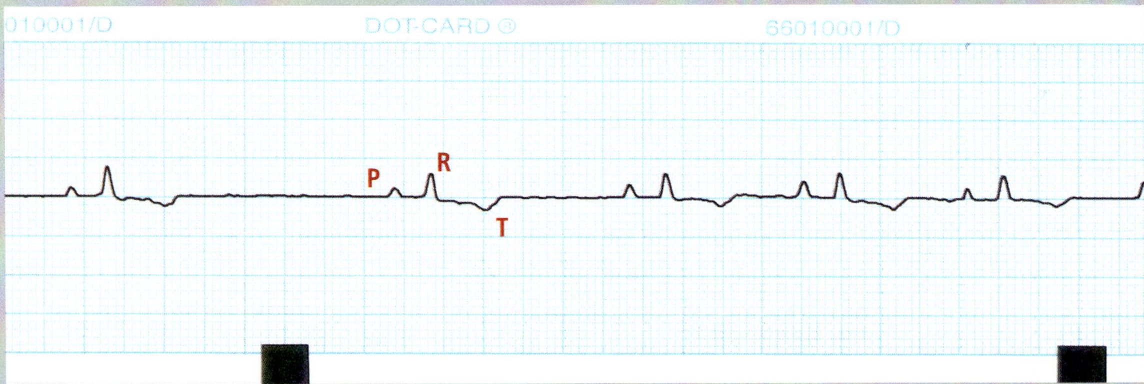

Untersuchte Parameter	
Grundrhythmus	Respiratorische Sinusarrhythmie
Herzfrequenz	120 bpm
Elektrische Herzachse	—
P-Welle	0,03 s × 0,2 mV
PR-Intervall	0,10 s
QRS-Komplex	0,04 s
R-Zacke	**0,3 mV**
QT-Intervall	0,20 s
ST-Strecke	Normal
T-Welle	Normal
Sonstiges	—

► Welcher Herzrhythmus und welche Herzfrequenz liegen vor?

Respiratorische Sinusarrhythmie bei einer Herzfrequenz von 120 bpm. Es handelt sich um einen bei gesunden Hunden vollkommen normalen Herzrhythmus, der aufgrund des vorherrschenden Vagotonus während einer der Phasen des Atmungszyklus entsteht.

► Sind Veränderungen im EKG zu beobachten?

Alle elektrokardiographischen Parameter liegen im Normbereich, obwohl die QRS-Komplexe nur eine geringe Amplitude aufweisen. Letzteres kann zahlreiche Ursachen haben:

- Geringe Myokardmasse bei Katzen oder kleinen Hunden.
- Dicke Gewebeschichten (Muskulatur, intrathorakales Fett; bei Rassen mit breitem Thorax), wodurch die elektrischen Impulse bei der Aufzeichnung abgeschwächt werden.

Niedrige QRS-Amplituden sind auch bei folgenden Erkrankungen zu beobachten:

- Restriktive Herzerkrankungen: Perikarderguss oder Herztumoren.
- Extrakardiale intrathorakale Krankheitsprozesse: Pleuraerguss, Zwerchfellhernien oder peritoneoperikardiale Zwerchfellhernien, pulmonale oder mediastinale raumfordernde Prozesse.
- Auch eine Myokarderkrankung verschiedenster Ätiologie kann diese Veränderungen verursachen, falls die Läsion die Reizweiterleitung stört.

► Welche Untersuchung wäre in diesem Fall sinnvoll?

Bei diesem Patienten sollte abgeklärt werden, ob der Befund auf die Fettleibigkeit zurückzuführen ist, oder ob vielleicht leichte Veränderungen der Herzfunktion vorliegen, die noch kompensiert werden und daher keine Symptome verursachen.

Die Untersuchungsmethode der Wahl ist die Anfertigung von Thoraxröntgenaufnahmen in zwei Ebenen. In Zweifelsfällen kann zusätzlich noch eine Echokardiographie (zur Entdeckung kleiner oder infiltrativ wachsender Herztumoren oder von Perikardergüssen geringen Ausmaßes) oder eine Kontraströntgenuntersuchung des Abdomens (besonders sinnvoll zur Abklärung eventueller Massen im Mediastinalbereich oder von Hernien, die sich in der Nativaufnahme unklar dargestellt haben) durchgeführt werden.

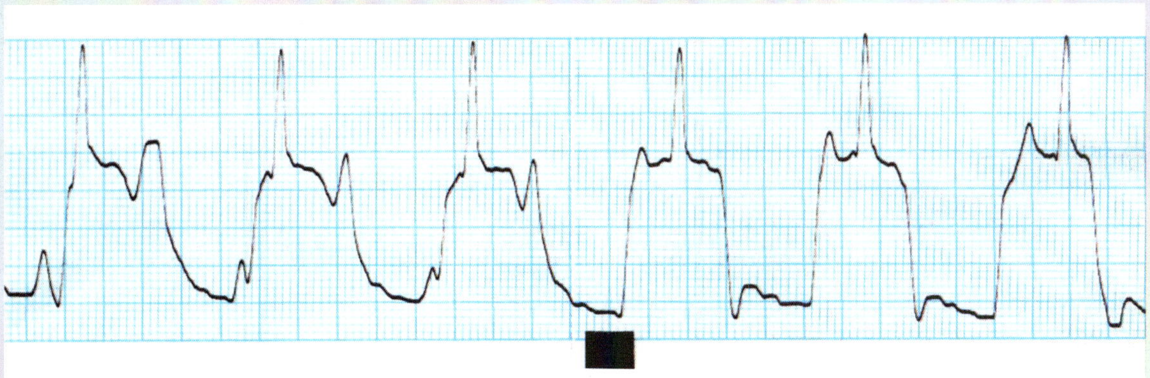

Ableitung II; 1 cm = 1 mV; 50 mm/s

Patient	
Rasse	Deutscher Schäferhund
Alter	12 Jahre
Geschlecht	Weiblich

Anamnese

Präanästhetische Untersuchung vor der Operation wegen Mammakarzinom.

- Zeigt das EKG irgendwelche Anomalien?
- Was ist die wahrscheinlichste Ursache für die vorliegenden Veränderungen?

Parameter	Patient	Normwerte
Grundrhythmus		Sinusrhythmus; Sinusarrhythmie
Herzfrequenz		70–160 bpm (bis zu 180 bei kleinen Rassen und bis zu 220 bei Welpen)
Elektrische Herzachse		+40° – +100°
P-Welle		Breite: 0,04 s; Höhe: 0,4 mV
PR-Intervall		0,06–0,13 s
QRS-Komplex		Bis zu 0,06 s (0,05 s bei kleinen Rassen)
R-Zacke		Bis zu 3 mV (2,5 mV bei kleinen Rassen)
QT-Intervall		0,15–0,25 s
ST-Strecke		Hebung: bis zu 0,15 mV; Senkung: < 0,2 mV
T-Welle		Weniger als 25 % der R-Höhe
Sonstiges		

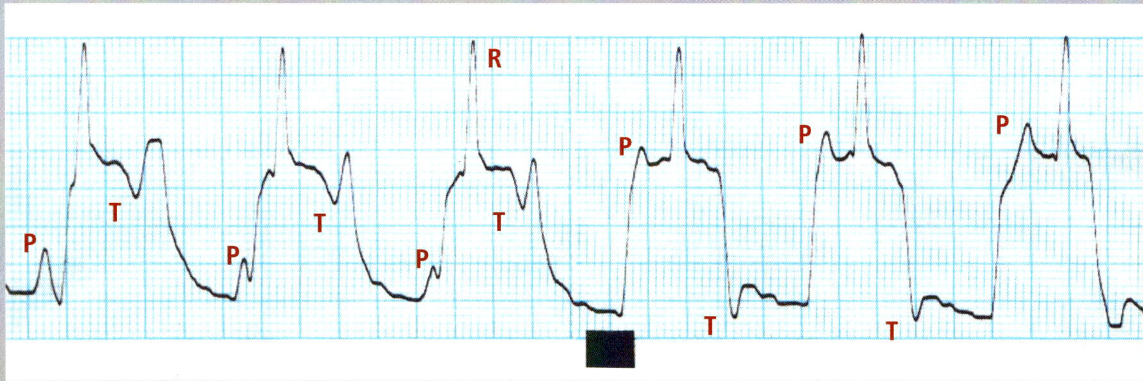

Untersuchte Parameter	
Grundrhythmus	Sinusarrhythmie
Herzfrequenz	120 bpm
Elektrische Herzachse	—
P-Welle	0,04 s × 0,4 mV
PR-Intervall	0,08 s
QRS-Komplex	0,05 s
R-Zacke	1,4 mV
QT-Intervall	0,21 s
ST-Strecke	Nicht zu beurteilen
T-Welle	Nicht zu beurteilen
Sonstiges	**Artefakte**

► Zeigt das EKG irgendwelche Anomalien?

Das EKG zeigt einen regulären Sinusrhythmus mit einer Herzfrequenz von 120 bpm. Bei den so ausgeprägten Schwankungen der EKG-Kurve handelt es sich um Artefakte, die extreme und relativ rhythmische Grundlinienschwankungen hervorrufen. Dies erschwert die Identifizierung der einzelnen Wellen, Zacken und Intervalle und damit die EKG-Interpretation. Die P- und T-Wellen sind markiert.

► Was ist die wahrscheinlichste Ursache für die vorliegenden Veränderungen?

Solche Artefakte kommen häufig bei Patienten mit Dyspnoe infolge von Atemwegs- oder Herzerkrankungen vor, können jedoch auch, wie in diesem Fall, bei sehr aufgeregten Tieren entstehen, die während der Aufzeichnung hecheln.

Im Zweifelsfall empfiehlt sich Folgendes:

- Ein ruhiger und behutsamer Umgang mit den Patienten, um jeden Stress bei den Tieren zu vermeiden; bei sehr nervösen oder dyspnoischen Patienten sollte jede Zwangsposition vermieden werden.
- Von der Verabreichung von Sedativa oder Narkotika sollte abgesehen werden, da diese fast immer das EKG signifikant beeinflussen und zudem bei Patienten mit fortgeschrittener oder dekompensierter Herzkrankheit ein unnötiges Risiko darstellen.
- Zu beurteilen ist stets die gesamte aufgezeichnete EKG-Kurve. Wenn es sich in dem hier dargestellten Bild um eine Arrhythmie handeln sollte, so müsste diese auch in anderen Abschnitten der Aufzeichnung sowie in jeder der verschiedenen Ableitungen zu erkennen sein.
- Man sollte immer versuchen, die einzelnen Wellen, Zacken und Intervalle zu identifizieren, die teilweise zwischen den Artefakten versteckt sein können. Aufgrund der starken Grundlinienschwankungen können die Wellen am EKG-Streifen auf unterschiedlicher Höhe beginnen, wie dies hier der Fall ist. Misst man jedoch genau nach, wird man feststellen, dass sich die Dauer der einzelnen Abschnitte nicht ändert und dass die PR- und QT-Intervalle über die gesamte Aufzeichnung exakt gleiche Länge aufweisen.
- Sollten weiterhin Zweifel bestehen, empfiehlt sich die Wiederholung des EKG. Dabei sollte der Patient so wenig wie möglich gestresst werden.

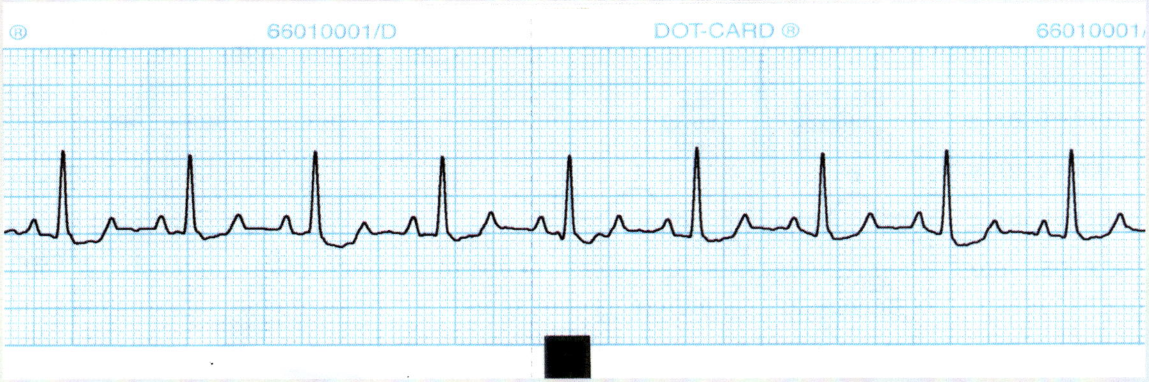

Ableitung II; 1 cm = 1 mV; 50 mm/s

Patient	
Rasse	Labrador
Alter	3 Jahre
Geschlecht	Männlich

Anamnese

Nach Prämedikation mit Ketamin und Diazepam. Asymptomatisch.

- ▶ Ist eine Veränderung im EKG zu erkennen?
- ▶ Worauf könnte diese zurückzuführen sein?
- ▶ Sind hinsichtlich der Narkose besondere Vorsichtsmaßnahmen erforderlich?

Parameter	Patient	Normwerte
Grundrhythmus		Sinusrhythmus; Sinusarrhythmie
Herzfrequenz		70–160 bpm (bis zu 180 bei kleinen Rassen und bis zu 220 bei Welpen)
Elektrische Herzachse		+40° – +100°
P-Welle		Breite: 0,04 s; Höhe: 0,4 mV
PR-Intervall		0,06–0,13 s
QRS-Komplex		Bis zu 0,06 s (0,05 s bei kleinen Rassen)
R-Zacke		Bis zu 3 mV (2,5 mV bei kleinen Rassen)
QT-Intervall		0,15–0,25 s
ST-Strecke		Hebung: bis zu 0,15 mV; Senkung: < 0,2 mV
T-Welle		Weniger als 25 % der R-Höhe
Sonstiges		

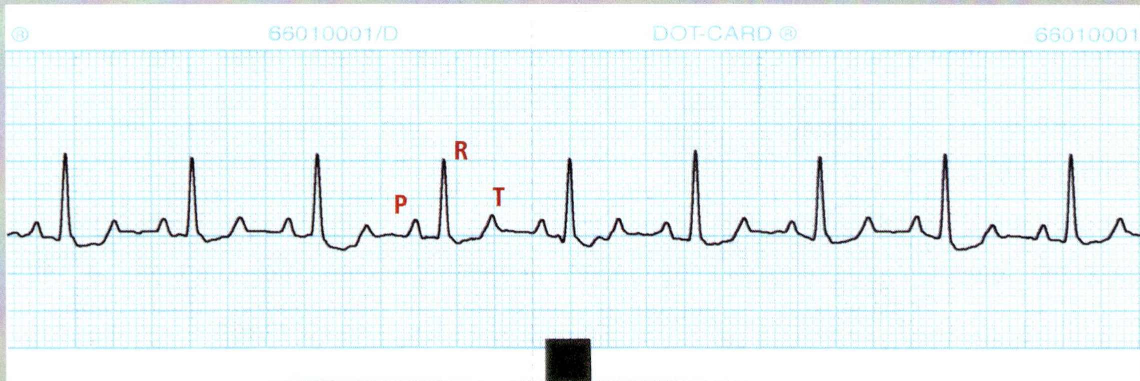

Untersuchte Parameter	
Grundrhythmus	**Sinustachykardie**
Herzfrequenz	**180 bpm**
Elektrische Herzachse	—
P-Welle	0,04 s × 0,2 mV
PR-Intervall	0,08 s
QRS-Komplex	0,05 s
R-Zacke	1,1 mV
QT-Intervall	0,16 s
ST-Strecke	Normal
T-Welle	Normal
Sonstiges	—

► Ist eine Veränderung im EKG zu erkennen?

Das EKG zeigt eine deutliche Erhöhung der Herzfrequenz (Sinustachykardie) mit 180 bpm.

► Worauf könnte diese zurückzuführen sein?

Zahlreiche Umstände und Erkrankungen können diese Arrhythmie hervorrufen:

- Aufregung, Stress (meist infolge der Manipulation am Tier bei der Anfertigung des EKG).
- Stoffwechselstörungen und endokrine Erkrankungen (Azotämie, Anämie, Ketoazidose, metabolische Azidose, Hyperthyreose, Phäochromozytom etc.).
- Dehydratation, Hypotonie, Fieber, Schmerzen, infektiöse Prozesse.
- Kongestive Herzinsuffizienz sekundär nach primären Herzerkrankungen.
- Prozesse, die mit einer Hypoxie des Myokards einhergehen (Lungenerkrankungen, pulmonale Thromboembolie etc.).
- Schock im Anfangsstadium.
- Myokarditis verschiedener Ätiologie.
- Iatrogen durch Arzneimittel wie Atropin, Thiopental, Dopamin, Dobutamin, Ketamin, Theophyllin etc.

In diesem Fall ist die Sinustachykardie ein direkter Effekt des verabreichten Ketamins.

► Sind hinsichtlich der Narkose besondere Vorsichtsmaßnahmen erforderlich?

Da keine schwere Tachykardie besteht und da bekannt ist, dass es sich um den positiv chronotropen Effekt des Ketamins handelt, ist keine besondere therapeutische Maßnahme erforderlich. Bei gesunden Patienten ohne jede Prädisposition für ein schwerwiegendes hämodynamisches Versagen (Anämie, Dehydratation, Schock etc.) stellt diese Arrhythmie kein besorgniserregendes Narkoserisiko dar. Gelegentlich wird Atropin verabreicht, um die infolge der Ketamin-Gabe bestehende Hypersalivation zu normalisieren. Dabei ist allerdings zu bedenken, dass beide Arzneimittel positiv chronotrop wirken und daher eine hochgradige Erhöhung der Herzfrequenz hervorrufen können.

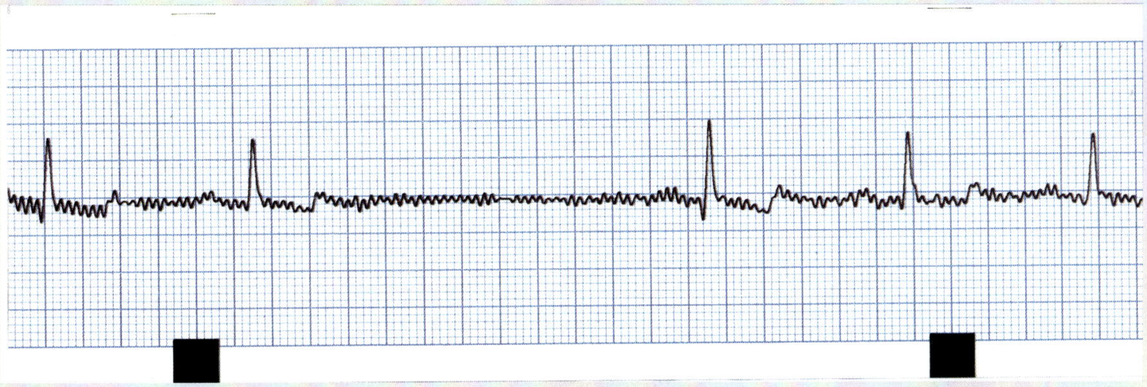

Ableitung II; 1 cm = 1 mV; 50 mm/s

Patient	
Rasse	Fox-Terrier
Alter	1 Jahr
Geschlecht	Weiblich

Anamnese

Gelegentliche Episoden vorübergehenden Bewusstseinsverlustes.

- Welcher Herzrhythmus liegt vor?
- Was ist die wahrscheinlichste Ursache für die vorliegenden Veränderungen?
- Wie lässt sich diese vermeiden?

Parameter	Patient	Normwerte
Grundrhythmus		Sinusrhythmus; Sinusarrhythmie
Herzfrequenz		70–160 bpm (bis zu 180 bei kleinen Rassen und bis zu 220 bei Welpen)
Elektrische Herzachse		+40° – +100°
P-Welle		Breite: 0,04 s; Höhe: 0,4 mV
PR-Intervall		0,06–0,13 s
QRS-Komplex		Bis zu 0,06 s (0,05 s bei kleinen Rassen)
R-Zacke		Bis zu 3 mV (2,5 mV bei kleinen Rassen)
QT-Intervall		0,15–0,25 s
ST-Strecke		Hebung: bis zu 0,15 mV; Senkung: < 0,2 mV
T-Welle		Weniger als 25 % der R-Höhe
Sonstiges		

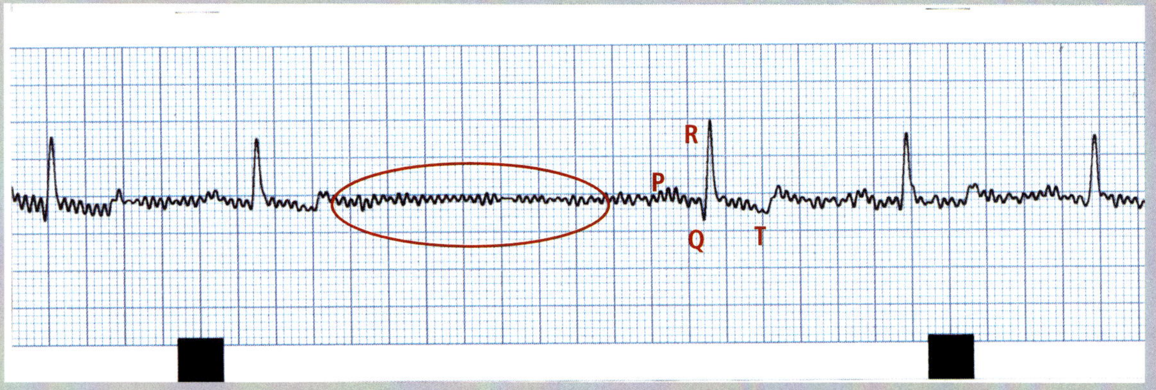

Untersuchte Parameter	
Grundrhythmus	Sinusarrhythmie
Herzfrequenz	100 bpm
Elektrische Herzachse	—
P-Welle	Begrenzung nicht exakt feststellbar
PR-Intervall	Begrenzung nicht exakt feststellbar
QRS-Komplex	0,04 s
R-Zacke	0,9 mV
QT-Intervall	0,2 s
ST-Strecke	Normal
T-Welle	Normal
Sonstiges	—

▶ Welcher Herzrhythmus liegt vor?

Sinusarrhythmie bei einer durchschnittlichen Herzfrequenz von 100 bpm. Die Aufzeichnung zeigt elektromagnetische Interferenzen, die die EKG-Interpretation erschweren und die Messung einiger Wellen und Intervalle unmöglich machen.

▶ Was ist die wahrscheinlichste Ursache für die vorliegenden Veränderungen?

Als Ursachen kommen schadhafte EKG-Geräte, schlecht isolierte Kabel oder Elektroden, Kontakt zwischen zwei Elektroden, schlechte Isolierung des Patienten bzw. des Untersuchungstisches oder ein Defekt an der Stromleitung (inadäquate Erdung) infrage.

▶ Wie lässt sich diese vermeiden?

Die EKG-Ausrüstung wird vom Stromnetz genommen und mit Batterie betrieben. Folgendes ist nun zu überprüfen: Sind alle Kabel intakt? Sind die Kabel-Elektroden-Verbindungen in Ordnung? Berühren die Elektroden vielleicht einander oder den Tisch, das Halsband, die Leine oder medizinische bzw. elektrische Geräte? Des Weiteren ist darauf zu achten, dass die Elektroden durch Anfeuchtung mit Alkohol oder Gel einen guten Hautkontakt haben, und dass keine anderen elektrischen Geräte (Mikrowelle, Zentrifuge, Elektrokauter etc.) gleichzeitig in Betrieb sind. Sind diese Maßnahmen nicht ausreichend, kann man den Patienten zur besseren Isolierung auf einer Plastikmatte oder Camping-Isoliermatte, die auf den Tisch gelegt wird, lagern. Treten trotz aller dieser Maßnahmen immer wieder und bei unterschiedlichen Patienten derartige Interferenzen auf, muss das EKG-Gerät zur Überprüfung bzw. Reparatur an den technischen Kundendienst des Herstellers eingesandt werden.

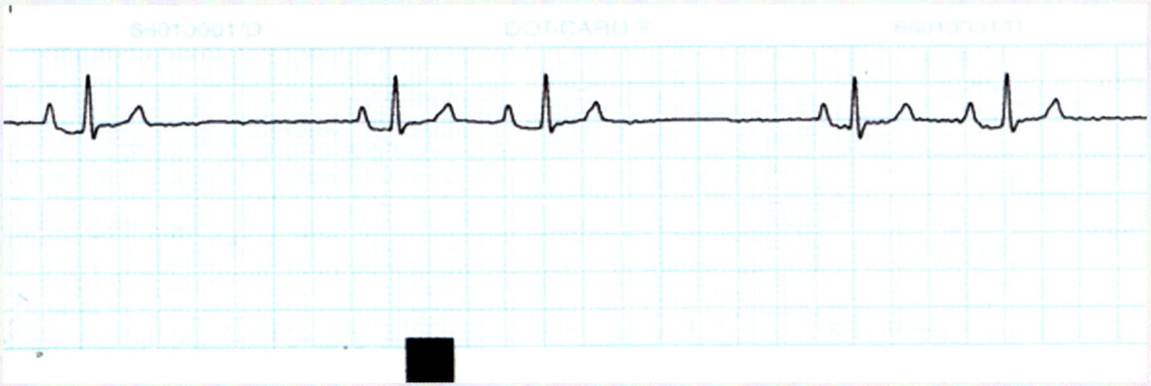

Ableitung II; 1 cm = 1 mV; 50 mm/s

Patient	
Rasse	Französische Bulldogge
Alter	3 Jahre
Geschlecht	Männlich

Anamnese

Präanästhetische Untersuchung wegen geplanter Orchiektomie. Auskultationsbefund: Arrhythmie, keine Herzgeräusche.

- ▶ Welche Arrhythmie ist im EKG zu erkennen?
- ▶ Welche klinische Bedeutung hat die Arrhythmie?
- ▶ Welche Therapie ist angezeigt?

Parameter	Patient	Normwerte
Grundrhythmus		Sinusrhythmus; Sinusarrhythmie
Herzfrequenz		70–160 bpm (bis zu 180 bei kleinen Rassen und bis zu 220 bei Welpen)
Elektrische Herzachse		+40° – +100°
P-Welle		Breite: 0,04 s; Höhe: 0,4 mV
PR-Intervall		0,06–0,13 s
QRS-Komplex		Bis zu 0,06 s (0,05 s bei kleinen Rassen)
R-Zacke		Bis zu 3 mV (2,5 mV bei kleinen Rassen)
QT-Intervall		0,15–0,25 s
ST-Strecke		Hebung: bis zu 0,15 mV; Senkung: < 0,2 mV
T-Welle		Weniger als 25 % der R-Höhe
Sonstiges		

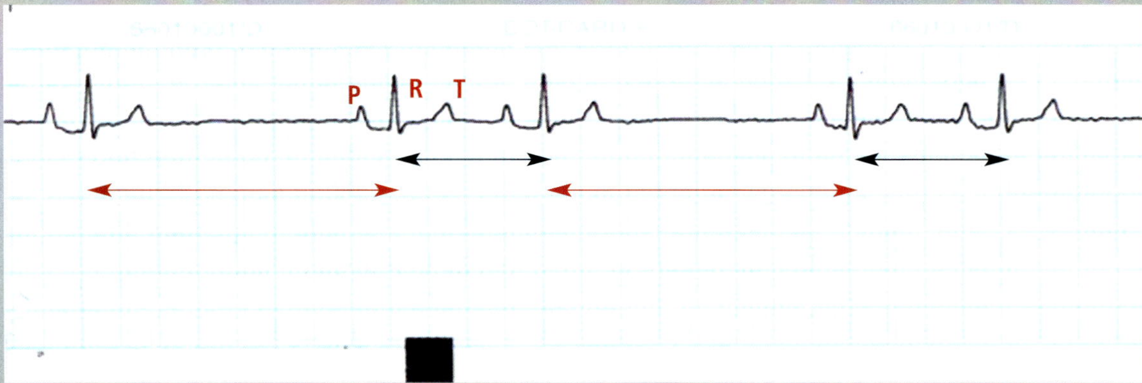

Untersuchte Parameter	
Grundrhythmus	Sinusarrhythmie
Herzfrequenz	90 bpm
Elektrische Herzachse	—
P-Welle	0,03 s × 0,3 mV
PR-Intervall	0,08 s
QRS-Komplex	0,04 s
R-Zacke	0,7 mV
QT-Intervall	0,18 s
ST-Strecke	Normal
T-Welle	**> 25 % der R-Höhe**
Sonstiges	—

► Welche Arrhythmie ist im EKG zu erkennen?

Es handelt sich um eine Sinusarrhythmie; die Herzfrequenz beträgt 90 bpm. Die restlichen Wellen und Segmente liegen innerhalb der Norm. Technisch könnte von einer Blockierung am Sinusknoten (siehe Pfeile) gesprochen werden, doch bezieht sich dieser Begriff auf eine mangelnde Funktion am Sinusknoten und wird daher sinnvollerweise nur bei Spezies verwendet, bei denen der normale Sinusrhythmus regelmäßig ist und bei denen bei Blockierung des Reizes zwischen den einzelnen Komplexen Pausen erscheinen, die genau doppelt so lang wie die vorherrschende Distanz sind.

► Welche klinische Bedeutung hat die Arrhythmie?

Keine. Diese Arrhythmie ist bei Hunden physiologisch und in keiner Weise ein Hinweis auf eine krankhafte Veränderung am Herzen. Sie entsteht durch das variierende Gleichgewicht zwischen Sympathikus- und Parasympathikotonus während der verschiedenen Phasen des Atmungszyklus (Inspiration / Exspiration).

Diese Arrhythmie kann bei Prozessen, die eine Erhöhung des Vagotonus bewirken, verstärkt auftreten: Atemwegserkrankungen (chronische Bronchitis, pulmonale Fibrose, Trachealkollaps), neurologischen Erkrankungen, die mit einer Erhöhung des intrakraniellen Drucks einhergehen, sowie Erkrankungen des Urogenitaltrakts, der Augen etc.

Bei Hunden brachyzephaler Rassen ist der vagale Tonus per se erhöht.

► Welche Therapie ist angezeigt?

Keine. Bei brachyzephalen Hunden ist jedoch stets zu bedenken, dass sie in Narkose zu Bradykardien und parasympathischer Hypertonie neigen. Aus diesem Grund empfiehlt sich die Verabreichung von Atropin (0,04 mg/kg i.m. zur Prämedikation oder 0,02 mg/kg i.v., in physiologischer Kochsalzlösung verdünnt langsam während des Eingriffs verabreicht).

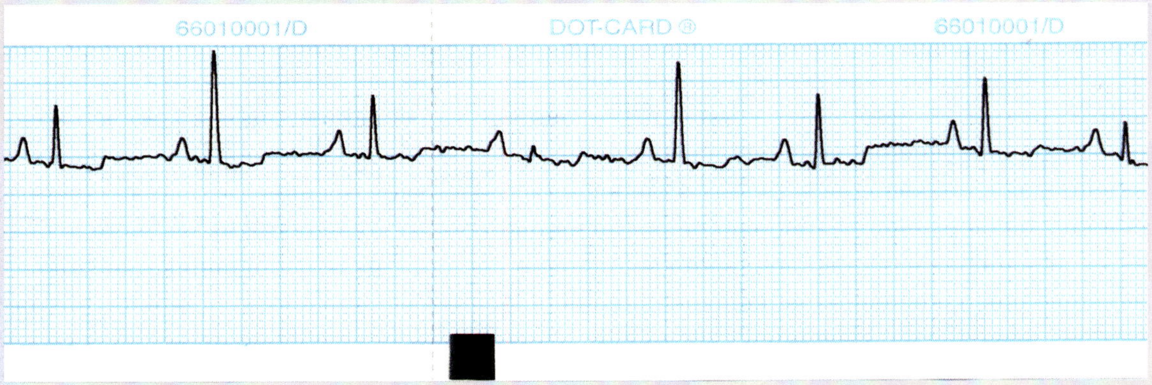

Ableitung II; 1 cm = 1 mV; 50 mm/s

Patient	
Rasse	Belgischer Schäferhund
Alter	10 Jahre
Geschlecht	Weiblich

Anamnese
Geriatrische Untersuchung. Patient symptomfrei.

- ▶ Ist eine Arrhythmie zu erkennen? Welche anderen Veränderungen fallen auf?
- ▶ Worauf sind diese zurückzuführen?

Parameter	Patient	Normwerte
Grundrhythmus		Sinusrhythmus; Sinusarrhythmie
Herzfrequenz		70–160 bpm (bis zu 180 bei kleinen Rassen und bis zu 220 bei Welpen)
Elektrische Herzachse		+40° – +100°
P-Welle		Breite: 0,04 s; Höhe: 0,4 mV
PR-Intervall		0,06–0,13 s
QRS-Komplex		Bis zu 0,06 s (0,05 s bei kleinen Rassen)
R-Zacke		Bis zu 3 mV (2,5 mV bei kleinen Rassen)
QT-Intervall		0,15–0,25 s
ST-Strecke		Hebung: bis zu 0,15 mV; Senkung: $< 0,2$ mV
T-Welle		Weniger als 25 % der R-Höhe
Sonstiges		

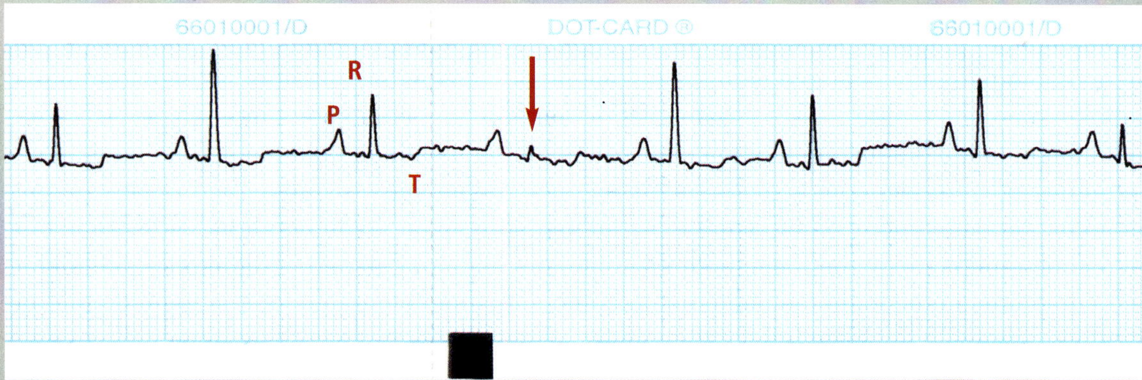

Untersuchte Parameter	
Grundrhythmus	Sinusarrhythmie
Herzfrequenz	150 bpm
Elektrische Herzachse	—
P-Welle	0,04 s × 0,3 mV
PR-Intervall	0,08 s
QRS-Komplex	0,04 s
R-Zacke	**0,5–1,4 mV**
QT-Intervall	0,18 s
ST-Strecke	Normal
T-Welle	Normal
Sonstiges	Elektrische Alternans

► Ist eine Arrhythmie zu erkennen? Welche anderen Veränderungen fallen auf?

Die RR-Intervalle sind im Kurvenverlauf unterschiedlich lang. Ein unregelmäßiger Herzrhythmus ist bei Hunden durchaus üblich. Der mit dem roten Pfeil markierte Komplex sieht ähnlich wie ein AV-Block II° aus, bei dem zwar eine Vorhoferregung erfolgt, diese jedoch nicht an den Ventrikel weitergeleitet wird. In diesem Fall handelt es sich aber um ein Artefakt, bei dem eine R-Zacke aufgrund einer elektrischen Alternans mit nur sehr geringer Amplitude aufgezeichnet wurde.

► Worauf sind diese zurückzuführen?

Die relativ ausgeprägte elektrische Alternans verursacht R-Zacken unterschiedlicher Amplitude; dazu kommt es durch intermittierende Änderungen der elektrischen Leitungseigenschaften der zwischen Herz und Elektroden gelegenen Gewebe. Dies kann auf pathologische Prozesse wie thorakale Raumforderungen, Hernien und insbesondere Pleural- oder Perikardergüsse zurückzuführen sein. Ein Perikarderguss ist tatsächlich die häufigste Ursache dieses Phänomens. Durch die Anwesenheit von Flüssigkeit im Herzbeutel gerät das Herz sozusagen »ins Schlingern«, sodass es einmal näher am Brustkorb und dann wieder weiter vom Thorax entfernt ist.

Da im vorliegenden Fall keinerlei Symptome vorhanden sind, darf man davon ausgehen, dass die Veränderung im EKG nicht von einem Erkrankungsprozess herrührt, sondern dass es sich um ein technisches Artefakt handelt oder durch nicht-pathologische patientenseitige Umstände entstanden ist (Fettleibigkeit mit großen intrathorakalen Fettdepots, starke Volumenänderungen des Brustkorbs durch tiefe Atemzüge etc.).

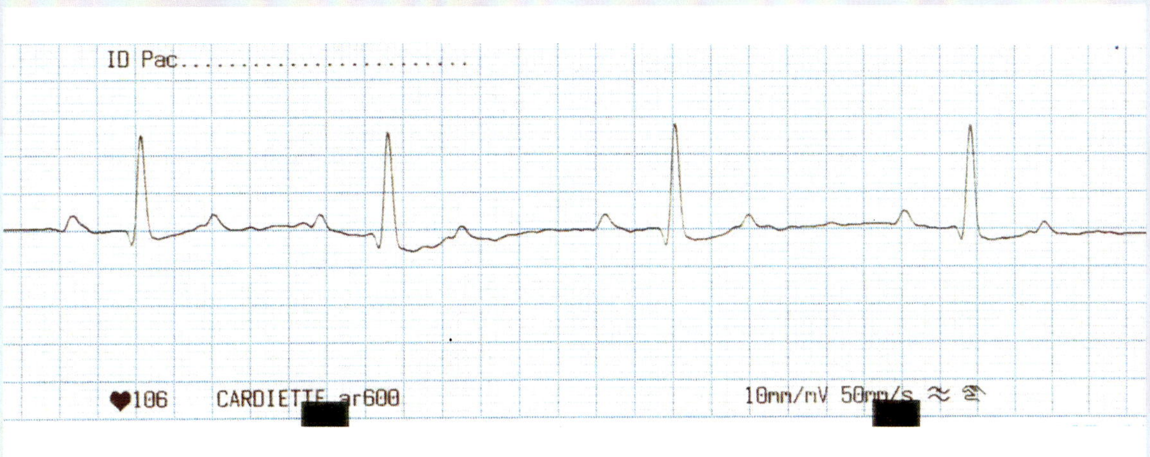

Ableitung II; 1 cm = 1 mV; 50 mm/s

Patient	
Rasse	Mastín Español
Alter	3 Jahre
Geschlecht	Männlich

Anamnese

Präanästhetische Untersuchung wegen geplanter Orchiektomie. Asymptomatisch.

- ▶ Welche Veränderungen sind im EKG zu beobachten?
- ▶ Wodurch können diese entstehen?
- ▶ Welche Therapie ist angezeigt?

Parameter	Patient	Normwerte
Grundrhythmus		Sinusrhythmus; Sinusarrhythmie
Herzfrequenz		70–160 bpm (bis zu 180 bei kleinen Rassen und bis zu 220 bei Welpen)
Elektrische Herzachse		+40° – +100°
P-Welle		Breite: 0,04 s; Höhe: 0,4 mV
PR-Intervall		0,06–0,13 s
QRS-Komplex		Bis zu 0,06 s (0,05 s bei kleinen Rassen)
R-Zacke		Bis zu 3 mV (2,5 mV bei kleinen Rassen)
QT-Intervall		0,15–0,25 s
ST-Strecke		Hebung: bis zu 0,15 mV; Senkung: < 0,2 mV
T-Welle		Weniger als 25 % der R-Höhe
Sonstiges		

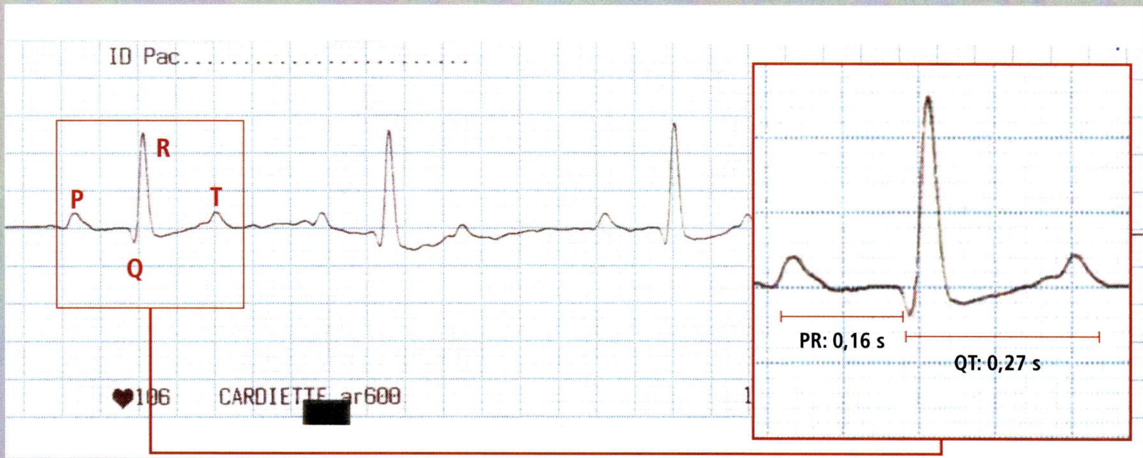

Untersuchte Parameter	
Grundrhythmus	Respiratorische Sinusarrhythmie
Herzfrequenz	80 bpm
Elektrische Herzachse	—
P-Welle	0,04 s × 0,2 mV
PR-Intervall	**0,16 s**
QRS-Komplex	0,05 s
R-Zacke	1,4 mV
QT-Intervall	**0,27 s**
ST-Strecke	Normal
T-Welle	Normal
Sonstiges	—

► Welche Veränderungen sind im EKG zu beobachten?

Das PR-Intervall ist verlängert: Es liegt ein AV-Block I° vor. Dieser ist als verzögerte Überleitung des elektrischen Impulses am AV-Knoten definiert. Auch das QT-Intervall ist verlängert.

► Wodurch können diese entstehen?

AV-Blöcke I° sind bei Hunden mit erhöhtem Vagotonus meist physiologisch; dies gilt insbesondere für brachyzephale Rassen und gelegentlich auch für Hunde von Riesenrassen.

Sie können aber auftreten bei:

- Elektrolytimbalanzen (Hyperkaliämie und Hypokalzämie).
- Myokarditis.
- Sekundär nach hochgradiger atrialer Dilatation (chronische Mitralklappenendokardiose, dilatative Kardiomyopathie etc.).
- Intoxikation durch Digitalispräparate, Betablocker, Doxorubicin etc.
- Verabreichung von Sedativa und Narkotika (Xylazin, Medetomidin, Acepromazin).
- Prozessen, die mit einer pathologischen Erhöhung des vagalen Tonus einhergehen (intrathorakale, gastrointestinale, intrakraniale Prozesse).

Die Dauer des QT-Intervalls ist in der Regel indirekt proportional zur Herzfrequenz: Aus diesem Grund ist das QT-Intervall bei Bradykardie eher verlängert. Als häufigste Ursachen werden Störungen, die mit einer Hypokalzämie einhergehen (Hypoparathyreoidismus, Niereninsuffizienz, Eklampsie, Pankreatitis etc.), beobachtet. Auch niedrige Kaliumspiegel im Blut können diese Veränderungen bewirken.

► Welche Therapie ist angezeigt?

Da der Hund keine Symptome aufweist, und unter Berücksichtigung seiner Rassemerkmale, stehen die beobachteten Veränderungen im EKG wahrscheinlich in keinem Zusammenhang mit einer Erkrankung.

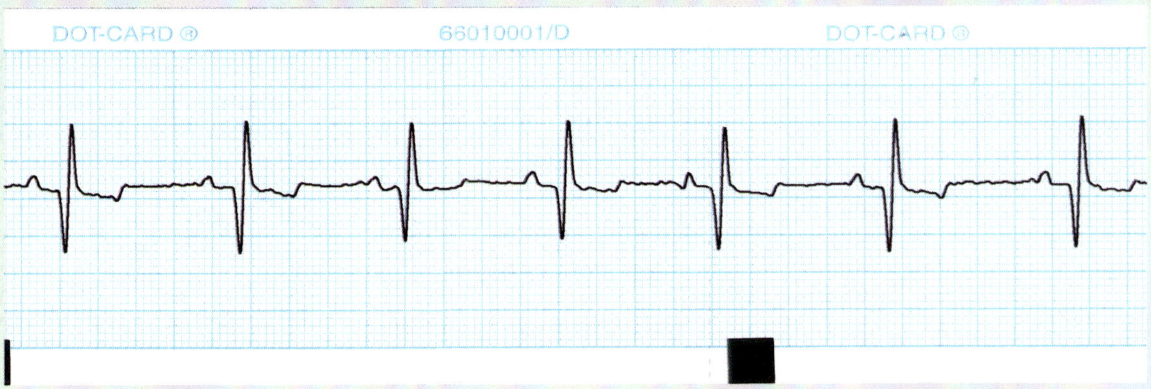

Ableitung II; 1 cm = 1 mV; 50 mm/s

Patient	
Rasse	Collie
Alter	7 Jahre
Geschlecht	Weiblich

Anamnese
Präanästhetische Untersuchung.

▶ Könnte man das EKG als normal bezeichnen?

▶ Gibt es einen Parameter, der auf eine pathologische Veränderung am Herzen hinweist?

Parameter	Patient	Normwerte
Grundrhythmus		Sinusrhythmus; Sinusarrhythmie
Herzfrequenz		70–160 bpm (bis zu 180 bei kleinen Rassen und bis zu 220 bei Welpen)
Elektrische Herzachse		+40° – +100°
P-Welle		Breite: 0,04 s; Höhe: 0,4 mV
PR-Intervall		0,06–0,13 s
QRS-Komplex		Bis zu 0,06 s (0,05 s bei kleinen Rassen)
R-Zacke		Bis zu 3 mV (2,5 mV bei kleinen Rassen)
QT-Intervall		0,15–0,25 s
ST-Strecke		Hebung: bis zu 0,15 mV; Senkung: < 0,2 mV
T-Welle		Weniger als 25 % der R-Höhe
Sonstiges		

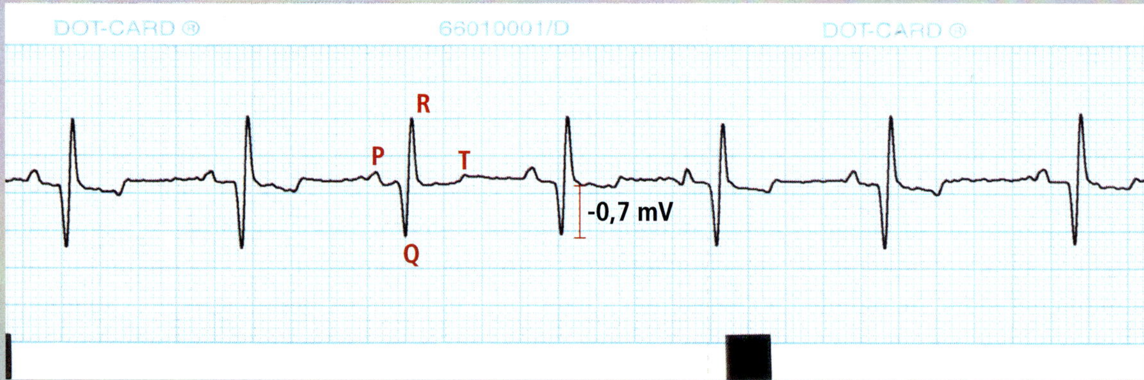

Untersuchte Parameter	
Grundrhythmus	Respiratorische Sinusarrhythmie
Herzfrequenz	140 bpm
Elektrische Herzachse	—
P-Welle	0,03 s × 0,2 mV
PR-Intervall	0,10 s
QRS-Komplex	0,05 s
R-Zacke	0,8 mV
QT-Intervall	0,20 s
ST-Strecke	Normal
T-Welle	Normal
Sonstiges	**Tiefe Q-Zacken**

► Könnte man das EKG als normal bezeichnen?

Es handelt sich um eine Sinusarrhythmie bei einer Herzfrequenz von 140 bpm. Sowohl die Sinusarrhythmie als auch die Herzfrequenz stellen normale Befunde dar. Die Q-Zacke ist in Ableitung II sehr tief und misst mehr als –0,5 mV, was theoretisch auf eine Vergrößerung des rechten Ventrikels hinweisen würde, aber immer mit Vorsicht zu interpretieren ist, da dieser Befund bei manchen Hunden, vor allem solchen mit schmalem tiefem Thorax, durchaus physiologisch ist.

► Gibt es einen Parameter, der auf eine pathologische Veränderung am Herzen hinweist?

Am EKG selbst lassen sich noch andere Kriterien untersuchen, die auf ein mögliches Vorliegen einer rechtsventrikulären Hypertrophie / Dehnung hinweisen könnten:

- $S_I S_{II} S_{III}$-Typ (S-Zacken in den Ableitungen I, II und III).
- Tiefe Q-Zacken in den Ableitungen I, II, III und aVF.
- Rechtsabweichung der Herzachse (die elektrische Herzachse liegt bei mehr als 100°).
- P-pulmonale (mit einer Amplitude von mehr als 0,4 mV).

Wichtig wären auch eine Röntgenuntersuchung des Thorax sowie ein eingehendes Studium der kompletten Vorgeschichte, um festzustellen, ob anamnestische Hinweise auf Symptome einer Erkrankung vorhanden sind, die für Veränderungen am Herzen verantwortlich sein könnten (angeborene Defekte wie Pulmonalstenose; Filariose; Prozesse, die eine pulmonal-arterielle Hypertonie bewirken können; dilatative Kardiomyopathie etc.).

Wenn der Patient keinerlei Symptome einer Erkrankung mit Herz-Kreislauf-Beteiligung aufweist, wenn sich die Herzsilhouette im Röntgenbild normal darstellt, und wenn man bedenkt, dass es sich um einen Hund einer tief- und schmalbrüstigen Rasse handelt, kann man in vorliegenden Fall davon ausgehen, dass der EKG-Befund ohne klinische Bedeutung ist.

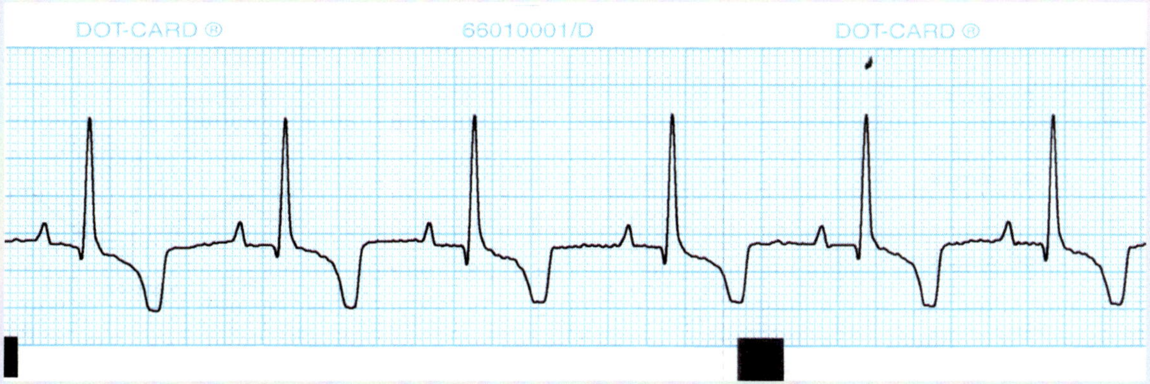

Ableitung II; 1 cm = 1 mV; 50 mm/s

Patient	
Rasse	Pudel
Alter	12 Jahre
Geschlecht	Weiblich

Anamnese
Epileptiforme Krise.

- Welche Veränderungen sind im EKG zu beobachten und was bedeuten sie?
- Ist eine kardiale Ursache die wahrscheinlichste Erklärung? Warum?

Parameter	Patient	Normwerte
Grundrhythmus		Sinusrhythmus; Sinusarrhythmie
Herzfrequenz		70–160 bpm (bis zu 180 bei kleinen Rassen und bis zu 220 bei Welpen)
Elektrische Herzachse		+40° – +100°
P-Welle		Breite: 0,04 s; Höhe: 0,4 mV
PR-Intervall		0,06–0,13 s
QRS-Komplex		Bis zu 0,06 s (0,05 s bei kleinen Rassen)
R-Zacke		Bis zu 3 mV (2,5 mV bei kleinen Rassen)
QT-Intervall		0,15–0,25 s
ST-Strecke		Hebung: bis zu 0,15 mV; Senkung: < 0,2 mV
T-Welle		Weniger als 25 % der R-Höhe
Sonstiges		

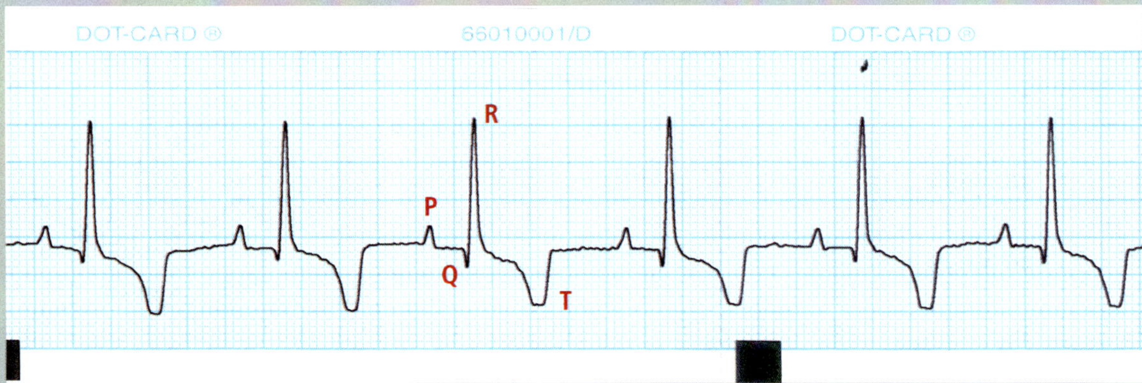

Untersuchte Parameter	
Grundrhythmus	Normaler Sinusrhythmus
Herzfrequenz	120 bpm
Elektrische Herzachse	—
P-Welle	0,04 s × 0,3 mV
PR-Intervall	0,12 s
QRS-Komplex	0,05 s
R-Zacke	1,8 mV
QT-Intervall	0,24 s
ST-Strecke	Normal
T-Welle	**> 25 % der R-Höhe**
Sonstiges	—

► Welche Veränderungen sind im EKG zu beobachten und was bedeuten sie?

Man erkennt T-Wellen, deren Amplitude 25 % der R-Höhe übersteigt. Dies kann mit einer Myokardhypoxie oder mit bestimmten Veränderungen im Elektrolythaushalt in Zusammenhang stehen. Bestehen gleichzeitig elektrokardiographische Anzeichen einer Hypertrophie oder Dilatation des linken Ventrikels (hohe R-Zacken, breite QRS-Komplexe), dann kann dies ein Hinweis auf morphologische Veränderungen der linken Herzkammer sein, da die Depolarisation des Ventrikels intensiver und die T-Welle daher höher ist.

► Ist eine kardiale Ursache die wahrscheinlichste Erklärung? Warum?

Diese Veränderungen im EKG können gelegentlich mit einer primären Herzerkrankung in Zusammenhang stehen, stellen jedoch in vielen anderen Fällen einen unspezifischen Befund ohne klinische Relevanz dar. Bei vielen Atemwegserkrankungen, die mit einer Hypoxie des Myokards und stoffwechselbedingten Elektrolytimbalanzen einhergehen, kann es zu ähnlichen Veränderungen der T-Welle kommen. Bei Patienten mit kongestiver Herzinsuffizienz kann dieser Befund in direktem Zusammenhang mit einer defizienten und dekompensierten hämodynamischen Situation stehen.

Im konkreten Fall ist es äußerst unwahrscheinlich, dass eine primäre Herzerkrankung für die Krampfanfälle verantwortlich ist, und zwar aus folgenden Gründen: Es sind keine anderen Veränderungen im EKG zu sehen, es liegt ein Sinusrhythmus mit normaler Herzfrequenz vor und es konnten weder Symptome einer kongestiven Herzinsuffizienz noch Herzgeräusche festgestellt werden. Als Grund für die veränderten T-Wellen kommt unter Umständen eine Atemwegserkrankung infrage, was sich mit einer Thoraxröntgenuntersuchung abklären lässt.

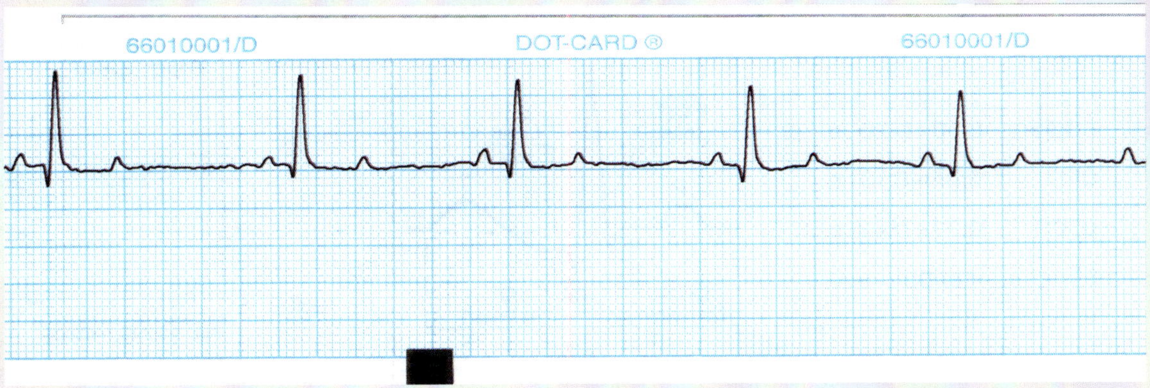

Ableitung II; 1 cm = 1 mV; 50 mm/s

Patient	
Rasse	Deutscher Schäferhund
Alter	14 Jahre
Geschlecht	Weiblich

Anamnese

Systolisches Herzgeräusch III/VI. Chronischer Husten. Präanästhetische Untersuchung vor der Operation wegen Mammakarzinom.

- ▶ Welche Veränderungen sind im EKG zu beobachten?
- ▶ Welches Anästhesierisiko besteht?
- ▶ Welche Vorsichtsmaßnahmen sollten in einem Fall wie diesem getroffen werden?

Parameter	Patient	Normwerte
Grundrhythmus		Sinusrhythmus; Sinusarrhythmie
Herzfrequenz		70–160 bpm (bis zu 180 bei kleinen Rassen und bis zu 220 bei Welpen)
Elektrische Herzachse		+40° – +100°
P-Welle		Breite: 0,04 s; Höhe: 0,4 mV
PR-Intervall		0,06–0,13 s
QRS-Komplex		Bis zu 0,06 s (0,05 s bei kleinen Rassen)
R-Zacke		Bis zu 3 mV (2,5 mV bei kleinen Rassen)
QT-Intervall		0,15–0,25 s
ST-Strecke		Hebung: bis zu 0,15 mV; Senkung: < 0,2 mV
T-Welle		Weniger als 25 % der R-Höhe
Sonstiges		

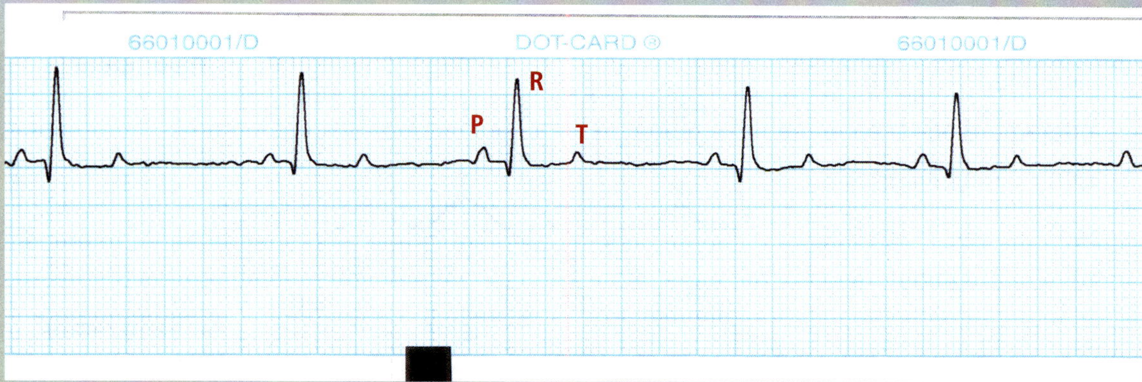

Untersuchte Parameter	
Grundrhythmus	Normaler Sinusrhythmus
Herzfrequenz	100 bpm
Elektrische Herzachse	—
P-Welle	0,04 s × 0,2 mV
PR-Intervall	0,08 s
QRS-Komplex	0,04 s
R-Zacke	1,3 mV
QT-Intervall	0,22 s
ST-Strecke	Normal
T-Welle	Normal
Sonstiges	—

▶ Welche Veränderungen sind im EKG zu beobachten?

Es sind keine Auffälligkeiten im EKG zu entdecken. Alle Parameter liegen im physiologischen Bereich. Das beschriebene Herzgeräusch ist bei einem Patienten mit diesen Charakteristiken möglicherweise auf eine degenerative Veränderung der Herzklappen (chronische Klappenendokardiose) zurückzuführen. Im Anfangsstadium dieser Erkrankung sind in der Regel keine Auffälligkeiten im EKG zu entdecken.

▶ Welches Anästhesierisiko besteht?

Aufgrund der Klappenerkrankung ist das Anästhesierisiko für diesen Patienten erhöht (ASA II/V, d. h. mäßig erhöhtes Risiko*). Eine absolute Kontraindikation für einen Eingriff unter Vollnarkose liegt somit nicht vor.

▶ Welche Vorsichtsmaßnahmen sollten in einem Fall wie diesem getroffen werden?

Für die Anästhesie sind bestimmte Vorsichtsmaßnahmen zu treffen:

- Vermeidung von α_2-Rezeptoragonisten (Medetomidin, Xylazin), Thiopental und Phenothiazinderivaten (Acepromazin, Chlorpromazin), da diese eine Senkung von Blutdruck und Herzerregbarkeit bewirken.
- Verabreichung von reinem Sauerstoff vor der raschen Einleitung der Narkose, Sauerstoffgabe während des gesamten Eingriffs, engmaschige Beobachtung des Patienten nach dem Extubieren.
- Empfehlenswert ist auch eine Flüssigkeitstherapie mit 5%iger Glukoselösung bei einer Maximaldosis von 5 ml/kg/h.

Abgesehen von diesen Maßnahmen können die verschiedensten Anästhesieprotokolle angewandt werden.

Bei Patienten mit dieser Erkrankung der Herzklappen, aber ohne Symptome einer kongestiven Herzinsuffizienz, kann die Verabreichung von ACE-Hemmern (Benazepril, Ramipril) nicht empfohlen werden, da eine lebensverlängernde oder den Krankheitsfortschritt verzögernde Wirkung bei asymptomatischen Patienten nicht nachgewiesen werden konnte.

* nach der Klassifikation der American Society of Anesthesiologists

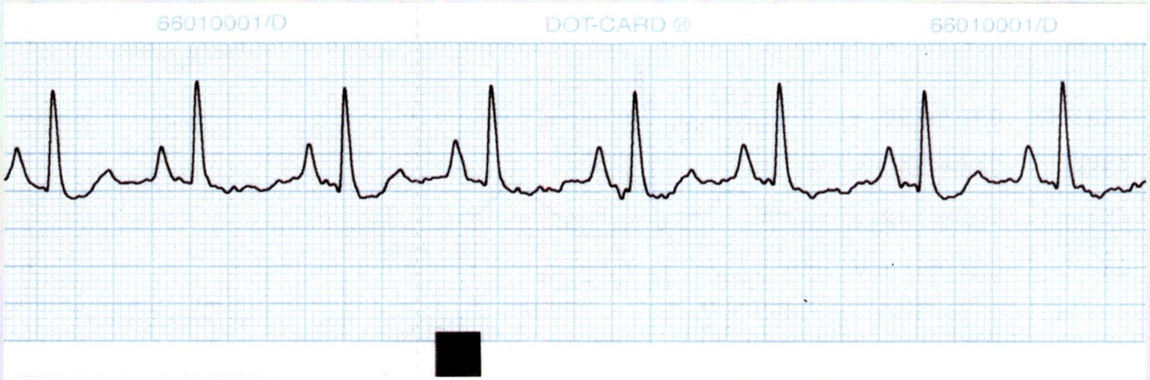

Ableitung II; 1 cm = 1 mV; 50 mm/s

Patient	
Rasse	Mischling (7 kg, leichtes Übergewicht)
Alter	14 Jahre
Geschlecht	Männlich

Anamnese

Seit einiger Zeit chronischer Husten, der nicht adäquat auf Antibiotika und Antiphlogistika anspricht. Dyspnoe bei Belastung. Systolisches Herzgeräusch IV/VI.

- Welche Veränderungen sind im EKG zu beobachten?
- Was ist die wahrscheinlichste Diagnose?
- Was ist die wichtigste zusätzliche Untersuchung, um die Diagnose zu bestätigen und über die Therapie entscheiden zu können?

Parameter	Patient	Normwerte
Grundrhythmus		Sinusrhythmus; Sinusarrhythmie
Herzfrequenz		70–160 bpm (bis zu 180 bei kleinen Rassen und bis zu 220 bei Welpen)
Elektrische Herzachse		+40° – +100°
P-Welle		Breite: 0,04 s; Höhe: 0,4 mV
PR-Intervall		0,06–0,13 s
QRS-Komplex		Bis zu 0,06 s (0,05 s bei kleinen Rassen)
R-Zacke		Bis zu 3 mV (2,5 mV bei kleinen Rassen)
QT-Intervall		0,15–0,25 s
ST-Strecke		Hebung: bis zu 0,15 mV; Senkung: < 0,2 mV
T-Welle		Weniger als 25 % der R-Höhe
Sonstiges		

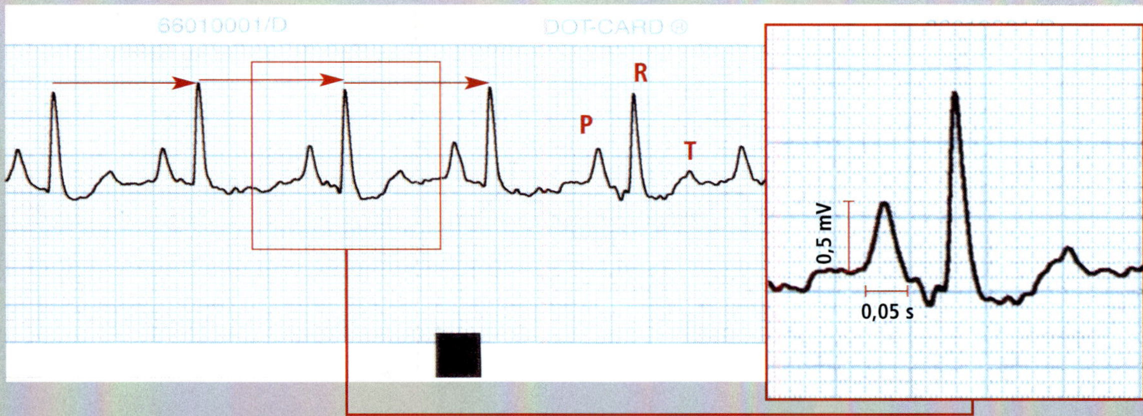

Untersuchte Parameter	
Grundrhythmus	**Normaler Sinusrhythmus**
Herzfrequenz	165 bpm
Elektrische Herzachse	—
P-Welle	**0,05 s × 0,5 mV**
PR-Intervall	0,1 s
QRS-Komplex	0,05 s
R-Zacke	1,3 mV
QT-Intervall	0,20 s
ST-Strecke	Normal
T-Welle	Normal
Sonstiges	—

► Welche Veränderungen sind im EKG zu beobachten?

Die Veränderungen betreffen die P-Wellen; sie sind breiter und höher als normal (P-biatriale, d. h. P-mitrale und P-pulmonale). Dies stellt ein Kriterium für die Dilatation von linkem und rechtem Vorhof dar.

Der Herzrhythmus ist praktisch regelmäßig, was bei gesunden Hunden in Ruhe eigentlich nicht üblich ist und auf einen erhöhten Sympathikotonus hinweist (rote Pfeile).

► Was ist die wahrscheinlichste Diagnose?

Die Vorgeschichte des Patienten spricht sehr für eine kongestive Herzinsuffizienz. Die Charakteristika des Tieres (Größe, Alter und Geschlecht) sind typisch für eine Klappenendokardiose, von der beiden Herzklappen, d. h. Mitral- und Trikuspidalklappe, betroffen sind.

Neben anderen Differentialdiagnosen bzw. Erkrankungen, die mit einer Klappenendokardiose einhergehen, wie z. B. Filariose oder Neoplasien, müssen auch mögliche chronisch obstruktive Atemwegserkrankungen (Cor pulmonale) abgeklärt werden, da auch sie für das Auftreten eines P-pulmonale verantwortlich sein können.

► Was ist die wichtigste zusätzliche Untersuchung, um die Diagnose zu bestätigen und über die Therapie entscheiden zu können?

Eine Röntgenuntersuchung des Thorax kann das Vorliegen einer Linksherzvergrößerung bestätigen; typisch für ein Mitralklappenendokardiose wären unter anderem ein vergrößerter linker Vorhof und ein Lungenödem. Außerdem eignet sich eine Thoraxröntgenaufnahme gut für den Nachweis eventuell vorhandener Metastasen oder von Atemwegserkrankungen, die das Vorliegen des P-pulmonale erklären würden und teilweise für die beschriebenen klinischen Symptome verantwortlich sein könnten.

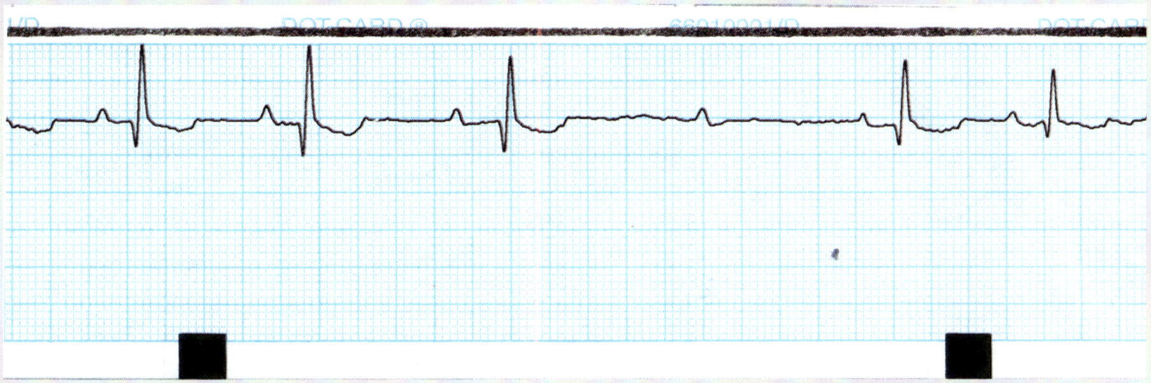

Ableitung II; 1 cm = 1 mV; 50 mm/s

Patient	
Rasse	American Cocker Spaniel
Alter	10 Jahre
Geschlecht	Weiblich

Anamnese

Präanästhetische Untersuchung vor Zahnreinigung. Keinerlei Symptome.

- ▶ Welche Veränderungen sind im EKG zu beobachten? Worauf können sie zurückzuführen sein?
- ▶ Welche klinischen Auswirkungen können sie haben?
- ▶ Sind besondere Vorsichtsmaßnahmen vor und während des Eingriffs erforderlich?

Parameter	Patient	Normwerte
Grundrhythmus		Sinusrhythmus; Sinusarrhythmie
Herzfrequenz		70–160 bpm (bis zu 180 bei kleinen Rassen und bis zu 220 bei Welpen)
Elektrische Herzachse		+40° – +100°
P-Welle		Breite: 0,04 s; Höhe: 0,4 mV
PR-Intervall		0,06–0,13 s
QRS-Komplex		Bis zu 0,06 s (0,05 s bei kleinen Rassen)
R-Zacke		Bis zu 3 mV (2,5 mV bei kleinen Rassen)
QT-Intervall		0,15–0,25 s
ST-Strecke		Hebung: bis zu 0,15 mV; Senkung: < 0,2 mV
T-Welle		Weniger als 25 % der R-Höhe
Sonstiges		

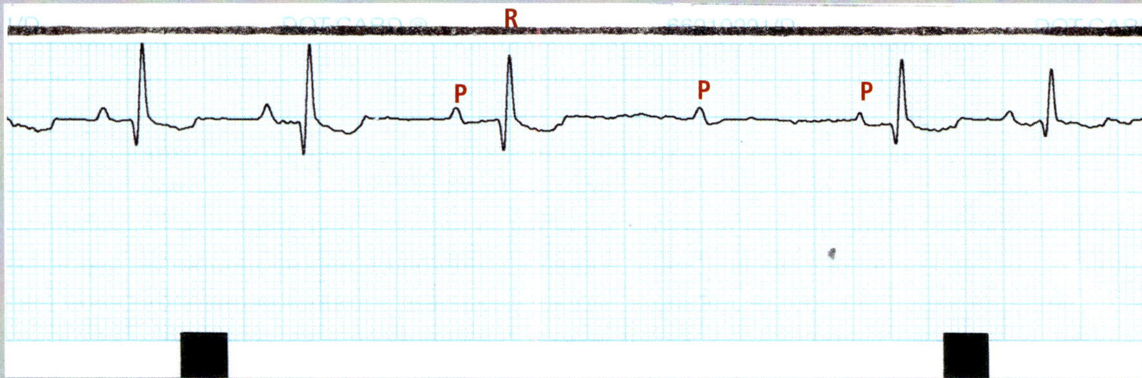

Untersuchte Parameter	
Grundrhythmus	**AV-Block II°, Typ Mobitz I**
Herzfrequenz	120 bpm
Elektrische Herzachse	—
P-Welle	0,03 s × 0,15 mV
PR-Intervall	**0,10–0,14 s**
QRS-Komplex	0,04 s
R-Zacke	1 mV
QT-Intervall	0,18 s
ST-Strecke	Normal
T-Welle	Normal
Sonstiges	—

► Welche Veränderungen sind im EKG zu beobachten? Worauf können sie zurückzuführen sein?

Alle EKG-Parameter liegen im Normbereich. Dennoch fällt auf, dass sich die aufeinanderfolgenden PR-Intervalle schrittweise verlängern, bis eine P-Welle erscheint, der kein entsprechender QRS-Komplex folgt. Dies ist auf eine Störung der Erregungsleitung im Bereich des AV-Knotens zurückzuführen, die verhindert, dass der elektrische Impuls zu den Ventrikeln weitergeleitet wird.

Da es sich um einen älteren Patienten und zudem um einen Cocker-Spaniel handelt, könnte die Ursache in einem erhöhten Vagotonus, einer altersbedingten Degeneration des Erregungsleitungssystems oder, was unwahrscheinlicher ist, in selteneren Erkrankungen wie einer Myokarditis bestehen. Andere pathologische Prozesse können ausgeschlossen werden, da der Patient asymptomatisch ist; allerdings können gelegentlich subklinische Elektrolytimbalanzen beobachtet werden.

► Welche klinischen Auswirkungen können sie haben?

Da die Erregung nicht entsprechend an die Herzkammern weitergeleitet wird, findet keine effektive Kontraktion des Herzens statt. Treten die Störungen nur sporadisch auf, kommt es zu keiner übermäßigen Verringerung der Herzfrequenz. Bei häufigem Auftreten kann es jedoch zur Reduzierung des Herzminutenvolumens und den damit in Verbindung stehenden Symptomen kommen.

► Sind besondere Vorsichtsmaßnahmen vor und während des Eingriffs erforderlich?

Da die Herzfrequenz beim Patienten physiologisch ist und die Blockierung der Erregungsleitung nur sporadisch auftritt, ergeben sich keine hämodynamischen Folgen. Dennoch sollte bei dieser Art von Patienten von der Verwendung adrenerger Agonisten und anderer Arzneimittel, die die Herzfrequenz herabsetzen, abgesehen werden.

Der Einsatz von Atropin als Prämedikation oder im Laufe der Narkose kann gelegentlich angezeigt sein. Es wird empfohlen, den Patienten bei der endotrachealen Intubation gut zu beobachten, da dies einen vagalen Stimulus hervorrufen kann.

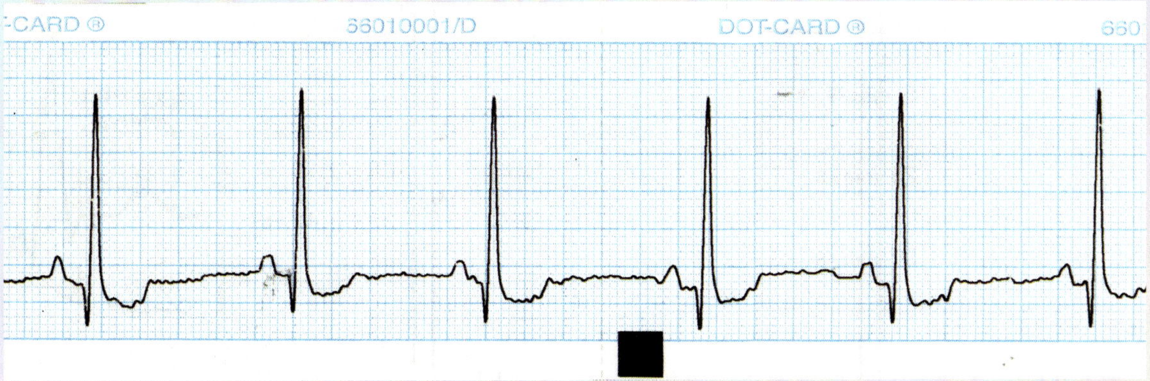

Ableitung II; 1 cm = 1 mV; 50 mm/s

Patient	
Rasse	Mischling (4 kg)
Alter	12 Jahre
Geschlecht	Weiblich

Anamnese

Herzgeräusch. Mattigkeit. Nach körperlicher Anstrengung Husten.

- ▶ Welche Veränderungen sind im EKG zu beobachten und was bedeuten sie?
- ▶ Was ist die wahrscheinlichste Diagnose?
- ▶ Welche therapeutischen Maßnahmen sind zu ergreifen?

Parameter	Patient	Normwerte
Grundrhythmus		Sinusrhythmus; Sinusarrhythmie
Herzfrequenz		70–160 bpm (bis zu 180 bei kleinen Rassen und bis zu 220 bei Welpen)
Elektrische Herzachse		+40° – +100°
P-Welle		Breite: 0,04 s; Höhe: 0,4 mV
PR-Intervall		0,06–0,13 s
QRS-Komplex		Bis zu 0,06 s (0,05 s bei kleinen Rassen)
R-Zacke		Bis zu 3 mV (2,5 mV bei kleinen Rassen)
QT-Intervall		0,15–0,25 s
ST-Strecke		Hebung: bis zu 0,15 mV; Senkung: < 0,2 mV
T-Welle		Weniger als 25 % der R-Höhe
Sonstiges		

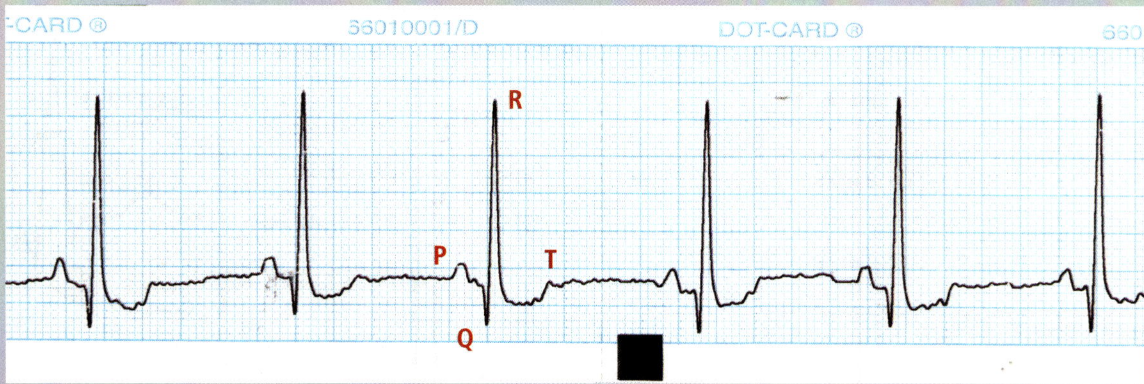

Untersuchte Parameter	
Grundrhythmus	Normaler Sinusrhythmus
Herzfrequenz	120 bpm
Elektrische Herzachse	—
P-Welle	0,04 s × 0,2 mV
PR-Intervall	0,10 s
QRS-Komplex	**0,06 s**
R-Zacke	**2,6 mV**
QT-Intervall	0,18 s
ST-Strecke	Normal
T-Welle	Normal
Sonstiges	—

► Welche Veränderungen sind im EKG zu beobachten und was bedeuten sie?

Das EKG zeigt hohe R-Zacken (2,6 mV) und eine deutliche Verbreiterung der QRS-Komplexe (0,06 s). Beides ist mit einer Hypertrophie / Dilatation des linken Ventrikels vereinbar. Diese Veränderungen an der linken Herzkammer führen dazu, dass die Dauer der ventrikulären Depolarisation verlängert ist (verbreiterter QRS-Komplex) und dass die Depolarisation auch intensiver ist (höhere R-Zacken).

► Was ist die wahrscheinlichste Diagnose?

Bei Patienten mit einem Herzgeräusch und diesen Anzeichen einer Linksherzvergrößerung besteht die primäre Differentialdiagnose in einer chronischen Klappenendokardiose. Diese Erkrankung, die vorwiegend die Mitralklappe betrifft, geht mit einer Regurgitation des Blutstroms an dieser Herzklappe einher, sodass es zur Volumenüberlastung des linken Atriums und in der Folge zu einer druckbedingten Hypertrophie / Dehnung des linken Ventrikels kommt.

► Welche therapeutischen Maßnahmen sind zu ergreifen?

Als primäre Therapie sollte zur Vasodilatation ein ACE-Hemmer (Benazepril) gegeben werden sowie unterstützend eine Diät mit restriktivem Natriumgehalt. Wie sich gezeigt hat, lässt sich dadurch in dieser Phase der kongestiven Herzinsuffizienz eine signifikante Verbesserung der Lebenserwartung und der Lebensqualität solcher Patienten erreichen. Um die morphologischen Veränderungen des Herzens möglichst genau beurteilen und ein eventuell bestehendes Lungenödem entdecken zu können, sollte ein Röntgenbild des Thorax angefertigt werden. Zeigt dieses tatsächlich ein Lungenödem, wird eine diuretische Therapie (mit Furosemid, Torasemid etc.) eingeleitet.

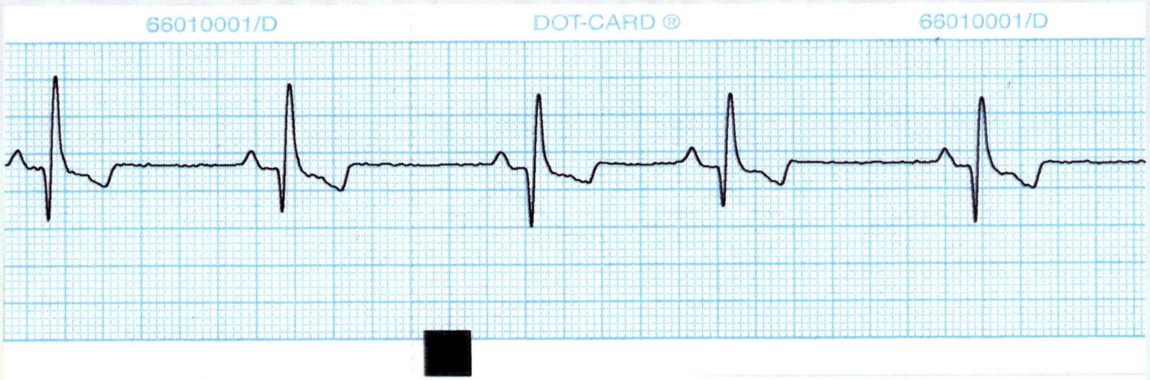

Ableitung II; 1 cm = 1 mV; 50 mm/s

Patient	
Rasse	Mischling kleiner Rassen
Alter	14 Jahre
Geschlecht	Männlich

Anamnese

Asymptomatisch. Präanästhetische Untersuchung vor der chirurgischen Entfernung eines Hauttumors.

- ▶ Welche Veränderungen sind im EKG zu beobachten und was lässt sich daraus schließen?

- ▶ Sind besondere Vorsichtsmaßnahmen vor und während des Eingriffs erforderlich?

Parameter	Patient	Normwerte
Grundrhythmus		Sinusrhythmus; Sinusarrhythmie
Herzfrequenz		70–160 bpm (bis zu 180 bei kleinen Rassen und bis zu 220 bei Welpen)
Elektrische Herzachse		+40° – +100°
P-Welle		Breite: 0,04 s; Höhe: 0,4 mV
PR-Intervall		0,06–0,13 s
QRS-Komplex		Bis zu 0,06 s (0,05 s bei kleinen Rassen)
R-Zacke		Bis zu 3 mV (2,5 mV bei kleinen Rassen)
QT-Intervall		0,15–0,25 s
ST-Strecke		Hebung: bis zu 0,15 mV; Senkung: < 0,2 mV
T-Welle		Weniger als 25 % der R-Höhe
Sonstiges		

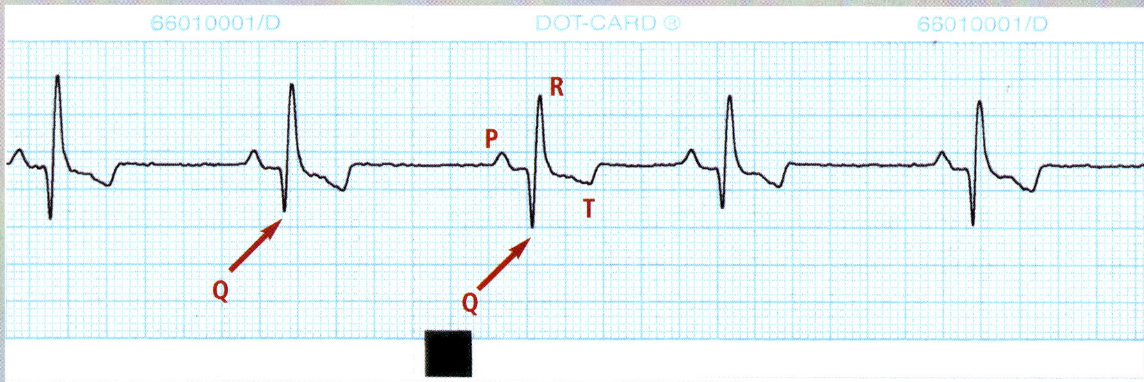

Untersuchte Parameter	
Grundrhythmus	Normaler Sinusrhythmus
Herzfrequenz	100 bpm
Elektrische Herzachse	—
P-Welle	0,04 s × 0,2 mV
PR-Intervall	0,08 s
QRS-Komplex	0,05 s
R-Zacke	0,9 mV
QT-Intervall	0,18 s
ST-Strecke	Normal
T-Welle	Normal
Sonstiges	**Tiefe Q-Zacken**

► Welche Veränderungen sind im EKG zu beobachten und was lässt sich daraus schließen?

Die Morphologie der QRS-Komplexe ist durch tiefe Q-Zacken (mehr als 0,5 mV, siehe Pfeile) gekennzeichnet. Dieser Befund ist mit einer Hypertrophie / Dilatation der rechten Herzkammer vereinbar, ist jedoch bei vereinzeltem Auftreten nur wenig spezifisch.

Stark ausgeprägte Q-Zacken sind auch bei Störungen der intraventrikulären Erregungsausbreitung, insbesondere bei Vorliegen eines Rechtsschenkelblocks, zu beobachten.

In bestimmten Fällen, wie z. B. bei schmalbrüstigen Hunderassen (Windhund, Belgischer Schäferhund etc.) und bei jungen Hunden, können sich im EKG ebenfalls tiefe Q-Zacken zeigen, ohne dass dies mit einem pathologischen Prozess oder einer Rechtsherzvergrößerung in Zusammenhang steht.

► Sind besondere Vorsichtsmaßnahmen vor und während des Eingriffs erforderlich?

Bei derartigen Befunden ist es immer ratsam, eine Röntgenuntersuchung des Thorax durchzuführen, um eventuelle Hinweise auf eine für die Rechtsherzvergrößerung verantwortliche Primärerkrankung (Dirofilariose, angeborene Kardiopathien wie Pulmonalstenose oder Trikuspidalklappendysplasie) bzw. erworbene, degenerative kardiale Veränderungen (chronische Trikuspidalklappenendokardiose) zu entdecken.

Sind in der Röntgenaufnahme keine Anzeichen einer veränderten Herzsilhouette zu erkennen, kann man davon ausgehen, dass die tiefen Q-Zacken ohne jede klinische Relevanz sind, sodass der Patient weder vor noch während des Eingriffs unter Vollnarkose irgendeine besondere Medikation benötigt. Auch therapeutische Maßnahmen sind in einem solchen Fall nicht erforderlich.

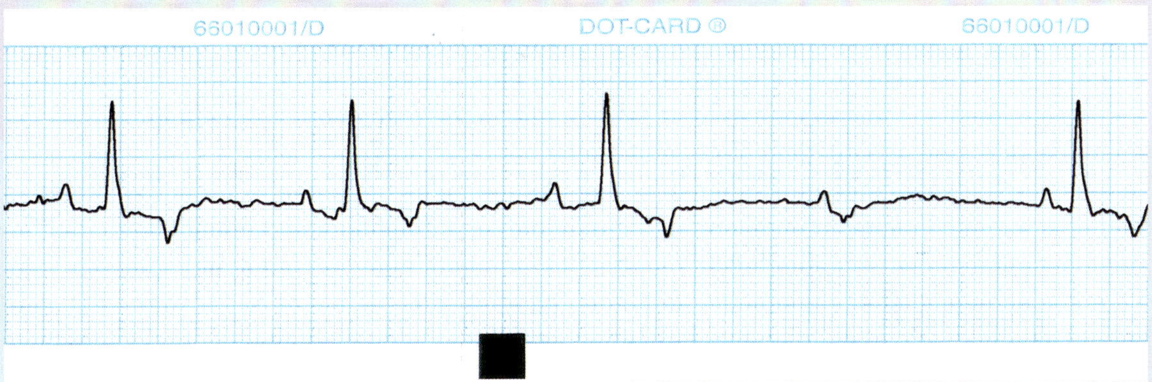

Ableitung II; 1 cm = 1 mV; 50 mm/s

Patient	
Rasse	American Cocker Spaniel
Alter	6 Jahre
Geschlecht	Weiblich

Anamnese
Routineuntersuchung. Patient symptomfrei. Laborbefunde normal.

▶ Welche Veränderungen sind im EKG zu beobachten?

▶ Welche sind die häufigsten Ursachen und was ist in diesem Fall die wahrscheinlichste Ursache?

▶ Gibt es Grund zur Sorge?

▶ Was wäre zu tun?

Parameter	Patient	Normwerte
Grundrhythmus		Sinusrhythmus; Sinusarrhythmie
Herzfrequenz		70–160 bpm (bis zu 180 bei kleinen Rassen und bis zu 220 bei Welpen)
Elektrische Herzachse		+40° – +100°
P-Welle		Breite: 0,04 s; Höhe: 0,4 mV
PR-Intervall		0,06–0,13 s
QRS-Komplex		Bis zu 0,06 s (0,05 s bei kleinen Rassen)
R-Zacke		Bis zu 3 mV (2,5 mV bei kleinen Rassen)
QT-Intervall		0,15–0,25 s
ST-Strecke		Hebung: bis zu 0,15 mV; Senkung: < 0,2 mV
T-Welle		Weniger als 25 % der R-Höhe
Sonstiges		

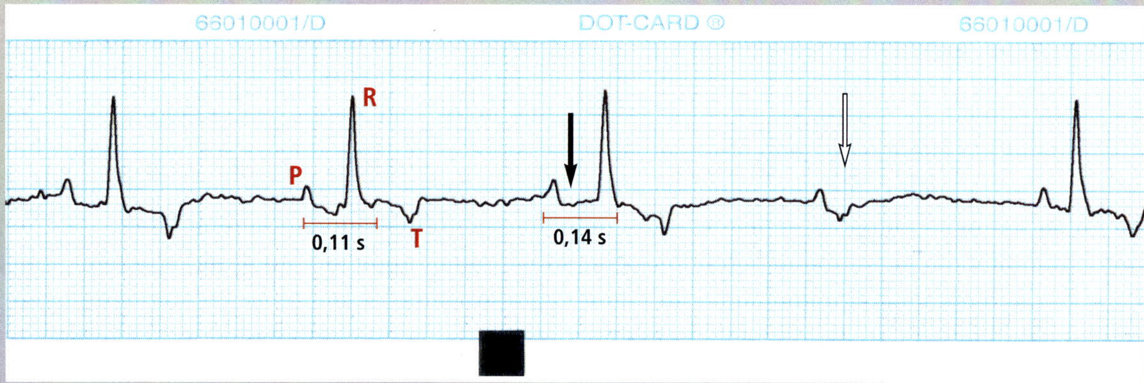

Untersuchte Parameter	
Grundrhythmus	**AV-Block II°**
Herzfrequenz	80 bpm
Elektrische Herzachse	—
P-Welle	0,04 s × 0,3 mV
PR-Intervall	0,10–**0,14 s**
QRS-Komplex	0,05 s
R-Zacke	1,5 mV
QT-Intervall	0,20 s
ST-Strecke	Normal
T-Welle	Normal
Sonstiges	—

► Welche Veränderungen sind im EKG zu beobachten?

Das Verhältnis P-Wellen zu QRS-Komplexen beträgt nicht 1:1, denn es sind mehr P-Wellen als QRS-Komplexe zu sehen. Die Ursache ist ein AV-Block (weißer Pfeil). Während die Erregungsausbreitung in den Vorhöfen manchmal den AV-Knoten überwindet, bleibt sie andere Male an dieser Stelle blockiert. Dies wird als AV-Block II° bezeichnet. Die PR-Intervalle sind unterschiedlich lang und nehmen vor dem totalen Ausfall der Überleitung (schwarzer Pfeil) immer mehr an Länge zu, was auf einen AV-Block II°, Typ Mobitz I (Wenckebach-Periodik), hinweist.

► Welche sind die häufigsten Ursachen und was ist in diesem Fall die wahrscheinlichste Ursache?

Diese Veränderungen sind in der Regel idiopathischer Natur. Sie sind auch bei Krankheitsbildern wie seniler Myokardfibrose (insbesondere beim Cocker Spaniel und beim Dackel) und bei der erblichen Stenose im His-Bündel des Mopses zu beobachten; auch im Zusammenhang mit einer Sinusarrhythmie und exzessivem Vagotonus (vor allem bei Welpen und brachyzephalen Hunden), einer Hypothyreose, Störungen des Kaliumhaushalts und sekundär nach Medikation mit Xylazin oder anderen α_2-Rezeptoragonisten, Digitalispräparaten oder anderen Antiarrhythmika kann ein AV-Block II°,Typ Mobitz I, zu sehen sein.

► Gibt es Grund zur Sorge?

Ob sich daraus hämodynamische Konsequenzen ergeben, hängt von der durchschnittlichen Herzfrequenz ab. Bewegt sich diese im Normbereich und kommt es nur gelegentlich zur Blockierung im AV-Knoten, entstehen keine klinischen Symptome. Tritt der totale Leitungsausfall regelmäßig auf und ist die Herzfrequenz niedrig, zeigen sich Symptome eines reduzierten Herzminutenvolumens: Leistungsminderung, Lethargie, Synkopen.

► Was wäre zu tun?

Man sollte versuchen, die Ursache zu finden und diese eliminieren. Ist die Erkrankung idiopathischen Ursprungs und bestehen keine klinischen Symptome, sollten regelmäßige Kontrolluntersuchungen durchgeführt werden, um etwaige Verschlechterungen sofort zu entdecken. Zeigt der Patient Symptome, kann man die Herzfrequenz medikamentell durch die Gabe von Methylxanthinen (Theophyllin) oder adrenergen Stimulanzien (Terbutalin) steigern. Die effizienteste Therapie bestünde in der Implantation eines Herzschrittmachers.

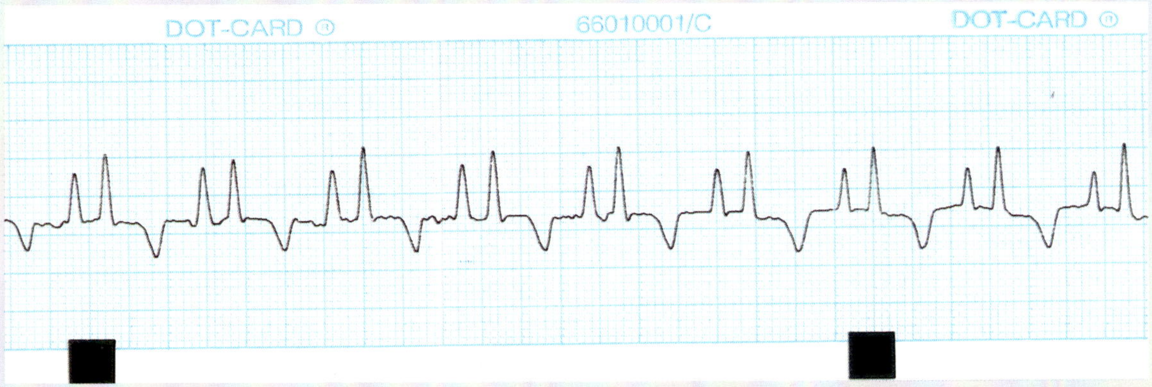

Ableitung II; 1 cm = 1 mV; 50 mm/s

Patient	
Rasse	Yorkshire Terrier
Alter	12 Jahre
Geschlecht	Weiblich

Anamnese

Paroxysmaler Husten mit Zyanose, Erstickungsgefahr und synkopalen Episoden. Ein Herzgeräusch ist nicht zu auskultieren. Röntgenbefund: Rechtsherzvergrößerung.

- Welche Veränderungen sind im EKG zu beobachten und was lässt sich daraus schließen?
- Was ist die wahrscheinlichste Diagnose und wodurch ist sie gekennzeichnet?
- Welche Therapie sollte eingeleitet werden?

Parameter	Patient	Normwerte
Grundrhythmus		Sinusrhythmus; Sinusarrhythmie
Herzfrequenz		70–160 bpm (bis zu 180 bei kleinen Rassen und bis zu 220 bei Welpen)
Elektrische Herzachse		+40° – +100°
P-Welle		Breite: 0,04 s; Höhe: 0,4 mV
PR-Intervall		0,06–0,13 s
QRS-Komplex		Bis zu 0,06 s (0,05 s bei kleinen Rassen)
R-Zacke		Bis zu 3 mV (2,5 mV bei kleinen Rassen)
QT-Intervall		0,15–0,25 s
ST-Strecke		Hebung: bis zu 0,15 mV; Senkung: < 0,2 mV
T-Welle		Weniger als 25 % der R-Höhe
Sonstiges		

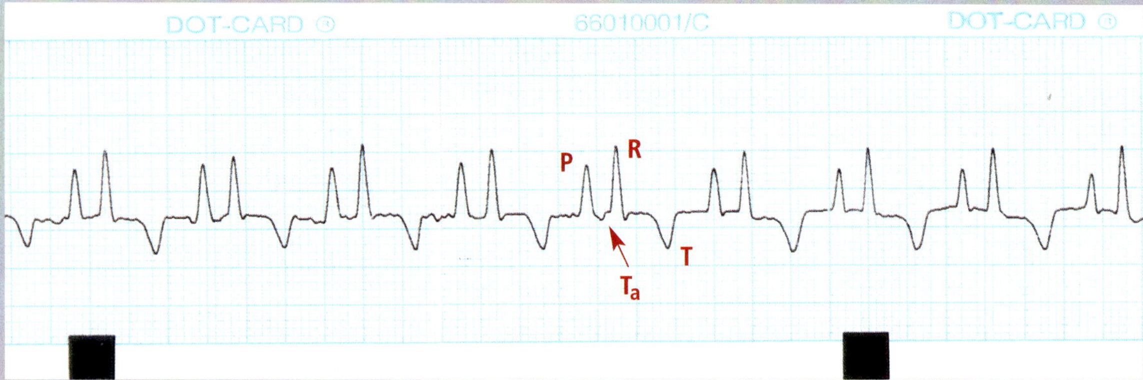

Untersuchte Parameter	
Grundrhythmus	Normaler Sinusrhythmus
Herzfrequenz	180 bpm
Elektrische Herzachse	—
P-Welle	0,04 s × **0,7 mV**
PR-Intervall	0,08 s
QRS-Komplex	0,04 s
R-Zacke	1,0 mV
QT-Intervall	0,18 s
ST-Strecke	Normal
T-Welle	**> 25 % der R-Höhe**
Sonstiges	**Vorliegen von T_a-Wellen**

► Welche Veränderungen sind im EKG zu beobachten und was lässt sich daraus schließen?

Das EKG zeigt deutlich erhöhte P-Wellen. Dies wird als P-pulmonale bezeichnet und entsteht durch eine Erweiterung des rechten Vorhofs.

Auch T_a-Wellen (siehe Pfeil) sind zu erkennen; dabei handelt es sich um negative Ausschläge, die typischerweise in Begleitung von P-pulmonale auftreten und die die atriale Repolarisation bei Vorliegen einer Dilatation des rechten Atriums repräsentieren.

► Was ist die wahrscheinlichste Diagnose und wodurch ist sie gekennzeichnet?

Beim klinischen Bild dieses Patienten scheint es sich um einen funktionellen Kollaps der dorsalen Trachealmukosa zu handeln, ein Vorgang, der bei Yorkshire Terriern relativ häufig vorkommt.

Aufgrund des Trachealkollapses und anderer respiratorischer Krankheitsprozesse kann es, wenn sie über einen langen Zeitraum bestehen, zu einer Überlastung des Herzens durch pulmonale Hypertension und in der Folge zur Hypertrophie / Dilatation der rechten Herzhälfte kommen.

► Welche Therapie sollte eingeleitet werden?

Bei diesen Patienten sind folgende therapeutische Maßnahmen indiziert:

- Bronchodilatatoren (Theophyllin, Propentophyllin).
- Entzündungshemmende Therapie mit Kortikoiden (kurzfristig) zur Behandlung der durch die Hustenanfälle irritierten bzw. entzündeten Trachealschleimhaut.
- Antibiotische Therapie, da es häufig zu sekundären bakteriellen Infektionen der Atemwege kommt.
- Adjuvante Therapie: Antitussiva (Codein, Butorphanol) und Gewichtsreduktion bei adipösen Patienten.
- Die chirurgische Therapie mittels Implantation von Trachealspangen aus Polypropylen sollte schweren bzw. refraktären Fällen vorbehalten bleiben.

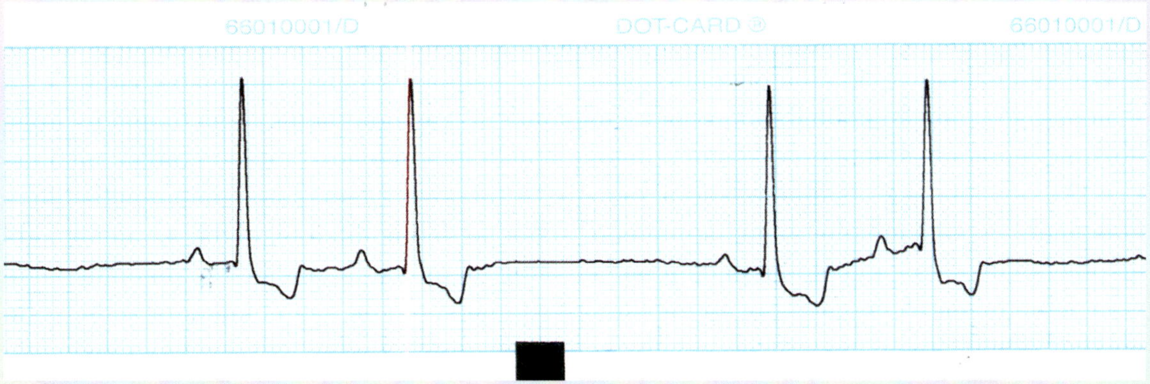

Ableitung II; 1 cm = 1 mV; 50 mm/s

Patient	
Rasse	Pointer
Alter	5 Jahre
Geschlecht	Männlich

Anamnese
Präanästhetische Untersuchung. Asymptomatisch.

- ▶ Welche Veränderungen sind im EKG zu beobachten?
- ▶ Welche klinische Relevanz haben sie?

Parameter	Patient	Normwerte
Grundrhythmus		Sinusrhythmus; Sinusarrhythmie
Herzfrequenz		70–160 bpm (bis zu 180 bei kleinen Rassen und bis zu 220 bei Welpen)
Elektrische Herzachse		+40° – +100°
P-Welle		Breite: 0,04 s; Höhe: 0,4 mV
PR-Intervall		0,06–0,13 s
QRS-Komplex		Bis zu 0,06 s (0,05 s bei kleinen Rassen)
R-Zacke		Bis zu 3 mV (2,5 mV bei kleinen Rassen)
QT-Intervall		0,15–0,25 s
ST-Strecke		Hebung: bis zu 0,15 mV; Senkung: < 0,2 mV
T-Welle		Weniger als 25 % der R-Höhe
Sonstiges		

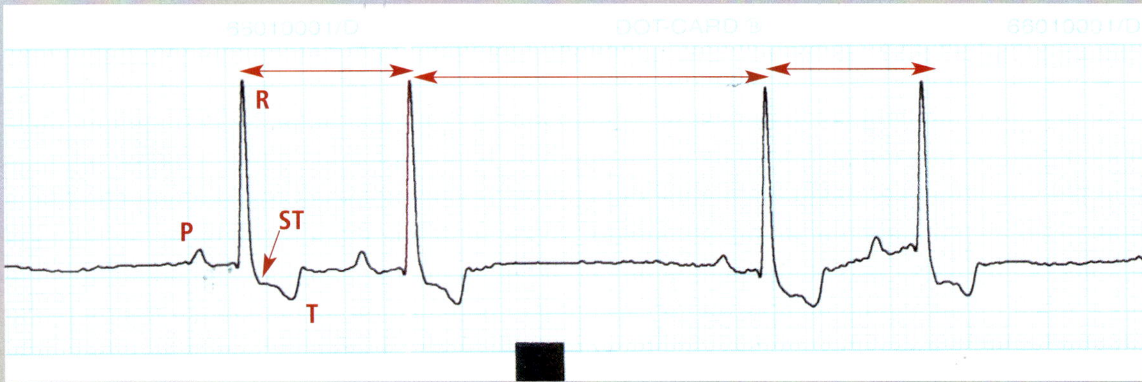

Untersuchte Parameter	
Grundrhythmus	Sinusarrhythmie
Herzfrequenz	80 bpm
Elektrische Herzachse	—
P-Welle	0,04 s × 0,2 mV
PR-Intervall	0,12 s
QRS-Komplex	0,06 s
R-Zacke	2,5 mV
QT-Intervall	0,20 s
ST-Strecke	**Senkung 0,25 mV**
T-Welle	Normal
Sonstiges	—

▶ Welche Veränderungen sind im EKG zu beobachten?

Es handelt sich um eine Sinusarrhythmie bei einer Herzfrequenz von 80 bpm. Was die Morphologie der einzelnen Wellen und Zacken betrifft, sind besonders hohe R-Zacken zu sehen, die jedoch in dieser Form bei Hunden großer Rassen noch im Normbereich liegen.

▶ Welche klinische Relevanz haben sie?

Bei diesem Patienten ist es aufgrund des Untersuchungsbefundes und seiner Vorgeschichte wahrscheinlich, dass die kardiale Hypertrophie physiologischer Natur ist, was bei gut durchtrainierten Tieren und besonders bei manchen athletischen Rassen (Pointer, Windhund, Bracke etc.) vorkommt.

Auch die deutliche Sinusarrhythmie ist bei solchen Hunden ein üblicher Befund; die relativ niedrige Herzfrequenz und die manchmal extreme Sinusarrhythmie sind jedoch ohne pathologische Bedeutung.

Man könnte im vorliegenden Fall von einem sinuatrialen Block sprechen, da die RR-Intervalle bei den am weitesten voneinander entfernten QRS-Komplexen mehr als doppelt so lang sind wie bei den am nächsten beieinander liegenden Komplexen. Diese Nomenklatur ist allerdings verwirrend, denn die Arrhythmie wird nicht durch eine Funktionsstörung am Sinusknoten verursacht, sondern ist die Folge eines physiologisch erhöhten Vagotonus.

Bei der ST-Strecke ist eine leichte Senkung zu bemerken. Der Befund kann durchaus von Relevanz sein, kann jedoch auf zahlreiche Ursachen, die mit einer Myokardhypoxie oder Elektrolytimbalanzen einhergehen, zurückzuführen sein.

Fälle dieser Art werden in der Praxis relativ häufig gesehen, sind jedoch in der Regel ohne klinische Bedeutung. Um sicherzugehen, sollte nicht nur die Anamnese genauestens hinterfragt werden, sondern es empfiehlt sich auch die Durchführung einer eingehenden klinischen Allgemeinuntersuchung sowie einer Blutuntersuchung und die Anfertigung eines Thoraxröntgenbildes.

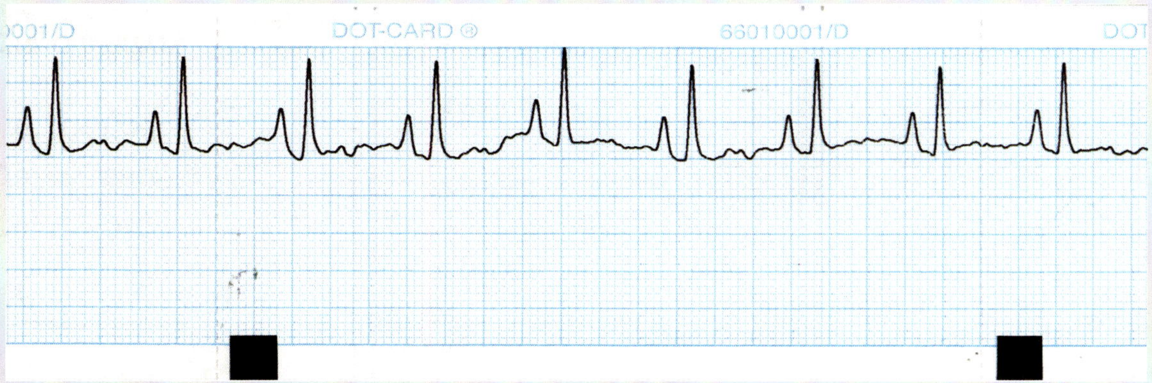

Ableitung II; 1 cm = 1 mV; 50 mm/s

Patient	
Rasse	Mischling (4 kg)
Alter	12 Jahre
Geschlecht	Weiblich

Anamnese

Bilaterales systolisches Herzgeräusch IV/VI. Husten, Lungenödem. Laufende Therapie mit Benazepril, Spironolacton und Furosemid.

- ▶ Welche Veränderungen sind im EKG zu beobachten und was lässt sich daraus schließen?
- ▶ Was ist die wahrscheinlichste Ursache der klinischen Symptome?
- ▶ Wie kann die derzeitige Therapie angepasst werden?

Parameter	Patient	Normwerte
Grundrhythmus		Sinusrhythmus; Sinusarrhythmie
Herzfrequenz		70–160 bpm (bis zu 180 bei kleinen Rassen und bis zu 220 bei Welpen)
Elektrische Herzachse		+40° – +100°
P-Welle		Breite: 0,04 s; Höhe: 0,4 mV
PR-Intervall		0,06–0,13 s
QRS-Komplex		Bis zu 0,06 s (0,05 s bei kleinen Rassen)
R-Zacke		Bis zu 3 mV (2,5 mV bei kleinen Rassen)
QT-Intervall		0,15–0,25 s
ST-Strecke		Hebung: bis zu 0,15 mV; Senkung: < 0,2 mV
T-Welle		Weniger als 25 % der R-Höhe
Sonstiges		

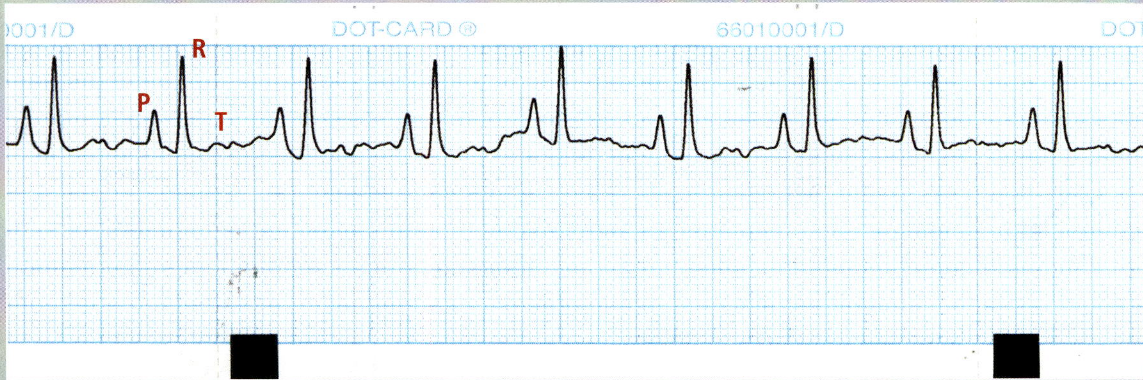

Untersuchte Parameter	
Grundrhythmus	Normaler Sinusrhythmus
Herzfrequenz	180 bpm
Elektrische Herzachse	—
P-Welle	**0,05 s × 0,5 mV**
PR-Intervall	0,08 s
QRS-Komplex	0,05 s
R-Zacke	1,2 mV
QT-Intervall	0,2 s
ST-Strecke	Normal
T-Welle	Normal
Sonstiges	—

▶ Welche Veränderungen sind im EKG zu beobachten und was lässt sich daraus schließen?

Die P-Wellen zeigen sich verbreitert (0,05 s, P-mitrale), was für eine Erweiterung des linken Vorhofs spricht. Gleichzeitig sind auch P-Wellen mit größerer Amplitude als normal (0,5 mV, P-pulmonale) zu sehen; dies weist auf eine Dilatation des rechten Vorhofs hin. Diese Begriffe entstanden aufgrund der Erkrankungen, die am häufigsten für diese Veränderungen verantwortlich sind. P-mitrale tritt für gewöhnlich bei chronischer Klappenendokardiose auf, die mit einer Dilatation des linken Vorhofs einhergeht. Zur Entwicklung von P-pulmonale kommt es durch chronische Atemwegserkrankungen, infolge derer eine pulmonale Hypertension entsteht, die eine Erweiterung des rechten Vorhofs bewirkt.

▶ Was ist die wahrscheinlichste Ursache der klinischen Symptome?

Aufgrund der klinischen Daten und des EKG-Befundes lässt sich mit ziemlicher Sicherheit sagen, dass eine chronische Klappenendokardiose vorliegt, von der wahrscheinlich sowohl die Mitral- als auch die Trikuspidalklappe betroffen ist. Wenn im Röntgenbild eine eindeutige Hypertrophie bzw. Dilatation des Herzens zu erkennen ist, muss man davon ausgehen, dass sich die Herzerkrankung bereits in einem fortgeschrittenen Stadium befindet.

▶ Wie kann die derzeitige Therapie angepasst werden?

Obwohl der Patient bereits eine vasodilatatorische und eine diuretische Therapie erhält, muss die Dosis des Diuretikums möglicherweise erhöht werden bzw. muss eventuell auf potentere Präparate umgestellt werden.

In Fällen, die sich auch unter der Kombinationstherapie aus Vasodilatatoren und Diuretika als refraktär erweisen oder bei signifikanten elektrokardiographischen Veränderungen, hat sich die zusätzliche Gabe von positiv inotrop wirkenden Pharmaka (Pimobendan) bewährt, durch die sich Herzfunktion und hämodynamischer Status des Patienten verbessern lassen.

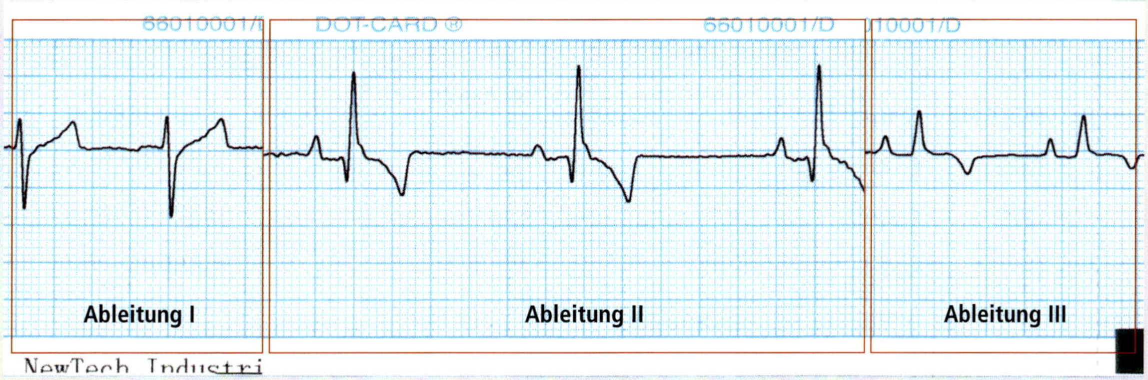

Ableitung II; 1 cm = 1 mV; 50 mm/s

Patient	
Rasse	Mischling
Alter	11 Jahre
Geschlecht	Weiblich

Anamnese

Husten, inspiratorische Dyspnoe. Ein Herzgeräusch ist nicht zu auskultieren. Röntgenbefund: Rechtsherzvergrößerung, bronchiales Muster.

- ▶ Welche Veränderungen sind im EKG zu beobachten?
- ▶ Welche Differentialdiagnosen sind in diesem Fall abzuklären?

Parameter	Patient	Normwerte
Grundrhythmus		Sinusrhythmus; Sinusarrhythmie
Herzfrequenz		70–160 bpm (bis zu 180 bei kleinen Rassen und bis zu 220 bei Welpen)
Elektrische Herzachse		+40° – +100°
P-Welle		Breite: 0,04 s; Höhe: 0,4 mV
PR-Intervall		0,06–0,13 s
QRS-Komplex		Bis zu 0,06 s (0,05 s bei kleinen Rassen)
R-Zacke		Bis zu 3 mV (2,5 mV bei kleinen Rassen)
QT-Intervall		0,15–0,25 s
ST-Strecke		Hebung: bis zu 0,15 mV; Senkung: < 0,2 mV
T-Welle		Weniger als 25 % der R-Höhe
Sonstiges		

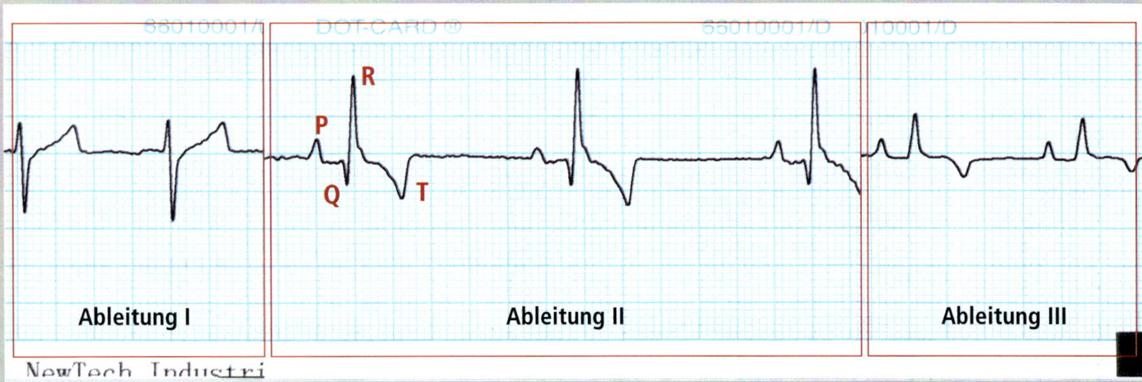

Untersuchte Parameter	
Grundrhythmus	Normaler Sinusrhythmus
Herzfrequenz	100 bpm
Elektrische Herzachse	**+139°**
P-Welle	0,04 s × 0,2 mV
PR-Intervall	0,10 s
QRS-Komplex	0,05 s
R-Zacke	1,2 mV
QT-Intervall	0,18 s
ST-Strecke	Normal
T-Welle	**–0,6 mV, > 25 % der R-Höhe**
Sonstiges	—

► Welche Veränderungen sind im EKG zu beobachten?

Es liegt ein normaler Sinusrhythmus mit einer physiologischen Herzfrequenz vor, doch sind signifikante Veränderungen im EKG zu sehen: Die elektrische Herzachse ist in der Frontalachse nach rechts verschoben, d. h. es liegen eine Rechtsverschiebung der Herzachse (+139°) und eine Überhöhung der T-Wellen (weißer Pfeil) vor.

► Welche Differentialdiagnosen sind in diesem Fall abzuklären?

Die veränderte T-Welle spricht für eine Myokardhypoxie, sie kann jedoch in dieser Form auch bei Myokardinfarkten (bei Hunden äußerst selten) und bei Blockierungen der intraventrikulären Erregungsausbreitung sowie bei einem Rechts- oder Linksschenkelblock und bei einer Vergrößerung beider Ventrikel (Dilatation oder Hypertrophie) auftreten. Ähnlich verändert kann sich die T-Welle auch bei Elektrolytimbalanzen und Stoffwechselstörungen zeigen: Anämie, Urämie, Schock, Ketoazidose, Hypoglykämie, fieberhafte Zustände etc. Auch Intoxikationen durch Digitalispräparate oder bestimmte Antiarrhythmika (Quinidin, Procainamid) können solche Veränderungen bei der T-Welle auslösen, stellen jedoch im konkreten Fall keine diagnostische Option dar. Schließlich können auch Atemwegserkrankungen und Erkrankungen, die das autonome Nervensystem betreffen, für derartige Veränderungen der T-Welle verantwortlich sein.

Die Rechtsabweichung der Herzachse kann auf einen Defekt in der intraventrikulären Erregungsausbreitung, hier in der rechten Herzkammer, oder aber auf eine Hypertrophie des rechten Ventrikels hinweisen. Anhand des EKG lässt sich nicht erkennen, ob es sich um eine ventrikuläre Dilatation oder Hypertrophie handelt, sodass es korrekter ist, den Begriff »Ventrikelvergrößerung« zu verwenden. Viele Autoren messen der Rechtsabweichung der Herzachse keine hohe diagnostische Bedeutung bei, solange der Wert +160° nicht übersteigt (obwohl die Grenze des normalen Achsenbereichs bei +100° liegt).

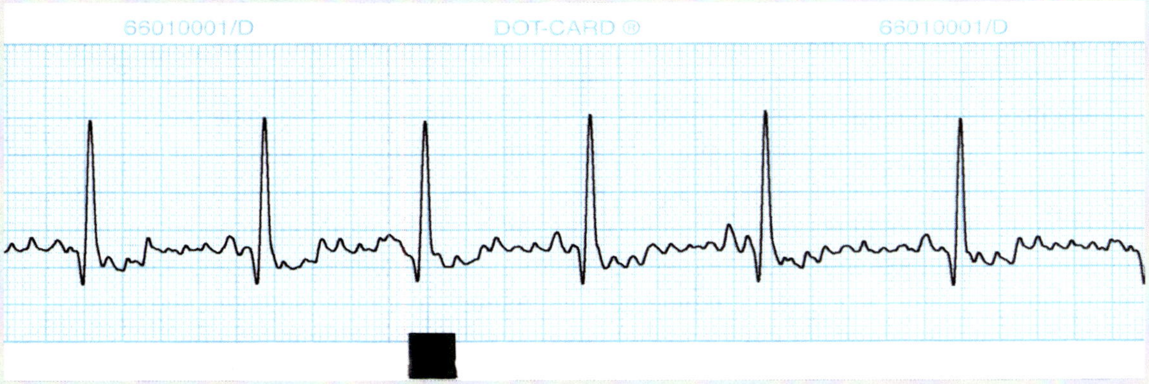

Ableitung II; 1 cm = 1 mV; 50 mm/s

Patient	
Rasse	Golden Retriever
Alter	6 Jahre
Geschlecht	Weiblich

Anamnese

Erbrechen, Anorexie. Erschöpfung, beschleunigte Atmung.

- ▶ Welcher Herzrhythmus ist dargestellt?
- ▶ Worauf stützt sich diese Aussage?
- ▶ Wie lässt sich der EKG-Befund bestätigen?

Parameter	Patient	Normwerte
Grundrhythmus		Sinusrhythmus; Sinusarrhythmie
Herzfrequenz		70–160 bpm (bis zu 180 bei kleinen Rassen und bis zu 220 bei Welpen)
Elektrische Herzachse		+40° – +100°
P-Welle		Breite: 0,04 s; Höhe: 0,4 mV
PR-Intervall		0,06–0,13 s
QRS-Komplex		Bis zu 0,06 s (0,05 s bei kleinen Rassen)
R-Zacke		Bis zu 3 mV (2,5 mV bei kleinen Rassen)
QT-Intervall		0,15–0,25 s
ST-Strecke		Hebung: bis zu 0,15 mV; Senkung: $< 0{,}2$ mV
T-Welle		Weniger als 25 % der R-Höhe
Sonstiges		

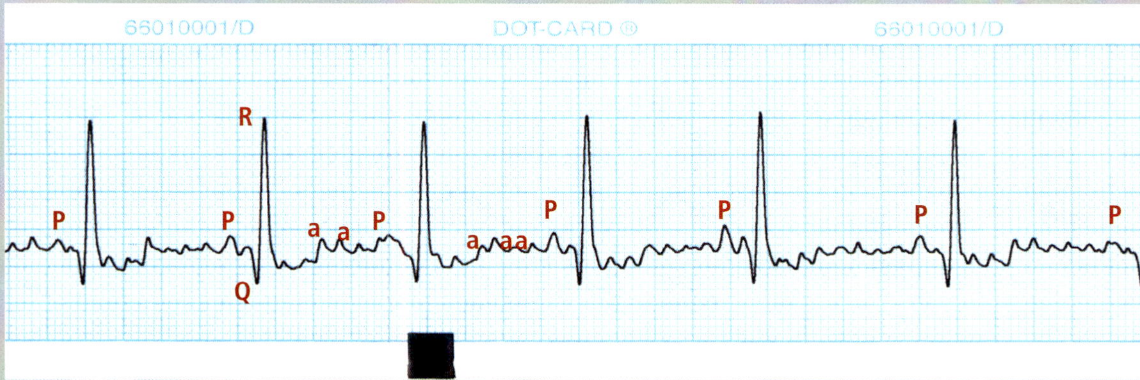

Untersuchte Parameter	
Grundrhythmus	Normaler Sinusrhythmus
Herzfrequenz	140 bpm
Elektrische Herzachse	—
P-Welle	0,04 s × 0,2 mV
PR-Intervall	0,08 s
QRS-Komplex	0,05 s
R-Zacke	1,9 mV
QT-Intervall	0,22 s
ST-Strecke	Normal
T-Welle	Normal
Sonstiges	—

► Welcher Herzrhythmus ist dargestellt?

Das EKG zeigt einen Sinusrhythmus bei einer Herzfrequenz von 140 bpm. Zu erkennen sind zahlreiche Artefakte und Grundlinienschwankungen, die die P-Wellen maskieren können. Man sieht jedoch auch deutliche positive Abweichungen der P-Wellen, die in Verbindung mit den QRS-Komplexen und immer 0,08 s (4 mm) vor diesen auftreten.

► Worauf stützt sich diese Aussage?

Wenn das EKG derartige Schwankungen an der Grundlinie zeigt, könnte man den Rhythmus mit einem Vorhofflimmern oder Vorhofflattern verwechseln. Dennoch gibt es einige Unterschiede, die das Vorhofflimmern kennzeichnen und die eine Unterscheidung erleichtern, nämlich:

- Beim Vorhofflimmern ist der Rhythmus sehr unregelmäßig und die Herzfrequenz sehr hoch (> 180/min).
- Bei der Auskultation des Herzens ist eine typische Abfolge stark desorganisierter Herztöne zu bemerken, und generell können dadurch auch Pulsdefizite entstehen.
- Die Arrhythmie ist dauerhaft und fast immer irreversibel. Sind im EKG P-Wellen zu erkennen, so handelt es sich nicht um ein Vorhofflimmern.

► Wie lässt sich der EKG-Befund bestätigen?

Um den im EKG beobachteten Herzrhythmus zu bestätigen, müssen die Artefakte eliminiert oder minimiert werden. Dies kann auf unterschiedliche Art erfolgen:

- Zittern bzw. Bewegungen des Patienten bei der EKG-Durchführung verhindern.
- Auch andere Stellen des EKG-Streifens auf mögliche vorhandene P-Wellen untersuchen.
- Alle Geräte, die Interferenzen verursachen könnten, entfernen oder ausstecken.
- Durch eine klinische Untersuchung feststellen, ob Veränderungen zu bemerken sind, die für ein Vorhofflimmern sprechen (Pulsdefizite, abnormer Auskultationsbefund etc.).

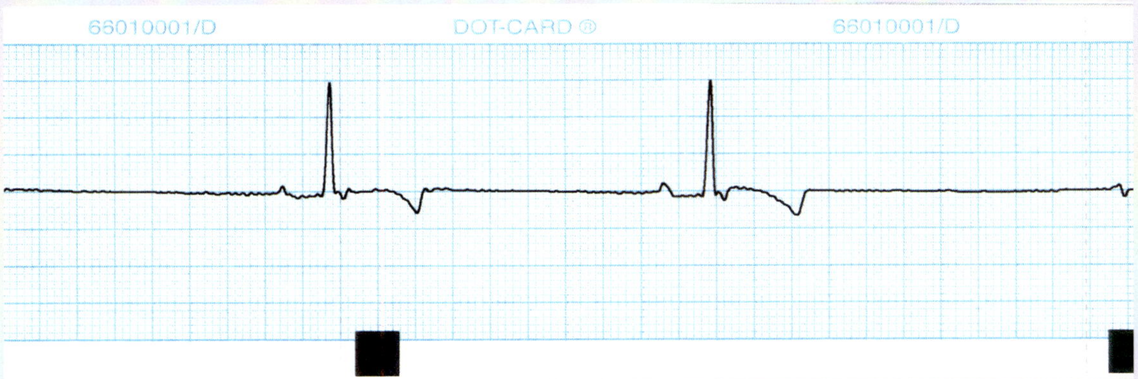

Ableitung II; 1 cm = 1 mV; 50 mm/s

Patient	
Rasse	Yorkshire Terrier
Alter	3 Jahre
Geschlecht	Weiblich

Anamnese

Akutes Krankheitsbild mit allgemeiner Schwäche und Stupor sowie epileptiformen Episoden. Hat vor drei Tagen geworfen.

- Welche Herzfrequenz und welchen Herzrhythmus zeigt das EKG?
- Welche sonstigen Veränderungen sind im EKG zu beobachten?
- Wodurch kann ein solches EKG verursacht werden und was ist in diesem Fall die wahrscheinlichste Diagnose?

Parameter	Patient	Normwerte
Grundrhythmus		Sinusrhythmus; Sinusarrhythmie
Herzfrequenz		70–160 bpm (bis zu 180 bei kleinen Rassen und bis zu 220 bei Welpen)
Elektrische Herzachse		+40° – +100°
P-Welle		Breite: 0,04 s; Höhe: 0,4 mV
PR-Intervall		0,06–0,13 s
QRS-Komplex		Bis zu 0,06 s (0,05 s bei kleinen Rassen)
R-Zacke		Bis zu 3 mV (2,5 mV bei kleinen Rassen)
QT-Intervall		0,15–0,25 s
ST-Strecke		Hebung: bis zu 0,15 mV; Senkung: < 0,2 mV
T-Welle		Weniger als 25 % der R-Höhe
Sonstiges		

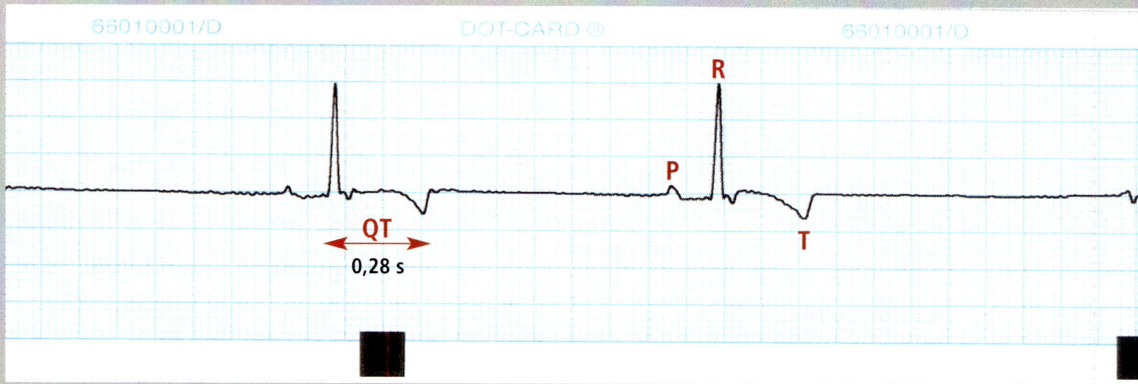

Untersuchte Parameter	
Grundrhythmus	**Sinusbradykardie**
Herzfrequenz	**60 bpm**
Elektrische Herzachse	—
P-Welle	0,03 s × 0,1 mV
PR-Intervall	0,12 s
QRS-Komplex	0,04 s
R-Zacke	1,5 mV
QT-Intervall	**0,28 s**
ST-Strecke	Normal
T-Welle	Normal
Sonstiges	Wandernder Schrittmacher

▶ Welche Herzfrequenz und welchen Herzrhythmus zeigt das EKG?

Es handelt sich um einen regulären Sinusrhythmus bei verringerter Herzfrequenz: Sinusbradykardie mit einer Frequenz von 60 bpm.

▶ Welche sonstigen Veränderungen sind im EKG zu beobachten?

Auch die QT-Intervalle sind verlängert.

Die Dauer des QT-Intervalls verhält sich umgekehrt proportional zur Herzfrequenz, sodass das QT-Intervall bei erhöhter Herzfrequenz verlängert ist und umgekehrt.

▶ Wodurch kann ein solches EKG verursacht werden und was ist in diesem Fall die wahrscheinlichste Diagnose?

Die dargestellten Veränderungen sind bei all jenen Erkrankungen zu beobachten, die mit einer Bradykardie einhergehen. Unabhängig davon stellen sie auch einen typischen Befund in folgenden Fällen dar:

- Veränderungen im Elektrolythaushalt: Hypokalzämie (Hypoparathyreoidismus, chronische Niereninsuffizienz, Eklampsie, Pankreatitis, Alkalose) und Hypokaliämie (Cushing-Syndrom, Verabreichung von Diuretika).
- Hypothermie.
- Ethylenglykol-Intoxikation.
- Verabreichung von Antiarrhythmika.

Das hier beschriebene klinische Bild lässt in Verbindung mit dem EKG-Befund darauf schließen, dass die wahrscheinlichste Diagnose puerperale Eklampsie lautet. Dabei handelt es sich um eine Stoffwechselerkrankung der Hündin, die typischerweise in der postpartalen Phase auftritt und durch eine Hypokalzämie gekennzeichnet ist, zu der es vor allem infolge der Milchproduktion in der Hochlaktation kommt. Nicht zu vergessen ist aber auch die Tatsache, dass es durch die Bradykardie selbst zu reduziertem Herzminutenvolumen und daraus resultierender zerebraler Hypoperfusion kommt, sodass ein ähnlicher Symptomenkomplex entstehen kann.

Aufgrund der Hypokalzämie entwickelt sich eine neuromuskuläre Übererregbarkeit, durch die es zunächst zu Schwächezuständen, Ataxie und leichten Muskelveränderungen kommt, die jedoch schnell fortschreiten und sich in Form von Krämpfen manifestieren, die anfallsartig in kurzen Abständen auftreten.

Schrittmacherautomatismen sowie Kontraktion und Entspannung des Myokards können beeinträchtigt sein und so die Herzfunktion stören.

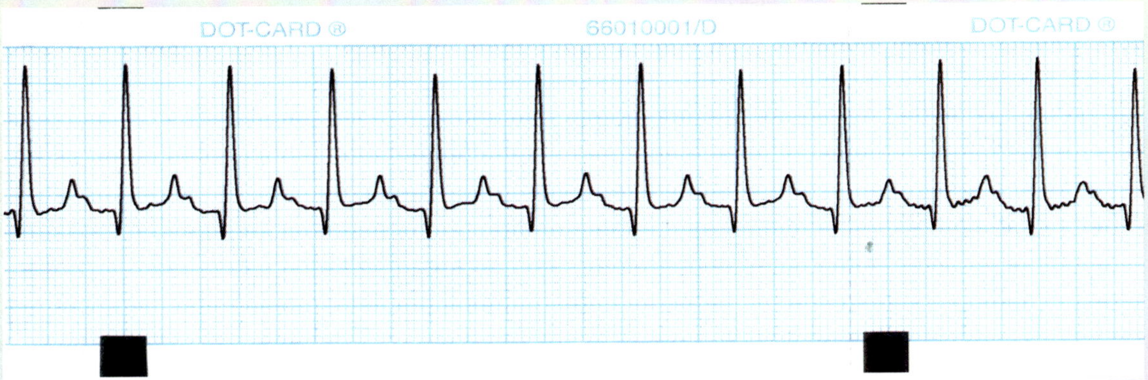

Ableitung II; 1 cm = 1 mV; 50 mm/s

Patient	
Rasse	West Highland White Terrier
Alter	13 Jahre
Geschlecht	Weiblich

Anamnese

Chronischer Husten und Dyspnoe bei Belastung. Herzgeräusche. Laufende Therapie mit Benazepril, Spironolacton und Furosemid.

- Welcher Herzrhythmus und welche Herzfrequenz sind dargestellt?
- Was kann man im Zweifelsfall tun?
- Welche anderen therapeutischen Maßnahmen können ergriffen werden?

Parameter	Patient	Normwerte
Grundrhythmus		Sinusrhythmus; Sinusarrhythmie
Herzfrequenz		70–160 bpm (bis zu 180 bei kleinen Rassen und bis zu 220 bei Welpen)
Elektrische Herzachse		+40° – +100°
P-Welle		Breite: 0,04 s; Höhe: 0,4 mV
PR-Intervall		0,06–0,13 s
QRS-Komplex		Bis zu 0,06 s (0,05 s bei kleinen Rassen)
R-Zacke		Bis zu 3 mV (2,5 mV bei kleinen Rassen)
QT-Intervall		0,15–0,25 s
ST-Strecke		Hebung: bis zu 0,15 mV; Senkung: $< 0,2$ mV
T-Welle		Weniger als 25 % der R-Höhe
Sonstiges		

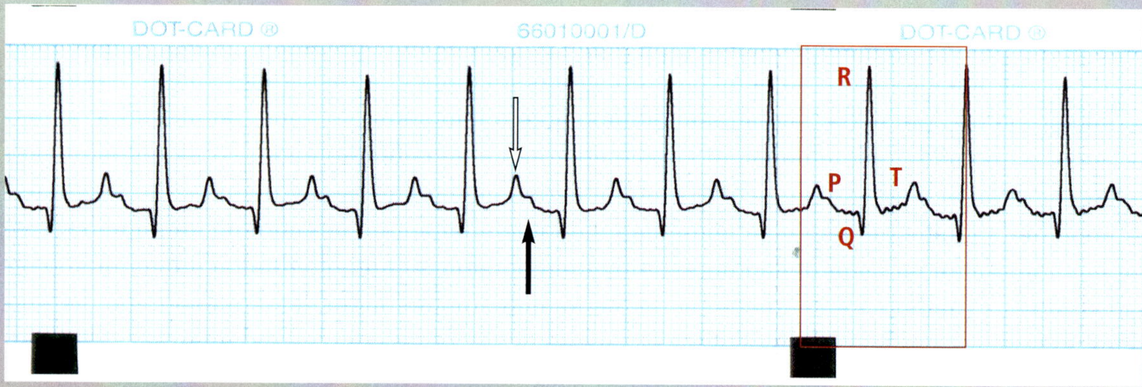

Untersuchte Parameter	
Grundrhythmus	**Supraventrikuläre Tachykardie**
Herzfrequenz	**240 bpm**
Elektrische Herzachse	—
P-Welle	Aufgrund der Verschmelzung mit der vorangegangenen T-Welle nicht abgrenzbar
PR-Intervall	0,10 s
QRS-Komplex	0,05 s
R-Zacke	1,9 mV
QT-Intervall	0,18 s
ST-Strecke	Normal
T-Welle	Normal
Sonstiges	—

► Welcher Herzrhythmus und welche Herzfrequenz sind dargestellt?

Es handelt sich um eine supraventrikuläre Tachykardie. Der ventrikuläre Anteil der Komplexe (QRS-Komplex, ST-Strecke und T-Welle – im EKG gekennzeichnet) ist normal, und die Herzfrequenz liegt über 180 bpm. Da P-Wellen (schwarzer Pfeil) vorhanden sind, könnte es sich um eine Sinustachykardie oder eine supraventrikuläre Tachykardie handeln; da die P-Wellen jedoch mit der T-Welle des vorangegangenen Komplexes (weißer Pfeil) verschmolzen sind, spricht der Befund für eine permanente supraventrikuläre Tachykardie bei einer Herzfrequenz von 240 bpm.

► Was kann man im Zweifelsfall tun?

In der Regel spricht die atriale Tachykardie auf eine Vagusstimulation an (und lässt sich dadurch über mehrere Sekunden aufheben). Zur Durchführung eines solchen Vagusmanövers kann man Druck auf die Augäpfel ausüben (Bulbusdruck), den Carotissinus massieren (Carotissinusdruck) oder Eiswürfel auf Gesicht oder Kopf des Patienten auflegen. In den meisten Fällen gelingt es auf diese Weise, wieder einen normalen Sinusrhythmus herzustellen.

► Welche anderen therapeutischen Maßnahmen können ergriffen werden?

Neben der Behandlung der kongestiven Herzinsuffizienz – sofern eine solche besteht – mit Furosemid, Vasodilatatoren und inotropen Medikamenten sollte eine antiarrhythmische Therapie eingeleitet werden. Zum Einsatz können bei diesen Patienten Digitalispräparate (Herzglykoside), β-Blocker (Atenolol, Sotalol, Propranolol, Metoprolol) oder Kalziumkanalblocker (Diltiazem) kommen. In Notfällen kann eine intravenöse Digitalisierung erfolgen oder Edrophoniumchlorid (aufgrund seine vagalen Effekte) verabreicht werden.

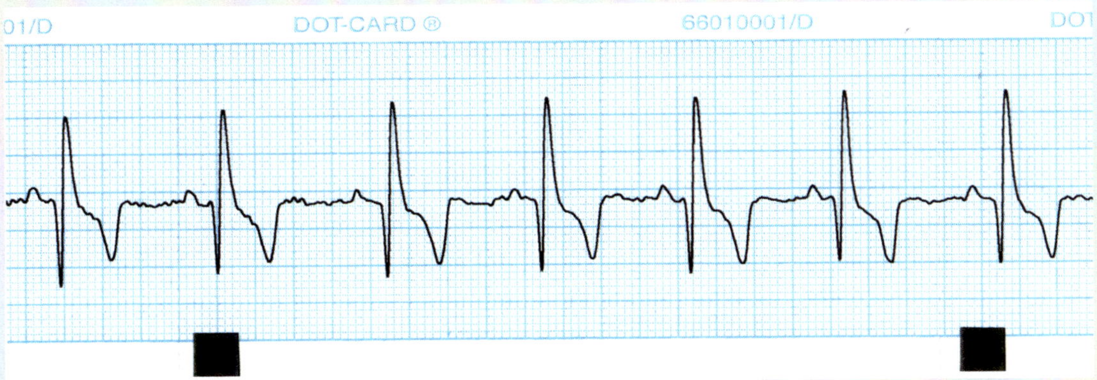

Ableitung II; 1 cm = 1 mV; 50 mm/s

Patient	
Rasse	Cocker Spaniel
Alter	10 Jahre
Geschlecht	Männlich

Anamnese

Husten und Dyspnoe. Belastungsintoleranz. Ein Herzgeräusch ist nicht zu auskultieren. Thoraxröntgenbefund: Generalisierte Kardiomegalie, Lungenödem.

▶ Welche Veränderungen sind im EKG zu beobachten und was lässt sich daraus schließen?

▶ Was ist die wahrscheinlichste Diagnose?

▶ Welches Behandlungsregime ist zu empfehlen?

Parameter	Patient	Normwerte
Grundrhythmus		Sinusrhythmus; Sinusarrhythmie
Herzfrequenz		70–160 bpm (bis zu 180 bei kleinen Rassen und bis zu 220 bei Welpen)
Elektrische Herzachse		+40° – +100°
P-Welle		Breite: 0,04 s; Höhe: 0,4 mV
PR-Intervall		0,06–0,13 s
QRS-Komplex		Bis zu 0,06 s (0,05 s bei kleinen Rassen)
R-Zacke		Bis zu 3 mV (2,5 mV bei kleinen Rassen)
QT-Intervall		0,15–0,25 s
ST-Strecke		Hebung: bis zu 0,15 mV; Senkung: < 0,2 mV
T-Welle		Weniger als 25 % der R-Höhe
Sonstiges		

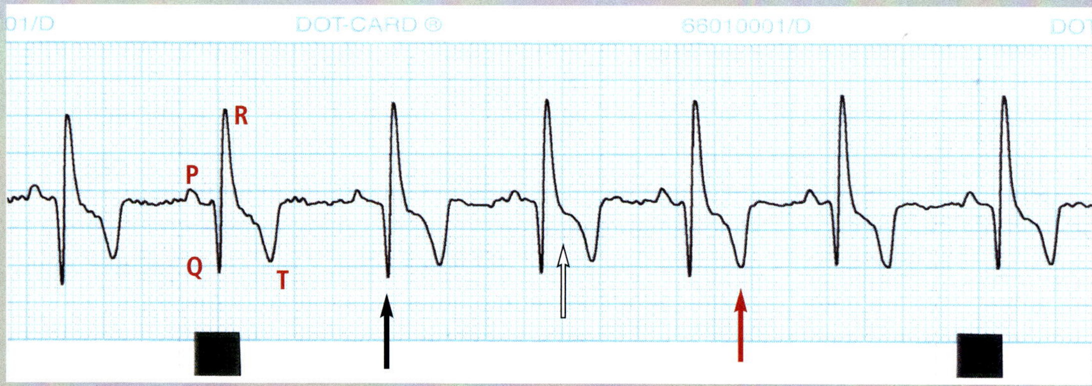

Untersuchte Parameter	
Grundrhythmus	Sinusarrhythmie
Herzfrequenz	140 bpm
Elektrische Herzachse	—
P-Welle	0,03 s × 0,2 mV
PR-Intervall	0,08 s
QRS-Komplex	**0,07 s**
R-Zacke	1,4 mV
QT-Intervall	0,18 s
ST-Strecke	Senkung 0,2 mV
T-Welle	**> 25 % der R-Höhe**
Sonstiges	**Tiefe Q-Zacken**

► Welche Veränderungen sind im EKG zu beobachten und was lässt sich daraus schließen?

Die respiratorische Sinusarrhythmie ist beim Hund physiologisch, und sogar eine Herzfrequenz von 140/min kann aufgrund des Stresses durch die klinische Untersuchung und das Anfertigen des EKG normal sein.

Während die P-Wellen normal sind, zeigen die QRS-Komplexe (schwarzer Pfeil) signifikante Veränderungen, nämlich tiefe Q-Zacken, verlängerte Dauer des QRS-Komplexes, ST-Strecken-Senkung (weißer Pfeil) und eine T-Welle (roter Pfeil) mit erhöhter Amplitude.

Die Tatsache, dass keine EKG-Zeichen einer Vorhoferweiterung zu sehen sind, ist ohne definitive objektive Aussagekraft, da es möglich ist, dass solche Veränderungen bestehen, sich aber im EKG nicht widerspiegeln.

► Was ist die wahrscheinlichste Diagnose?

Die wahrscheinlichste Diagnose ist die dilatative Kardiomyopathie des Cocker Spaniels. Dies würde die Vergrößerung beider Ventrikel und die Veränderungen der ventrikulären Repolarisation, die durch die Myokardhypoxie verursacht wird, erklären.

► Welches Behandlungsregime ist zu empfehlen?

Angesichts der kontrovers diskutierten Vor- und Nachteile des Einsatzes sogenannter Nutraceuticals bzw. der Supplementierung des Futters mit L-Carnitin und Taurin stellt die Gabe von Furosemid, Pimobendan und – nach Stabilisierung des klinischen Zustands – die Verabreichung von ACE-Hemmern (Enalapril oder ähnliche Präparate) die sicherste und wirksamste Behandlung dar, die derzeit zur Verfügung steht. Sobald der Patient klinisch stabil ist und bereits die genannte Medikation erhält, kann auch Spironolacton gegeben werden.

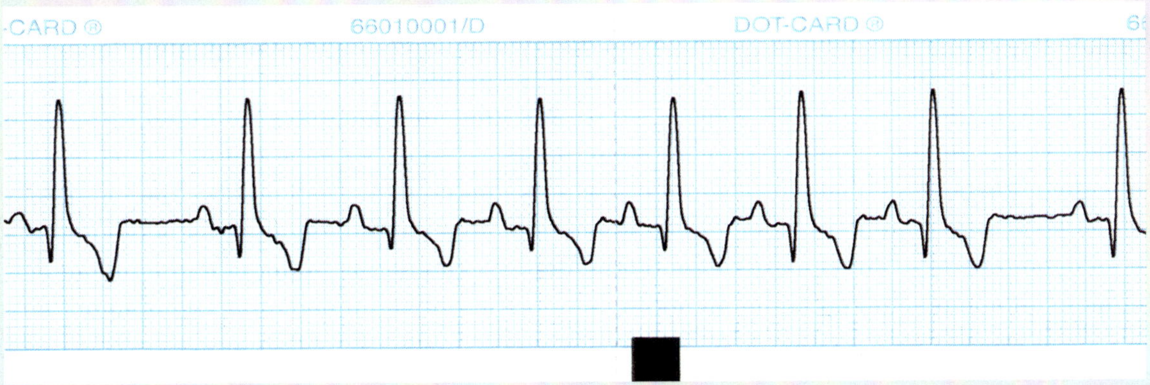

Ableitung II; 1 cm = 1 mV; 50 mm/s

Patient	
Rasse	Boxer
Alter	5 Monate
Geschlecht	Weiblich

Anamnese
Herzgeräusch III/VI. Patient symptomfrei.

- Welche Veränderungen sind im EKG zu beobachten?
- Was ist die wahrscheinlichste Diagnose?
- Welche Schritte wären nun zu unternehmen?

Parameter	Patient	Normwerte
Grundrhythmus		Sinusrhythmus; Sinusarrhythmie
Herzfrequenz		70–160 bpm (bis zu 180 bei kleinen Rassen und bis zu 220 bei Welpen)
Elektrische Herzachse		+40° – +100°
P-Welle		Breite: 0,04 s; Höhe: 0,4 mV
PR-Intervall		0,06–0,13 s
QRS-Komplex		Bis zu 0,06 s (0,05 s bei kleinen Rassen)
R-Zacke		Bis zu 3 mV (2,5 mV bei kleinen Rassen)
QT-Intervall		0,15–0,25 s
ST-Strecke		Hebung: bis zu 0,15 mV; Senkung: < 0,2 mV
T-Welle		Weniger als 25 % der R-Höhe
Sonstiges		

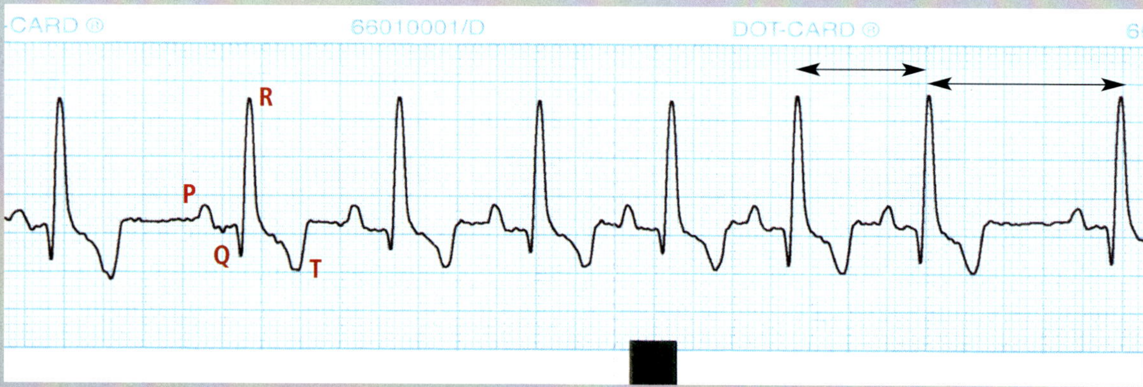

Untersuchte Parameter	
Grundrhythmus	Respiratorische Sinusarrhythmie
Herzfrequenz	150 bpm
Elektrische Herzachse	—
P-Welle	0,04 s × 0,2 mV
PR-Intervall	0,10 s
QRS-Komplex	0,06 s
R-Zacke	1,7 mV
QT-Intervall	0,20 s
ST-Strecke	Normal
T-Welle	**> 25 % der R-Höhe**
Sonstiges	—

► Welche Veränderungen sind im EKG zu beobachten?

Das EKG zeigt, abgesehen von den etwas tieferen T-Wellen, keine auffälligen Veränderungen. Es liegt ein Sinusrhythmus vor, mit einer möglicherweise respiratorischen Arrhythmie, die bei Hunden physiologisch ist und bei brachyzephalen Rassen, wie hier beim Boxer, ausgeprägt sein kann (schwarze Pfeile).

► Was ist die wahrscheinlichste Diagnose?

Obwohl sich bei den elektrokardiographischen Parametern keine Auffälligkeiten finden, lautet bei einem Patienten diesen Alters und bei Vorliegen eines Herzgeräusches die wahrscheinlichste Diagnose Aortenstenose. Für diese angeborene Herzkrankheit besteht bei manchen Rassen, so auch beim Boxer, eine Prädisposition. Die Symptome stehen in der Regel mit einem verringerten Herzminutenvolumen in Zusammenhang (Belastungsintoleranz, schnelle Ermüdung, Synkopen) und zeigen sich am deutlichsten bei körperlicher Anstrengung. Im fortgeschrittenen Stadium entwickelt sich infolge der Drucküberlastung eine Hypertrophie des linken Ventrikels, für die sich Hinweise anhand der EKG-Zeichen erkennen lassen (R-Zacken mit hoher Amplitude, verbreiterte QRS-Komplexe).

► Welche Schritte wären nun zu unternehmen?

Im gegenständlichen Fall sowie generell bei jungen Patienten mit Herzgeräusch empfiehlt sich die Untersuchung mittels Doppler-Ultraschall. Damit lassen sich nicht nur vorliegende angeborene Kardiopathien exakt diagnostizieren, sondern sie ermöglicht auch die Beurteilung des Grades der Erkrankung. Bei Patienten wie dem hier beschriebenen, der weder Symptome noch einen auffälligen EKG-Befund aufweist, ist eine Therapie in der Regel nicht angezeigt.

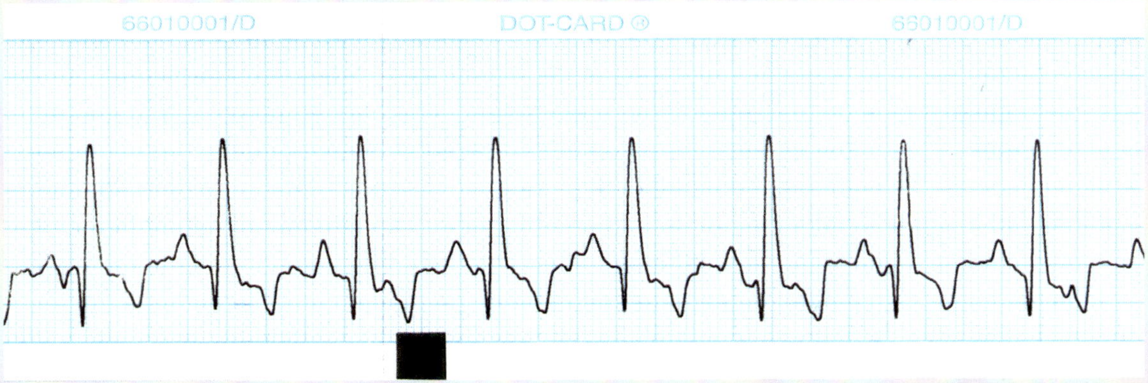

Ableitung II; 1 cm = 1 mV; 50 mm/s

Patient	
Rasse	Jack Russell Terrier
Alter	12 Jahre
Geschlecht	Männlich

Anamnese

Mitralklappenendokardiose. Laufende Therapie mit Benazepril, Spironolacton und Furosemid. Patient ist stabil. Präanästhetische Untersuchung vor Tumorresektion.

- ▶ Welche Veränderungen sind im EKG zu beobachten?
- ▶ Welches Anästhesieprotokoll und welche Präventivmaßnahmen sind in einem Fall wie diesem zu empfehlen?

Parameter	Patient	Normwerte
Grundrhythmus		Sinusrhythmus; Sinusarrhythmie
Herzfrequenz		70–160 bpm (bis zu 180 bei kleinen Rassen und bis zu 220 bei Welpen)
Elektrische Herzachse		+40° – +100°
P-Welle		Breite: 0,04 s; Höhe: 0,4 mV
PR-Intervall		0,06–0,13 s
QRS-Komplex		Bis zu 0,06 s (0,05 s bei kleinen Rassen)
R-Zacke		Bis zu 3 mV (2,5 mV bei kleinen Rassen)
QT-Intervall		0,15–0,25 s
ST-Strecke		Hebung: bis zu 0,15 mV; Senkung: < 0,2 mV
T-Welle		Weniger als 25 % der R-Höhe
Sonstiges		

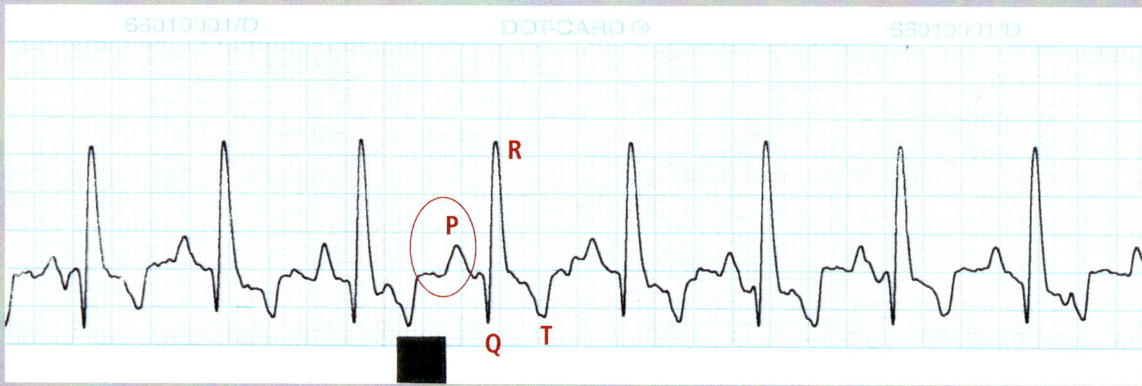

Untersuchte Parameter	
Grundrhythmus	Normaler Sinusrhythmus
Herzfrequenz	170 bpm
Elektrische Herzachse	—
P-Welle	**0,05 s** × 0,3 mV
PR-Intervall	0,12 s
QRS-Komplex	**0,06 s**
R-Zacke	1,8 mV
QT-Intervall	0,18 s
ST-Strecke	Normal
T-Welle	**> 25 % der R-Höhe**
Sonstiges	—

► Welche Veränderungen sind im EKG zu beobachten?

Die vorhandenen EKG-Zeichen sind mit einer Dilatation des linken Vorhofs vereinbar (Länge der P-Wellen über 0,04 s/P-mitrale, siehe Markierung). Die verbreiterten QRS-Komplexe weisen auch auf eine Hypertrophie / Dilatation des linken Ventrikels hin. All dies spricht für eine chronische Klappenendokardiose im fortgeschrittenen Stadium.

► Welches Anästhesieprotokoll und welche Präventivmaßnahmen sind in einem Fall wie diesem zu empfehlen?

Obwohl bei Patienten mit chronischer Klappenendokardiose ein grundlegend erhöhtes Anästhesierisiko besteht, können die meisten chirurgischen Eingriffe unter Vollnarkose sicher durchgeführt werden, wenn die entsprechenden, an den Patienten und die Art der Operation angepassten Vorsichtsmaßnahmen beachtet werden.

Entscheidend bei diesen Patienten ist vor allem, dass ihr Zustand stabil ist. Bei Patienten mit dekompensierter kongestiver Herzinsuffizienz muss das klinische Bild mit der entsprechenden Medikation unter Kontrolle gebracht werden, bevor ein Eingriff unter Vollnarkose durchgeführt werden kann.

In diesen Fällen sind folgende Aspekte zu berücksichtigen:

- Vermeidung von α_2-Rezeptoragonisten (Medetomidin, Xylazin) und Phenothiazinderivaten (Acepromazin) in hoher Dosierung, da diese eine Senkung von Blutdruck und Herzerregbarkeit bewirken.
- Isofluran ist für die Aufrechterhaltung der Narkose besser geeignet als Halothan.
- Vor der Narkoseeinleitung empfiehlt sich die Gabe von reinem Sauerstoff.
- Wichtig ist zudem eine rasche Einleitung der Narkose, das Freihalten der Atemwege bzw. die künstliche Beatmung während des gesamten Eingriffs sowie die engmaschige Beobachtung des Patienten nach dem Extubieren.
- Von der Verwendung von Atropin wird generell abgeraten, da dadurch die Herzfrequenz und damit der Sauerstoffverbrauch des Myokards beträchtlich erhöht wird.

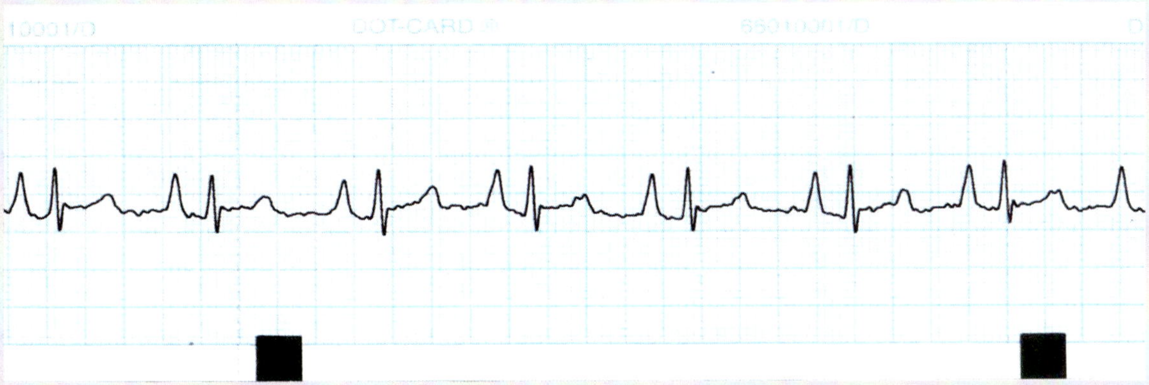

Ableitung II; 1 cm = 1 mV; 50 mm/s

Patient	
Rasse	Zwergspitz
Alter	11 Jahre
Geschlecht	Männlich

Anamnese

Akute Hustenanfälle in Verbindung mit allgemeiner Erregtheit. Rasche Ermüdung und Belastungsintoleranz. Auskultationsbefund: Systolisches Herzgeräusch III/VI.

- ▶ Welche Veränderungen sind im EKG zu erkennen?
- ▶ Was sind die plausibelsten Differentialdiagnosen?
- ▶ Welche grundlegende Therapie ist angezeigt?

Parameter	Patient	Normwerte
Grundrhythmus		Sinusrhythmus; Sinusarrhythmie
Herzfrequenz		70–160 bpm (bis zu 180 bei kleinen Rassen und bis zu 220 bei Welpen)
Elektrische Herzachse		+40° – +100°
P-Welle		Breite: 0,04 s; Höhe: 0,4 mV
PR-Intervall		0,06–0,13 s
QRS-Komplex		Bis zu 0,06 s (0,05 s bei kleinen Rassen)
R-Zacke		Bis zu 3 mV (2,5 mV bei kleinen Rassen)
QT-Intervall		0,15–0,25 s
ST-Strecke		Hebung: bis zu 0,15 mV; Senkung: < 0,2 mV
T-Welle		Weniger als 25 % der R-Höhe
Sonstiges		

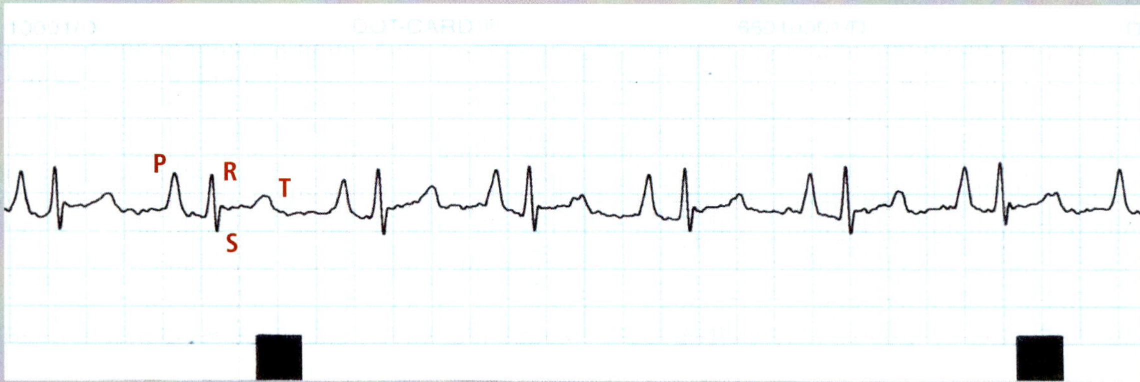

Untersuchte Parameter	
Grundrhythmus	**Normaler Sinusrhythmus**
Herzfrequenz	150 bpm
Elektrische Herzachse	—
P-Welle	**0,045 s × 0,5 mV**
PR-Intervall	0,09 s
QRS-Komplex	0,04 s
R-Zacke	0,6 mV
QT-Intervall	0,20 s
ST-Strecke	Normal
T-Welle	**> 25 % der R-Höhe**
Sonstiges	**S-Zacken**

▶ Welche Veränderungen sind im EKG zu erkennen?

Es handelt sich um einen Sinusrhythmus bei einer Herzfrequenz von 150 bpm. Die vorhandenen EKG-Zeichen lassen auf eine biatriale Dilatation schließen: P-mitrale, mit einer leicht über 0,04 s hinaus verlängerten Dauer, als Hinweis auf eine Dilatation des linken Vorhofs, sowie P-pulmonale, mit einer Amplitude von mehr als 0,4 mV, als Zeichen einer Vergrößerung des rechten Atriums.

▶ Was sind die plausibelsten Differentialdiagnosen?

Die Hauptursache solcher Veränderungen im EKG ist die chronische Klappenendokardiose infolge einer chronischen Volumenüberlastung. Auch das auskultierte Herzgeräusch stellt praktisch eine definitive Bestätigung der Diagnose dar. Dennoch gibt es auch andere Erkrankungen, die mit einer Dilatation des rechten Vorhofs einhergehen: chronische Atemwegserkrankungen (Trachealkollaps, chronische Bronchitis, pulmonale Fibrose), die eine pulmonalen Hypertension verursachen. Auch die Dirofilariose kann ähnliche Veränderungen an der rechten Herzhälfte, insbesondere am rechten Atrium, hervorrufen. Wenn man die Art des Hustens (im Zusammenhang mit Aufregung) bei diesem Patienten sowie dessen Rassemerkmale berücksichtigt, so liegt wahrscheinlich ein Trachealkollaps vor, der in Verbindung mit der Klappenendokardiose das klinische Bild weiter verschlimmert.

▶ Welche grundlegende Therapie ist angezeigt?

Die Basistherapie der kongestiven Herzinsuffizienz aufgrund einer Endokardiose besteht in der Gabe von gefäßerweiternden ACE-Hemmern, wie z. B. Benazepril, sowie unterstützend in einer Diät mit mäßig reduziertem Natriumgehalt. Ergibt der Thoraxröntgenbefund keine Hinweise auf eine Stauungslunge oder ein Lungenödem, ist eine diuretische Behandlung in der Regel nicht erforderlich.

Für die Therapie des infolge des Trachealkollapses bestehenden Hustens stellt die Gabe von Bronchodilatatoren die Behandlung der Wahl dar (Theophyllin, Terbutalin und Propentophyllin), obwohl in manchen Fällen eine zusätzliche unterstützende Therapie erforderlich sein kann (Antitussiva, Prednison, Codein, Antibiotika etc.).

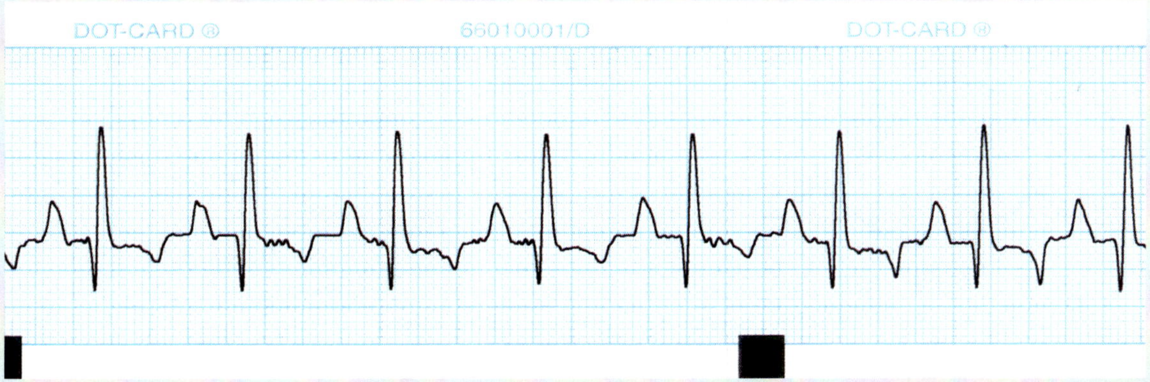

Ableitung II; 1 cm = 1 mV; 50 mm/s

Patient	
Rasse	Yorkshire Terrier
Alter	13 Jahre
Geschlecht	Männlich

Anamnese

Chronischer Husten und Dyspnoe bei Belastung. Erstickungsanfälle und Zyanose bei Stress, mit synkopalen Episoden. Systolisches Herzgeräusch III/V.

- ▶ Welche Veränderungen sind im EKG zu beobachten und was lässt sich daraus schließen?
- ▶ Was sind die wahrscheinlichsten Differentialdiagnosen?
- ▶ Welche Umstände sind bei der Wahl der geeignetsten Therapie zu berücksichtigen?

Parameter	Patient	Normwerte
Grundrhythmus		Sinusrhythmus; Sinusarrhythmie
Herzfrequenz		70–160 bpm (bis zu 180 bei kleinen Rassen und bis zu 220 bei Welpen)
Elektrische Herzachse		+40° – +100°
P-Welle		Breite: 0,04 s; Höhe: 0,4 mV
PR-Intervall		0,06–0,13 s
QRS-Komplex		Bis zu 0,06 s (0,05 s bei kleinen Rassen)
R-Zacke		Bis zu 3 mV (2,5 mV bei kleinen Rassen)
QT-Intervall		0,15–0,25 s
ST-Strecke		Hebung: bis zu 0,15 mV; Senkung: $<$ 0,2 mV
T-Welle		Weniger als 25 % der R-Höhe
Sonstiges		

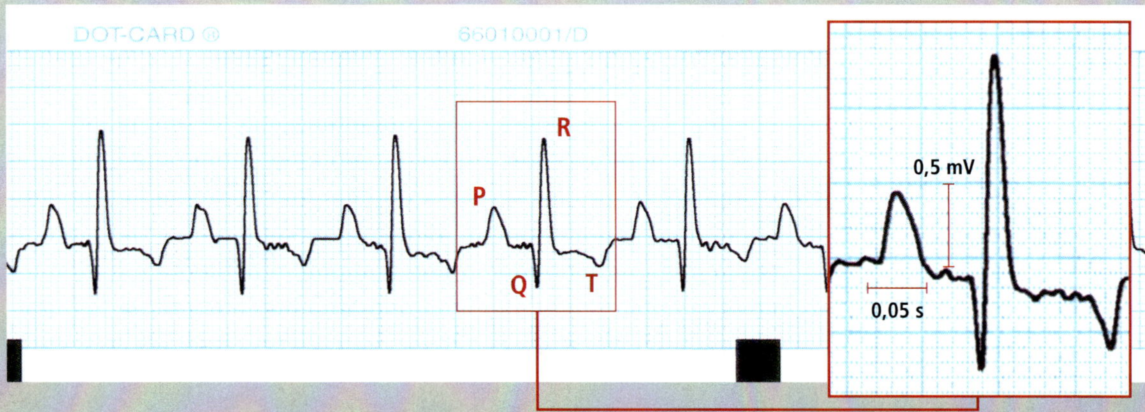

Untersuchte Parameter	
Grundrhythmus	Normaler Sinusrhythmus
Herzfrequenz	160 bpm
Elektrische Herzachse	—
P-Welle	**0,06 s × 0,5 mV**
PR-Intervall	0,12 s
QRS-Komplex	**0,06 s**
R-Zacke	1,5 mV
QT-Intervall	0,20 s
ST-Strecke	Normal
T-Welle	Normal
Sonstiges	—

► Welche Veränderungen sind im EKG zu beobachten und was lässt sich daraus schließen?

Das EKG zeigt ein P-biatriale, also sowohl P-mitrale als auch P-pulmonale (verlängerte P-Dauer und erhöhte P-Amplitude). Dies spricht für eine Dilatation beider Vorhöfe.

Auch verbreiterte QRS-Komplexe sind zu entdecken, ein Befund, der auf eine Hypertrophie / Dilatation des linken Ventrikels hinweist.

► Was sind die wahrscheinlichsten Differentialdiagnosen?

EKG-Zeichen einer Vorhoferweiterung bei einem Patienten mit Herzgeräuschen sind kennzeichnend für eine degenerative atrioventrikuläre Herzklappenerkrankung (chronische Klappenendokardiose). Bei chronischen Atemwegserkrankungen wie dem Trachealkollaps kann es infolge der sekundären pulmonalen Hypertonie auch zu einer Dilatation des rechten Vorhofs kommen.

Bei diesem Patienten liegt aufgrund der Symptomatik und des klinischen Untersuchungsbefundes der Schluss nahe, dass der Hund an einer chronischen Klappenendokardiose in Verbindung mit einem Trachealkollaps leidet.

► Welche Umstände sind bei der Wahl der geeignetsten Therapie zu berücksichtigen?

Um für Patienten mit den beiden genannten Krankheitsbildern die geeignetste Therapie (Behandlung der kongestiven Herzinsuffizienz oder des Trachealkollapses) zusammenzustellen, muss durch eine Thoraxröntgenaufnahme der Grad der kardialen Hypertrophie / Dilatation bestimmt werden. Es ist abzuklären, ob Hinweise auf eine kongestive Insuffizienz der linken Herzhälfte (Lungenödem / Stauungslunge) vorliegen. Wenn der Röntgenbefund nichts dergleichen zeigt, sollte wahrscheinlich die Behandlung des Trachealkollapses Vorrang haben.

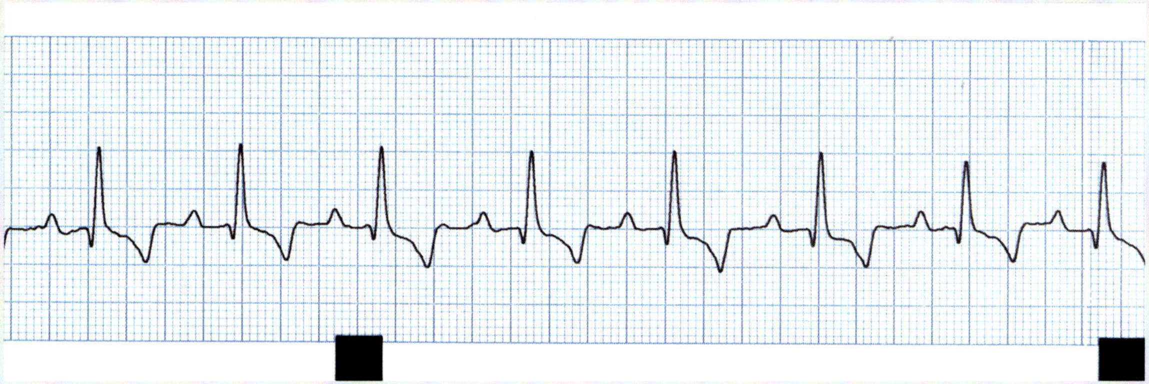

Ableitung II; 1 cm = 1 mV; 50 mm/s

Patient	
Rasse	Mischling (6 kg)
Alter	11 Jahre
Geschlecht	Weiblich

Anamnese

Nächtliches Husten und Dyspnoe bei Belastung. Systolisches Herzgeräusch III/VI.

- Sind Veränderungen im EKG zu beobachten?
- Liegen Hinweise auf Veränderungen der Herzkammern vor? Lässt sich durch dieses EKG eine Herzerkrankung ausschließen?
- Was wäre die geeignetste Behandlung?

Parameter	Patient	Normwerte
Grundrhythmus		Sinusrhythmus; Sinusarrhythmie
Herzfrequenz		70–160 bpm (bis zu 180 bei kleinen Rassen und bis zu 220 bei Welpen)
Elektrische Herzachse		+40° – +100°
P-Welle		Breite: 0,04 s; Höhe: 0,4 mV
PR-Intervall		0,06–0,13 s
QRS-Komplex		Bis zu 0,06 s (0,05 s bei kleinen Rassen)
R-Zacke		Bis zu 3 mV (2,5 mV bei kleinen Rassen)
QT-Intervall		0,15–0,25 s
ST-Strecke		Hebung: bis zu 0,15 mV; Senkung: < 0,2 mV
T-Welle		Weniger als 25 % der R-Höhe
Sonstiges		

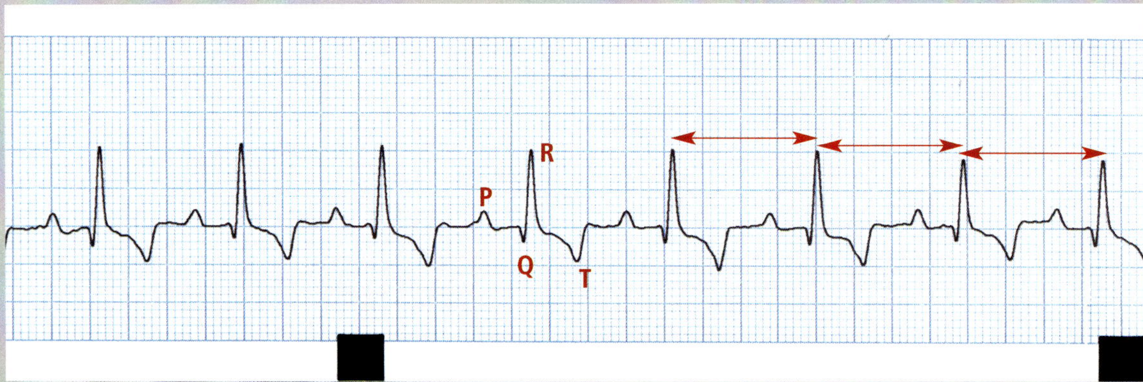

Untersuchte Parameter	
Grundrhythmus	Normaler Sinusrhythmus
Herzfrequenz	160 bpm
Elektrische Herzachse	—
P-Welle	0,04 s × 0,2 mV
PR-Intervall	0,12 s
QRS-Komplex	0,04 s
R-Zacke	1,0 mV
QT-Intervall	0,18 s
ST-Strecke	Normal
T-Welle	**> 25 % der R-Höhe**
Sonstiges	

▶ Sind Veränderungen im EKG zu beobachten?
Das EKG zeigt abgesehen von den etwas tieferen T-Wellen keine auffälligen Veränderungen. Es liegt ein normaler Sinusrhythmus vor, und die Herzfrequenz liegt für einen Patienten mit diesen Charakteristika in der Norm, auch wenn sie leicht erhöht ist. Das Vorliegen einer erhöhten Herzfrequenz bei regelmäßigem Rhythmus (siehe Pfeile) weist beim Hund auf eine Aktivierung des sympathischen Nervensystems hin, die auf eine Herzinsuffizienz zurückzuführen sein könnte.

▶ Liegen Hinweise auf Veränderungen der Herzkammern vor? Lässt sich durch dieses EKG eine Herzerkrankung ausschließen?
Ein Hinweis auf eine Hypertrophie / Dilatation einer der Herzkammern findet sich nicht. Anatomische Veränderungen an den Ventrikeln lassen sich dadurch jedoch nicht ausschließen.

Die wahrscheinlichste Diagnose ist eine chronische Klappenendokardiose. Diese Klappenerkrankung ruft, vor allem im Anfangsstadium, in der Regel keine signifikanten Veränderungen im EKG hervor, sodass ein normales EKG nicht unbedingt bedeuten muss, dass keine Herzkrankheit vorliegt. Für eine Diagnose der chronischen Klappenendokardiose stellt ein auskultiertes Herzgeräusch eines der sensibelsten Symptome dar.

▶ Was wäre die geeignetste Behandlung?
Bei Patienten mit diesem Krankheitsbild und den Symptomen einer kongestiven Linksherzinsuffizienz (Husten, Dyspnoe) empfiehlt sich die Behandlung mit einem vasodilatatorischen ACE-Hemmer (Benazepril) und einem potenten Diuretikum (Furosemid).

Um die diuretische Therapie exakt einstellen zu können, ist eine genaue Auswertung des Thoraxröntgenbildes zur Beurteilung des Lungenödems wichtig. Im vorliegenden Fall benötigt der Patient keine antiarrhythmische Behandlung.

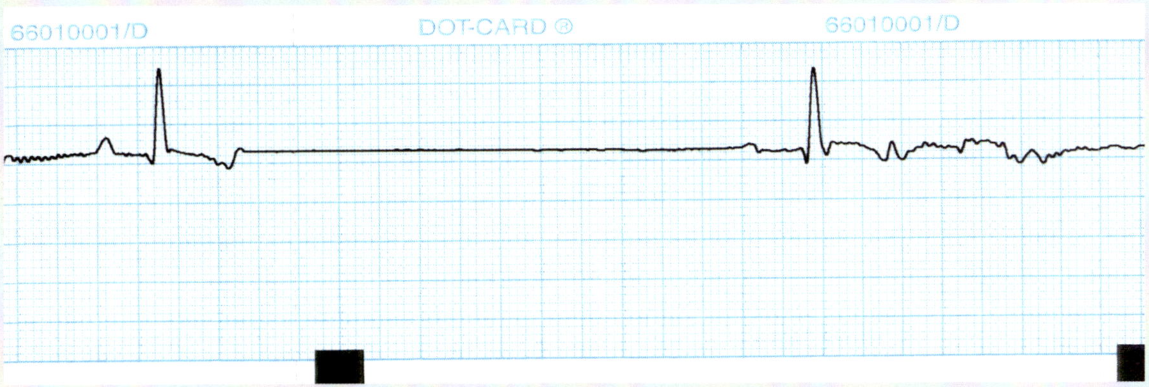

Ableitung II; 1 cm = 1 mV; 50 mm/s

Patient	
Rasse	Pekinese
Alter	6 Jahre
Geschlecht	Weiblich

Anamnese
Sedierung mit Medetomidin zur Zahnreinigung.

- ▶ Welcher Herzrhythmus und welche Herzfrequenz sind dargestellt? Sind Veränderungen im EKG zu beobachten?
- ▶ Was ist die wahrscheinlichste Ursache? Gibt es Grund zur Sorge? Besteht Handlungsbedarf?

Parameter	Patient	Normwerte
Grundrhythmus		Sinusrhythmus; Sinusarrhythmie
Herzfrequenz		70–160 bpm (bis zu 180 bei kleinen Rassen und bis zu 220 bei Welpen)
Elektrische Herzachse		+40° – +100°
P-Welle		Breite: 0,04 s; Höhe: 0,4 mV
PR-Intervall		0,06–0,13 s
QRS-Komplex		Bis zu 0,06 s (0,05 s bei kleinen Rassen)
R-Zacke		Bis zu 3 mV (2,5 mV bei kleinen Rassen)
QT-Intervall		0,15–0,25 s
ST-Strecke		Hebung: bis zu 0,15 mV; Senkung: < 0,2 mV
T-Welle		Weniger als 25 % der R-Höhe
Sonstiges		

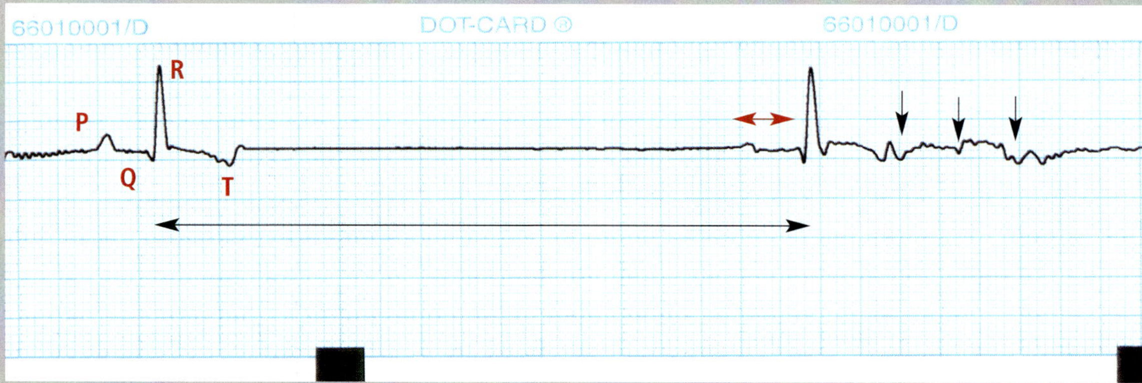

Untersuchte Parameter	
Grundrhythmus	**Sinusbradykardie mit AV-Block I°**
Herzfrequenz	**40 bpm**
Elektrische Herzachse	—
P-Welle	0,04 s × 0,2 mV
PR-Intervall	**0,14 s**
QRS-Komplex	0,04 s
R-Zacke	1,0 mV
QT-Intervall	0,22 s
ST-Strecke	Normal
T-Welle	Normal
Sonstiges	Artefakte

► Welcher Herzrhythmus und welche Herzfrequenz sind dargestellt? Sind Veränderungen im EKG zu beobachten?

Das EKG zeigt eine hochgradige Sinusbradykardie (40/min) und einen AV-Block I° (roter Pfeil).

In manchen Abschnitten des EKG sind Artefakte zu erkennen (schwarze Pfeile), die nicht mit Arrhythmien verwechselt werden dürfen.

► Was ist die wahrscheinlichste Ursache? Gibt es Grund zur Sorge? Besteht Handlungsbedarf?

Sowohl die Bradykardie als auch der AV-Block sind direkte Folgen des verabreichten Medetomidins. Diese Effekte entstehen durch eine Reduktion der Sympathikusaktivität und eine Steigerung des parasympathischen Tonus auf zentralem Niveau, die zunächst eine Hypertonie (und daraus resultierend eine Verringerung der Herzfrequenz) und danach eine längere Phase ausgeprägter Hypotonie bewirken.

Bradyarrhythmien infolge der Gabe von Medetomidin und anderer α_2-adrenerger Präparate (Xylazin) stellen in der Regel keine ernsthafte Gefahr für den hämodynamischen Status des Patienten dar, solange das Tier gesund und klinisch stabil ist. Bei geriatrischen Patienten und herzkranken Tieren sollten diese Arzneimittel mit Vorsicht eingesetzt werden.

Bei EKG-Veränderungen dieser Art, die eindeutig auf die Medikation zurückzuführen sind, ist keine antiarrhythmische Behandlung erforderlich. Sollten sich dennoch Narkoseprobleme (schwere Apnoe etc.) ergeben, muss die Medetomidin-Wirkung mit Atipamezol antagonisiert werden.

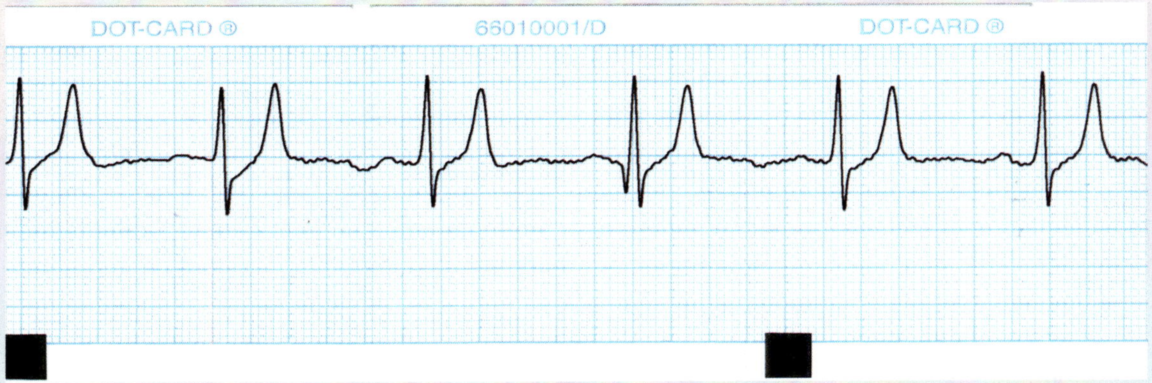

Ableitung II; 1 cm = 1 mV; 50 mm/s

Patient	
Rasse	Bulldogge
Alter	7 Jahre
Geschlecht	Weiblich

Anamnese

Belastungsintoleranz. Dyspnoe und Ermüdung bei geringster Anstrengung. Röntgenbefund: Rechtsherzvergrößerung.

- Welche Veränderungen sind im EKG zu beobachten und was bedeuten sie?
- Was ist die wahrscheinlichste Ursache?
- Welche therapeutischen Maßnahmen könnten ergriffen werden?

Parameter	Patient	Normwerte
Grundrhythmus		Sinusrhythmus; Sinusarrhythmie
Herzfrequenz		70–160 bpm (bis zu 180 bei kleinen Rassen und bis zu 220 bei Welpen)
Elektrische Herzachse		+40° – +100°
P-Welle		Breite: 0,04 s; Höhe: 0,4 mV
PR-Intervall		0,06–0,13 s
QRS-Komplex		Bis zu 0,06 s (0,05 s bei kleinen Rassen)
R-Zacke		Bis zu 3 mV (2,5 mV bei kleinen Rassen)
QT-Intervall		0,15–0,25 s
ST-Strecke		Hebung: bis zu 0,15 mV; Senkung: < 0,2 mV
T-Welle		Weniger als 25 % der R-Höhe
Sonstiges		

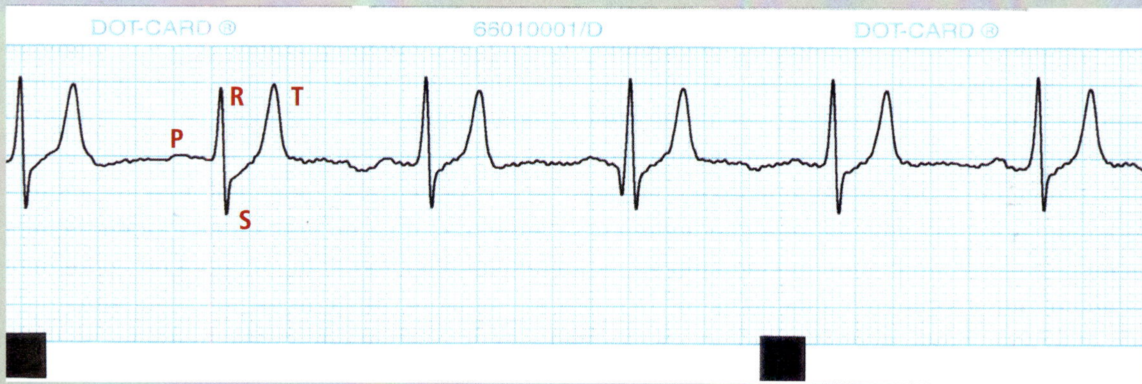

Untersuchte Parameter	
Grundrhythmus	Normaler Sinusrhythmus
Herzfrequenz	100 bpm
Elektrische Herzachse	—
P-Welle	0,04 s × 0,1 mV
PR-Intervall	0,10 s
QRS-Komplex	0,05 s
R-Zacke	1,1 mV
QT-Intervall	0,22 s
ST-Strecke	Normal
T-Welle	**> 25 % der R-Höhe**
Sonstiges	—

► Welche Veränderungen sind im EKG zu beobachten und was bedeuten sie?

Man erkennt T-Wellen, deren Amplitude 25 % der R-Höhe übersteigt. Dies kann mit einer Myokardhypoxie oder mit bestimmten Veränderungen im Elektrolythaushalt (z. B. Hyperkaliämie) in Zusammenhang stehen. Liegt auch eine Hypertrophie / Dilatation des linken Ventrikels vor, können auch höhere T-Wellen zu sehen sein.

► Was ist die wahrscheinlichste Ursache?

Im gegenständlichen Fall ist die beobachtete Veränderung höchstwahrscheinlich auf eine Myokardhypoxie zurückzuführen. Bei betroffenen Patienten ist auf Folgendes besonders zu achten: eine mögliche Primärerkrankung des Herzens und respiratorische Anomalien. Da bei diesem Patienten kein Herzgeräusch vorliegt, ist die wahrscheinlichste Diagnose ein Atemwegsproblem, bzw. konkreter ein brachyzephales Syndrom.

► Welche therapeutischen Maßnahmen könnten ergriffen werden?

Die symptomatische Behandlung der Atemwegsprobleme im Rahmen des brachyzephalen Syndroms besteht in der Verabreichung folgender Arzneimittel:

- Bronchodilatatoren (Theophyllin, Propentophyllin, Terbutalin). Diese Medikamente sind dauerhaft zu verabreichen.
- Kortikoide in entzündungshemmender Dosierung (Prednison): Unverzichtbar bei schwerer Symptomatik, um die Entzündung der Atemwege zu bessern.
- Antitussiva (Codein, Tramadol etc.): Besonders bei starkem Reizhusten, der nicht auf Bronchodilatatoren anspricht, indiziert.

Wichtig für diese Patienten ist außerdem die Vermeidung von Übergewicht und von Aufenthalten in schadstoffbelasteter oder trockener Luft.

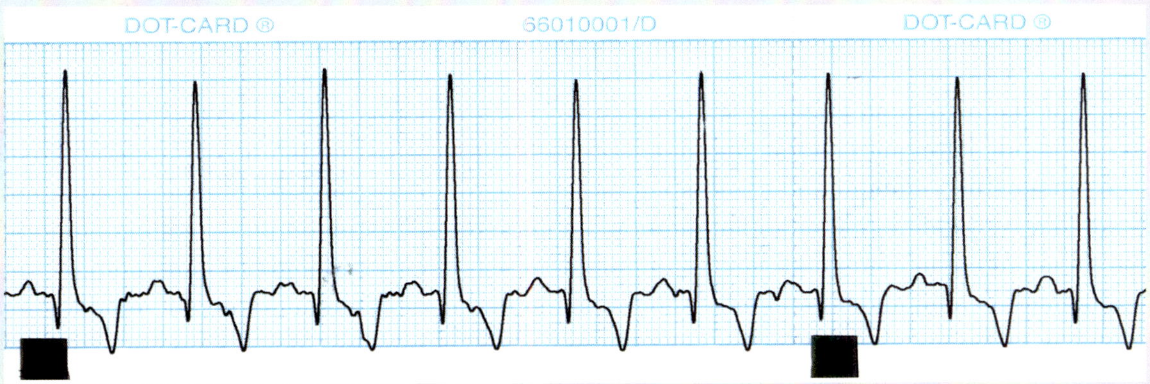

Ableitung II; 1 cm = 1 mV; 50 mm/s

Patient	
Rasse	Fox-Terrier
Alter	16 Jahre
Geschlecht	Männlich

Anamnese

Chronischer Husten und Dyspnoe bei Belastung. Herzgeräusch IV/V. Laufende Therapie mit Benazepril, Spironolacton und Furosemid.

- ▶ Auf welche anatomischen Veränderungen ist aufgrund des EKG zu schließen?
- ▶ Welche EKG-Zeichen dienen der Einschätzung der hämodynamischen Situation des Patienten?
- ▶ Was ist die wahrscheinlichste Diagnose?

Parameter	Patient	Normwerte
Grundrhythmus		Sinusrhythmus; Sinusarrhythmie
Herzfrequenz		70–160 bpm (bis zu 180 bei kleinen Rassen und bis zu 220 bei Welpen)
Elektrische Herzachse		+40° – +100°
P-Welle		Breite: 0,04 s; Höhe: 0,4 mV
PR-Intervall		0,06–0,13 s
QRS-Komplex		Bis zu 0,06 s (0,05 s bei kleinen Rassen)
R-Zacke		Bis zu 3 mV (2,5 mV bei kleinen Rassen)
QT-Intervall		0,15–0,25 s
ST-Strecke		Hebung: bis zu 0,15 mV; Senkung: < 0,2 mV
T-Welle		Weniger als 25 % der R-Höhe
Sonstiges		

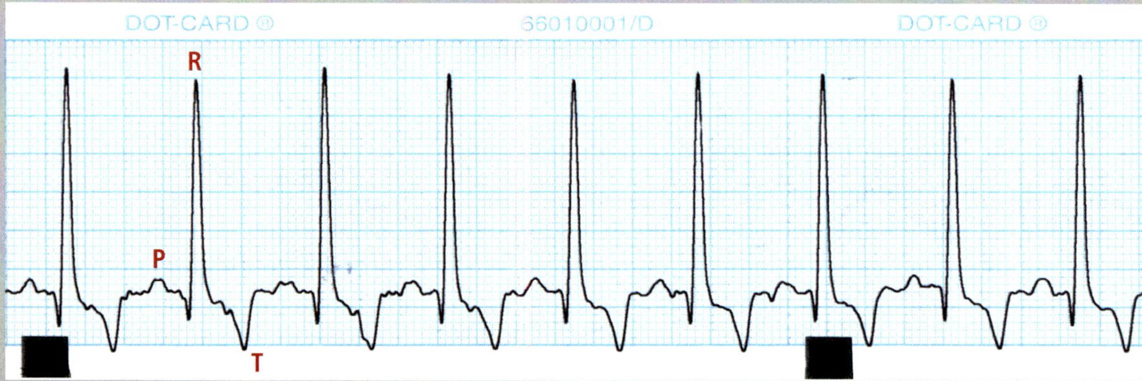

Untersuchte Parameter	
Grundrhythmus	**Sinustachykardie**
Herzfrequenz	**180 bpm**
Elektrische Herzachse	—
P-Welle	**0,05 s** × 0,2 mV
PR-Intervall	0,08 s
QRS-Komplex	**0,06 s**
R-Zacke	**2,8 mV**
QT-Intervall	0,18 s
ST-Strecke	Normal
T-Welle	Normal
Sonstiges	Wandernder Schrittmacher

▶ Auf welche anatomischen Veränderungen ist aufgrund des EKG zu schließen?

Das Vorliegen von P-mitrale spricht für eine Dilatation des linken Vorhofs. Sowohl der verbreiterte QRS-Komplex als auch die hohen R-Zacken weisen auf eine Hypertrophie oder Dilatation des linken Ventrikels hin.

▶ Welche EKG-Zeichen dienen der Einschätzung der hämodynamischen Situation des Patienten?

Unabhängig vom Vorliegen oder Fehlen von EKG-Zeichen, die für Veränderungen der Ventrikel typisch sind, sollten noch weitere Parameter beurteilt werden, um den klinischen Status der Kardiopathie bestimmen zu können.

Hohe T-Wellen können in Verbindung mit Elektrolytimbalanzen oder einer Hypoxie respiratorischen Ursprungs auftreten. Berücksichtigt man jedoch auch die restlichen im EKG erkennbaren Veränderungen, so handelt es sich mit hoher Wahrscheinlichkeit um eine sekundäre Myokardischämie aufgrund der Klappenveränderungen, die durch die Tachykardie noch weiter verschlimmert wird.

Jede Erhöhung der Herzfrequenz bei herzkranken Patienten stellt einen Indikator für eine dekompensierte Herzinsuffizienz dar, vorausgesetzt, die Frequenzerhöhung ist nicht stressbedingt (infolge der Untersuchung).

Die ständige Verringerung des Herzminutenvolumens mit reduziertem Aortenfluss und generalisierter Minderperfusion des Gewebes löst die Kompensationsmechanismen der kardialen Reserve aus. Es kommt zur sympathischen Hypertonie und in deren Folge zu Tachykardie.

▶ Was ist die wahrscheinlichste Diagnose?

Unter Berücksichtigung der individuellen Charakteristika des Patienten und der für eine Linksherzvergrößerung typischen Veränderungen im EKG lautet die wahrscheinlichste Diagnose senile chronische Mitralklappeninsuffizienz.

Dadurch kommt es an der Klappe zu einem Regurgitationsphänomen, das sich sowohl im linken Vorhof (Dilatation infolge Überlastung) als auch im linken Ventrikel (kompensatorische Hypertrophie durch fehlerhafte Vorlast mit verringertem Aortenfluss) manifestiert.

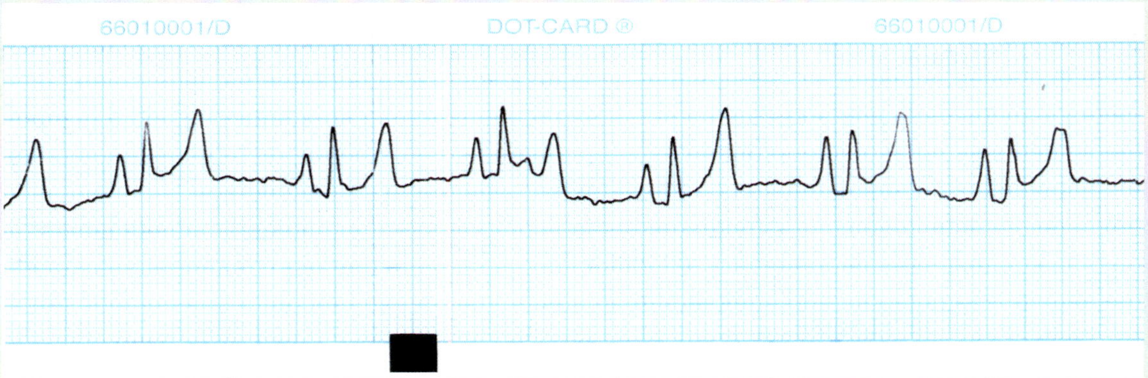

Ableitung II; 1 cm = 1 mV; 50 mm/s

Patient	
Rasse	Pekinese
Alter	12 Jahre
Geschlecht	Weiblich

Anamnese

Akutes Krankheitsbild mit Ateminsuffizienz. Häufige Hustenanfälle mit Dyspnoe. Herzgeräusch. Laufende Therapie mit Furosemid.

- Welche Veränderungen sind im EKG zu beobachten und was bedeuten sie?
- Was ist die wahrscheinlichste Diagnose?
- Muss die derzeitige Therapie angepasst werden?

Parameter	Patient	Normwerte
Grundrhythmus		Sinusrhythmus; Sinusarrhythmie
Herzfrequenz		70–160 bpm (bis zu 180 bei kleinen Rassen und bis zu 220 bei Welpen)
Elektrische Herzachse		+40° – +100°
P-Welle		Breite: 0,04 s; Höhe: 0,4 mV
PR-Intervall		0,06–0,13 s
QRS-Komplex		Bis zu 0,06 s (0,05 s bei kleinen Rassen)
R-Zacke		Bis zu 3 mV (2,5 mV bei kleinen Rassen)
QT-Intervall		0,15–0,25 s
ST-Strecke		Hebung: bis zu 0,15 mV; Senkung: < 0,2 mV
T-Welle		Weniger als 25 % der R-Höhe
Sonstiges		

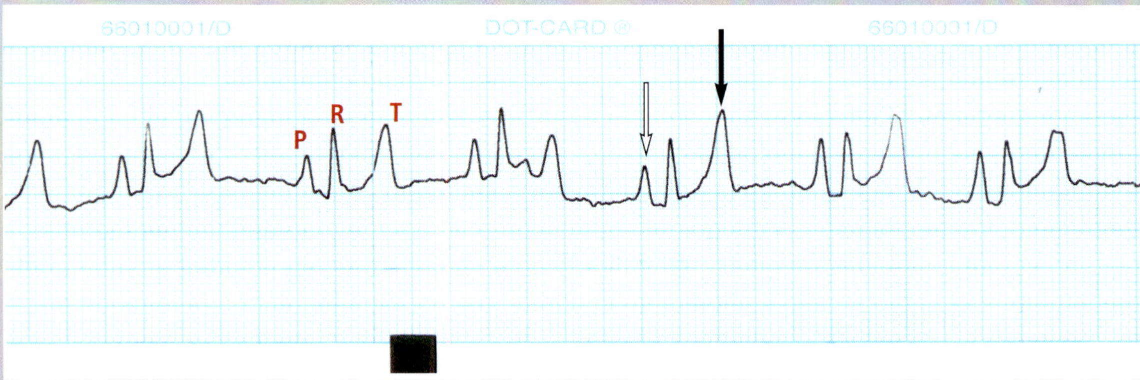

Untersuchte Parameter	
Grundrhythmus	Normaler Sinusrhythmus
Herzfrequenz	130 bpm
Elektrische Herzachse	—
P-Welle	0,04 s × **0,5 mV**
PR-Intervall	0,08 s
QRS-Komplex	0,04 s
R-Zacke	0,9 mV
QT-Intervall	0,18 s
ST-Strecke	Normal
T-Welle	**> 25 % der R-Höhe**
Sonstiges	—

► Welche Veränderungen sind im EKG zu beobachten und was bedeuten sie?

Es liegt ein regelmäßiger Sinusrhythmus vor, doch sind die P-Wellen (weißer Pfeil) höher als normal (P-pulmonale) und auch die T-Welle (schwarzer Pfeil) übersteigt mit ihrer Amplitude den Maximalwert des Normbereichs.

Ein P-pulmonale weist auf eine Erweiterung des rechten Vorhofs hin und kann durch degenerative Klappenveränderungen oder angeborene Anomalien, wie Klappendysplasie oder Pulmonalstenose, verursacht werden, ist aber häufig auf eine schwere oder chronische Atemwegserkrankung zurückzuführen, in deren Folge sich eine pulmonale Hypertonie entwickelt. Auch bei der kaninen Filariose kann im EKG ein P-pulmonale beobachtet werden.

Die erhöhten T-Wellen sprechen für das Vorliegen einer Myokardhypoxie, Störungen des Elektrolythaushalts oder Toxikosen, können aber auch mit kardialen, respiratorischen oder anderen Erkrankungen in Zusammenhang stehen.

► Was ist die wahrscheinlichste Diagnose?

Unter Berücksichtigung der Charakteristika des Patienten liegt mit hoher Wahrscheinlichkeit eine altersbedingte degenerative Klappenerkrankung in Verbindung mit einer chronischen Atemwegserkrankung vor; bei Letzterer kann es sich um einen funktionellen Kollaps der dorsalen Trachealmukosa, eine Lungenfibrose, eine chronische Bronchitis oder eine obliterierende Bronchiolitis bzw. ein anderes Erscheinungsbild einer chronisch obstruktiven Lungenkrankheit (COPD) handeln.

► Muss die derzeitige Therapie angepasst werden?

Furosemid trägt zwar zur Stabilisierung der hämodynamischen Situation bei, der ausschließliche Einsatz verschlechtert aber zweifelsohne die respiratorische Funktionalität. Zudem kann es dadurch zu einer Stimulation der Renin-Angiotension-Achse kommen, was absolut kontraproduktiv ist. Die Verwendung von gemischten Vasodilatatoren, Aldosteronhemmern und niedrigerer Dosierung des Furosemids in Verbindung mit einer adäquaten Therapie der Atemwegsproblematik sollte, sobald die Diagnostik abgeschlossen ist, bessere therapeutische Resultate für diesen speziellen Patienten bringen.

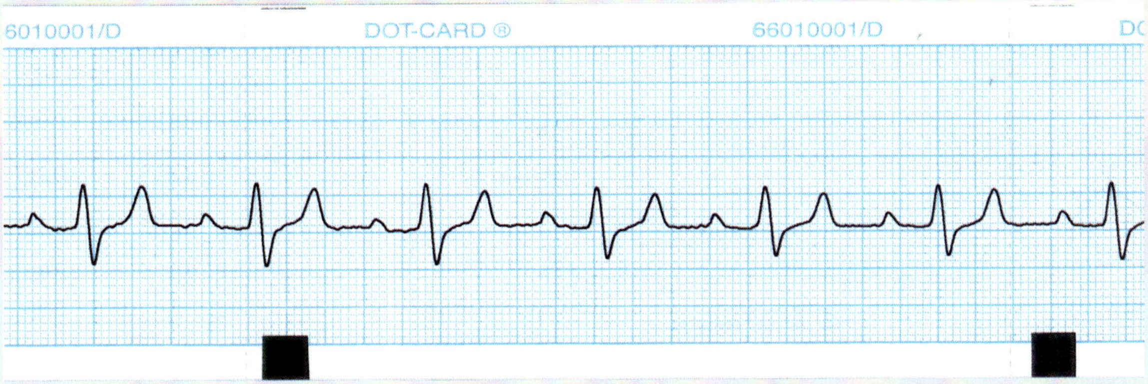

Ableitung II; 1 cm = 1 mV; 50 mm/s

Patient	
Rasse	Presa Canario
Alter	13 Jahre
Geschlecht	Männlich

Anamnese

Akutes Krankheitsbild mit allgemeiner Schwäche, Erbrechen, Durchfall, Ikterus, Tachykardie.

▶ Welche Veränderungen sind im EKG zu beobachten?

▶ Ist eine kardiale Ätiologie die primäre Ursache des Krankheitsbildes? Warum?

Parameter	Patient	Normwerte
Grundrhythmus		Sinusrhythmus; Sinusarrhythmie
Herzfrequenz		70–160 bpm (bis zu 180 bei kleinen Rassen und bis zu 220 bei Welpen)
Elektrische Herzachse		+40° – +100°
P-Welle		Breite: 0,04 s; Höhe: 0,4 mV
PR-Intervall		0,06–0,13 s
QRS-Komplex		Bis zu 0,06 s (0,05 s bei kleinen Rassen)
R-Zacke		Bis zu 3 mV (2,5 mV bei kleinen Rassen)
QT-Intervall		0,15–0,25 s
ST-Strecke		Hebung: bis zu 0,15 mV; Senkung: < 0,2 mV
T-Welle		Weniger als 25 % der R-Höhe
Sonstiges		

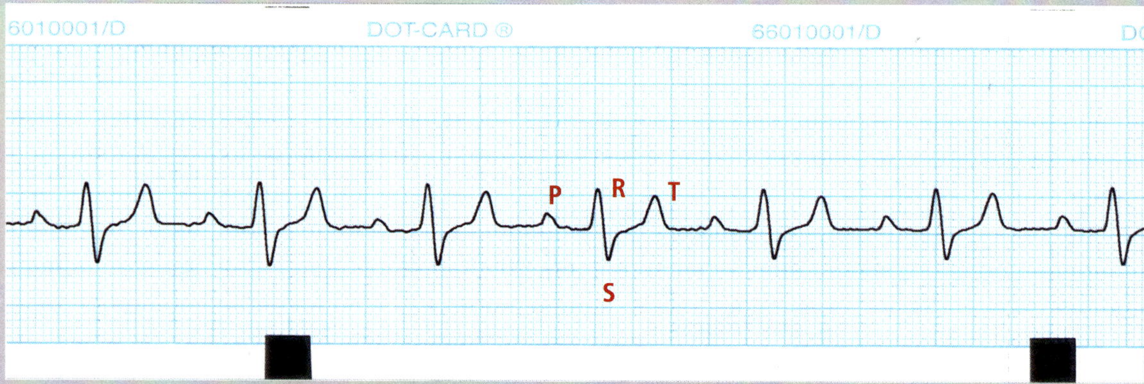

Untersuchte Parameter	
Grundrhythmus	Normaler Sinusrhythmus
Herzfrequenz	130 bpm
Elektrische Herzachse	—
P-Welle	0,04 s × 0,2 mV
PR-Intervall	**0,12–0,14 s**
QRS-Komplex	0,06 s
R-Zacke	0,6 mV
QT-Intervall	0,2 s
ST-Strecke	Normal, diskrete ST-Strecken-Hebung (innerhalb des Normbereichs)
T-Welle	**> 25 % der R-Höhe**
Sonstiges	**S-Zacke: –0,04 mV**

► Welche Veränderungen sind im EKG zu beobachten?

Das EKG zeigt einen regulären Sinusrhythmus und normale Herzfrequenz, doch liegt eine atrioventrikuläre Überleitungsverzögerung vor. Dadurch ist das PR-Intervall länger als normal, was einem AV-Block I° entspricht. Außerdem sind S-Zacken zu sehen, die normalerweise in Ableitung II nicht vorhanden sind. Die ST-Strecke ist leicht nach oben verschoben und befindet sich gerade noch an der Grenze des Normbereichs. Schließlich sind auch erhöhte T-Wellen zu sehen, die den Maximalwert von 25 % der R-Höhe übersteigen, was für eine Störung der Sauerstoffversorgung des Myokards spricht.

► Ist eine kardiale Ätiologie die primäre Ursache des Krankheitsbildes? Warum?

Die Veränderungen sind sehr unspezifisch. Es liegen keine erwähnenswerten Arrhythmien vor. Auch der AV-Block, der ohne hämodynamische Relevanz ist und daher keiner spezifischer Behandlung bedarf, lässt den Schluss zu, dass der Vagotonus nicht besonders erhöht ist und somit die Mechanismen der kardialen Reserve nicht aktiviert sind. Obwohl ein derartiger EKG-Befund durchaus aufgrund primärer Herzkrankheiten entstehen kann, die mit hochgradiger kompensatorischer Ventrikelhypertrophie einhergehen, ist es im konkreten Fall wahrscheinlicher, dass die Veränderungen im EKG auf eine Atemwegserkrankung, eine Anämie, einen pathologischen Prozess im Abdomen (Neoplasie, heftige Bauchschmerzen, Leber- oder Darmerkrankung) oder andere extrakardiale Prozesse zurückzuführen sind.

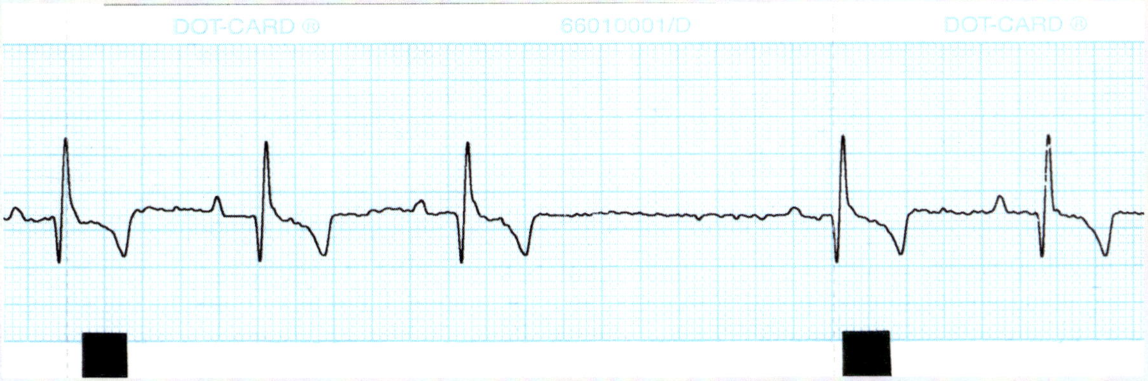

Ableitung II; 1 cm = 1 mV; 50 mm/s

Patient	
Rasse	Zwergschnauzer
Alter	13 Jahre
Geschlecht	Männlich

Anamnese

Husten. Herzgeräusch III/VI. Diagnostizierte kongestive Herzinsuffizienz aufgrund Mitralklappenerkrankung. Laufende Therapie mit Benazepril und Spironolacton. Röntgenbefund: Rechtsherzvergrößerung.

- ▶ Welche Veränderungen sind im EKG zu beobachten?
- ▶ Ist eine dekompensierte kongestive Herzinsuffizienz die wahrscheinlichste Ursache der Symptome? Warum?

Parameter	Patient	Normwerte
Grundrhythmus		Sinusrhythmus; Sinusarrhythmie
Herzfrequenz		70–160 bpm (bis zu 180 bei kleinen Rassen und bis zu 220 bei Welpen)
Elektrische Herzachse		+40° – +100°
P-Welle		Breite: 0,04 s; Höhe: 0,4 mV
PR-Intervall		0,06–0,13 s
QRS-Komplex		Bis zu 0,06 s (0,05 s bei kleinen Rassen)
R-Zacke		Bis zu 3 mV (2,5 mV bei kleinen Rassen)
QT-Intervall		0,15–0,25 s
ST-Strecke		Hebung: bis zu 0,15 mV; Senkung: < 0,2 mV
T-Welle		Weniger als 25 % der R-Höhe
Sonstiges		

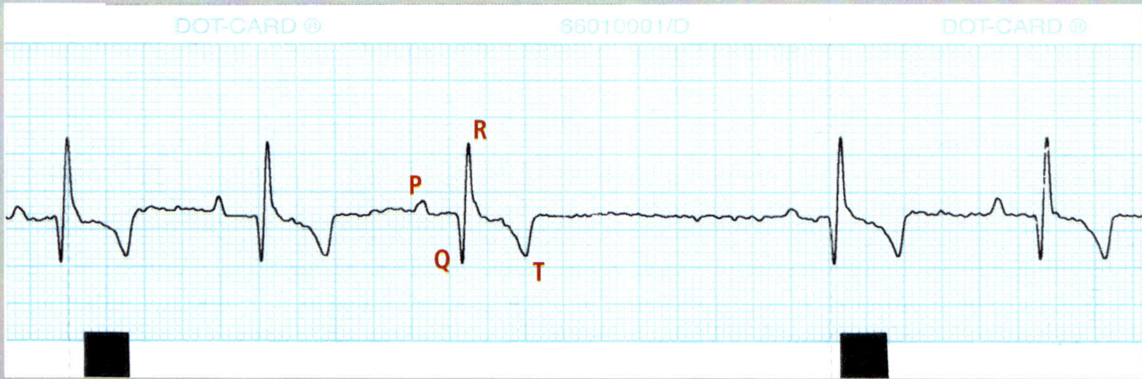

Untersuchte Parameter	
Grundrhythmus	Respiratorische Sinusarrhythmie
Herzfrequenz	100 bpm
Elektrische Herzachse	—
P-Welle	0,04 s × 0,2 mV
PR-Intervall	0,12 s
QRS-Komplex	0,05 s
R-Zacke	1,0 mV
QT-Intervall	0,20 s
ST-Strecke	Normal
T-Welle	**> 25 % der R-Höhe**
Sonstiges	—

▶ Welche Veränderungen sind im EKG zu beobachten?

Das EKG zeigt keine Auffälligkeiten. Die Sinusarrhythmie ist bei Hunden physiologisch und in keiner Weise ein Hinweis auf eine krankhafte therapiepflichtige Veränderung am Herzen.

Die respiratorisch bedingte Arrhythmie entsteht durch das variierende Gleichgewicht zwischen Sympathikus- und Parasympathikotonus während der verschiedenen Phasen des Atmungszyklus (Inspiration / Expiration). Bei der Inspiration herrscht der Sympathikotonus vor und der intrathorakale Druck steigt, was zu einer Erhöhung der Herzfrequenz führt. Das umgekehrte Phänomen zeigt sich bei der Exspiration. Dann herrscht der Parasympathikotonus vor, was die Herzfrequenz leicht absinken lässt.

▶ Ist eine dekompensierte kongestive Herzinsuffizienz die wahrscheinlichste Ursache der Symptome? Warum?

Es ist unwahrscheinlich, dass die Symptomatik von der vorliegenden Herzklappenerkrankung herrührt. Bei dekompensierter kongestiver Herzinsuffizienz kommt es normalerweise zu sympathischer Hypertonie, einer reflexartigen Erhöhung der Herzfrequenz und zum Verschwinden der Sinusarrhythmie. Das Fortbestehen dieser Arrhythmie spricht daher dafür, dass der hämodynamische Status des Patienten stabil ist und dass eine kompensatorische Aktivierung des Sympathikotonus nicht erforderlich ist. Aus diesem Grund ist es sehr wahrscheinlich, dass eine Atemwegserkrankung für den Husten des Patienten verantwortlich ist.

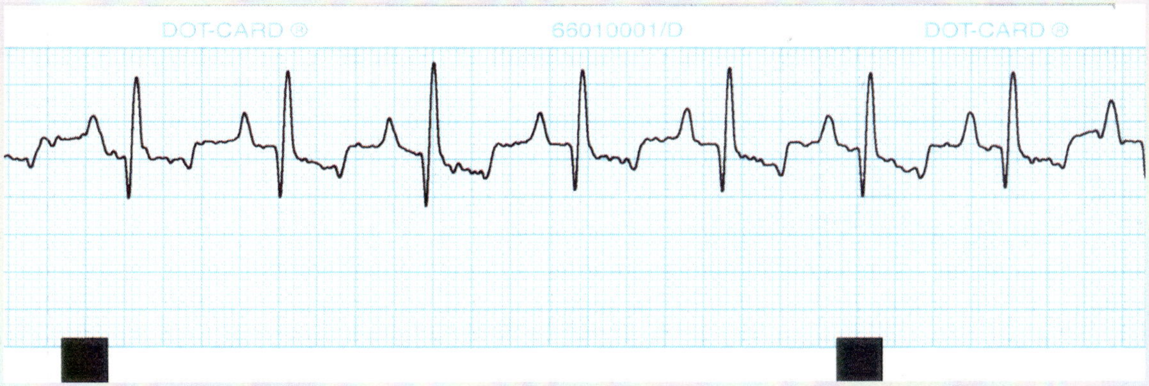

Ableitung II; 1 cm = 1 mV; 50 mm/s

Patient	
Rasse	Mischling
Alter	14 Jahre
Geschlecht	Weiblich

Anamnese

Seit Jahren bekannte Klappenendokardiose. Die laufende Therapie mit Benazepril und Furosemid (2 mg/kg alle 8 h) erzielt in letzter Zeit nicht mehr das optimale Resultat. Husten und Dyspnoe. Belastungsintoleranz. Lungenödem.

- Welche Veränderungen sind im EKG zu beobachten und was bedeuten sie?
- Was kann in einem Fall wie diesem noch getan werden?

Parameter	Patient	Normwerte
Grundrhythmus		Sinusrhythmus; Sinusarrhythmie
Herzfrequenz		70–160 bpm (bis zu 180 bei kleinen Rassen und bis zu 220 bei Welpen)
Elektrische Herzachse		+40° – +100°
P-Welle		Breite: 0,04 s; Höhe: 0,4 mV
PR-Intervall		0,06–0,13 s
QRS-Komplex		Bis zu 0,06 s (0,05 s bei kleinen Rassen)
R-Zacke		Bis zu 3 mV (2,5 mV bei kleinen Rassen)
QT-Intervall		0,15–0,25 s
ST-Strecke		Hebung: bis zu 0,15 mV; Senkung: < 0,2 mV
T-Welle		Weniger als 25 % der R-Höhe
Sonstiges		

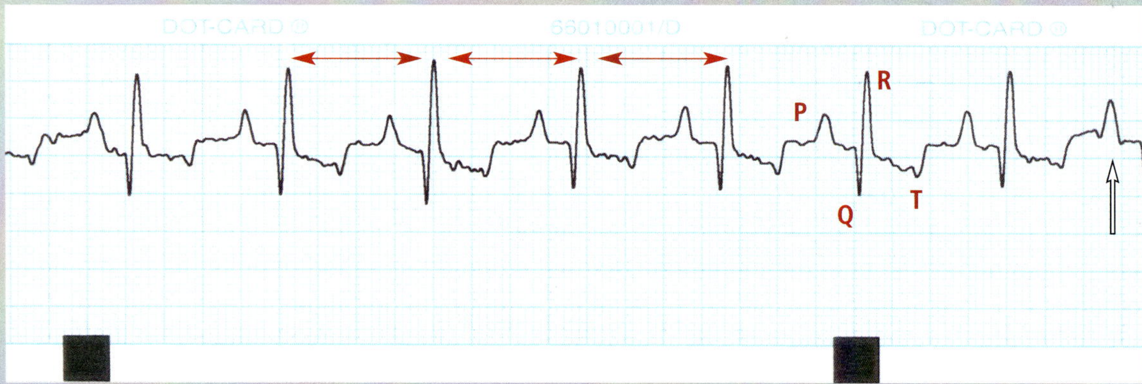

Untersuchte Parameter	
Grundrhythmus	Normaler Sinusrhythmus
Herzfrequenz	160 bpm
Elektrische Herzachse	—
P-Welle	0,04 s × **0,5 mV**
PR-Intervall	0,12 s
QRS-Komplex	0,05 s
R-Zacke	1,1 mV
QT-Intervall	0,18 s
ST-Strecke	Normal
T-Welle	Normal
Sonstiges	—

▶ Welche Veränderungen sind im EKG zu beobachten und was bedeuten sie?

Es handelt sich um einen regulären Sinusrhythmus (konstante RR-Intervalle bei maximaler Variation um 0,12 s), die Herzfrequenz liegt am obersten Rand des Normbereichs (160 Schläge / Minute). Die P-Wellen weisen zwar die Konfiguration eines P-pulmonale auf, sind jedoch inkonstant und haben manchmal normale Höhe und dann wieder erhöhte Amplituden (weißer Pfeil); dies spricht für eine Erweiterung des rechten Vorhofs. Das EKG entspricht dem einer kongestiven Herzinsuffizienz aufgrund degenerativer Klappenveränderungen. Die Erkrankung ist bereits länger bekannt und wird auch therapiert, doch spricht der EKG-Befund dafür, dass die Medikation nicht mehr ausreicht, um den hämodynamischen Zustand zu kontrollieren; es gibt Anzeichen für ein verringertes Herzminutenvolumen (Sympathikusaktivierung) und eine Kongestion (Husten, Dyspnoe).

▶ Was kann in einem Fall wie diesem noch getan werden?

Zunächst ist abzuklären, ob die vorgeschriebene Medikation auch richtig eingenommen wird und ob die Dosierungen korrekt sind. Danach können zusätzlich zur laufenden Behandlung ein venenerweiterndes Mittel zur Therapie des Lungenödems (Isosorbiddinitrat 1 mg/kg p. o., alle 8 h) sowie Pimobendan zur Besserung des Herzminutenvolumens gegeben werden (Es wird empfohlen, mit Pimobendan zu beginnen, und wenn sich dies als nicht ausreichend herausstellt, nach vier bis fünf Tagen zusätzlich Isosorbiddinitrat zu geben.). Auch eine Diät mit restriktivem Natriumgehalt kann in diesen Fällen hilfreich sein.

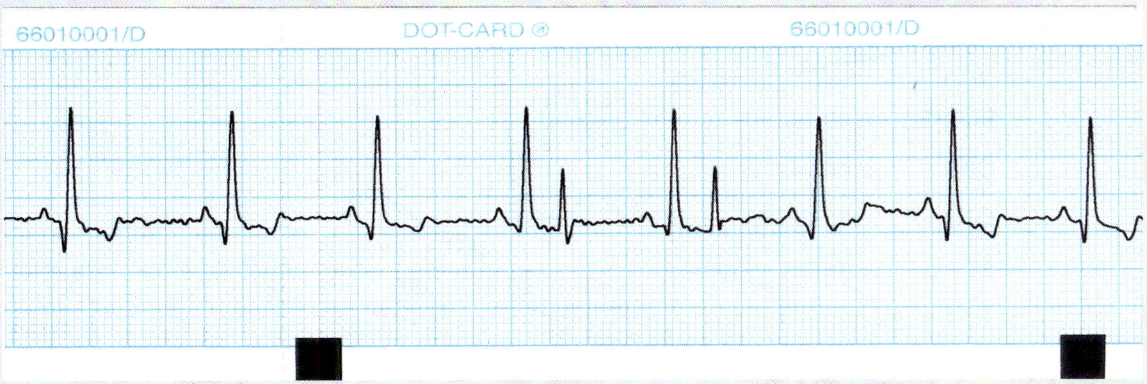

Ableitung II; 1 cm = 1 mV; 50 mm/s

Patient	
Rasse	Springer Spaniel
Alter	11 Jahre
Geschlecht	Männlich

Anamnese
Seit einer Woche Husten und Müdigkeit.

► Welche Veränderungen sind im EKG zu beobachten?

► Ist angesichts des EKG und der Vorgeschichte eine kardiale Ätiologie die wahrscheinlichste Ursache?

Parameter	Patient	Normwerte
Grundrhythmus		Sinusrhythmus; Sinusarrhythmie
Herzfrequenz		70–160 bpm (bis zu 180 bei kleinen Rassen und bis zu 220 bei Welpen)
Elektrische Herzachse		+40° – +100°
P-Welle		Breite: 0,04 s; Höhe: 0,4 mV
PR-Intervall		0,06–0,13 s
QRS-Komplex		Bis zu 0,06 s (0,05 s bei kleinen Rassen)
R-Zacke		Bis zu 3 mV (2,5 mV bei kleinen Rassen)
QT-Intervall		0,15–0,25 s
ST-Strecke		Hebung: bis zu 0,15 mV; Senkung: < 0,2 mV
T-Welle		Weniger als 25 % der R-Höhe
Sonstiges		

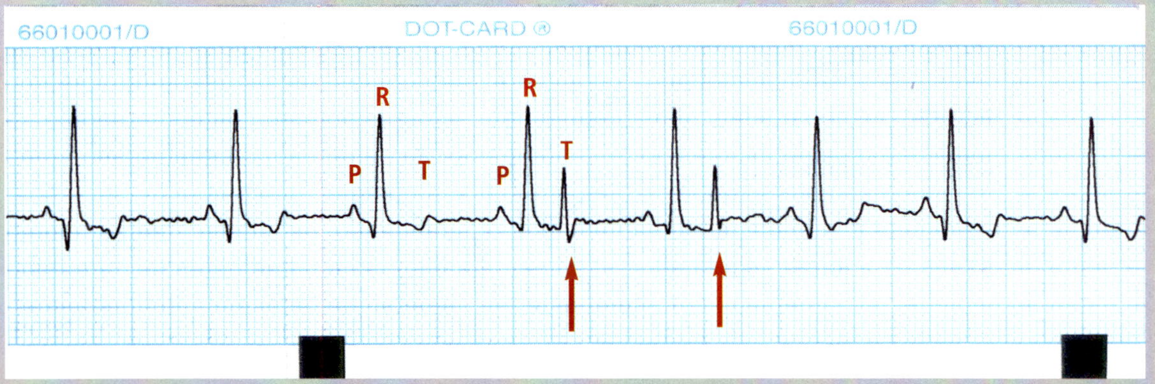

Untersuchte Parameter	
Grundrhythmus	Normaler Sinusrhythmus
Herzfrequenz	160 bpm
Elektrische Herzachse	—
P-Welle	0,03 s × 0,15 mV
PR-Intervall	0,07 s
QRS-Komplex	0,04 s
R-Zacke	1,5 mV
QT-Intervall	0,16 s
ST-Strecke	Normal
T-Welle	Normal
Sonstiges	Ektopischer Schrittmacher

▶ Welche Veränderungen sind im EKG zu beobachten?

Das EKG zeigt einen normalen Sinusrhythmus bei einer Herzfrequenz von 160 bpm. Veränderungen an Wellen, Zacken und Intervallen liegen nicht vor.

▶ Ist angesichts des EKG und der Vorgeschichte eine kardiale Ätiologie die wahrscheinlichste Ursache?

Alle elektrokardiographischen Parameter befinden sich für diesen speziellen Patienten im Normbereich. Es liegen weder Arrhythmien noch Hinweise auf eine Linksherzvergrößerung (im Zusammenhang mit einer Klappenerkrankung) oder eine Rechtsherzvergrößerung (in Verbindung mit Atemwegserkrankungen) vor.

Die Herzfrequenz befindet sich zwar noch im Normbereich, bewegt sich jedoch bereits an der Grenze zur Tachykardie. Eine erhöhte Herzfrequenz kann bei Patienten mit einer kardialen Vorerkrankung auf eine dekompensierte hämodynamische Situation hinweisen, steht jedoch bei herzgesunden Hunden in der Regel mit der Aufregung infolge der klinischen Allgemeinuntersuchung in Zusammenhang.

Im EKG sind zwei Artefakte zu erkennen (Pfeile), die leicht mit Arrhythmien oder verzerrten T-Wellen verwechselt werden könnten. Dabei handelt es sich um eine extrinsische Aktivität, die nichts mit der elektrischen Herzaktivität zu tun hat und die wahrscheinlich durch Bewegungen des Patienten bei der Aufzeichnung ausgelöst wurde oder aber technisch bedingt ist.

Sieht man von diesen leicht veränderten T-Wellen ab, stellen sich die Komplexe normal dar und wiederholen sich auch in perfekter Regelmäßigkeit. Außerdem liegen keine kompensatorischen Pausen nach den T-Wellen vor. Somit handelt es sich um einen regelmäßigen, normalen Sinusrhythmus.

Da das EKG ohne besonderen Befund ist und auch kein Herzgeräusch zu auskultieren war, muss eine respiratorische Ätiologie als die wahrscheinlichste Ursache der Symptome angesehen werden.

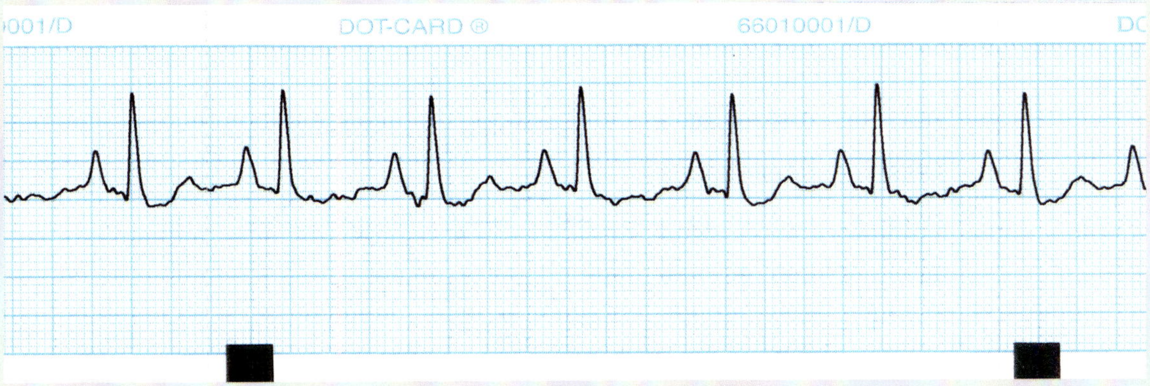

Ableitung II; 1 cm = 1 mV; 50 mm/s

Patient	
Rasse	Mischling (7 kg, leichtes Übergewicht)
Alter	14 Jahre
Geschlecht	Männlich

Anamnese

Seit einiger Zeit chronischer Husten, der nicht adäquat auf Antibiotika und Antiphlogistika anspricht. Dyspnoe bei Belastung. Systolisches Herzgeräusch IV/VI.

- Welche Veränderungen sind im EKG zu beobachten?
- Was ist die wahrscheinlichste Diagnose?
- Was ist die wichtigste zusätzliche Untersuchung, um die Diagnose zu bestätigen und über die geeignete Therapie entscheiden zu können?

Parameter	Patient	Normwerte
Grundrhythmus		Sinusrhythmus; Sinusarrhythmie
Herzfrequenz		70–160 bpm (bis zu 180 bei kleinen Rassen und bis zu 220 bei Welpen)
Elektrische Herzachse		+40° – +100°
P-Welle		Breite: 0,04 s; Höhe: 0,4 mV
PR-Intervall		0,06–0,13 s
QRS-Komplex		Bis zu 0,06 s (0,05 s bei kleinen Rassen)
R-Zacke		Bis zu 3 mV (2,5 mV bei kleinen Rassen)
QT-Intervall		0,15–0,25 s
ST-Strecke		Hebung: bis zu 0,15 mV; Senkung: < 0,2 mV
T-Welle		Weniger als 25 % der R-Höhe
Sonstiges		

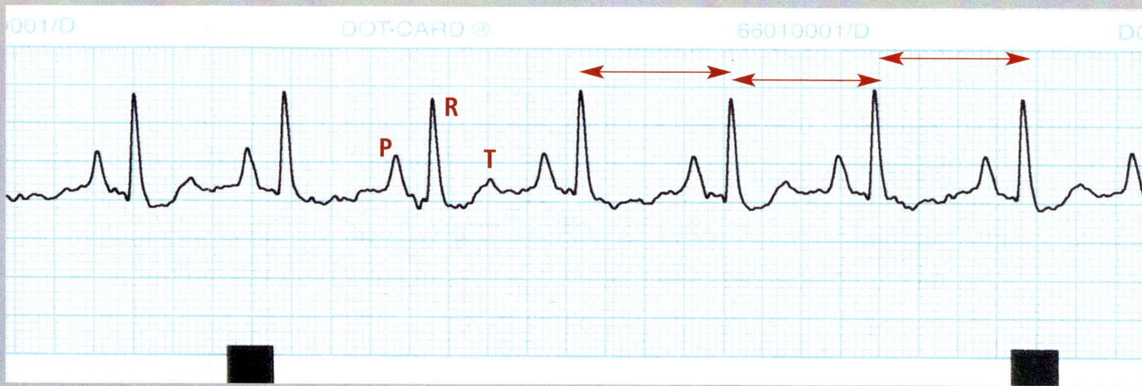

Untersuchte Parameter	
Grundrhythmus	Normaler Sinusrhythmus
Herzfrequenz	160 bpm
Elektrische Herzachse	—
P-Welle	**0,045 s × 0,5 mV**
PR-Intervall	0,09 s
QRS-Komplex	0,04 s
R-Zacke	1,2 mV
QT-Intervall	0,19 s
ST-Strecke	Normal
T-Welle	Normal
Sonstiges	—

► Welche Veränderungen sind im EKG zu beobachten?

Die Veränderungen betreffen die P-Wellen; sie sind breiter und höher als normal (P-mitrale und P-pulmonale). Dies stellt ein Kriterium für die Dilatation von linkem und rechtem Vorhof dar.

Der Herzrhythmus ist praktisch regelmäßig, was bei gesunden Hunden in Ruhe eigentlich nicht üblich ist und auf einen erhöhten Sympathikotonus hinweist (siehe Pfeile). Dies kann auf eine Aktivierung der Kompensationsmechanismen des Herzens zurückzuführen sein.

► Was ist die wahrscheinlichste Diagnose?

Die Vorgeschichte des Patienten spricht sehr für eine kongestive Herzinsuffizienz. Die Charakteristika des Tieres (Größe, Alter und Geschlecht) sind typisch für eine Klappenendokardiose, von der beide Herzklappen, d. h. Mitral- und Trikuspidalklappe, betroffen sind.

Neben anderen möglichen Herzerkrankungen die mit einer Klappenendokardiose einhergehen, wie z. B. Filariose oder Neoplasien, müssen auch eventuelle chronisch obstruktive Atemwegserkrankungen (Cor pulmonale) abgeklärt werden, da auch sie für das Auftreten eines P-pulmonale verantwortlich sein können.

Zu bedenken ist außerdem, dass die P-Wellen zu einer größeren Amplitude neigen, je höher die Herzfrequenz ist. Insofern handelt es sich in diesem Fall um keinen aussagekräftigen Befund.

► Was ist die wichtigste zusätzliche Untersuchung, um die Diagnose zu bestätigen und über die geeignete Therapie entscheiden zu können?

Eine Röntgenuntersuchung des Thorax könnte das Vorliegen einer Linksherzvergrößerung bestätigen; typisch für ein Mitralklappenendokardiose wären unter anderem ein vergrößerter linker Vorhof und ein Lungenödem. Außerdem eignet sich eine Thoraxröntgenaufnahme gut für den Nachweis eventuell vorhandener Neoplasien oder Atemwegserkrankungen, die das Vorliegen des P-pulmonale erklären würden und die teilweise für die beschriebenen klinischen Symptome verantwortlich sein könnten.

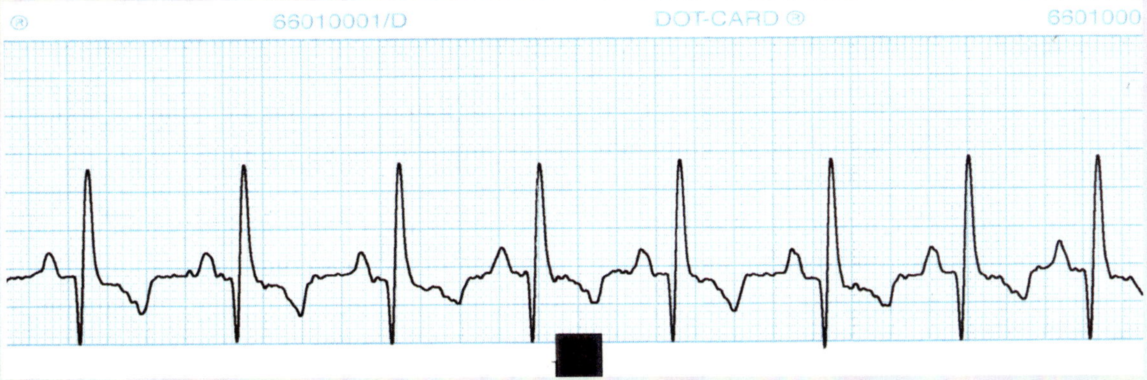

Ableitung II; 1 cm = 1 mV; 50 mm/s

Patient	
Rasse	Pudel
Alter	12 Jahre
Geschlecht	Männlich

Anamnese

Vor einem Jahr Diagnose einer chronischen Klappenendokardiose: Behandlung mit Benazepril. Verschlechterung des Zustands: vermehrt Husten und Dyspnoe nach körperlicher Anstrengung. Röntgenbefund: Lungenödem.

- Welche Veränderungen sind im EKG zu beobachten und was bedeuten sie?

- Welche therapeutischen Maßnahmen sind angezeigt und welche Kontrolluntersuchungen sollten ab sofort durchgeführt werden?

Parameter	Patient	Normwerte
Grundrhythmus		Sinusrhythmus; Sinusarrhythmie
Herzfrequenz		70–160 bpm (bis zu 180 bei kleinen Rassen und bis zu 220 bei Welpen)
Elektrische Herzachse		+40° – +100°
P-Welle		Breite: 0,04 s; Höhe: 0,4 mV
PR-Intervall		0,06–0,13 s
QRS-Komplex		Bis zu 0,06 s (0,05 s bei kleinen Rassen)
R-Zacke		Bis zu 3 mV (2,5 mV bei kleinen Rassen)
QT-Intervall		0,15–0,25 s
ST-Strecke		Hebung: bis zu 0,15 mV; Senkung: $<$ 0,2 mV
T-Welle		Weniger als 25 % der R-Höhe
Sonstiges		

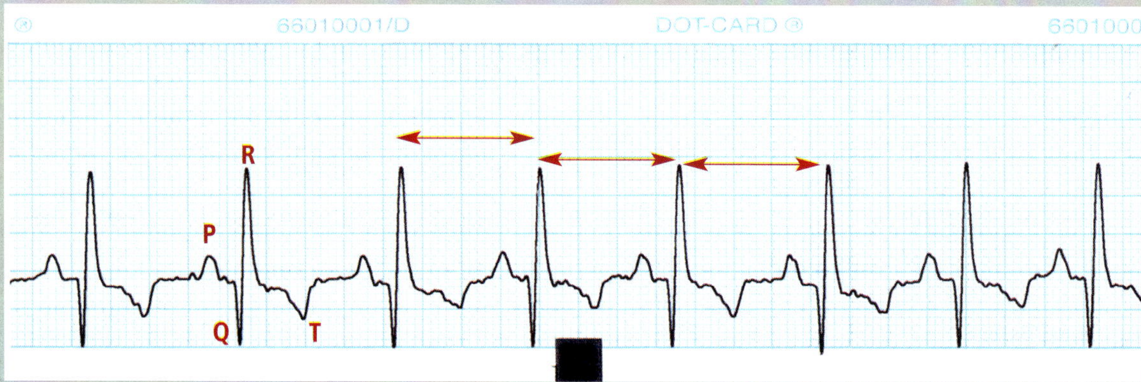

Untersuchte Parameter	
Grundrhythmus	Normaler Sinusrhythmus
Herzfrequenz	180 bpm
Elektrische Herzachse	—
P-Welle	**0,05 s** × 0,4 mV
PR-Intervall	0,10 s
QRS-Komplex	**0,065 s**
R-Zacke	1,5 mV
QT-Intervall	0,20 s
ST-Strecke	Normal
T-Welle	Normal
Sonstiges	**Tiefe Q-Zacken**

▶ Welche Veränderungen sind im EKG zu beobachten und was bedeuten sie?

Der Herzrhythmus ist regelmäßig, die Herzfrequenz erhöht, die T-Welle liegt mit ihrer negativen Amplitude gerade noch im Normbereich. Der regelmäßige Herzrhythmus (konstante RR-Intervalle bzw. minimale Schwankungen von bis zu 0,12 s; siehe Pfeile) in Verbindung mit der erhöhten Herzfrequenz im Sinne einer permanenten Sinustachykardie spricht für eine Aktivierung der kompensatorischen Mechanismen mit einer Sympathikusstimulation infolge der Klappeninsuffizienz und des verringerten Herzminutenvolumens. Sämtliche Ausschläge im EKG bewegen sich innerhalb des Normbereichs, obwohl die P-Wellen etwas verbreitert erscheinen (P-mitrale), ebenso wie die QRS-Komplexe. Dies stellt einen Hinweis auf eine Dilatation von linkem Atrium und linkem Ventrikel dar. Die Konfiguration der T-Welle lässt auf eine mangelnde Sauerstoffversorgung des Myokards schließen.

▶ Welche therapeutischen Maßnahmen sind angezeigt und welche Kontrolluntersuchungen sollten ab sofort durchgeführt werden?

Angesichts der Vordiagnose und des klinischen Status sollte die medikamentelle Therapie um Furosemid ergänzt werden, und zwar in sinkender Dosierung, bis der Patient bei der kleinsten noch wirksamen Dosis stabil ist. Da es Hinweise auf ein Lungenödem gibt, sollte die Initialdosis 2 mg/kg/alle 8 h p.o. betragen. Kommt es in den ersten 24–48 Stunden zu Verdauungsstörungen oder Anorexie, kann Furosemid auch intravenös oder subkutan verabreicht werden, bis sich die Darmproblematik gelegt hat. Wenn diese Therapie nicht ausreicht, kann zusätzlich noch Pimobendan verabreicht werden. Unterstützend sollte auf eine mäßig natriumreduzierte Diät umgestellt werden, um die Diuretikadosis so niedrig wie möglich halten zu können. Die Umstellung muss allerdings schrittweise erfolgen, wobei sichergestellt sein muss, dass der Patient dies gut verträgt.

Eine Kontrolluntersuchung muss anfangs alle 24–48 Stunden durchgeführt werden. Sobald der Patient stabil ist, reicht eine wöchentliche Kontrolle, bis sich die Furosemiddosis auf dem niedrigsten noch wirksamen Niveau eingependelt hat. Im Anschluss daran sollte der Patient alle sechs bis acht Wochen dem Tierarzt vorgestellt werden.

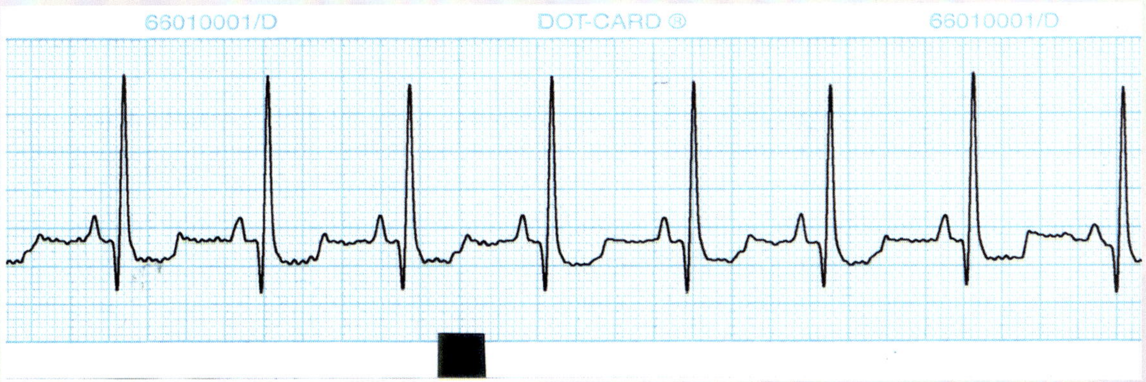

Ableitung II; 1 cm = 1 mV; 50 mm/s

Patient	
Rasse	Boxer
Alter	1 Jahr
Geschlecht	Männlich

Anamnese

Herzgeräusch II/VI. Rasche Ermüdung bei intensiver körperlicher Tätigkeit.

- Welche Veränderungen sind im EKG zu beobachten?
- Wie wahrscheinlich ist das Vorliegen eines Herzfehlers?
- Was ist in einem Fall wie diesem zu tun?

Parameter	Patient	Normwerte
Grundrhythmus		Sinusrhythmus; Sinusarrhythmie
Herzfrequenz		70–160 bpm (bis zu 180 bei kleinen Rassen und bis zu 220 bei Welpen)
Elektrische Herzachse		+40° – +100°
P-Welle		Breite: 0,04 s; Höhe: 0,4 mV
PR-Intervall		0,06–0,13 s
QRS-Komplex		Bis zu 0,06 s (0,05 s bei kleinen Rassen)
R-Zacke		Bis zu 3 mV (2,5 mV bei kleinen Rassen)
QT-Intervall		0,15–0,25 s
ST-Strecke		Hebung: bis zu 0,15 mV; Senkung: < 0,2 mV
T-Welle		Weniger als 25 % der R-Höhe
Sonstiges		

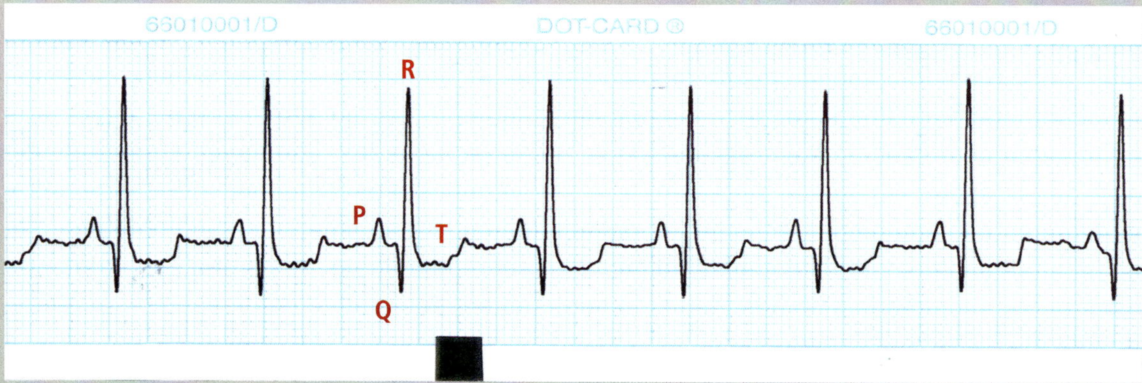

Untersuchte Parameter	
Grundrhythmus	Normaler Sinusrhythmus
Herzfrequenz	160 bpm
Elektrische Herzachse	—
P-Welle	0,04 s × 0,3 mV
PR-Intervall	0,08 s
QRS-Komplex	0,06 s
R-Zacke	2,3 mV
QT-Intervall	0,18 s
ST-Strecke	Normal
T-Welle	Normal
Sonstiges	—

► Welche Veränderungen sind im EKG zu beobachten?

Alle EKG-Parameter dieses Patienten liegen innerhalb der Norm. Auch die Herzfrequenz, die nahe an der Tachykardie ist, ist noch physiologisch.

► Wie wahrscheinlich ist das Vorliegen eines Herzfehlers?

Obwohl im EKG keine Veränderungen erkennbar sind, sprechen doch das Herzgeräusch und das klinische Bild in höchstem Maße für das Vorliegen einer Aortenstenose. Dieser angeborene Herzfehler ist bei Hunden dieser Rasse häufig zu beobachten. In den ersten Phasen der Herzerkrankung müssen sich weder im EKG noch im Röntgenbild Auffälligkeiten zeigen, da die Obstruktion des Ausflussweges zu einer chronischen Drucküberlastung führt, die sich in der Regel als Hypertrophie des linken Ventrikels ausdrückt, die ihrerseits durch diese Untersuchungen nicht unbedingt entdeckt werden kann.

Erst im fortgeschrittenen Stadium zeigen sich im EKG Veränderungen, die grundlegend in ventrikulärer Tachykardie und Zeichen einer linksventrikulären Hypertrophie / Dilatation bestehen (hohe R-Zacken, breite QRS-Komplexe).

► Was ist in einem Fall wie diesem zu tun?

Besteht, wie in diesem Fall, Verdacht auf einen angeborenen Herzfehler, muss eine Untersuchung mit Doppler-Ultraschall erfolgen. Erst mittels Echokardiogramm lässt sich die genaue Art des Herzfehlers und dessen Schweregrad beurteilen.

Es ist von entscheidender Wichtigkeit, das Ausmaß des angeborenen Defekts zu kennen, da davon die individuelle Prognose abhängt. Viele Patienten mit geringgradiger Aortenstenose können ein normales Leben führen, mit einer Lebensqualität und Lebenserwartung, die jener gesunder Hunde gleichkommt. Bei Hunden mit einer mittel- bis hochgradigen Aortenstenose und Symptomen wie niedrigem Herzminutenvolumen (Synkopen etc.) oder mit ventrikulären Tachyarrhythmien muss in der Regel eine Therapie mit Betablockern (Sotalol, Atenolol etc.) eingeleitet werden.

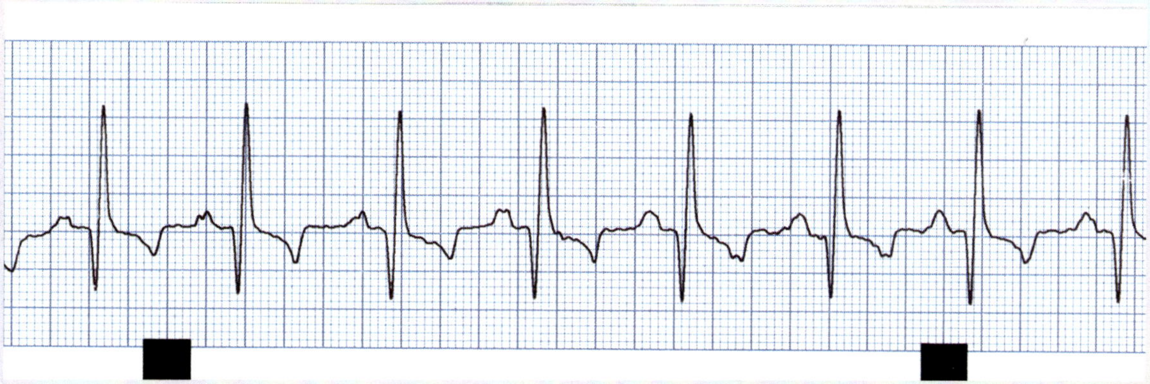

Ableitung II; 1 cm = 1 mV; 50 mm/s

Patient	
Rasse	Mischling (6 kg)
Alter	15 Jahre
Geschlecht	Männlich

Anamnese

Bilaterales systolisches Herzgeräusch IV/V. Husten und Dyspnoe bei geringster Anstrengung.

- Welche EKG-Parameter liegen außerhalb des Normbereichs?
- Welche klinische Relevanz haben sie?
- Was ist die wahrscheinlichste Diagnose?

Parameter	Patient	Normwerte
Grundrhythmus		Sinusrhythmus; Sinusarrhythmie
Herzfrequenz		70–160 bpm (bis zu 180 bei kleinen Rassen und bis zu 220 bei Welpen)
Elektrische Herzachse		+40° – +100°
P-Welle		Breite: 0,04 s; Höhe: 0,4 mV
PR-Intervall		0,06–0,13 s
QRS-Komplex		Bis zu 0,06 s (0,05 s bei kleinen Rassen)
R-Zacke		Bis zu 3 mV (2,5 mV bei kleinen Rassen)
QT-Intervall		0,15–0,25 s
ST-Strecke		Hebung: bis zu 0,15 mV; Senkung: < 0,2 mV
T-Welle		Weniger als 25 % der R-Höhe
Sonstiges		

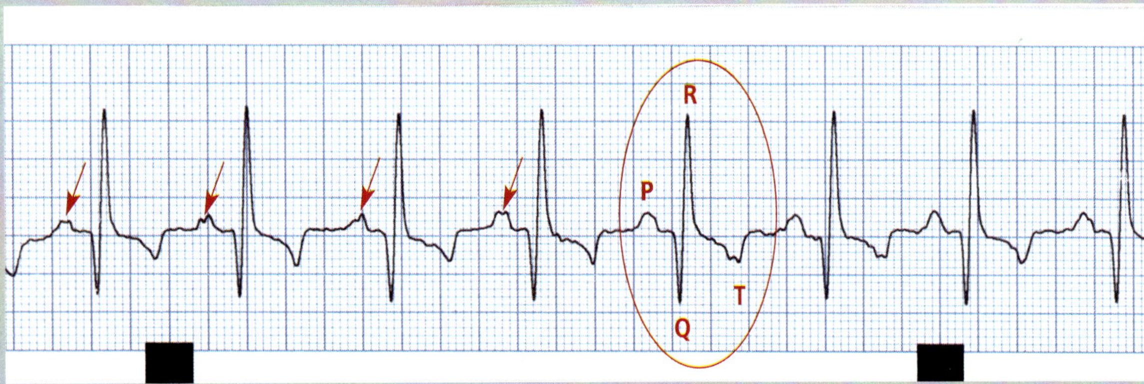

Untersuchte Parameter	
Grundrhythmus	Normaler Sinusrhythmus
Herzfrequenz	160 bpm
Elektrische Herzachse	—
P-Welle	**0,06 s** × 0,2 mV
PR-Intervall	0,12 s
QRS-Komplex	**0,06 s**
R-Zacke	1,6 mV
QT-Intervall	0,18 s
ST-Strecke	Normal
T-Welle	Normal
Sonstiges	**Tiefe Q-Zacken**

▶ Welche EKG-Parameter liegen außerhalb des Normbereichs?

Zu erkennen sind:

- Verbreiterte P-Wellen (> 0,04 s), d. h. P-mitrale. Man achte auf die zentrale Eindellung der P-Wellen (siehe Pfeile), zu der es kommen kann, wenn die Dauer der P-Welle länger als normal ist. Häufiger ist beim P-mitrale allerdings keine Eindellung an den P-Wellen zu sehen.
- Verbreiterte QRS-Komplexe.
- Tiefe Q-Zacken.

▶ Welche klinische Relevanz haben sie?

P-mitrale ist ein Hinweis auf eine Dilatation des linken Vorhofs.

Die verbreiterten QRS-Komplexe und die tiefen Q-Zacken sprechen für eine Hypertrophie oder Dilatation des linken bzw. rechten Ventrikels.

▶ Was ist die wahrscheinlichste Diagnose?

Die vorhandenen EKG-Zeichen einer Hypertrophie / Dilatation, in Kombination mit dem Herzgeräusch und dem klinischen Bild einer Atemwegsproblematik, lassen den Schluss auf eine chronische Klappenendokardiose zu. Diese Herzerkrankung kann auch ohne erkennbare Veränderungen im EKG bestehen. Lassen sich jedoch EKG-Zeichen einer Hypertrophie bzw. Dilatation des Herzens identifizieren, so ist dies in der Regel ein Hinweis darauf, dass sich der Prozess bereits in einem fortgeschritten Stadium befindet.

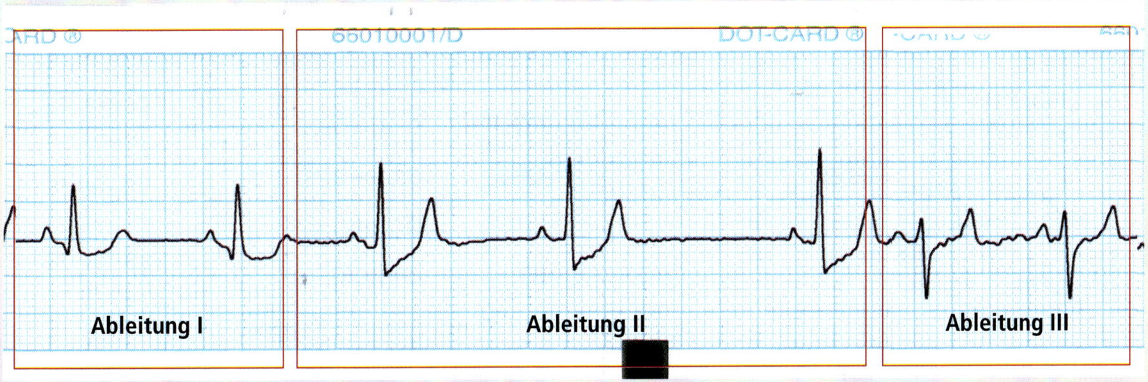

Ableitung II; 1 cm = 1 mV; 50 mm/s

Patient	
Rasse	Zwergschnauzer
Alter	12 Jahre
Geschlecht	Weiblich

Anamnese

Apathie, Schwäche, Anorexie, Erbrechen.
Ein Herzgeräusch ist nicht zu auskultieren.
Thoraxröntgen ohne besonderen Befund. Azotämie.

- ► Welchen Herzrhythmus, welche Herzfrequenz und welche Herzachse weist dieser Patient auf? Sind sie normal?
- ► Liegen irgendwelche Veränderungen an Wellen, Zacken oder Intervallen vor? Worauf können Abweichungen zurückzuführen sein?
- ► Was ist angesichts der verfügbaren Daten die wahrscheinlichste Ursache der vorliegenden Veränderungen?

Parameter	Patient	Normwerte
Grundrhythmus		Sinusrhythmus; Sinusarrhythmie
Herzfrequenz		70–160 bpm (bis zu 180 bei kleinen Rassen und bis zu 220 bei Welpen)
Elektrische Herzachse		+40° – +100°
P-Welle		Breite: 0,04 s; Höhe: 0,4 mV
PR-Intervall		0,06–0,13 s
QRS-Komplex		Bis zu 0,06 s (0,05 s bei kleinen Rassen)
R-Zacke		Bis zu 3 mV (2,5 mV bei kleinen Rassen)
QT-Intervall		0,15–0,25 s
ST-Strecke		Hebung: bis zu 0,15 mV; Senkung: $< 0,2$ mV
T-Welle		Weniger als 25 % der R-Höhe
Sonstiges		

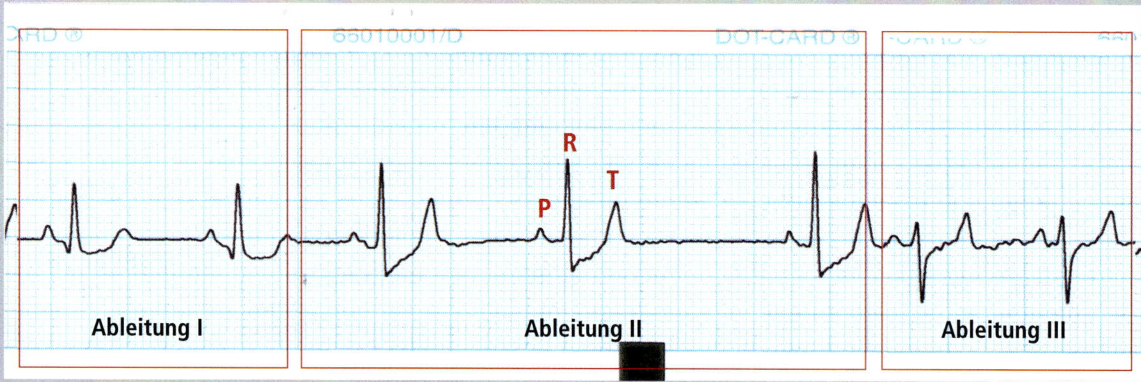

Untersuchte Parameter	
Grundrhythmus	Respiratorische Sinusarrhythmie
Herzfrequenz	120 bpm
Elektrische Herzachse	**–14°, Linksachsenabweichung**
P-Welle	0,03 s × 0,15 mV
PR-Intervall	0,10 s
QRS-Komplex	0,04 s
R-Zacke	1,1 mV
QT-Intervall	0,18 s
ST-Strecke	**Senkung 0,4 mV**
T-Welle	**> 25 % der R-Höhe**
Sonstiges	—

► Welchen Herzrhythmus, welche Herzfrequenz und welche Herzachse weist dieser Patient auf? Sind sie normal?

Das EKG zeigt eine respiratorische Sinusarrhythmie bei einer Herzfrequenz von 120 bpm. Die elektrische Herzachse liegt bei –14°, somit besteht eine Linksachsenabweichung.

Herzrhythmus und -frequenz sind für diesen konkreten Patienten als normal zu bezeichnen.

Die elektrische Herzachse wird durch die Hauptausbreitung der elektrischen Erregung in den Herzkammern determiniert und stellt den Summationsvektor aller anfallenden Vektoren während eines kompletten Herzzyklus dar. Zu einer Verschiebung der elektrischen Herzachse kommt es bei einer Vergrößerung der Ventrikel oder bei einer Störung der Erregungsausbreitung im ventrikulären Myokard. Es handelt sich um einen recht unspezifischen Parameter, der auch bei gesunden Tieren häufig verändert ist. Insofern ist seine klinische Signifikanz so lange gering, als keine weiteren Veränderungen die Verdachtsdiagnose erhärten.

► Liegen irgendwelche Veränderungen an Wellen, Zacken oder Intervallen vor? Worauf können Abweichungen zurückzuführen sein?

Zu sehen sind erhöhte T-Wellen sowie eine deutliche Senkung der ST-Strecke. Diese Veränderungen treten meist gleichzeitig auf und stellen einen typischen Befund bei zwei großen Krankheitsbildern dar:

- Störungen des Elektrolyt- und Säure-Basen-Haushalts: Vor allem ein gestörter Kalzium- und Kaliumhaushalt (insbesondere Hyperkaliämie), wie er häufig bei Addison-Krankheit oder Niereninsuffizienz zu beobachten ist.
- Myokardhypoxie: Kardiale oder respiratorische Insuffizienz, hochgradige Anämie, Hypovolämie, Ventilationsstörungen etc.

► Was ist angesichts der verfügbaren Daten die wahrscheinlichste Ursache der vorliegenden Veränderungen?

Bei diesem Patienten lässt sich eine Hypoxie des Myokards ausschließen, da die zusätzlichen Untersuchungen die physiologische Funktionsfähigkeit des kardiorespiratorischen Systems belegt haben. Das vorliegende klinische Bild und die diagnostizierte Azotämie sprechen für eine Niereninsuffizienz.

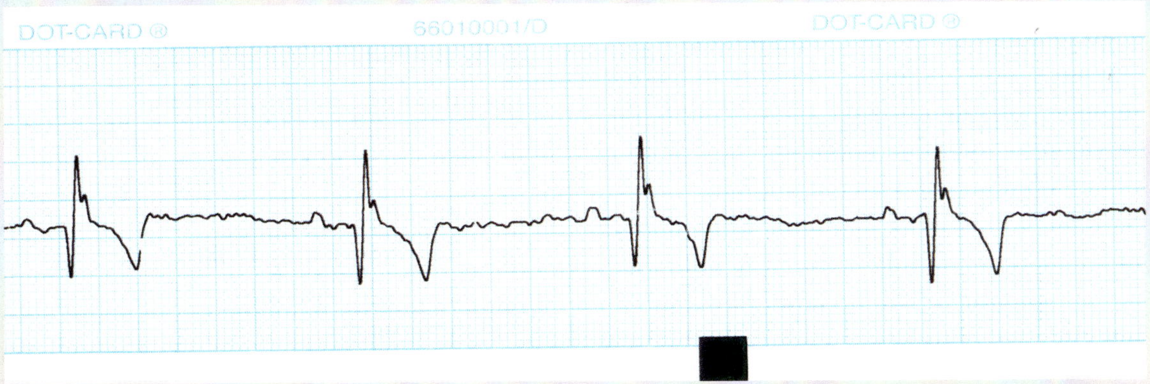

Ableitung II; 1 cm = 1 mV; 50 mm/s

Patient	
Rasse	Cocker Spaniel
Alter	11 Jahre
Geschlecht	Weiblich

Anamnese

Husten und Dyspnoe bei Anstrengung. Röntgenbefund: Kardiomegalie und alveoläres Muster in der perihilären Region.

- ▶ Welche Veränderungen sind im EKG zu beobachten?
- ▶ Welche klinische Relevanz haben sie?
- ▶ Was sind die wahrscheinlichsten Differentialdiagnosen?

Parameter	Patient	Normwerte
Grundrhythmus		Sinusrhythmus; Sinusarrhythmie
Herzfrequenz		70–160 bpm (bis zu 180 bei kleinen Rassen und bis zu 220 bei Welpen)
Elektrische Herzachse		+40° – +100°
P-Welle		Breite: 0,04 s; Höhe: 0,4 mV
PR-Intervall		0,06–0,13 s
QRS-Komplex		Bis zu 0,06 s (0,05 s bei kleinen Rassen)
R-Zacke		Bis zu 3 mV (2,5 mV bei kleinen Rassen)
QT-Intervall		0,15–0,25 s
ST-Strecke		Hebung: bis zu 0,15 mV; Senkung: $<$ 0,2 mV
T-Welle		Weniger als 25 % der R-Höhe
Sonstiges		

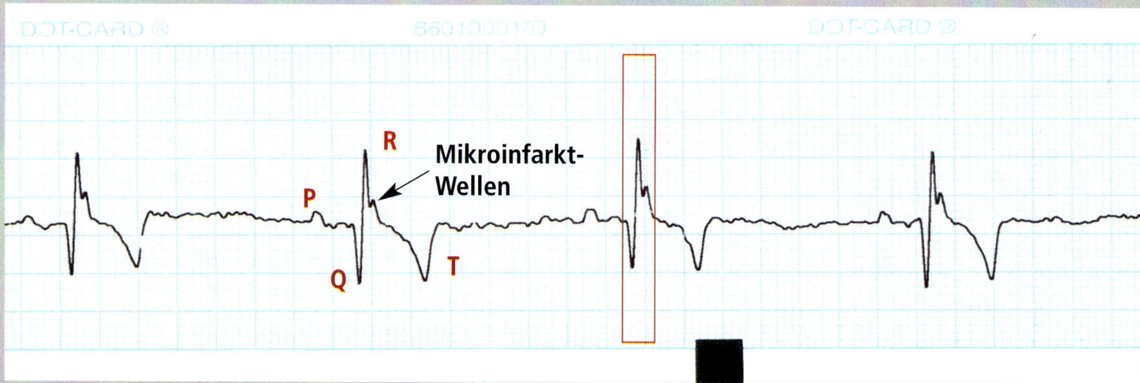

Untersuchte Parameter	
Grundrhythmus	Sinusarrhythmie
Herzfrequenz	100 bpm
Elektrische Herzachse	—
P-Welle	0,04 s × 0,2 mV
PR-Intervall	0,12 s
QRS-Komplex	**0,08 s**
R-Zacke	1,1 mV
QT-Intervall	0,20 s
ST-Strecke	Normal
T-Welle	**> 25 % der R-Höhe**
Sonstiges	**Tiefe Q-Zacken; Mikroinfarkt-Wellen**

▶ Welche Veränderungen sind im EKG zu beobachten?

Obwohl Herzrhythmus und -frequenz normal sind, liegen doch zahlreiche Veränderungen im EKG vor. Die QRS-Komplexe weisen eine verlängerte Dauer auf, die Q-Zacken sind tiefer als normal (> 0,5 mV), die R-Zacken (Pfeil) zeigen im letzten Drittel ihres absteigenden Schenkels eine Einkerbung, was mit einer Myokardfibrose und mit multiplen mikroskopischen intramuralen Mikroinfarkten in Zusammenhang steht. Außerdem sind die T-Wellen überhöht, ein Zeichen für eine Myokardhypoxie oder hochgradige Elektrolytimbalanzen.

▶ Welche klinische Relevanz haben sie?

Die vorliegenden EKG-Zeichen sprechen für eine kardiale Dilatation oder Hypertrophie, insbesondere von rechtem Ventrikel und interventrikulärem Septum, sowie für eine Hypoxie und/oder Fibrose des Myokards im Zusammenhang mit diesen anatomischen Veränderungen.

▶ Was sind die wahrscheinlichsten Differentialdiagnosen?

Zu den möglichen Differentialdiagnosen zählen ein kardiales Remodeling sekundär nach seniler Degeneration der atrioventrikulären Klappen, eine dilatative Kardiomyopathie (insbesondere beim Cocker Spaniel) oder kardiale Neoplasien wie z. B. Hämangiosarkome des rechten Vorhofs. Im vorliegenden Fall zeigt die Hündin das klinische Bild einer kongestiven Herzinsuffizienz und sollte daher therapiert werden. Zur endgültigen Abklärung sollte ein Echokardiogramm angefertigt werden.

Gelegentlich finden sich auch kongenitale Anomalien des Herzens, die lange Zeit stabil bleiben, das hämodynamische Gleichgewicht nicht beeinträchtigen und erst im fortgeschrittenen Alter der Patienten Symptome einer kongestiven Herzinsuffizienz erzeugen. In vielen Fällen stellt sich dies überraschenderweise erst bei der Ultraschalluntersuchung des Herzens heraus.

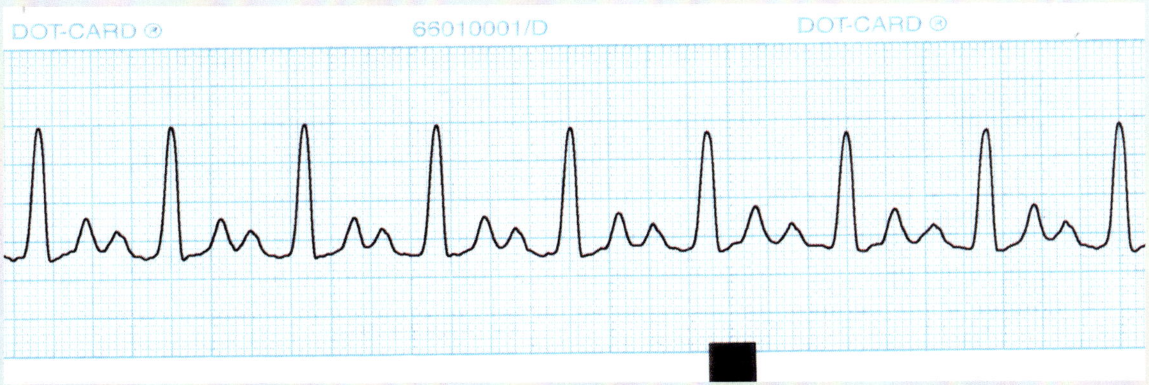

Ableitung II; 1 cm = 1 mV; 50 mm/s

Patient	
Rasse	Deutscher Schäferhund
Alter	12 Jahre
Geschlecht	Weiblich

Anamnese

Belastungsintoleranz.

- Welche Veränderungen sind im EKG zu beobachten und was lässt sich daraus schließen?

- Welche Differentialdiagnosen kommen infrage?

Parameter	Patient	Normwerte
Grundrhythmus		Sinusrhythmus; Sinusarrhythmie
Herzfrequenz		70–160 bpm (bis zu 180 bei kleinen Rassen und bis zu 220 bei Welpen)
Elektrische Herzachse		+40° – +100°
P-Welle		Breite: 0,04 s; Höhe: 0,4 mV
PR-Intervall		0,06–0,13 s
QRS-Komplex		Bis zu 0,06 s (0,05 s bei kleinen Rassen)
R-Zacke		Bis zu 3 mV (2,5 mV bei kleinen Rassen)
QT-Intervall		0,15–0,25 s
ST-Strecke		Hebung: bis zu 0,15 mV; Senkung: < 0,2 mV
T-Welle		Weniger als 25 % der R-Höhe
Sonstiges		

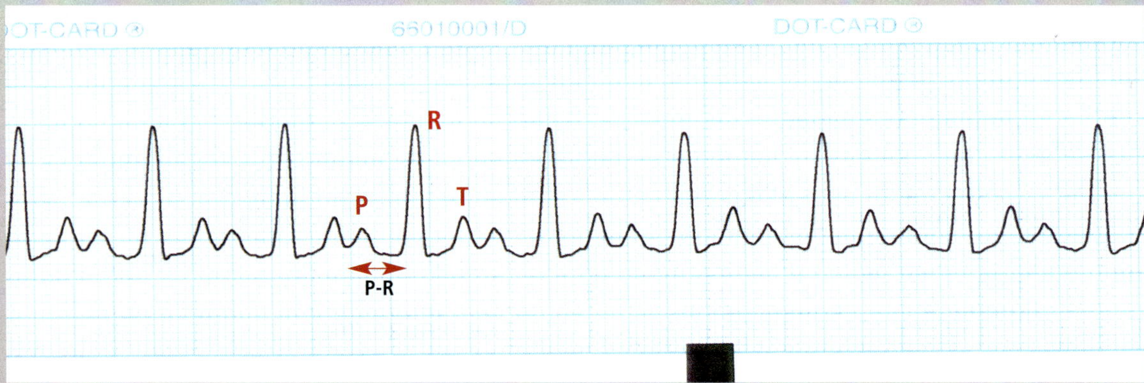

Untersuchte Parameter	
Grundrhythmus	Normaler Sinusrhythmus
Herzfrequenz	150 bpm
Elektrische Herzachse	—
P-Welle	**0,06 s** × 0,35 mV
PR-Intervall	**0,14 s**
QRS-Komplex	**0,06 s**
R-Zacke	1,7 mV
QT-Intervall	0,18 s
ST-Strecke	Normal
T-Welle	Normal
Sonstiges	**AV-Block I°**

▶ Welche Veränderungen sind im EKG zu beobachten und was lässt sich daraus schließen?

Die vorhandenen EKG-Zeichen lassen auf eine Dilatation des linken Vorhofs schließen (P-mitrale). Man achte auf die verlängerte Dauer der P-Welle, die 0,06 s (3 mm) beträgt.

Auch konstante AV-Blöcke I° (Pfeil) sind zu erkennen. Die Blockierung zeigt sich als verlängertes PR-Intervall, das den oberen Grenzwert der Dauer von 0,13 s übersteigt (in diesem Fall: 0,14 s). Bei Patienten mit Hinweisen auf eine linksatriale Erweiterung sind diese Blockierungen in der Regel auf eine verzögerte atrioventrikuläre Überleitung zurückzuführen. Andere mögliche Ursachen für diesen AV-Block sind: Parasympathische Hypertonie, verschiedene Medikationen (Betablocker, Digoxin), Störungen des Elektrolythaushalts (Hyperkaliämie, Hypokalzämie), senile Myokardfibrose etc. In jedem Fall ist bei einem AV-Block I° keine spezifische Behandlung erforderlich, und auch die Funktionsfähigkeit des Herzens ist nicht beeinträchtigt.

Die verbreiterten QRS-Komplexe (0,06 s) weisen auf eine Hypertrophie / Dilatation des linken Ventrikels hin.

▶ Welche Differentialdiagnosen kommen infrage?

Bei Patienten mit diesen Charakteristika (Rasse und Alter) kommen als Ursache der Hypertrophie / Dilatation von linkem Atrium und linkem Ventrikel folgende Differentialdiagnosen infrage:

- Chronische Mitralklappenendokardiose.
- Dilatative Kardiomyopathie.

Für eine definitive Diagnose ist die Untersuchung mit dem Doppler-Ultraschall erforderlich.

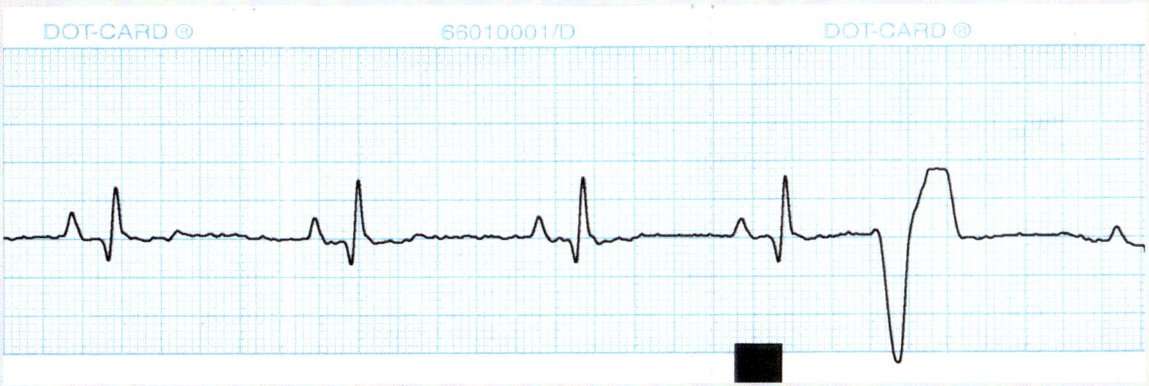

Ableitung II; 1 cm = 1 mV; 50 mm/s

Patient	
Rasse	Siberian Husky
Alter	4 Jahre
Geschlecht	Männlich

Anamnese

Abdominale Atmung, Belastungsintoleranz, Fieber, Leukozytose. Ein Herzgeräusch ist nicht zu auskultieren. Thoraxröntgenbefund: normale Herzsilhouette, alveoläres Muster in den kranialen und medialen Lungenlappen.

- Welche Art von Arrhythmie liegt vor?
- Lässt sich aufgrund dieser Arrhythmie auf eine primäre Herzerkrankung schließen?
- Ist eine Behandlung mit Antiarrhythmika angezeigt?

Parameter	Patient	Normwerte
Grundrhythmus		Sinusrhythmus; Sinusarrhythmie
Herzfrequenz		70–160 bpm (bis zu 180 bei kleinen Rassen und bis zu 220 bei Welpen)
Elektrische Herzachse		+40° – +100°
P-Welle		Breite: 0,04 s; Höhe: 0,4 mV
PR-Intervall		0,06–0,13 s
QRS-Komplex		Bis zu 0,06 s (0,05 s bei kleinen Rassen)
R-Zacke		Bis zu 3 mV (2,5 mV bei kleinen Rassen)
QT-Intervall		0,15–0,25 s
ST-Strecke		Hebung: bis zu 0,15 mV; Senkung: < 0,2 mV
T-Welle		Weniger als 25 % der R-Höhe
Sonstiges		

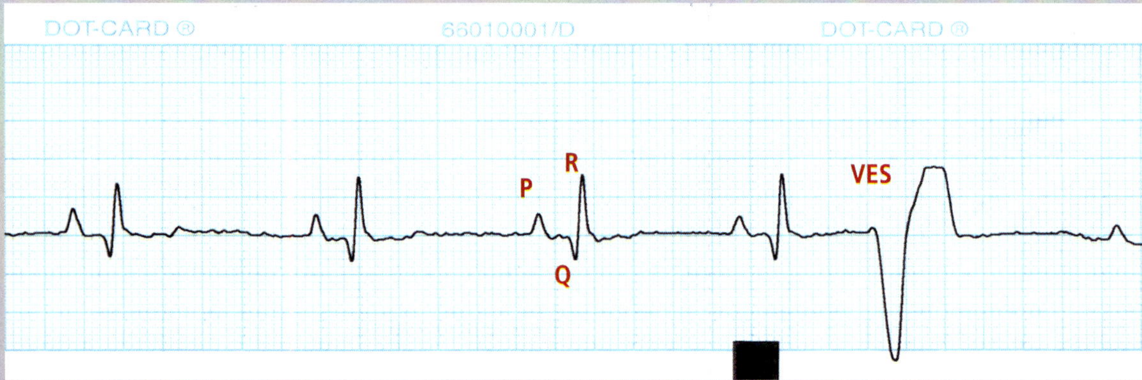

Untersuchte Parameter	
Grundrhythmus	**Sinusrhythmus mit VES**
Herzfrequenz	110 bpm
Elektrische Herzachse	—
P-Welle	0,04 s × 0,3 mV
PR-Intervall	0,10 s
QRS-Komplex	0,05 s
R-Zacke	0,7 mV
QT-Intervall	0,18 s
ST-Strecke	Normal
T-Welle	Normal
Sonstiges	—

▶ Welche Art von Arrhythmie liegt vor?

Es handelt sich um eine ventrikuläre Extrasystole (VES), d. h. eine vorzeitige Erregung der Kammer.

▶ Lässt sich aufgrund dieser Arrhythmie auf eine primäre Herzerkrankung schließen?

Die vorliegende ventrikuläre Tachyarrhythmie kann sekundär nach primären strukturellen Kardiopathien (sowohl angeborenen wie erworbenen, Myokardfibrose, Myokarditis etc.) auftreten, doch gibt es auch zahlreiche extrakardiale Prozesse, die diese Arrhythmie auslösen können, nämlich:

- Stoffwechselstörungen: Anämie, Septikämie, Azotämie etc.
- Schmerzen, Erregungszustände, Fieber.
- Hypoxie / Ischämie des Myokards verschiedenster Ätiologie.
- Hyperthyreose.
- Magendilatation / Magendrehung.
- Intoxikation durch Pharmaka (Digoxin, Thyroxin etc.).

Da in diesem Fall keine Herzgeräusche zu auskultieren waren und sich die Herzsilhouette im Röntgen normal dargestellt hat, kann anhand der sonstigen anamnestischen Angaben (Leukozytose, Fieber) davon ausgegangen werden, dass es sich wahrscheinlich um eine sekundäre Myokardhypoxie infolge der Lungenproblematik handelt.

▶ Ist eine Behandlung mit Antiarrhythmika angezeigt?

Da im EKG nur eine ventrikuläre Extrasystole (VES) zu sehen war und da es sich um eine Ätiologie sekundärer Natur zu handeln scheint, ist eine antiarrhythmische Therapie nicht angezeigt. Bei dieser Art von VES ist eine Antiarrhythmikatherapie dann gerechtfertigt, wenn eine der folgenden Voraussetzungen vorliegt:

- VES mit einer Frequenz von mehr als 20–30 pro Minute.
- Zwei VES in Reihe oder Phasen ventrikulärer Tachykardie (drei oder mehr VES in Reihe).
- Wenn das Auftreten der VES per se Anzeichen einer Herzinsuffizienz (Synkopen, Schwäche) induziert.
- Wenn ein R-auf-T-Phänomen vorliegt (VES fällt noch während der T-Welle des vorigen Herzzyklus ein).

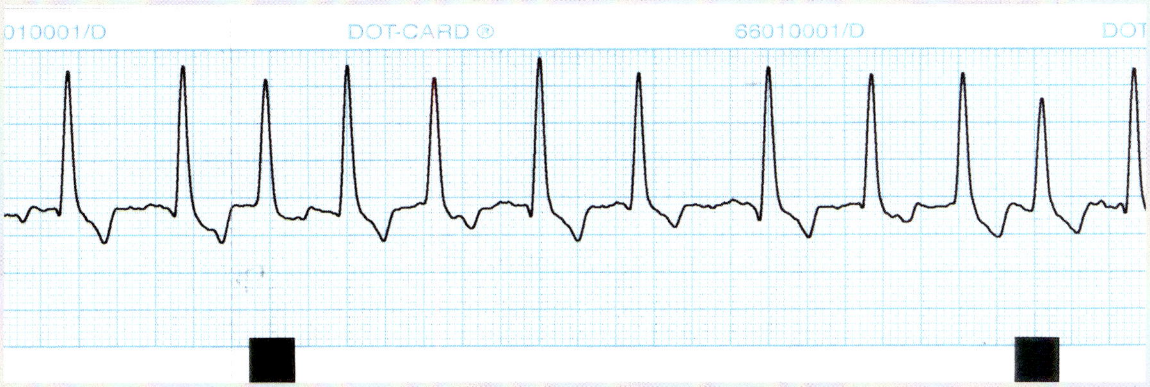

Ableitung II; 1 cm = 1 mV; 50 mm/s

Patient	
Rasse	Boxer
Alter	7 Jahre
Geschlecht	Männlich

Anamnese

Kontroll-EKG. Bekannte dilatative Kardiomyopathie, seit 15 Tagen in Behandlung mit Benazepril, Pimobendan, Furosemid und Digoxin. Zustand gebessert.

- Welcher Herzrhythmus ist dargestellt?
- Welche Entscheidungen müssen aufgrund des EKG-Befundes getroffen werden?

Parameter	Patient	Normwerte
Grundrhythmus		Sinusrhythmus; Sinusarrhythmie
Herzfrequenz		70–160 bpm (bis zu 180 bei kleinen Rassen und bis zu 220 bei Welpen)
Elektrische Herzachse		+40° – +100°
P-Welle		Breite: 0,04 s; Höhe: 0,4 mV
PR-Intervall		0,06–0,13 s
QRS-Komplex		Bis zu 0,06 s (0,05 s bei kleinen Rassen)
R-Zacke		Bis zu 3 mV (2,5 mV bei kleinen Rassen)
QT-Intervall		0,15–0,25 s
ST-Strecke		Hebung: bis zu 0,15 mV; Senkung: < 0,2 mV
T-Welle		Weniger als 25 % der R-Höhe
Sonstiges		

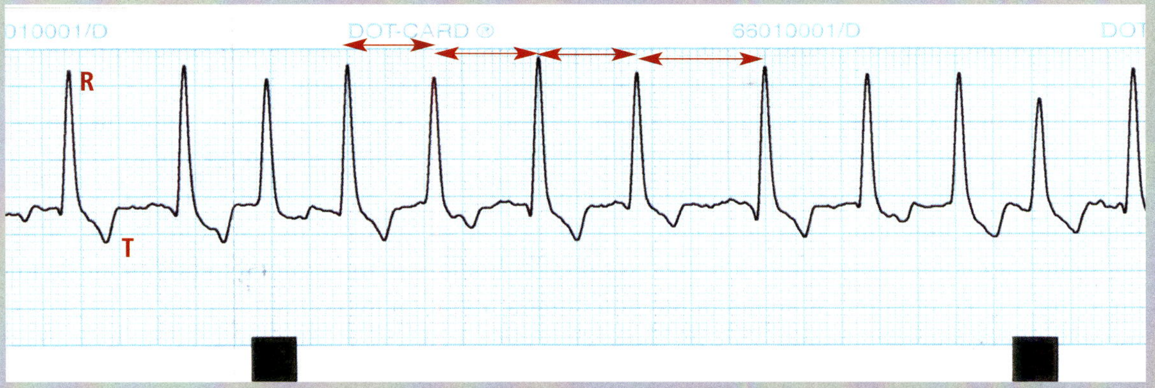

Untersuchte Parameter	
Grundrhythmus	**Vorhofflimmern**
Herzfrequenz	**220 bpm**
Elektrische Herzachse	—
P-Welle	**Nicht zu beurteilen**
PR-Intervall	**Nicht zu beurteilen**
QRS-Komplex	0,06 s
R-Zacke	2,0 mV
QT-Intervall	0,16 s
ST-Strecke	Normal
T-Welle	Normal
Sonstiges	**Elektrische Alternans**

▶ Welcher Herzrhythmus ist dargestellt?

Das EKG zeigt ein Vorhofflimmern bei einer erhöhten Herzfrequenz von 220 bpm. Das Vorhofflimmern stellt eine schwere supraventrikuläre Tachyarrhythmie dar, bei der die P-Wellen fehlen. Die Kammerfrequenz ist erhöht und der Rhythmus sehr unregelmäßig (man achte auf die RR-Intervalle). Diese Arrhythmie ist in der Regel bei hochgradiger Vorhoferweiterung zu beobachten, meist im Rahmen hochgradiger Kardiopathien.

▶ Welche Entscheidungen müssen aufgrund des EKG-Befundes getroffen werden?

Die Therapie des Vorhofflimmerns und anderer supraventrikulärer Tachyarrhythmien beruht auf dem Einsatz von Digoxin. Dadurch lässt sich die Kammerfrequenz normalisieren und das Herzminutenvolumen verbessern. Wenn es nicht gelingt, die Kammerfrequenz mit Digoxin unter Kontrolle zu bringen, müssen andere Antiarrhythmika verwendet werden. Bei diesem Patienten handelt es sich offensichtlich um einen solchen refraktären Fall, sodass empfohlen wird, zusätzlich einen Betablocker (Propranolol, Atenolol) zu verabreichen. Bevor jedoch die zusätzliche antiarrhythmische Therapie mit Betablockern eingeleitet wird, ist zu überprüfen, ob das Digoxin in einer entsprechenden therapeutischen Konzentration im Plasma vorliegt. Nur wenn dies der Fall ist und die Tachyarrhythmie dennoch fortbesteht, sollten Betablocker eingesetzt werden.

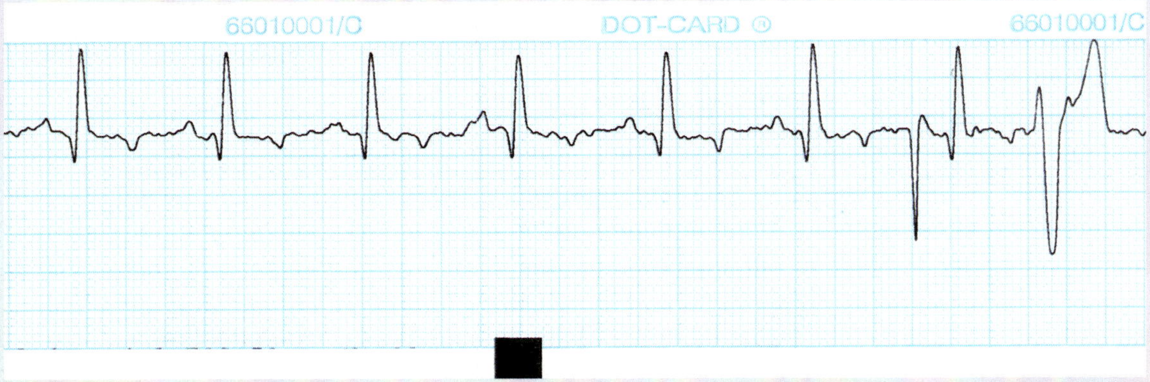

Ableitung II; 1 cm = 1 mV; 50 mm/s

Patient	
Rasse	Belgischer Schäferhund
Alter	11 Jahre
Geschlecht	Männlich

Anamnese
Gewichtsverlust, Aszites, Belastungsintoleranz, blasse Schleimhäute. Abdominale Massen.

- Welche Arrhythmien sind im EKG zu beobachten?
- Was ist die wahrscheinlichste Ursache?

Parameter	Patient	Normwerte
Grundrhythmus		Sinusrhythmus; Sinusarrhythmie
Herzfrequenz		70–160 bpm (bis zu 180 bei kleinen Rassen und bis zu 220 bei Welpen)
Elektrische Herzachse		+40° – +100°
P-Welle		Breite: 0,04 s; Höhe: 0,4 mV
PR-Intervall		0,06–0,13 s
QRS-Komplex		Bis zu 0,06 s (0,05 s bei kleinen Rassen)
R-Zacke		Bis zu 3 mV (2,5 mV bei kleinen Rassen)
QT-Intervall		0,15–0,25 s
ST-Strecke		Hebung: bis zu 0,15 mV; Senkung: < 0,2 mV
T-Welle		Weniger als 25 % der R-Höhe
Sonstiges		

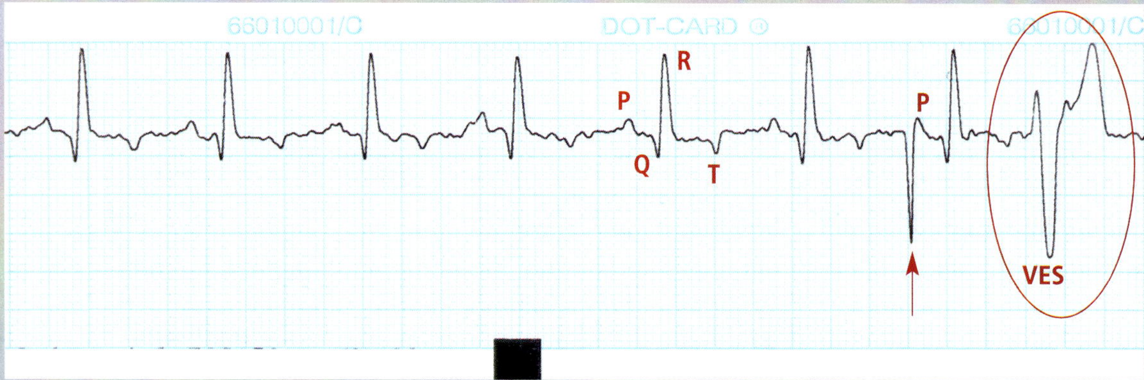

Untersuchte Parameter	
Grundrhythmus	**Sinusrhythmus mit VES**
Herzfrequenz	150 bpm
Elektrische Herzachse	—
P-Welle	0,04 s × 0,2 mV
PR-Intervall	0,08 s
QRS-Komplex	0,05 s
R-Zacke	1,1 mV
QT-Intervall	0,18 s
ST-Strecke	Normal
T-Welle	Normal
Sonstiges	**Artefakte**

▶ Welche Arrhythmien sind im EKG zu beobachten?

Es liegt eine linksventrikuläre Extrasystole (VES) vor, d. h. eine vorzeitige Erregung der linken Herzkammer. Typisch für VES sind stark verbreiterte bizarre Komplexe ohne P-Welle und mit einer T-Welle vergrößerter Amplitude und einer in Relation zum QRS-Komplex invertierten Polarität. Linksventrikuläre Extrasystolen weisen typischerweise QRS-Komplexe mit vorwiegend negativem Ausschlag sowie positive T-Wellen auf. Rechtsventrikuläre Extrasystolen zeigen genau umgekehrte Charakteristika (vorwiegend positive QRS-Komplexe und negative T-Wellen).

Der mit dem roten Pfeil markierte Komplex ist ein Artefakt, das einer VES sehr ähnlich sieht, doch aufgrund folgender Charakteristika leicht von einer Arrhythmie zu unterscheiden ist:

- Keine bizarre Konfiguration (kurze Dauer, keine T-Welle).
- Nach der negativen Zacke (die dem QRS-Komplex einer VES ähneln kann) ist deutlich eine positive Welle zu sehen, die der P-Welle eines normalen Sinuskomplexes entspricht. Einer VES folgt in der Regel eine kompensatorische Pause, während der keine elektrische Herzaktivität zu verzeichnen ist.

▶ Was ist die wahrscheinlichste Ursache?

Als Ursache für ventrikuläre Extrasystolen kommen die unterschiedlichsten Umstände und Erkrankungen infrage, unter anderem:

- Stoffwechselstörungen.
- Fieber, Schmerzen, Aufregung.
- Primäre Kardiopathien (dilatative Kardiomyopathie, chronische Klappenendokardiose, angeborene Herzfehler etc.).
- Myokarditis, kardiale Traumata.
- Infektiöse Prozesse (Septikämie, Dirofilariose).
- Schock.

Bei diesem Patienten lassen sich die Differentialdiagnosen auf einen neoplastischen Prozess (Hämangiosarkom) oder eine schwere Stoffwechselstörung eingrenzen.

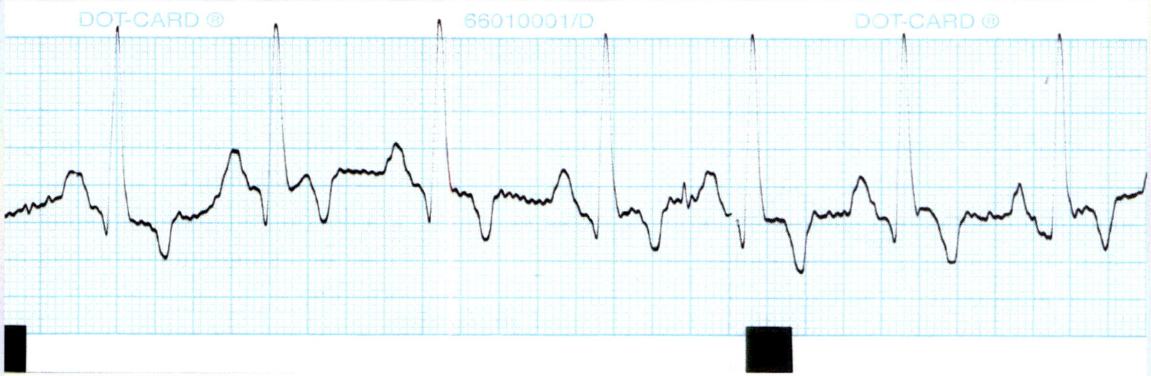

Ableitung II; 1 cm = 1 mV; 50 mm/s

Patient	
Rasse	Cocker Spaniel
Alter	13 Jahre
Geschlecht	Männlich

Anamnese
Trockener Husten.

▶ Welche Veränderungen sind im EKG zu beobachten?

▶ Was sind angesichts von Signalement, Anamnese und EKG die Differentialdiagnosen und durch welche Untersuchung lässt sich am besten zur definitiven Diagnose gelangen?

▶ Welche therapeutischen Optionen gibt es?

Parameter	Patient	Normwerte
Grundrhythmus		Sinusrhythmus; Sinusarrhythmie
Herzfrequenz		70–160 bpm (bis zu 180 bei kleinen Rassen und bis zu 220 bei Welpen)
Elektrische Herzachse		+40° – +100°
P-Welle		Breite: 0,04 s; Höhe: 0,4 mV
PR-Intervall		0,06–0,13 s
QRS-Komplex		Bis zu 0,06 s (0,05 s bei kleinen Rassen)
R-Zacke		Bis zu 3 mV (2,5 mV bei kleinen Rassen)
QT-Intervall		0,15–0,25 s
ST-Strecke		Hebung: bis zu 0,15 mV; Senkung: < 0,2 mV
T-Welle		Weniger als 25 % der R-Höhe
Sonstiges		

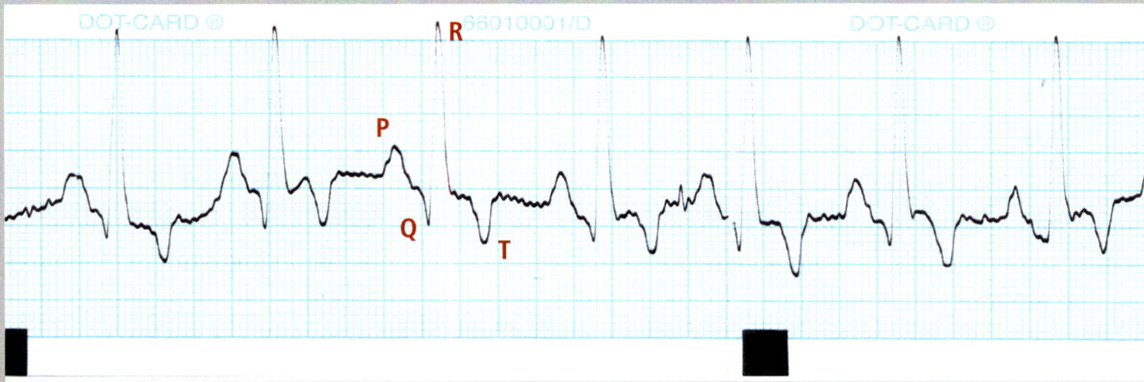

Untersuchte Parameter	
Grundrhythmus	Normaler Sinusrhythmus
Herzfrequenz	150 bpm
Elektrische Herzachse	—
P-Welle	**0,08 s × 0,5 mV**
PR-Intervall	0,12 s
QRS-Komplex	**0,08 s**
R-Zacke	2,4 mV
QT-Intervall	0,10 s
ST-Strecke	Normal
T-Welle	Normal
Sonstiges	—

▶ Welche Veränderungen sind im EKG zu beobachten?

Es liegen EKG-Zeichen vor, die auf eine hochgradige Dilatation des linken Vorhofs (P-mitrale, 0,08 s) sowie des rechten Atriums (P-pulmonale, 0,5 mV) schließen lassen.

Die verbreiterten QRS-Komplexe (0,08 s) sprechen für eine Hypertrophie / Dilatation des linken Ventrikels.

▶ Was sind angesichts von Signalement, Anamnese und EKG die Differentialdiagnosen und durch welche Untersuchung lässt sich am besten zur definitiven Diagnose gelangen?

Die wahrscheinlichsten Ursachen sind: chronische Klappenendokardiose und dilatative Kardiomyopathie.

Von der dilatativen Kardiomyopathie sind vorwiegend Hunde großer Rassen betroffen, doch sollte diese Herzkrankheit, neben der myxomatösen Klappendegeneration, auch beim Cocker Spaniel als mögliche Ursache in Betracht gezogen werden. Die verlässlichste Art und Weise, um zu einer definitiven Diagnose zu gelangen, ist die Ultraschalluntersuchung des Herzens. Für diese Untersuchung ist nicht einmal ein Doppler-Ultraschall erforderlich, da die sonographische Bestimmung der myokardialen Verkürzungsfraktion und die Beurteilung von Herzwand und Herzkammern meist ausreichen, um die richtige Diagnose zu stellen. Typisch für eine dilatative Kardiomyopathie sind eine reduzierte Verkürzungsfraktion, eine verringerte Dicke der freien Ventrikelwände und eine hochgradige Dilatation der Herzkammern.

▶ Welche therapeutischen Optionen gibt es?

Das Behandlungsprotokoll für betroffene Tiere sollte Folgendes umfassen:

- ACE-Hemmer als Vasodilatatoren (Benazepril).
- Potentes Diuretikum (Furosemid).
- Inotropika (Pimobendan), die speziell für die Behandlung der dilatativen Kardiomyopathie empfohlen werden, aber auch bei einer chronischen Klappenendokardiose im fortgeschrittenen Stadium sehr gute Wirkung zeigen, da ein Verlust der kontraktilen Kapazität des Myokards vorliegen kann.
- Diät mit mäßig reduziertem Natriumgehalt.

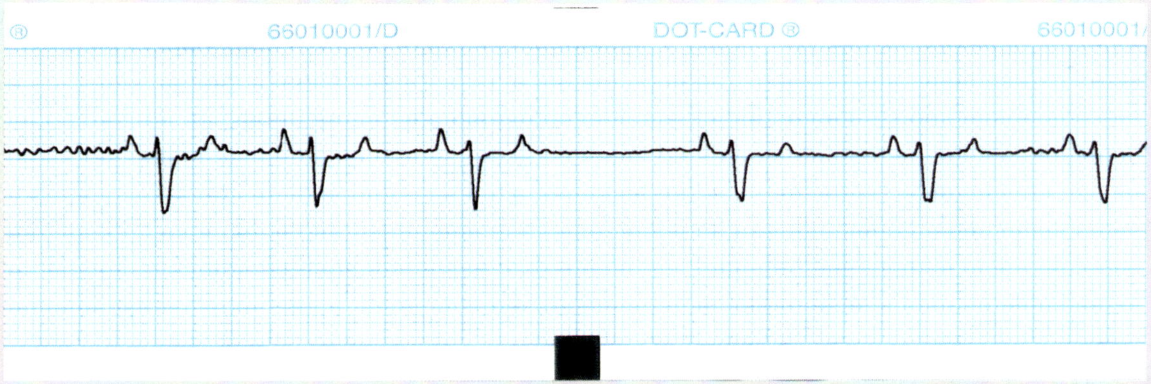

Ableitung II; 1 cm = 1 mV; 50 mm/s

Patient	
Rasse	Siberian Husky
Alter	1 Jahr
Geschlecht	Weiblich

Anamnese

Präanästhetische Untersuchung. Patient asymptomatisch. Ein Herzgeräusch ist nicht zu auskultieren. Thoraxröntgenbefund sowie Laborbefund o.b.B.

- Welche Veränderungen sind im EKG zu beobachten?
- Was sind die Folgen dieser Anomalien?
- Was ist die wahrscheinlichste Ursache dieser Veränderungen?

Parameter	Patient	Normwerte
Grundrhythmus		Sinusrhythmus; Sinusarrhythmie
Herzfrequenz		70–160 bpm (bis zu 180 bei kleinen Rassen und bis zu 220 bei Welpen)
Elektrische Herzachse		+40° – +100°
P-Welle		Breite: 0,04 s; Höhe: 0,4 mV
PR-Intervall		0,06–0,13 s
QRS-Komplex		Bis zu 0,06 s (0,05 s bei kleinen Rassen)
R-Zacke		Bis zu 3 mV (2,5 mV bei kleinen Rassen)
QT-Intervall		0,15–0,25 s
ST-Strecke		Hebung: bis zu 0,15 mV; Senkung: $<$ 0,2 mV
T-Welle		Weniger als 25 % der R-Höhe
Sonstiges		

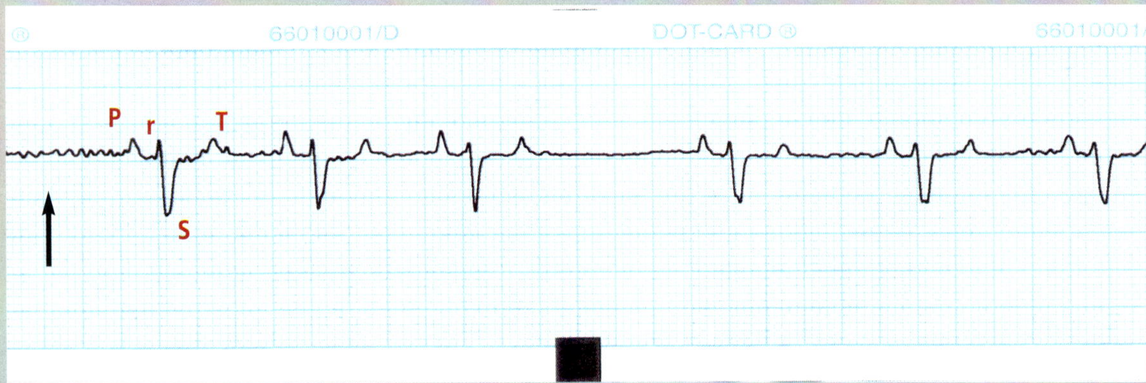

Untersuchte Parameter	
Grundrhythmus	Respiratorische Sinusarrhythmie
Herzfrequenz	120 bpm
Elektrische Herzachse	—
P-Welle	0,04 s × 0,3 mV
PR-Intervall	0,08 s
QRS-Komplex	0,06 s
R-Zacke	**0,2 mV**
QT-Intervall	0,20 s
ST-Strecke	Normal
T-Welle	**> 25 % der R-Höhe**
Sonstiges	Artefakte zu Beginn der Aufzeichnung

▶ Welche Veränderungen sind im EKG zu beobachten?

Man erkennt einen intraventrikulären Leitungsblock; wahrscheinlich handelt es sich um einen Ausfall der Erregungsleitung über den rechten Tawara-Schenkel (Rechtsschenkelblock). Typisch sind die niedrigen R-Zacken (r) und die tiefen S-Zacken in Ableitung II. Die höhere Amplitude der T-Welle ist eine Folge der intraventrikulären Blockierung.

Es liegt ein Sinusrhythmus vor (positive P-Wellen in Ableitung II), mit einer leichten physiologischen Arrhythmie (respiratorische Sinusarrhythmie), die durch das variierende Gleichgewicht zwischen Sympathiko- und Parasympathikotonus während der verschiedenen Phasen des Atmungszyklus entsteht.

▶ Was sind die Folgen dieser Anomalien?

Ein intraventrikulärer Leitungsblock bewirkt per se keine hämodynamischen Veränderungen und prädestiniert auch nicht für die Entwicklung bestimmter pathologischer Arrhythmien. Aus diesem Grund ist keine spezifische Therapie erforderlich.

▶ Was ist die wahrscheinlichste Ursache dieser Veränderungen?

Diese elektrokardiographischen Anomalien können sekundär nach verschiedenen pathologischen Prozessen auftreten:

- Dirofilariose.
- Kongenitale Herzfehler (Pulmonalstenose, Ventrikelseptumdefekt, Dysplasie der Trikuspidalklappe, persistierender Ductus arteriosus etc.).
- Primäre erworbene Herzerkrankungen (chronische Trikuspidalklappenendokardiose ect.).
- Sekundär nach Thoraxtraumata, Myokarditis, Fibrose und Neoplasien etc.

Sie können aber auch idiopathischer Natur sein und primär sowie ohne Zusammenhang mit einem auslösenden pathologischen Prozess vorliegen. Im konkreten Fall scheint die letztgenannte Version die wahrscheinlichste zu sein, da keine Herzgeräusche auskultiert wurden, der Thoraxröntgenbefund unauffällig war und keine Symptome einer Herzinsuffizienz vorliegen. Bei der vorgestellten Hündin muss weder eine Behandlung erfolgen, noch sind bei der Anästhesie besondere Vorsichtsmaßnahmen notwendig.

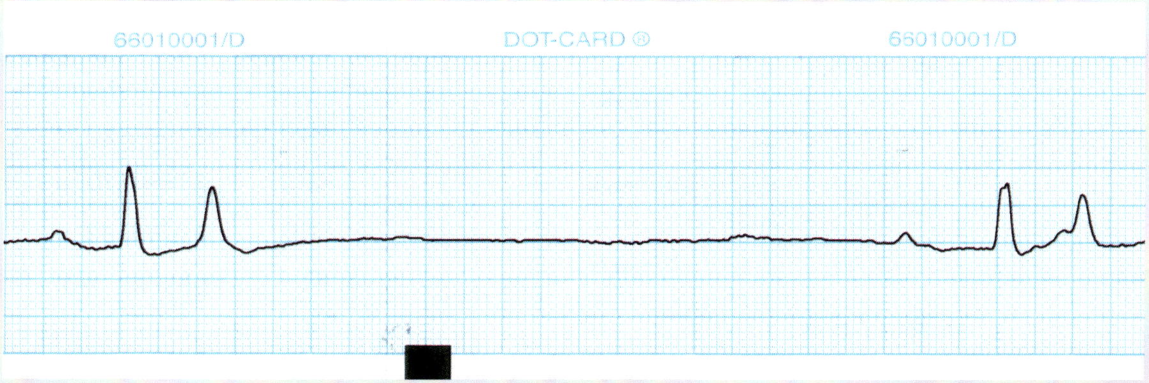

Ableitung II; 1 cm = 1 mV; 50 mm/s

Patient	
Rasse	Golden Retriever
Alter	7 Jahre
Geschlecht	Weiblich

Anamnese

Die EKG-Aufzeichnung erfolgte während der Vollnarkose. Zur Einleitung wurde Thiopental verwendet, und die Narkose wurde mit Halothan aufrechterhalten. Apnoe und Bradykardie.

- Welche Veränderungen sind im EKG zu beobachten?
- Was ist die wahrscheinlichste Ursache?
- Was ist in einer solchen Situation zu tun?

Parameter	Patient	Normwerte
Grundrhythmus		Sinusrhythmus; Sinusarrhythmie
Herzfrequenz		70–160 bpm (bis zu 180 bei kleinen Rassen und bis zu 220 bei Welpen)
Elektrische Herzachse		+40° – +100°
P-Welle		Breite: 0,04 s; Höhe: 0,4 mV
PR-Intervall		0,06–0,13 s
QRS-Komplex		Bis zu 0,06 s (0,05 s bei kleinen Rassen)
R-Zacke		Bis zu 3 mV (2,5 mV bei kleinen Rassen)
QT-Intervall		0,15–0,25 s
ST-Strecke		Hebung: bis zu 0,15 mV; Senkung: < 0,2 mV
T-Welle		Weniger als 25 % der R-Höhe
Sonstiges		

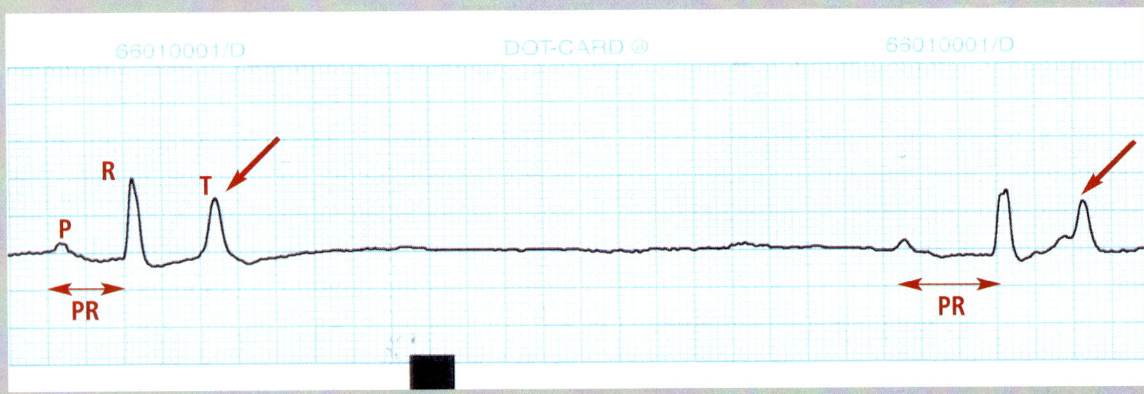

Untersuchte Parameter	
Grundrhythmus	**Sinusbradykardie**
Herzfrequenz	**25 bpm**
Elektrische Herzachse	—
P-Welle	0,04 s × 0,2 mV
PR-Intervall	0,18 s
QRS-Komplex	0,04 s
R-Zacke	1,1 mV
QT-Intervall	**0,28 s**
ST-Strecke	Normal
T-Welle	**> 25 % der R-Höhe**
Sonstiges	—

▶ Welche Veränderungen sind im EKG zu beobachten?

Es handelt sich um eine Sinusbradykardie bei einer Herzfrequenz von 25 bpm. Auch andere Veränderungen sind zu entdecken, die von einer deutlichen Reduzierung der intraventrikulären Erregungsausbreitung herrühren:

- AV-Blöcke I°: Entstehung durch eine verzögerte Überleitung der Erregung im AV-Knoten. Das dafür charakteristische EKG-Zeichen ist eine verlängerte Dauer des PR-Intervalls (siehe Abbildung).
- Verlängertes QT-Intervall: In diesem Fall ein Hinweis auf eine hochgradige Verzögerung der intraventrikulären Erregungsausbreitung.
- T-Wellen mit einer Amplitude von > 25 % der R-Höhe (Pfeile): Kann auch bei Myokardhypoxie und Elektrolytimbalanzen auftreten, steht hier jedoch möglicherweise auch in Zusammenhang mit der reduzierten Geschwindigkeit der intrakardialen Stimuli.

▶ Was ist die wahrscheinlichste Ursache?

Diese Arrhythmie steht aller Wahrscheinlichkeit nach mit der Anästhesie in Zusammenhang, und zwar sowohl als direkte Folge der verabreichten Narkotika, als auch durch die zentrale Kreislaufdepression aufgrund einer übermäßigen Narkosetiefe.

▶ Was ist in einer solchen Situation zu tun?

Bradyarrhythmien, die sich im Laufe einer Anästhesie beim Patienten entwickeln, können grundlegend auf zwei Arten behoben werden:

- Verabreichung von Atropin oder Glykopyrrolat. Aufgrund ihrer parasympatholytischen Wirkung können diese Pharmaka die vagale Hypertonie unter Kontrolle bringen und den Herzrhythmus durch Steigerung der Herzfrequenz normalisieren.
- Reduzierung der Dosis der Anästhetika oder Antagonisierung ihrer Wirkung. Dies verhindert eine übermäßige Narkosetiefe und deren schädliche Auswirkungen auf das Herz (Herzfrequenz und arterieller Blutdruck), die zu den entsprechenden Komplikationen führen können.

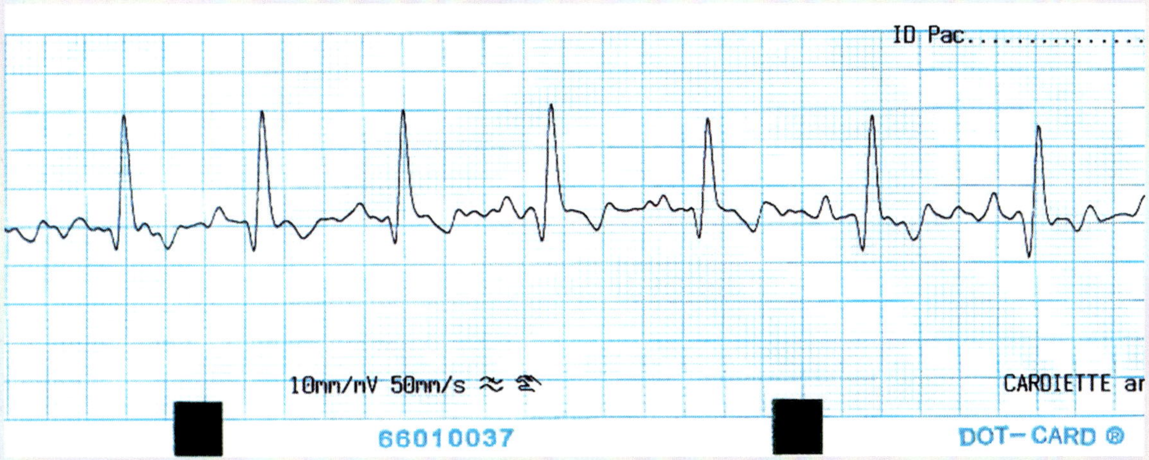

Ableitung II; 1 cm = 1 mV; 50 mm/s

Patient	
Rasse	Dackel
Alter	11 Jahre
Geschlecht	Männlich

Anamnese

Herzgeräusch sowie Husten und Dyspnoe bei Anstrengung.

▶ Welcher Herzrhythmus ist dargestellt und worauf könnte er zurückzuführen sein?

▶ Wie ist das dargestellte EKG zu interpretieren?

Parameter	Patient	Normwerte
Grundrhythmus		Sinusrhythmus; Sinusarrhythmie
Herzfrequenz		70–160 bpm (bis zu 180 bei kleinen Rassen und bis zu 220 bei Welpen)
Elektrische Herzachse		+40° – +100°
P-Welle		Breite: 0,04 s; Höhe: 0,4 mV
PR-Intervall		0,06–0,13 s
QRS-Komplex		Bis zu 0,06 s (0,05 s bei kleinen Rassen)
R-Zacke		Bis zu 3 mV (2,5 mV bei kleinen Rassen)
QT-Intervall		0,15–0,25 s
ST-Strecke		Hebung: bis zu 0,15 mV; Senkung: < 0,2 mV
T-Welle		Weniger als 25 % der R-Höhe
Sonstiges		

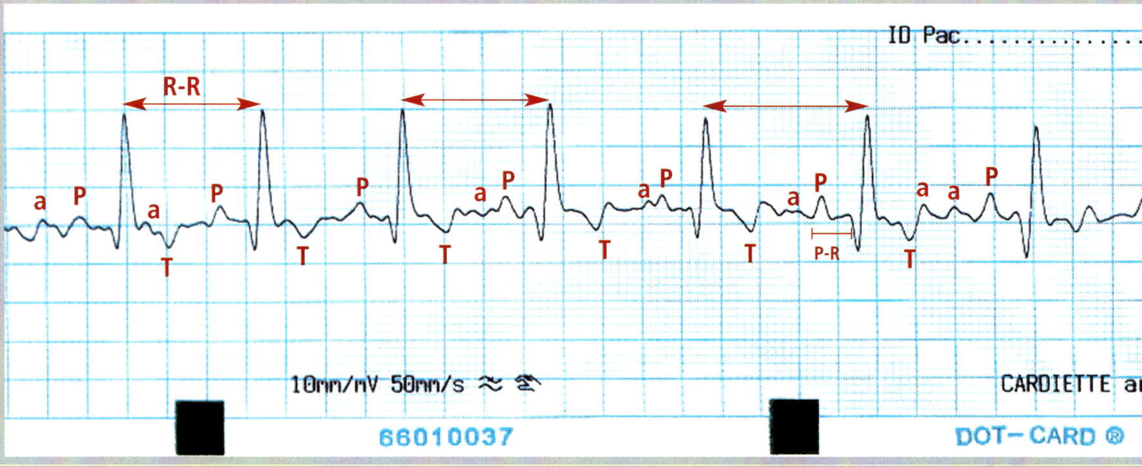

Untersuchte Parameter	
Grundrhythmus	Normaler Sinusrhythmus
Herzfrequenz	140 bpm
Elektrische Herzachse	—
P-Welle	**0,04 s × 0,3 mV**
PR-Intervall	0,09 s
QRS-Komplex	**0,06 s**
R-Zacke	1,4 mV
QT-Intervall	0,20 s
ST-Strecke	Normal
T-Welle	Normal
Sonstiges	**Artefakte**

▶ Welcher Herzrhythmus ist dargestellt und worauf könnte er zurückzuführen sein?

Es handelt sich um einen normalen Sinusrhythmus mit einer Herzfrequenz von 140 bpm. Wenn an der Grundlinie Artefakte vorliegen, die durch Zittern des Patienten oder andere Ursachen entstanden sind, können diese leicht mit Arrhythmien supraventrikulären Ursprungs wie Vorhofflimmern oder -flattern verwechselt werden.

▶ Wie ist das dargestellte EKG zu interpretieren?

Die Artefakte (a) zeigen sich als kleine gewellte Abweichungen der Grundlinie und ähneln somit den Flimmer- bzw. Flatterwellen bei supraventrikulärer Arrhythmie. Fallen diese Artefakte mit den P- oder T-Wellen zusammen, so ändern sie deren Konfiguration und erschweren dadurch die Interpretation des EKG.

Es ist sehr einfach zu unterscheiden, ob ein Sinusrhythmus vorliegt oder nicht, d. h., ob die elektrischen Impulse am Sinusknoten im Vorhof oder an anderer Stelle ausgelöst werden:

- Das Vorhofflimmern ist eine Arrhythmie, die dauerhaft und praktisch immer irreversibel ist. Bereiche des EKG mit sichtbaren P-Wellen oder anderen erkennbaren Wellen kommen beim Vorhofflimmern nicht vor. Sind somit irgendwo P-Wellen zu erkennen, so ist dies ein sicheres Zeichen dafür, dass kein Vorhofflimmern vorliegt.
- Vorhofflattern kommt extrem selten vor und ist sehr instabil. Es ist nichts anderes als eine Momentaufnahme einer Entwicklung auf ein Vorhofflimmern zu.
- Die vorliegende Art von Artefakten entsteht in der Regel durch ständiges Zittern des Patienten (bei Katzen auch durch Schnurren). Ist eine Identifizierung von P-Wellen über die gesamte Aufzeichnung nicht sicher möglich, sollte das EKG wiederholt werden.
- Das Vorhofflimmern weist eine erhöhte, aber sehr unregelmäßige Frequenz auf. In diesem Fall ist der Rhythmus aber ziemlich regelmäßig, und die RR-Intervalle sind konstant.
- Immer wenn sich ein Ausschlag identifizieren lässt, der eine P-Welle sein könnte, sollte das PR-Intervall gemessen werden. Indem man dieses Maß des PR-Intervalls vom Anfang des QRS-Komplexes ausgehend aufträgt, lässt sich der Beginn jeder P-Welle identifizieren.

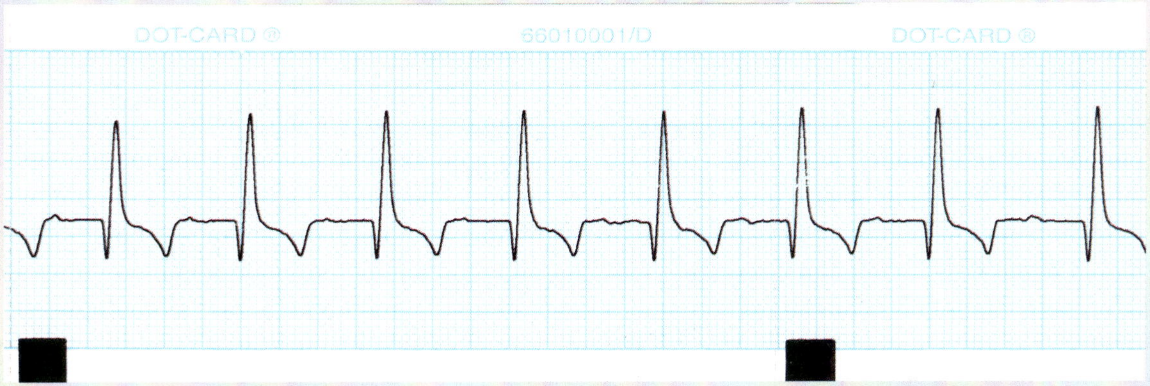

Ableitung II; 1 cm = 1 mV; 50 mm/s

Patient	
Rasse	Rottweiler
Alter	9 Jahre
Geschlecht	Männlich

Anamnese

Präanästhetische Untersuchung. Bekannte dilatative Kardiomyopathie.
Laufende Therapie mit Benazepril, Spironolacton, Furosemid und Digoxin. Stabiler Zustand.

- Welcher Herzrhythmus und welche Herzfrequenz sind dargestellt?
- Sind Anzeichen einer kardialen Dekompensation zu erkennen?
- Welche Vorsichtsmaßen sind hinsichtlich der Narkose zu treffen?

Parameter	Patient	Normwerte
Grundrhythmus		Sinusrhythmus; Sinusarrhythmie
Herzfrequenz		70–160 bpm (bis zu 180 bei kleinen Rassen und bis zu 220 bei Welpen)
Elektrische Herzachse		+40° – +100°
P-Welle		Breite: 0,04 s; Höhe: 0,4 mV
PR-Intervall		0,06–0,13 s
QRS-Komplex		Bis zu 0,06 s (0,05 s bei kleinen Rassen)
R-Zacke		Bis zu 3 mV (2,5 mV bei kleinen Rassen)
QT-Intervall		0,15–0,25 s
ST-Strecke		Hebung: bis zu 0,15 mV; Senkung: < 0,2 mV
T-Welle		Weniger als 25 % der R-Höhe
Sonstiges		

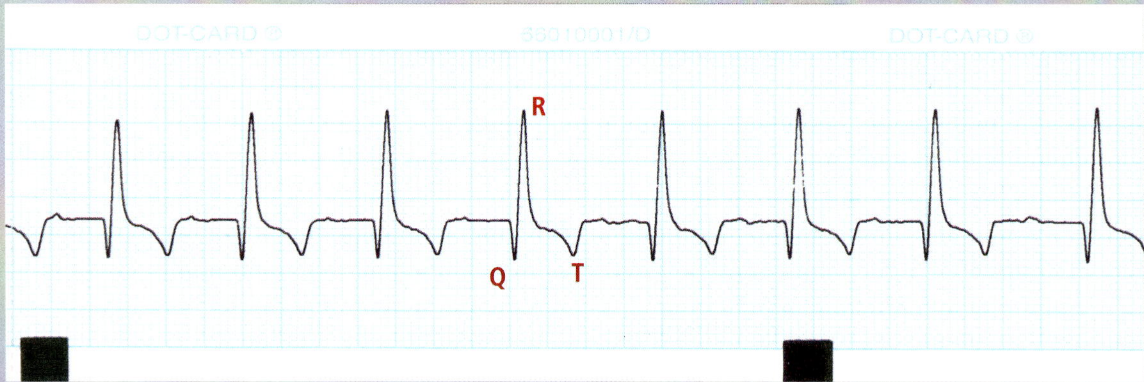

Untersuchte Parameter	
Grundrhythmus	**Vorhofflimmern**
Herzfrequenz	160 bpm
Elektrische Herzachse	—
P-Welle	—
PR-Intervall	—
QRS-Komplex	0,06 s
R-Zacke	1,5 mV
QT-Intervall	0,20 s
ST-Strecke	Normal
T-Welle	**> 25 % der R-Höhe**
Sonstiges	—

▶ Welcher Herzrhythmus und welche Herzfrequenz sind dargestellt?

Das EKG zeigt ein Vorhofflimmern mit einer Frequenz von 160 bpm. Diese Arrhythmie ist gekennzeichnet durch:

- Fehlen von P-Wellen, stattdessen liegt ein Zittern der Grundlinie mit niedriger Amplitude vor (Flimmerwellen, f-Wellen). In vielen Fällen, wie auch bei dem hier vorgestellten Patienten, sind die Flimmerwellen jedoch kaum erkennbar und die Grundlinie erscheint fast gerade.
- Erhöhte ventrikuläre Frequenz und sehr unregelmäßiger Rhythmus.

Unter einer Antiarrhythmikatherapie (Digoxin) reguliert sich der Herzrhythmus und auch die Frequenz normalisiert sich.

▶ Sind Anzeichen einer kardialen Dekompensation zu erkennen?

Nein. Die ventrikuläre Frequenz ist normal und das Fehlen relevanter Hypoxiezeichen bedeutet, dass die Arrhythmie und die kongestive Herzinsuffizienz unter Kontrolle sind. Die T-Wellen erscheinen etwas tiefer als normal, doch scheint das in diesem Fall keine signifikante Veränderung darzustellen.

▶ Welche Vorsichtsmaßen sind hinsichtlich der Narkose zu treffen?

Oberste Priorität bei diesen Patienten hat die Wahl des geeigneten Anästhesieprotokolls. Kontraindiziert sind alle Pharmaka, die eine hochgradige kardiovaskuläre Depression bewirken: Thiopental, α_2-adrenerge Präparate (Medetomidin, Xylazin) und Phenothiazine (Acepromazin). Die elektrokardiographische Aktivität und der arterielle Blutdruck des Patienten sind während der gesamten Narkose genau zu überwachen.

Für die Aufrechterhaltung der Narkose ist Isofluran besser geeignet als Halothan. Die sichersten Anästhesieprotokolle umfassen die Gabe eines reinen Opiats (Fentanyl, Meperidin, Morphin) in Kombination mit einem Inhalationsanästhetikum oder die Aufrechterhaltung der Narkose mittels intravenöser Dauerinfusion mit konstanter Abgaberate (Propofol).

Je nach Verlauf des Eingriffs kann es ratsam sein, eine Behandlung mit einem positiv inotropen Vasopressor (Dobutamin) einzuleiten.

Wichtiger Hinweis: Schreibgeschwindigkeit = 25 mm/s

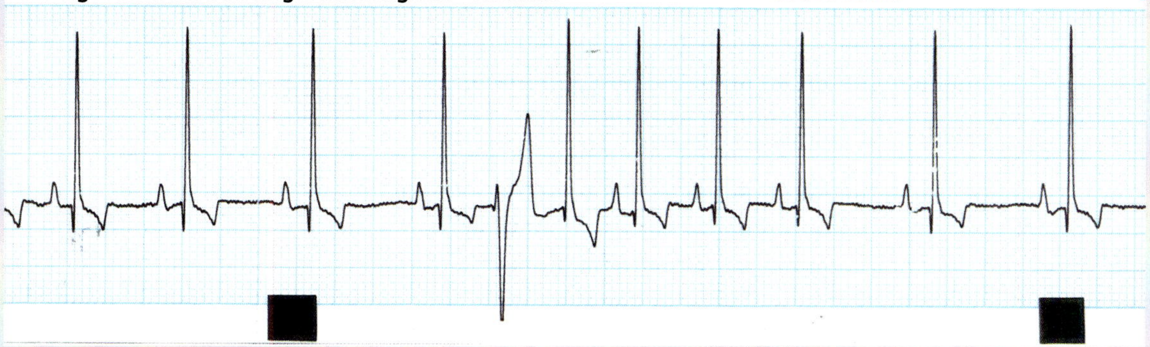

Ableitung II; 1 cm = 1 mV; 25 mm/s

Patient	
Rasse	Golden Retriever
Alter	6 Jahre
Geschlecht	Weiblich

Anamnese

Anästhesiert mit Thiopental und Halothan zur Durchführung eines orthopädischen Eingriffs.

- Welche Veränderungen sind im EKG zu beobachten?
- Worauf können diese zurückzuführen sein?
- Welche Maßnahmen sind in einem Fall wie diesem zu ergreifen?

Parameter	Patient	Normwerte
Grundrhythmus		Sinusrhythmus; Sinusarrhythmie
Herzfrequenz		70–160 bpm (bis zu 180 bei kleinen Rassen und bis zu 220 bei Welpen)
Elektrische Herzachse		+40° – +100°
P-Welle		Breite: 0,04 s; Höhe: 0,4 mV
PR-Intervall		0,06–0,13 s
QRS-Komplex		Bis zu 0,06 s (0,05 s bei kleinen Rassen)
R-Zacke		Bis zu 3 mV (2,5 mV bei kleinen Rassen)
QT-Intervall		0,15–0,25 s
ST-Strecke		Hebung: bis zu 0,15 mV; Senkung: < 0,2 mV
T-Welle		Weniger als 25 % der R-Höhe
Sonstiges		

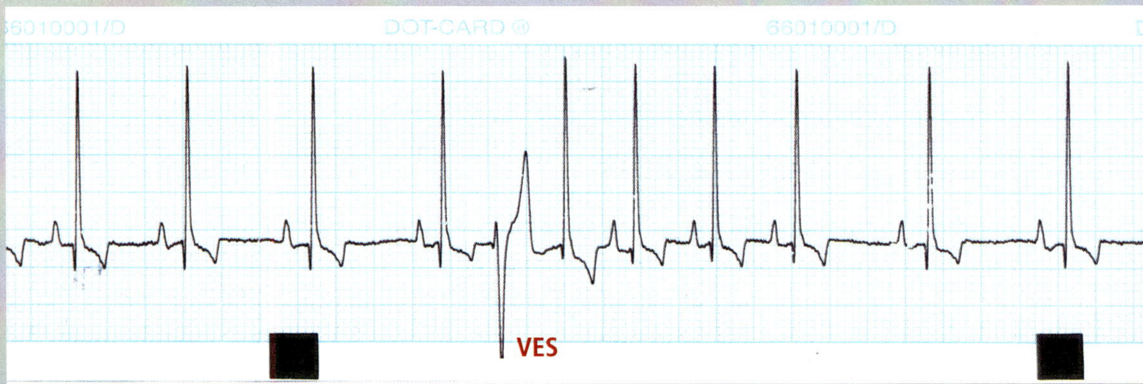

Untersuchte Parameter	
Grundrhythmus	**Sinusrhythmus mit VES**
Herzfrequenz	110 bpm
Elektrische Herzachse	—
P-Welle	0,04 s × 0,3 mV
PR-Intervall	0,12 s
QRS-Komplex	0,06 s
R-Zacke	2,4 mV
QT-Intervall	0,24 s
ST-Strecke	Normal
T-Welle	Normal
Sonstiges	—

▶ Welche Veränderungen sind im EKG zu beobachten?

Es handelt sich um eine linksventrikuläre Extrasystole (VES), d. h. eine vorzeitige Erregung der linken Herzkammer. Diese Arrhythmie ist gekennzeichnet durch:

- Fehlen einer P-Welle vor dem QRS-Komplex.
- Deutlich verbreiterte und bizarre QRS-Komplexe.
- T-Wellen mit vergrößerter Amplitude (entgegengesetzt zur Hauptausschlagrichtung des QRS-Komplexes). Linksventrikuläre Extrasystolen weisen typischerweise QRS-Komplexe mit vorwiegend negativem Ausschlag und T-Wellen mit positiver Ausschlagrichtung auf. Bei rechtsventrikulären Extrasystolen ist die Polarität genau umgekehrt (positive QRS-Komplexe und negative T-Wellen).

Es handelt sich um eine Sinusarrhythmie ohne klinische Signifikanz, die durch das variierende Gleichgewicht zwischen Sympathiko- und Parasympathikotonus während der zwei Phasen des Atmungszyklus (Inspiration / Exspiration) entsteht.

▶ Worauf können diese zurückzuführen sein?

In diesem Fall ist die ventrikuläre Arrhythmie wahrscheinlich auf die Sensibilisierung des Myokards gegen endogene Katecholamine durch die Kombination von Halothan mit Thiopental zurückzuführen. Gelegentlich kann die Verabreichung von Thiopental eine ventrikuläre Tachykardie auslösen (drei oder mehr VES in Reihe). Eine andere mögliche Ursache der VES ist eine zu oberflächliche Narkose und das Fehlen von Analgetika im Anästhesieprotokoll.

▶ Welche Maßnahmen sind in einem Fall wie diesem zu ergreifen?

Ventrikuläre Arrhythmien, die auf die verabreichten Narkotika zurückzuführen sind, benötigen in der Regel keinerlei antiarrhythmische Behandlung. Wurden bei einem Patienten vor der Narkose keine gravierenden Veränderungen festgestellt und kommt es im Rahmen der Narkose zu keinen dauerhaften hochgradigen Tachyarrhythmien wie der ventrikulären Tachykardie, so sind die während der Anästhesie beobachteten Auffälligkeiten im EKG in der Regel selbstlimitierend. Sicherheitshalber kann man vor der Narkoseeinleitung reinen Sauerstoff geben und Lidocain in Kombination mit dem Thiopental verabreichen.

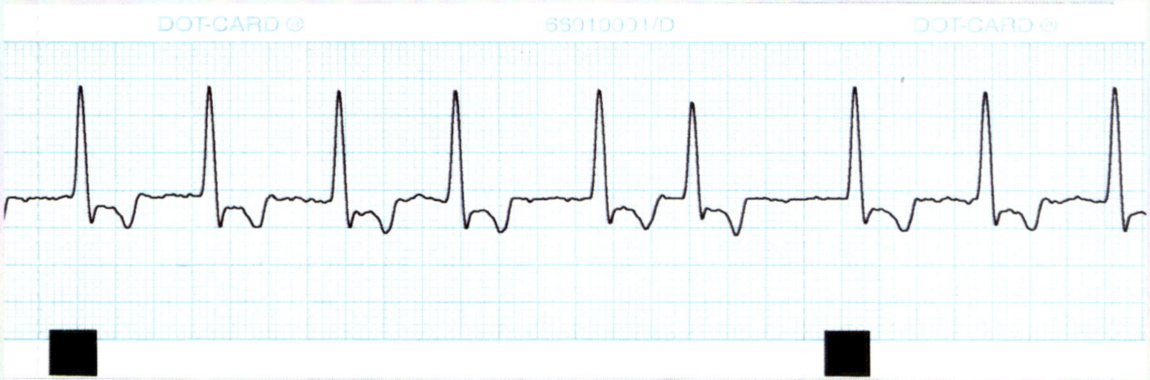

Ableitung II; 1 cm = 1 mV; 50 mm/s

Patient	
Rasse	Bichon Frisé
Alter	13 Jahre
Geschlecht	Weiblich

Anamnese

Husten. Systolisches Herzgeräusch III/VI.

- ▶ Welchen Herzrhythmus zeigt das EKG und was ist die Ursache?
- ▶ Liegen noch weitere Veränderungen vor?
- ▶ Welches therapeutische Regime ist in diesem Fall zu empfehlen?

Parameter	Patient	Normwerte
Grundrhythmus		Sinusrhythmus; Sinusarrhythmie
Herzfrequenz		70–160 bpm (bis zu 180 bei kleinen Rassen und bis zu 220 bei Welpen)
Elektrische Herzachse		+40° – +100°
P-Welle		Breite: 0,04 s; Höhe: 0,4 mV
PR-Intervall		0,06–0,13 s
QRS-Komplex		Bis zu 0,06 s (0,05 s bei kleinen Rassen)
R-Zacke		Bis zu 3 mV (2,5 mV bei kleinen Rassen)
QT-Intervall		0,15–0,25 s
ST-Strecke		Hebung: bis zu 0,15 mV; Senkung: < 0,2 mV
T-Welle		Weniger als 25 % der R-Höhe
Sonstiges		

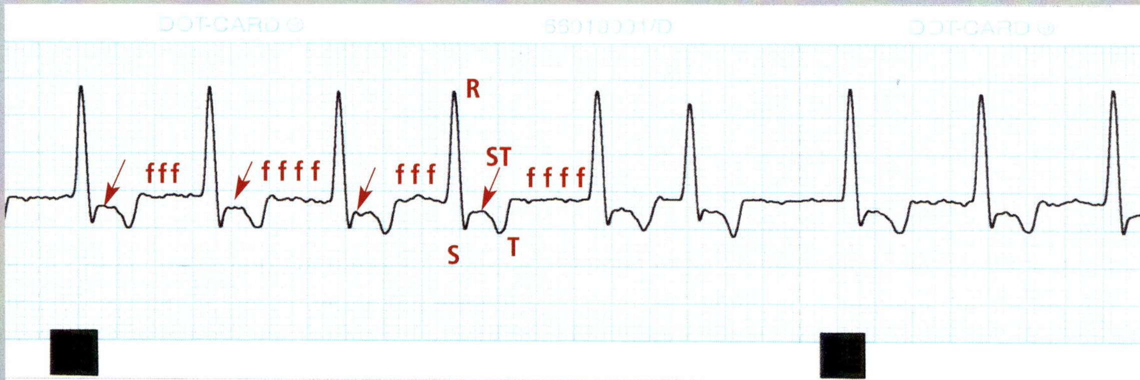

Untersuchte Parameter	
Grundrhythmus	Vorhofflimmern
Herzfrequenz	180 bpm
Elektrische Herzachse	—
P-Welle	—
PR-Intervall	—
QRS-Komplex	0,05 s
R-Zacke	1,5 mV
QT-Intervall	0,18 s
ST-Strecke	Senkung 0,3 mV
T-Welle	Normal
Sonstiges	—

▶ Welchen Herzrhythmus zeigt das EKG und was ist die Ursache?

Das EKG zeigt ein Vorhofflimmern bei einer Herzfrequenz von 180 bpm. Diese Tachyarrhythmie ist supraventrikulären Ursprungs und ist im EKG aus folgendem Grund leicht zu identifizieren:

- Fehlen von P-Wellen (stattdessen undulierende Grundlinie, sogenannte f-Wellen [Flimmerwellen], die die unorganisierten Depolarisationen des Vorhofgewebes repräsentieren).
- Erhöhte ventrikuläre Frequenz und sehr unregelmäßiger Rhythmus.

Diese Arrhythmie wird mit einer hochgradigen Vorhoferweiterung in Verbindung gebracht.

▶ Liegen noch weitere Veränderungen vor?

Zu erkennen ist auch eine ST-Strecken-Senkung (siehe Pfeile), die durch das Vorliegen einer Myokardhypoxie zu erklären ist.

▶ Welches therapeutische Regime ist in diesem Fall zu empfehlen?

Das mitrale Herzgeräusch, in Kombination mit der Arrhythmie und den EKG-Zeichen einer Myokardhypoxie, spricht für das Vorliegen einer sekundären kongestiven Herzinsuffizienz aufgrund einer fortgeschrittenen chronischen degenerativen AV-Klappenerkrankung.

In diesen Fällen muss eine spezifische Therapie der kongestiven Herzinsuffizienz eingeleitet werden, die Folgendes umfassen sollte: ACE-Hemmer (Benazepril), Diuretika (Furosemid) und eine Diät mit mäßig reduziertem Natriumgehalt. Zusätzlich bedarf das Vorhofflimmern einer medikamentellen Behandlung, wofür Digoxin das Mittel der Wahl darstellt.

Digoxin trägt zur Normalisierung der erhöhten ventrikulären Frequenz bei, optimiert das Herzminutenvolumen und reduziert gleichzeitig den Grad der Überlastung sowie den Sauerstoffverbrauch des Myokards. Die Plasmakonzentration des Digoxins muss öfter kontrolliert werden, insbesondere zu Beginn der Behandlung und vor jeder Dosisanpassung bzw. bei Nicht-Ansprechen des Patienten auf die Therapie.

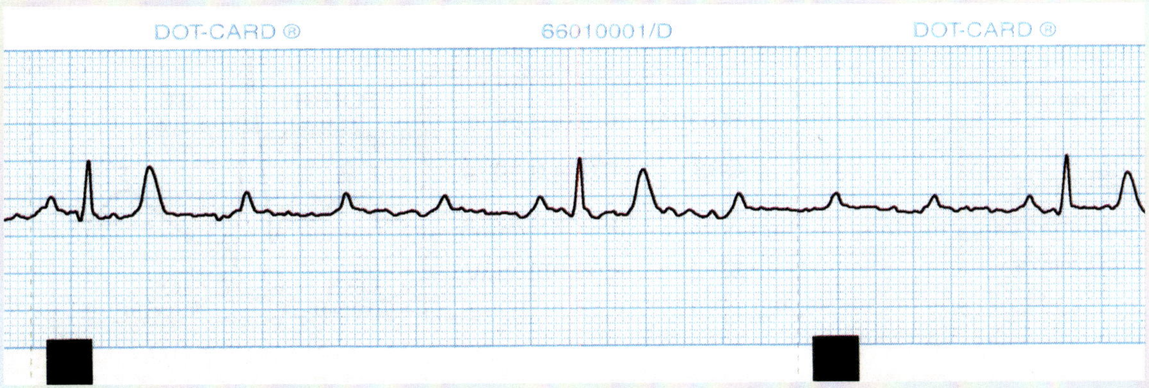

Ableitung II; 1 cm = 1 mV; 50 mm/s

Patient	
Rasse	Mittelschnauzer
Alter	14 Jahre
Geschlecht	Weiblich

Anamnese

Belastungsintoleranz, Schwäche, Apathie. Tachypnoe.

- ▶ Welche Veränderungen sind im EKG zu beobachten?
- ▶ Was sind die häufigsten Ursachen dieser Veränderungen?
- ▶ Mithilfe welcher weiteren Untersuchung lässt sich mehr über die Ätiologie herausfinden?

Parameter	Patient	Normwerte
Grundrhythmus		Sinusrhythmus; Sinusarrhythmie
Herzfrequenz		70–160 bpm (bis zu 180 bei kleinen Rassen und bis zu 220 bei Welpen)
Elektrische Herzachse		+40° – +100°
P-Welle		Breite: 0,04 s; Höhe: 0,4 mV
PR-Intervall		0,06–0,13 s
QRS-Komplex		Bis zu 0,06 s (0,05 s bei kleinen Rassen)
R-Zacke		Bis zu 3 mV (2,5 mV bei kleinen Rassen)
QT-Intervall		0,15–0,25 s
ST-Strecke		Hebung: bis zu 0,15 mV; Senkung: $< 0,2$ mV
T-Welle		Weniger als 25 % der R-Höhe
Sonstiges		

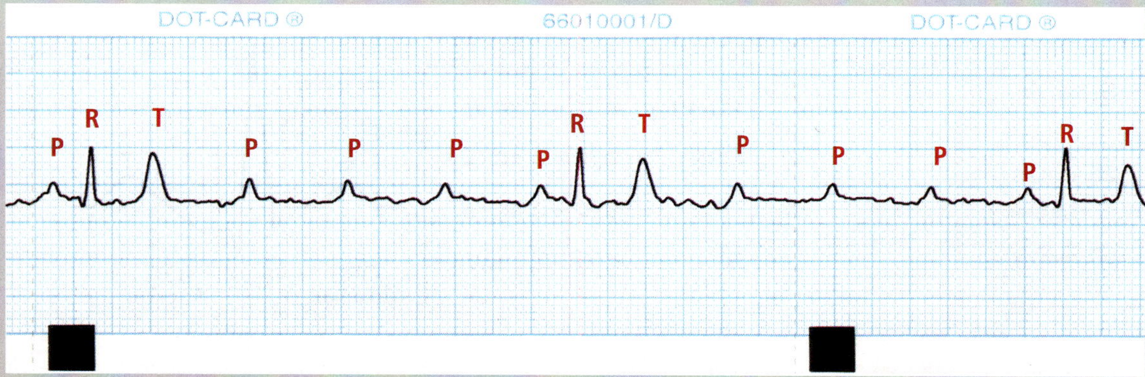

Untersuchte Parameter	
Grundrhythmus	**Sinusbradykardie mit AV-Block II°, Typ Mobitz II**
Herzfrequenz	**60 bpm**
Elektrische Herzachse	—
P-Welle	0,04 s × 0,2 mV
PR-Intervall	0,10 s
QRS-Komplex	0,04 s
R-Zacke	0,7 mV
QT-Intervall	0,24 s
ST-Strecke	Normal
T-Welle	**> 25 % der R-Höhe**
Sonstiges	—

▶ Welche Veränderungen sind im EKG zu beobachten?

Für einen Patienten mit den vorliegenden Charakteristika liegt die Herzfrequenz unterhalb des Normbereichs (Sinusbradykardie); zudem lässt sich ein AV-Block II°, Typ Mobitz II, erkennen. Diese Art von Blockierung ist gekennzeichnet durch das Auftreten isolierter P-Wellen, denen kein QRS-Komplex folgt (siehe Aufzeichnung). Ursache ist der vollständige Ausfall der Überleitung am AV-Knoten, sodass keine ventrikuläre Depolarisation stattfindet und folglich keine QRS-T-Komplexe im EKG erscheinen.

▶ Was sind die häufigsten Ursachen dieser Veränderungen?

Folgende Ursachen kommen infrage:

- Vagale Hypertonie aufgrund von pathologischen Prozessen im Bereich von Atemwegen oder Urogenitaltrakt sowie von intrakranialen oder intraokulären Erkrankungen im Zusammenhang mit dem brachyzephalen Syndrom etc.
- Myokardfibrose (häufig bei alten Hunden).
- Myokarditis.
- Kardiomyopathien (insbesondere bei Katzen).
- Medikamentös bedingt (Digoxin, Betablocker etc.).
- Kardiale Neoplasien.

▶ Mithilfe welcher weiteren Untersuchung lässt sich mehr über die Ätiologie herausfinden?

Um abzuklären, ob der AV-Block und die niedrige Herzfrequenz durch den übermäßig hohen Vagotonus verursacht werden, muss der Atropintest durchgeführt werden. Dabei wird Atropin (0,04 mg/kg i. m. oder s. c.) appliziert und 20 Minuten später erneut ein EKG aufgezeichnet. Zeigt sich dann ein Anstieg der Herzfrequenz um mindestens 20 % oder verschwindet bzw. bessert sich der AV-Block, so kann man daraus schließen, dass ein übermäßiger Vagotonus an der Entstehung der Bradyarrhythmie beteiligt war.

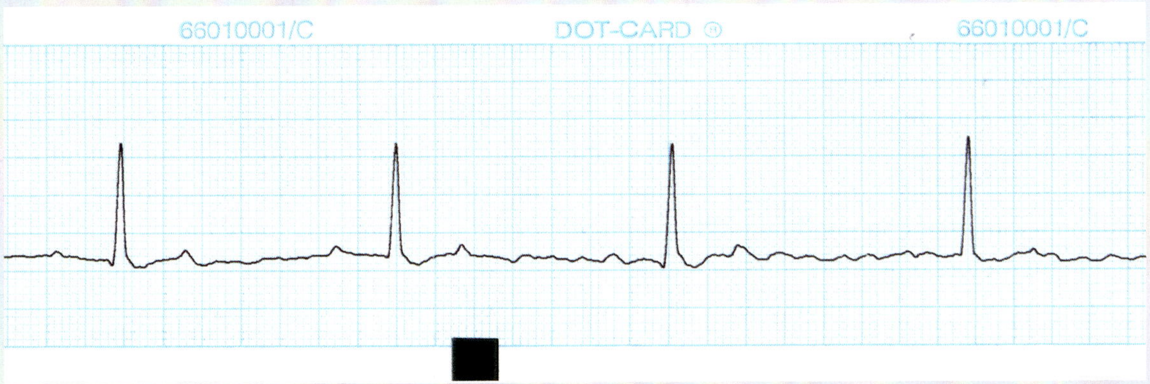

Ableitung II; 1 cm = 1 mV; 50 mm/s

Patient	
Rasse	Golden Retriever
Alter	8 Jahre
Geschlecht	Männlich

Anamnese
Präanästhetische Untersuchung.

- Welcher Herzrhythmus und welche Herzfrequenz sind in diesem EKG zu beobachten?
- Welche Verwechslung ist möglich?
- Sind hinsichtlich der Narkose besondere Vorsichtsmaßnahmen erforderlich?

Parameter	Patient	Normwerte
Grundrhythmus		Sinusrhythmus; Sinusarrhythmie
Herzfrequenz		70–160 bpm (bis zu 180 bei kleinen Rassen und bis zu 220 bei Welpen)
Elektrische Herzachse		+40° – +100°
P-Welle		Breite: 0,04 s; Höhe: 0,4 mV
PR-Intervall		0,06–0,13 s
QRS-Komplex		Bis zu 0,06 s (0,05 s bei kleinen Rassen)
R-Zacke		Bis zu 3 mV (2,5 mV bei kleinen Rassen)
QT-Intervall		0,15–0,25 s
ST-Strecke		Hebung: bis zu 0,15 mV; Senkung: < 0,2 mV
T-Welle		Weniger als 25 % der R-Höhe
Sonstiges		

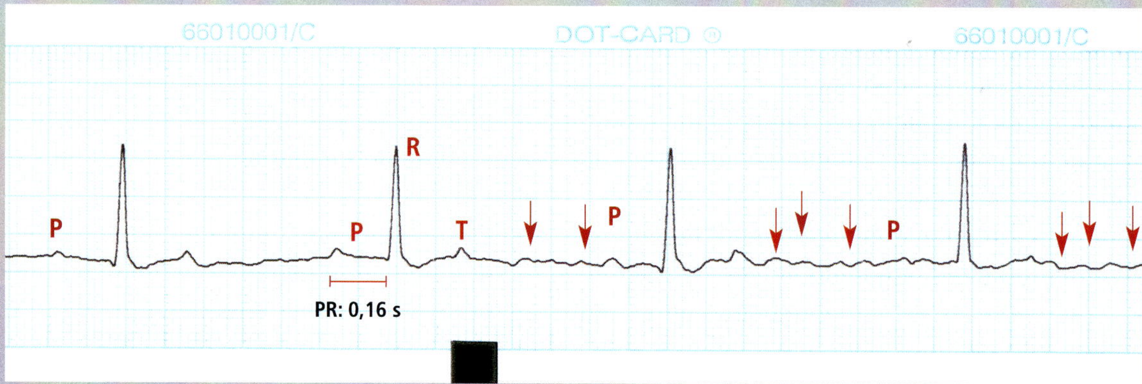

Untersuchte Parameter	
Grundrhythmus	Sinusarrhythmie
Herzfrequenz	80 bpm
Elektrische Herzachse	—
P-Welle	0,04 s × 0,1 mV
PR-Intervall	**0,16 s**
QRS-Komplex	0,05 s
R-Zacke	1,6 mV
QT-Intervall	0,24 s
ST-Strecke	Normal
T-Welle	Normal
Sonstiges	**AV-Block I°**

▶ Welcher Herzrhythmus und welche Herzfrequenz sind in diesem EKG zu beobachten?

Es handelt sich um eine Sinusarrhythmie mit einer Herzfrequenz, die an der Grenze zur Sinusbradykardie, aber für einen großwüchsigen Hund noch im Normbereich liegt.

Zu erkennen sind des Weiteren AV-Blöcke I° (verlängertes PR-Intervall: 0,16 s).

Diese Art von Blockierungen kann sekundär nach folgenden Prozessen auftreten: Senile Myokardfibrose, parasympathische Hypertonie, direkter Effekt verschiedener Medikamente (Betablocker, Digoxin), Störungen des Elektrolythaushalts (Hyperkaliämie, Hypokalzämie) etc.

▶ Welche Verwechslung ist möglich?

Bei dieser EKG-Kurve kann es aufgrund der geringen Amplitude der P-Wellen und bestimmter Artefakte an der Grundlinie (Pfeile) zu einer Verwechslung des vorliegenden Rhythmus mit einem Vorhofflimmern kommen. Letzteres lässt sich jedoch anhand folgender, im EKG vorhandener Charakteristiken ausschließen:

- Der Herzrhythmus ist relativ regelmäßig und die Frequenz ist verringert (beim Vorhofflimmern wäre die Frequenz erhöht und der Rhythmus sehr unregelmäßig).
- Es liegen positive P-Wellen vor, die zwar geringe Amplituden aufweisen (eine Tatsache, die keine pathologische Bedeutung hat), aber dennoch deutlich zu identifizieren sind; zudem sind die PR-Intervalle konstant.

▶ Sind hinsichtlich der Narkose besondere Vorsichtsmaßnahmen erforderlich?

Das EKG ist abgesehen von den AV-Blöcken I° normal.

Diese Blockierungen erfordern keine spezifische Therapie, da sie per se keine hämodynamischen Veränderungen bewirken.

Um zu verhindern, dass sich die atrioventrikuläre Blockierung verschlimmert und die Herzfrequenz noch weiter sinkt (bis zur Sinusbradykardie), könnte eine parasympatholytische Therapie mit Atropin während der Prämedikation oder der Aufrechterhaltung der Narkose erfolgen.

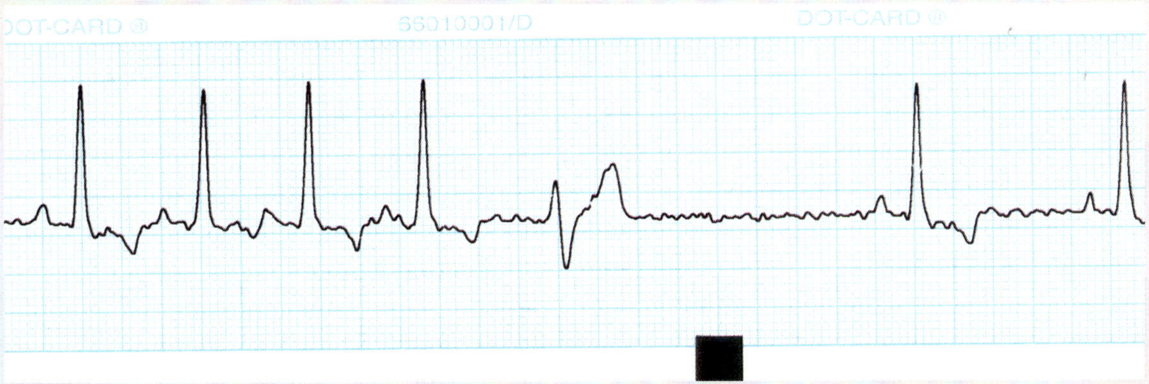

Ableitung II; 1 cm = 1 mV; 50 mm/s

Patient	
Rasse	Mischling
Alter	12 Jahre
Geschlecht	Männlich

Anamnese

Bekannte kongestive Herzinsuffizienz infolge einer degenerativen Erkrankung der Mitralklappe. Laufende Behandlung mit Benazepril und Furosemid. Patient ist stabil, ermüdet in letzter Zeit aber leicht.

- Ist eine Arrhythmie zu erkennen?
- Welche klinische Relevanz hat sie?
- Sollte die derzeitige Therapie angepasst werden?

Parameter	Patient	Normwerte
Grundrhythmus		Sinusrhythmus; Sinusarrhythmie
Herzfrequenz		70–160 bpm (bis zu 180 bei kleinen Rassen und bis zu 220 bei Welpen)
Elektrische Herzachse		+40° – +100°
P-Welle		Breite: 0,04 s; Höhe: 0,4 mV
PR-Intervall		0,06–0,13 s
QRS-Komplex		Bis zu 0,06 s (0,05 s bei kleinen Rassen)
R-Zacke		Bis zu 3 mV (2,5 mV bei kleinen Rassen)
QT-Intervall		0,15–0,25 s
ST-Strecke		Hebung: bis zu 0,15 mV; Senkung: $< 0{,}2$ mV
T-Welle		Weniger als 25 % der R-Höhe
Sonstiges		

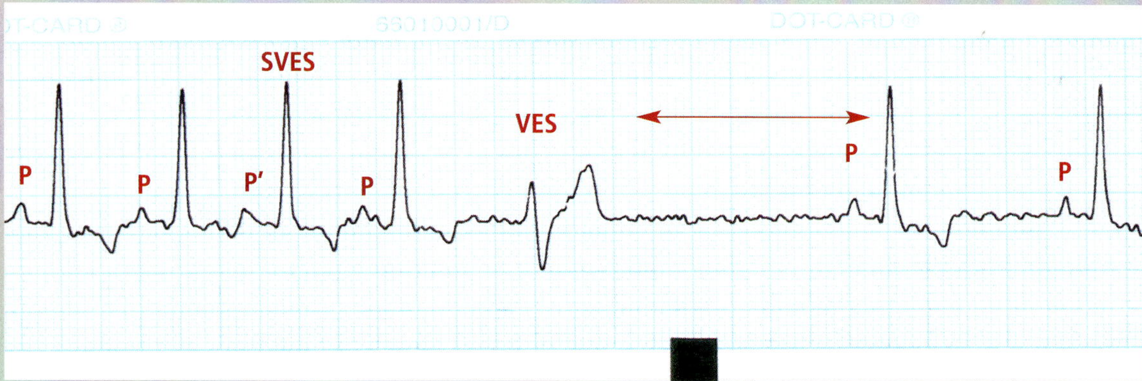

Untersuchte Parameter	
Grundrhythmus	**Sinusrhythmus mit SVES und VES**
Herzfrequenz	130 bpm
Elektrische Herzachse	—
P-Welle	0,04 s × 0,2 mV
PR-Intervall	0,10 s
QRS-Komplex	0,05 s
R-Zacke	1,5 mV
QT-Intervall	0,18 s
ST-Strecke	Normal
T-Welle	Normal
Sonstiges	—

► Ist eine Arrhythmie zu erkennen?

Es sind zwei Arten von Extrasystolen oder vorzeitig einfallenden Erregungen zu entdecken:

- Dritter Komplex: Supraventrikuläre Extrasystole (SVES, Vorhofextrasystole).
- Fünfter Komplex: Ventrikuläre Extrasystole (VES).

  Die Unterscheidung zwischen beiden ist leicht:
- SVES: Die Konfiguration der QRS-Komplexe ist gleich der von sinusalen Komplexen, da die intraventrikuläre Überleitung über das normale Erregungsleitungssystem erfolgt.
- VES: Typisch für VES sind deutlich verbreiterte, bizarre QRS-Komplexe und T-Wellen mit vergrößerter Amplitude und einer in Relation zum QRS-Komplex invertierten Polarität.

Zu beachten ist auch, dass Extrasystolen in der Regel von einer kompensatorischen Pause (siehe Pfeil) gefolgt werden, die bei VES meist auffälliger ist als bei SVES.

► Welche klinische Relevanz hat sie?

Zu Vorhofextrasystolen (SVES) kommt es bei hochgradiger atrialer Dilatation, die häufig bei fortgeschrittenen degenerativen Klappenerkrankungen vorliegt (was auch bei diesem Patienten der Fall zu sein scheint).

Ventrikuläre Extrasystolen (VES) können hingegen durch eine Vielzahl von Prozessen verursacht werden. Bei Patienten mit sekundärer kongestiver Herzinsuffizienz infolge einer chronischen Endokardiose entwickeln sich VES jedoch in der Regel aufgrund einer dekompensierten kongestiven Herzinsuffizienz und einer Myokardhypoxie.

► Sollte die derzeitige Therapie angepasst werden?

Da die Häufigkeit der entdeckten Arrhythmien nicht signifikant ist, muss nicht unbedingt eine spezifische antiarrhythmische Therapie erfolgen. Dennoch könnte der Patient von der Verabreichung eines positiv inotropen Medikaments (Pimobendan) profitieren, weil eventuell eine verringerte Kontraktilität des Myokards vorliegt. In Fällen, wo sich diese Art von Arrhythmien nicht adäquat durch die laufende Behandlung unter Kontrolle bringen lässt, empfiehlt sich in der Regel eine Therapie mit Antiarrhythmika wie Betablockern (Propranolol, Atenolol) oder Digitalispräparaten.

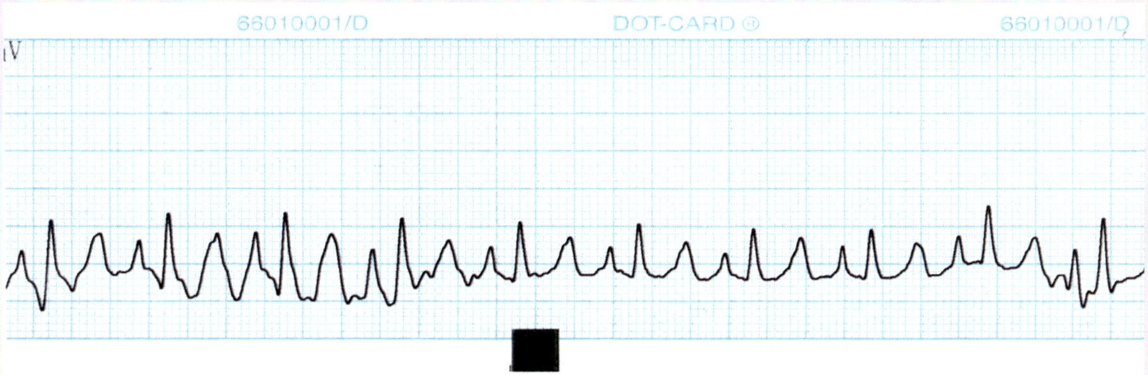

Ableitung II; 1 cm = 1 mV; 50 mm/s

Patient	
Rasse	Pit Bull Terrier
Alter	2 Jahre
Geschlecht	Männlich

Anamnese

Mit Ketamin/Diazepam anästhesiert zur operativen Entfernung eines Fremdkörpers (Ähre).

▶ Welche Arrhythmie ist im EKG zu beobachten?

▶ Worauf könnte diese zurückzuführen sein?

Parameter	Patient	Normwerte
Grundrhythmus		Sinusrhythmus; Sinusarrhythmie
Herzfrequenz		70–160 bpm (bis zu 180 bei kleinen Rassen und bis zu 220 bei Welpen)
Elektrische Herzachse		+40° – +100°
P-Welle		Breite: 0,04 s; Höhe: 0,4 mV
PR-Intervall		0,06–0,13 s
QRS-Komplex		Bis zu 0,06 s (0,05 s bei kleinen Rassen)
R-Zacke		Bis zu 3 mV (2,5 mV bei kleinen Rassen)
QT-Intervall		0,15–0,25 s
ST-Strecke		Hebung: bis zu 0,15 mV; Senkung: < 0,2 mV
T-Welle		Weniger als 25 % der R-Höhe
Sonstiges		

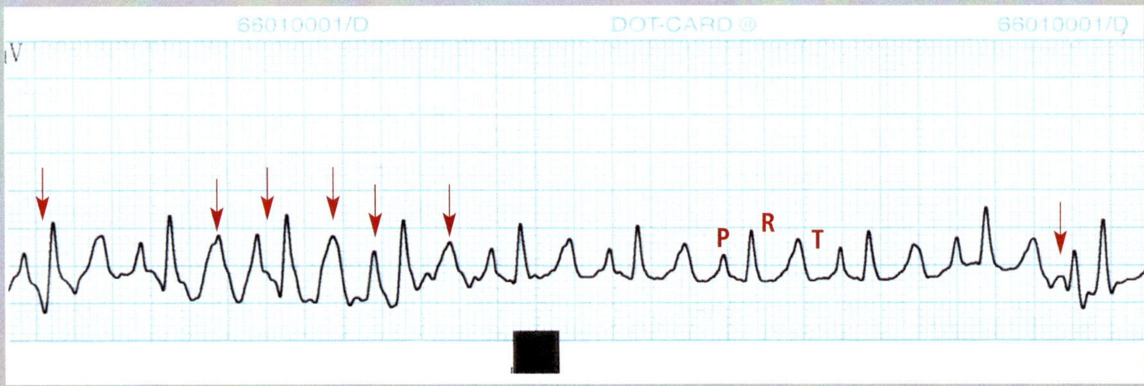

Untersuchte Parameter	
Grundrhythmus	**Sinustachykardie**
Herzfrequenz	**200 bpm**
Elektrische Herzachse	—
P-Welle	0,04 s × 0,3 mV
PR-Intervall	0,08 s
QRS-Komplex	0,04 s
R-Zacke	0,6 mV
QT-Intervall	0,16 s
ST-Strecke	Normal
T-Welle	**> 25 % der R-Höhe**
Sonstiges	**Zahlreiche Artefakte**

▶ Welche Arrhythmie ist im EKG zu beobachten?

Es handelt sich um eine Sinustachykardie bei einer Herzfrequenz von 200 bpm. Man erkennt auch T-Wellen, deren Amplitude 25 % der R-Höhe übersteigt. Dies kann mit einer Myokardhypoxie oder mit bestimmten Veränderungen im Elektrolythaushalt in Zusammenhang stehen.

Alle anderen EKG-Parameter liegen im physiologischen Bereich.

Abgesehen von der erhöhten Herzfrequenz fallen im EKG Artefakte auf, die mit pathologischen Arrhythmien (ventrikulären Extrasystolen) verwechselt werden könnten.

▶ Worauf könnte diese zurückzuführen sein?

Die Sinustachykardie ist fast sicher auf den direkten sympathomimetischen Effekt des Ketamins zurückzuführen. Andere Pharmaka, die während der Anästhesie des Patienten die Herzfrequenz erhöhen können, sind Atropin und Tiletamin. Auch andere Arzneimittel wie z. B. Barbiturate oder Propofol können eine indirekte (reflektorische) Steigerung der Herzfrequenz bewirken, wobei der Rhythmus regelmäßiger ist. Ursache ist eine kompensatorische Reaktion des kardiovaskulären Systems auf die von diesen Substanzen induzierte Hypotonie.

Eine erhöhte Herzfrequenz führt zu einem gesteigerten Sauerstoffverbrauch des Myokards und einer Reduzierung des koronaren Blutflusses. Dadurch kommt es häufig zu einer Myokardhypoxie, die möglicherweise der Grund für die veränderten T-Wellen ist.

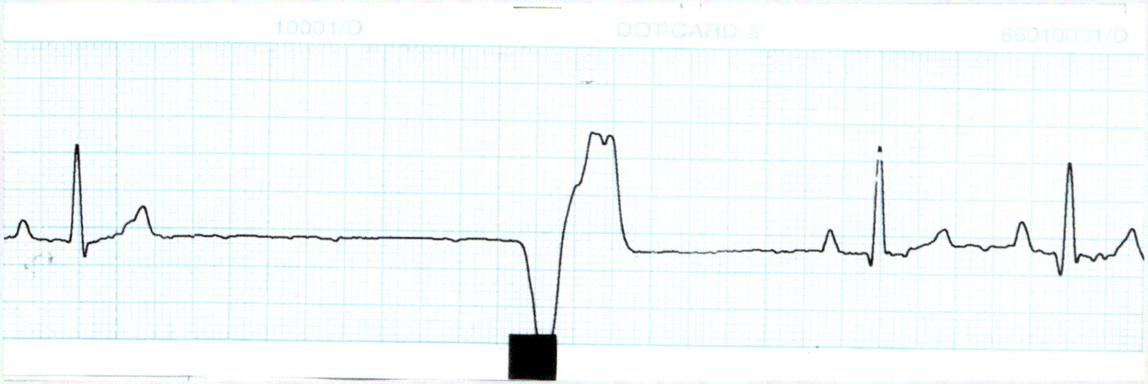

Ableitung II; 1 cm = 1 mV; 50 mm/s

Patient	
Rasse	American Cocker Spaniel
Alter	5 Jahre
Geschlecht	Männlich

Anamnese

Sedierung mit Acepromazin als Vorbereitung zur Anästhesie.

- ▶ Welche Art von Arrhythmie liegt vor? Womit könnte sie verwechselt werden?
- ▶ Worauf könnte sie zurückzuführen sein?
- ▶ Ist die Verabreichung von Lidocain angezeigt? Warum?

Parameter	Patient	Normwerte
Grundrhythmus		Sinusrhythmus; Sinusarrhythmie
Herzfrequenz		70–160 bpm (bis zu 180 bei kleinen Rassen und bis zu 220 bei Welpen)
Elektrische Herzachse		+40° – +100°
P-Welle		Breite: 0,04 s; Höhe: 0,4 mV
PR-Intervall		0,06–0,13 s
QRS-Komplex		Bis zu 0,06 s (0,05 s bei kleinen Rassen)
R-Zacke		Bis zu 3 mV (2,5 mV bei kleinen Rassen)
QT-Intervall		0,15–0,25 s
ST-Strecke		Hebung: bis zu 0,15 mV; Senkung: < 0,2 mV
T-Welle		Weniger als 25 % der R-Höhe
Sonstiges		

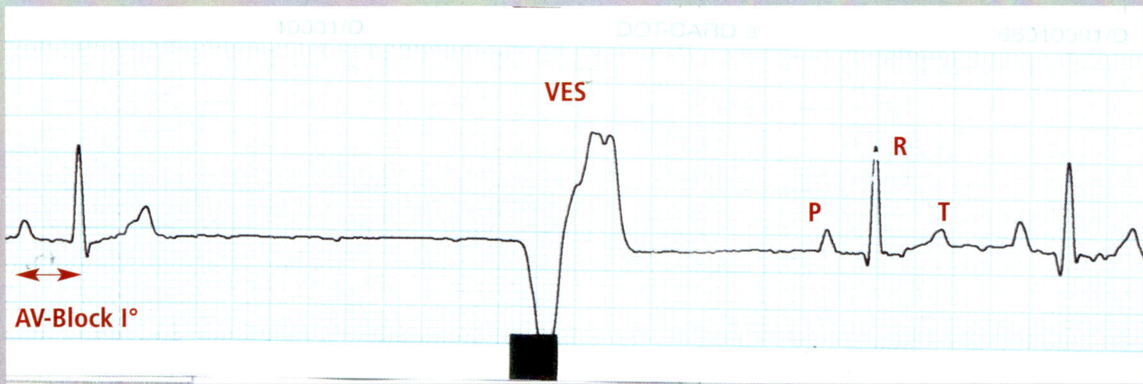

Untersuchte Parameter	
Grundrhythmus	**Sinusbradykardie mit ventrikulärem Ersatzrhythmus (VES)**
Herzfrequenz	**60 bpm**
Elektrische Herzachse	—
P-Welle	0,04 s × 0,2 mV
PR-Intervall	**0,12–0,14 s**
QRS-Komplex	0,05 s
R-Zacke	1,7 mV
QT-Intervall	0,22 s
ST-Strecke	Normal
T-Welle	Normal
Sonstiges	**AV-Block I°**

▶ Welche Art von Arrhythmie liegt vor? Womit könnte sie verwechselt werden?

Der Grundrhythmus ist ein Sinusrhythmus mit einer reduzierten Herzfrequenz, doch ist auch ein ventrikulärer Ersatzrhythmus zu erkennen. Dieser Komplex zeigt zwar dieselbe Morphologie wie ventrikuläre Extrasystolen (breite, bizarre QRS-Komplexe mit T-Wellen entgegengesetzter Polarität), seine klinische Bedeutung und somit auch seine Behandlung sind jedoch unterschiedlich. Ersatzrhythmen stellen einen Schutzmechanismus dar, der eine Asystolie abwenden soll.

Das EKG zeigt auch einen AV-Block I° (ganz links im Bild).

▶ Worauf könnte sie zurückzuführen sein?

Jeder Prozess, der Bradyarrhythmien verursacht (vagale Hypertonie, Stoffwechselstörungen mit Hyperkaliämie, Tranquilizer, Hypothermie, Myokardfibrose etc.), kann einen Ersatzrhythmus auslösen. In diesem Fall ist die Medikation mit Acepromazin die wahrscheinlichste Ursache der Sinusbradykardie und des ventrikulären Ersatzrhythmus, da die Wirkungen dieses Arzneimittels in der Regel bei brachyzephalen Hunderassen ausgeprägter sind.

Möglicherweise ist auch der AV-Block I° auf die Acepromazin-Gabe zurückzuführen.

▶ Ist die Verabreichung von Lidocain angezeigt? Warum?

Lidocain wird bei ventrikulären Arrhythmien verabreicht. In diesem Fall aber entstehen Ersatzrhythmen, um die durch den Ausfall des normalen Herzschrittmachers bedingte Pause zu verhindern, sie dürfen daher nicht unterdrückt werden.

Phasen von Sinuspausen oder Asystolie können den gesamten Symptomenkomplex eines niedrigen Herzminutenvolumens oder eine irreversible Asystolie hervorrufen. Ventrikuläre Ersatzrhythmen dürfen daher mit keinerlei Antiarrhythmika behandelt werden; zu therapieren ist nur die niedrige Herzfrequenz. Dazu können folgende Arzneimittel eingesetzt werden:

- Parasympatholytische Präparate: Atropin.
- Sympathomimetika: Dopamin, Isoproterenol.

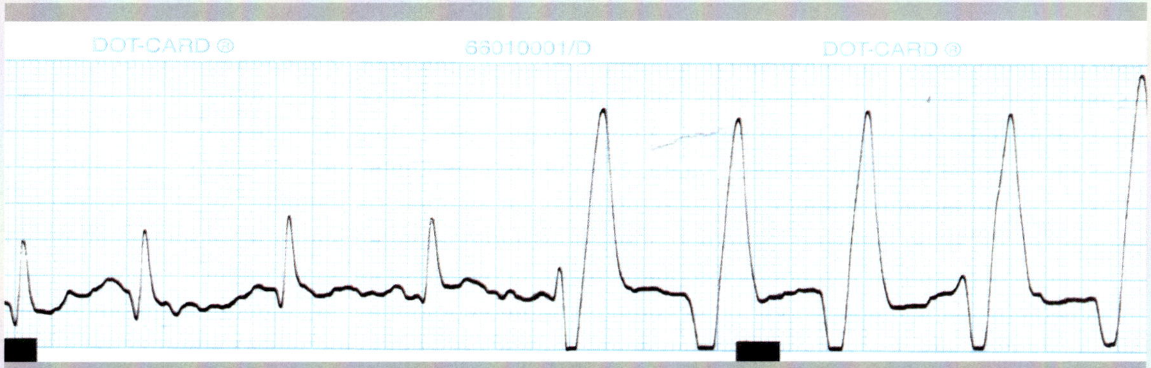

Bild auf 96 % verkleinert.

Ableitung II; 1 cm = 1 mV; 50 mm/s

Patient	
Rasse	Cocker Spaniel
Alter	10 Jahre
Geschlecht	Männlich

Anamnese

Bekannte dilatative Kardiomyopathie. Laufende Therapie mit Pimobendan und Furosemid. Untersuchung aufgrund einer Verschlechterung des Zustands. Patient sehr schwach und matt.

- ▶ Welcher Rhythmus ist im EKG zu beobachten?
- ▶ Welche therapeutischen Modifikationen sind angebracht?

Parameter	Patient	Normwerte
Grundrhythmus		Sinusrhythmus; Sinusarrhythmie
Herzfrequenz		70–160 bpm (bis zu 180 bei kleinen Rassen und bis zu 220 bei Welpen)
Elektrische Herzachse		+40° – +100°
P-Welle		Breite: 0,04 s; Höhe: 0,4 mV
PR-Intervall		0,06–0,13 s
QRS-Komplex		Bis zu 0,06 s (0,05 s bei kleinen Rassen)
R-Zacke		Bis zu 3 mV (2,5 mV bei kleinen Rassen)
QT-Intervall		0,15–0,25 s
ST-Strecke		Hebung: bis zu 0,15 mV; Senkung: < 0,2 mV
T-Welle		Weniger als 25 % der R-Höhe
Sonstiges		

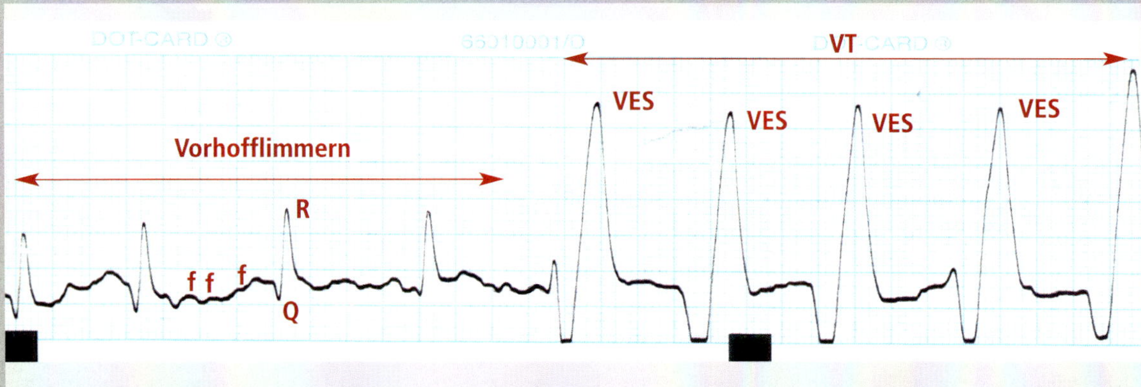

Bild auf 96 % verkleinert.

Untersuchte Parameter	
Grundrhythmus	**Vorhofflimmern mit ventrikulärer Tachykardie**
Herzfrequenz	150 bpm
Elektrische Herzachse	—
P-Welle	—
PR-Intervall	—
QRS-Komplex	**0,06 s**
R-Zacke	1,0 mV
QT-Intervall	0,18 s
ST-Strecke	Normal
T-Welle	Normal
Sonstiges	—

► Welcher Rhythmus ist im EKG zu beobachten?

Bei einem Vorhofflimmern (erste vier Komplexe) tritt plötzlich eine Episode paroxysmaler linksventrikulärer Tachykardie auf.

Das Vorhofflimmern ist aufgrund des Fehlens von P-Wellen (an deren Stelle kleine zittrige Ausschläge der Grundlinie, sogenannte f-Wellen [Flimmerwellen] auftreten) sowie angesichts der erhöhten ventrikulären Frequenz und des unregelmäßigen Rhythmus leicht zu erkennen. Die ventrikuläre Tachykardie besteht in der Abfolge von drei oder mehr ventrikulären Extrasystolen (VES; breite, bizarre QRS-Komplexe und T-Wellen, die entgegengesetzt zur Hauptausschlagrichtung des QRS-Komplexes gerichtet sind). Ist die ventrikuläre Tachykardie nicht dauerhaft, spricht man von Phasen paroxysmaler ventrikulärer Tachykardie.

► Welche therapeutischen Modifikationen sind angebracht?

Vorhofflimmern erfordert in der Regel eine spezifische antiarrhythmische Therapie, um die erhöhte ventrikuläre Frequenz unter Kontrolle zu bringen. Dafür ist Digoxin das Mittel der Wahl. In diesem Fall muss auch eine Behandlung der ventrikulären Arrhythmie eingeleitet werden, um die vorliegende ventrikuläre Tachykardie zu beheben. Die dafür geeigneten Antiarrhythmika sind Lidocain und Procainamid. Weitere Antiarrhythmika, die ventrikuläre Tachyarrhythmien ebenfalls wirksam therapieren, sind die Betablocker (Atenolol, Propranolol), die auch gegen supraventrikuläre Arrhythmien wirken, weshalb sie im vorliegenden Fall klar die erste Wahl darstellen.

Wäre der klinische Zustand des Patienten extrem instabil, müsste die Therapie parenteral erfolgen. In einem solchen Fall ist die intravenöse Verabreichung von Lidocain indiziert.

Das Vorhofflimmern kann hingegen ambulant mit Digoxin behandelt werden, sobald sich der Zustand des Patienten normalisiert hat.

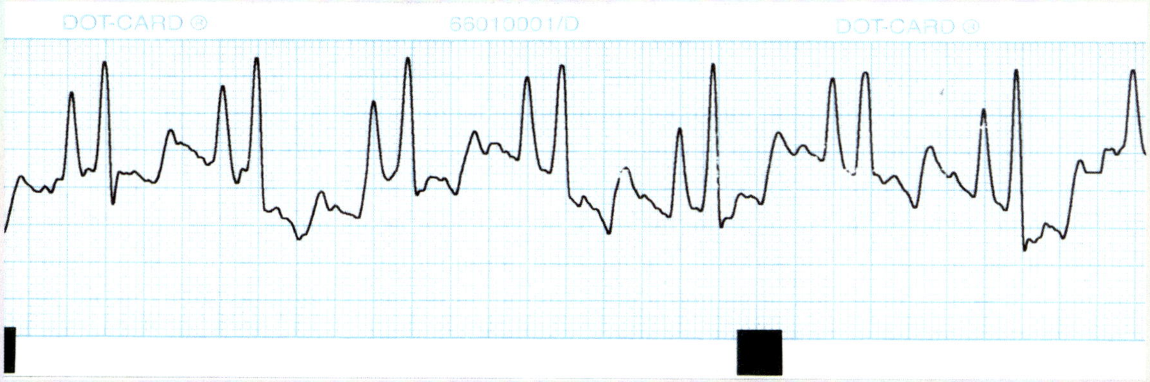

Ableitung II; 1 cm = 1 mV; 50 mm/s

Patient	
Rasse	Bobtail
Alter	4 Monate
Geschlecht	Weiblich

Anamnese

Mattigkeit. Aszites. Holosystolisches Herzgeräusch IV/VI.

▶ Welche Veränderungen sind im EKG zu beobachten?

▶ Was sind die wahrscheinlichsten Ursachen?

▶ Welche Maßnahmen sind zu ergreifen?

Parameter	Patient	Normwerte
Grundrhythmus		Sinusrhythmus; Sinusarrhythmie
Herzfrequenz		70–160 bpm (bis zu 180 bei kleinen Rassen und bis zu 220 bei Welpen)
Elektrische Herzachse		+40° – +100°
P-Welle		Breite: 0,04 s; Höhe: 0,4 mV
PR-Intervall		0,06–0,13 s
QRS-Komplex		Bis zu 0,06 s (0,05 s bei kleinen Rassen)
R-Zacke		Bis zu 3 mV (2,5 mV bei kleinen Rassen)
QT-Intervall		0,15–0,25 s
ST-Strecke		Hebung: bis zu 0,15 mV; Senkung: < 0,2 mV
T-Welle		Weniger als 25 % der R-Höhe
Sonstiges		

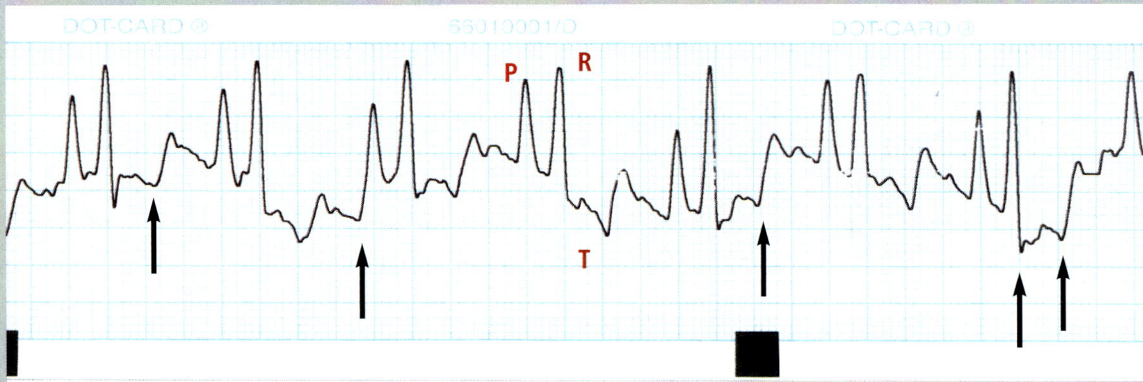

Untersuchte Parameter	
Grundrhythmus	Normaler Sinusrhythmus
Herzfrequenz	160 bpm
Elektrische Herzachse	—
P-Welle	0,04 s × **1 mV**
PR-Intervall	0,08 s
QRS-Komplex	0,05 s
R-Zacke	1,5 mV
QT-Intervall	0,22 s
ST-Strecke	Normal
T-Welle	Normal
Sonstiges	**Artefakte**

▶ Welche Veränderungen sind im EKG zu beobachten?

Bei einem regulären Sinusrhythmus erscheinen extrem überhöhte P-Wellen, was auf das Vorliegen einer hochgradigen Dilatation des rechten Vorhofs schließen lässt.

Die Schwankungen an der Grundlinie stellen Artefakte dar, die durch die beschleunigte heftige Atmung des Patienten entstanden sind (Pfeile).

▶ Was sind die wahrscheinlichsten Ursachen?

Bei einem so jungen Patienten mit Herzgeräusch, Aszites und dem Verdacht auf eine hochgradige Dilatation des rechten Vorhofs muss an eine kongestive Herzinsuffizienz infolge eines angeborenen Herzfehlers gedacht werden (Pulmonalstenose, Trikuspidalklappendysplasie, Fallot-Tetralogie, atrialer Septumdefekt, persistierender Ductus arteriosus etc.).

▶ Welche Maßnahmen sind zu ergreifen?

Um die genaue Ursache des Herzproblems herauszufinden, muss eine sonographische Untersuchung mit dem Doppler-Ultraschall erfolgen. Damit lässt sich der Schweregrad des Herzfehlers ermitteln und eine realistische Prognose erstellen.

Bis die definitive Diagnose feststeht, sollte eine Therapie zur Behandlung der kongestiven Herzinsuffizienz eingeleitet werden. Als therapeutische Optionen empfehlen sich: ACE-Hemmer (Benazepril) und ein potentes Diuretikum (Furosemid). Um den Aszites zu beheben, kann eine zusätzliche Behandlung mit einem venösen Vasodilatator (Isosorbiddinitrat) erforderlich sein.

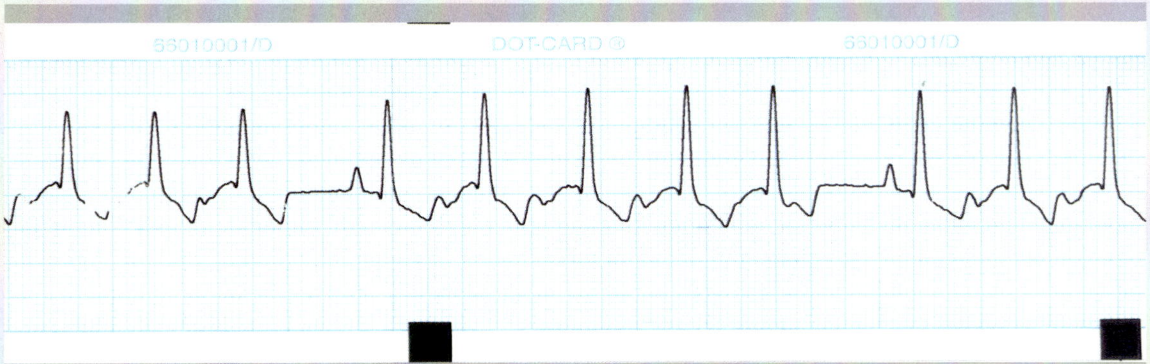

Bild auf 91 % verkleinert.

Patient	
Rasse	Fox-Terrier
Alter	Männlich
Geschlecht	17 Jahre

Anamnese
Husten und Dyspnoe in Ruhe. Holosystolisches Herzgeräusch V/VI. Belastungsintoleranz. Laufende Therapie mit Benazepril und Antibiotika.

Ableitung II; 1 cm = 1 mV; 50 mm/s

- ▶ Welche Veränderungen sind im EKG zu beobachten?
- ▶ Wofür sprechen diese Veränderungen?
- ▶ Sollte die derzeitige Therapie angepasst werden?

Parameter	Patient	Normwerte
Grundrhythmus		Sinusrhythmus; Sinusarrhythmie
Herzfrequenz		70–160 bpm (bis zu 180 bei kleinen Rassen und bis zu 220 bei Welpen)
Elektrische Herzachse		+40° – +100°
P-Welle		Breite: 0,04 s; Höhe: 0,4 mV
PR-Intervall		0,06–0,13 s
QRS-Komplex		Bis zu 0,06 s (0,05 s bei kleinen Rassen)
R-Zacke		Bis zu 3 mV (2,5 mV bei kleinen Rassen)
QT-Intervall		0,15–0,25 s
ST-Strecke		Hebung: bis zu 0,15 mV; Senkung: < 0,2 mV
T-Welle		Weniger als 25 % der R-Höhe
Sonstiges		

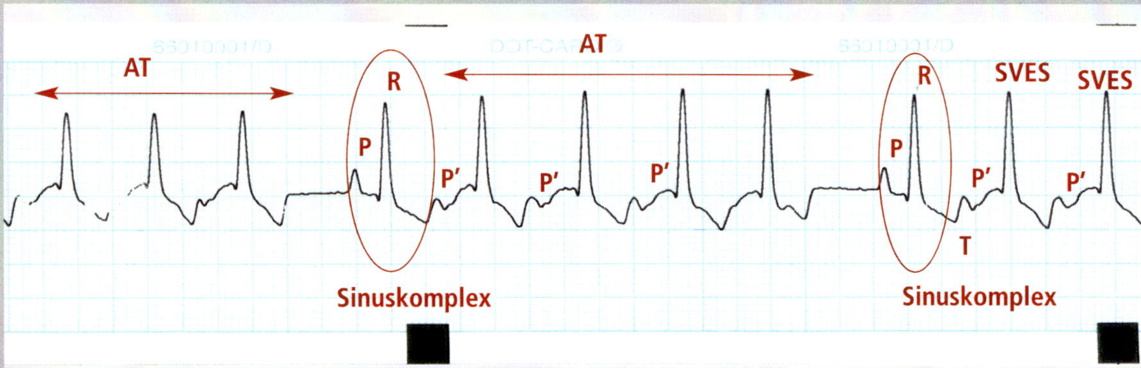

Bild auf 91 % verkleinert.

Untersuchte Parameter	
Grundrhythmus	Sinusrhythmus mit Vorhoftachykardie
Herzfrequenz	220 bpm
Elektrische Herzachse	—
P-Welle	0,04 s × 0,3 mV
PR-Intervall	0,08 s
QRS-Komplex	0,04 s
R-Zacke	1,2 mV
QT-Intervall	0,18 s
ST-Strecke	Normal
T-Welle	Normal
Sonstiges	—

▶ Welche Veränderungen sind im EKG zu beobachten?

Man erkennt Phasen paroxysmaler Vorhoftachykardie. Diese Tachyarrhythmie ist definiert als Folge von drei oder mehr Vorhofextrasystolen (SVES).

Diese supraventrikulären Extrasystolen sind vorzeitig einfallende Erregungen aus dem Vorhofgewebe, die durch P-Wellen gekennzeichnet sind, deren Morphologie sich von jener der normalen Sinuskomplexe unterscheidet (sogenannte P'-Wellen).

▶ Wofür sprechen diese Veränderungen?

Diese Art von Arrhythmie weist auf eine hochgradige Vorhoferweiterung hin. Bei diesem Patienten bestätigt sich, dass schwere Herzschäden vorliegen, die vorwiegend von den Vorhöfen ausgehen und auf die chronische Klappenendokardiose zurückzuführen sind.

▶ Sollte die derzeitige Therapie angepasst werden?

Wenn sich im EKG eindeutige Zeichen einer Dekompensation und eines Fortschreitens der Valvulopathie finden, muss zusätzlich zur Behandlung mit einem ACE-Hemmer (Benazepril) noch eine diuretische Therapie eingeleitet werden, um die kongestive Herzinsuffizienz beherrschen zu können.

Auch die Tachyarrhythmie ist mit einem geeigneten Antiarrhythmikum zu behandeln. Das Mittel der Wahl für diese Fälle ist Digoxin. Aufgrund des bei Digoxin bestehenden Intoxikationsrisikos erfordert diese Therapie eine enge Überwachung mit regelmäßiger Bestimmung der Serumkonzentrationen, um eine Überdosierung und die daraus resultierenden unerwünschten Wirkungen wie Gastrointestinalstörungen, proarrhythmische Effekte etc. zu vermeiden. Die Blutspiegel sollten sich im Bereich von 1–2 ng/ml bewegen.

Liegen therapeutische Digoxinspiegel vor und ist die supraventrikuläre Tachyarrhythmie dennoch nicht unter Kontrolle, sollte zusätzlich ein Betablocker (Atenolol, Propranolol) verabreicht werden.

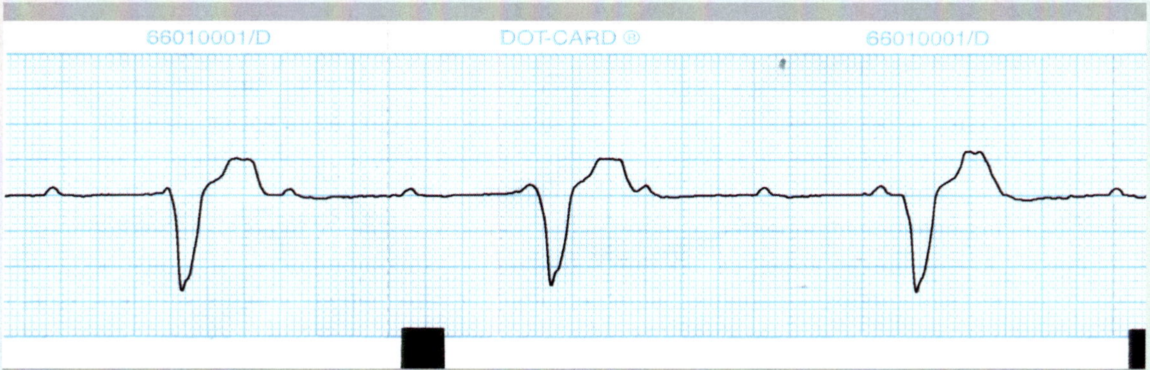

Bild auf 95 % verkleinert.

Ableitung II; 1 cm = 1 mV; 50 mm/s

Patient	
Rasse	Boxer
Alter	12 Jahre
Geschlecht	Männlich

Anamnese

Belastungsintoleranz. Verschiedene Synkopen. Galopprhythmus. Hochgradige Kardiomegalie mit Lungenödem. Laufende Therapie mit Benazepril.

- Welchen Herzrhythmus zeigt dieser Patient?
- Was ist die wahrscheinlichste Ursache der klinischen Symptome?
- Welche therapeutischen Maßnahmen sind zu ergreifen?

Parameter	Patient	Normwerte
Grundrhythmus		Sinusrhythmus; Sinusarrhythmie
Herzfrequenz		70–160 bpm (bis zu 180 bei kleinen Rassen und bis zu 220 bei Welpen)
Elektrische Herzachse		+40° – +100°
P-Welle		Breite: 0,04 s; Höhe: 0,4 mV
PR-Intervall		0,06–0,13 s
QRS-Komplex		Bis zu 0,06 s (0,05 s bei kleinen Rassen)
R-Zacke		Bis zu 3 mV (2,5 mV bei kleinen Rassen)
QT-Intervall		0,15–0,25 s
ST-Strecke		Hebung: bis zu 0,15 mV; Senkung: $< 0{,}2$ mV
T-Welle		Weniger als 25 % der R-Höhe
Sonstiges		

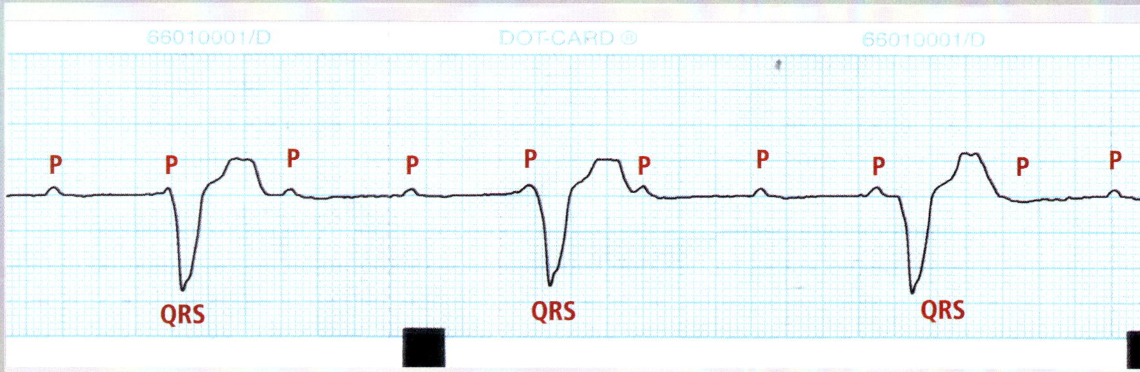

Bild auf 95 % verkleinert.

Untersuchte Parameter	
Grundrhythmus	**AV-Block III° (totaler AV-Block) mit idioventrikulärem Ersatzrhythmus**
Herzfrequenz	**60 bpm**
Elektrische Herzachse	—
P-Welle	0,04 s × 0,2 mV
PR-Intervall	—
QRS-Komplex	—
R-Zacke	**0,10 mV**
QT-Intervall	**0,28 s**
ST-Strecke	Normal
T-Welle	**> 25 % der R-Höhe**
Sonstiges	—

▶ Welchen Herzrhythmus zeigt dieser Patient?

Das EKG zeigt einen AV-Block III° (totaler AV-Block) mit idioventrikulärem Ersatzrhythmus von 60 bpm. Diese hochgradige Bradyarrhythmie ist gekennzeichnet durch eine vollständige Unterbrechung der Erregungsleitung zwischen AV-Knoten und His-Bündel mit der Folge, dass kein Impuls übergeleitet wird. Dadurch kommt es zu P-Wellen, die in keiner Verbindung mit den QRS-Komplexen stehen. Die ventrikuläre Depolarisation wird von ektopischen Impulsen des Kammergewebes wahrgenommen; dieser Ersatzrhythmus stellt einen Schutzmechanismus gegen die drohende Asystolie dar. Die QRS-Komplexe sind typischerweise breit und bizarr, ihnen folgen stark überhöhte T-Wellen. Obwohl die Morphologie dieser Ersatzrhythmuskomplexe gleich jenen von ventrikulären Extrasystolen ist, ist ihre klinische Bedeutung diametral entgegengesetzt. Ein idioventrikulärer Ersatzrhythmus entsteht, um den Herzrhythmus aufrechtzuerhalten und einer Asystolie vorzubeugen, während bei ventrikulären Extrasystolen der Erregungsursprung im Kammermyokard liegt, das versucht, den normalen Sinusrhythmus zu ersetzen.

▶ Was ist die wahrscheinlichste Ursache der klinischen Symptome?

Im vorliegenden Fall ist die hochgradige Dilatation des Myokards infolge einer dilatativen Kardiomyopathie die wahrscheinlichste Ursache der Symptome. Zu weiteren Prozessen, die eine solche Arrhythmie hervorrufen können, zählen: Myokardfibrose, subendokardialer Infarkt, Neoplasien, extrakardiale Prozesse (z. B. Hyperkaliämie) etc.

▶ Welche therapeutischen Maßnahmen sind zu ergreifen?

Neben der medikamentellen Behandlung der kongestiven Herzinsuffizienz, die vasodilatatorische ACE-Hemmer (Benazepril), Pimobendan und Diuretika (Furosemid) umfassen sollte, wird eine definitive Lösung des Problems nur durch Implantation eines permanenten Herzschrittmachers möglich sein.

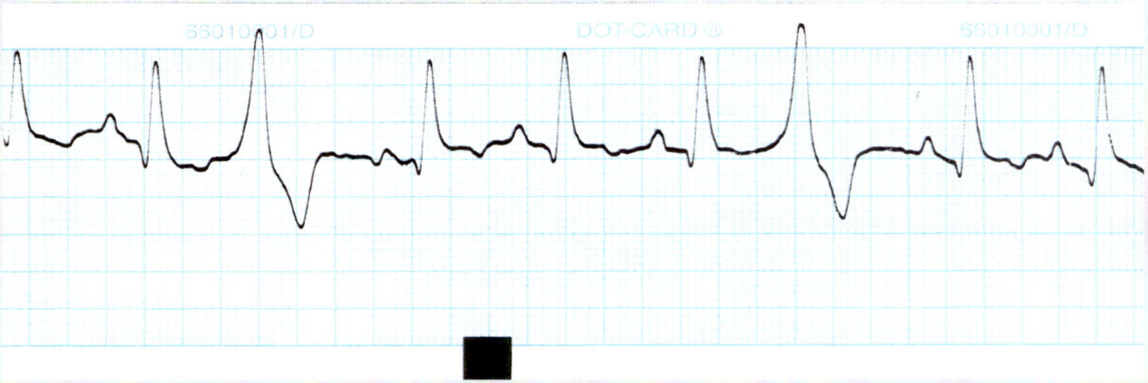

Ableitung II; 1 cm = 1 mV; 50 mm/s

Patient	
Rasse	Boxer
Alter	6 Jahre
Geschlecht	Männlich

Anamnese

Synkopen und Schwächeanfälle. Ein Herzgeräusch ist nicht zu auskultieren.

- ▶ Welche Veränderungen sind im EKG zu beobachten?
- ▶ Was ist die wahrscheinlichste Diagnose bei einem Patienten mit diesen Charakteristika?
- ▶ Welche Maßnahmen sind zu ergreifen?

Parameter	Patient	Normwerte
Grundrhythmus		Sinusrhythmus; Sinusarrhythmie
Herzfrequenz		70–160 bpm (bis zu 180 bei kleinen Rassen und bis zu 220 bei Welpen)
Elektrische Herzachse		+40° – +100°
P-Welle		Breite: 0,04 s; Höhe: 0,4 mV
PR-Intervall		0,06–0,13 s
QRS-Komplex		Bis zu 0,06 s (0,05 s bei kleinen Rassen)
R-Zacke		Bis zu 3 mV (2,5 mV bei kleinen Rassen)
QT-Intervall		0,15–0,25 s
ST-Strecke		Hebung: bis zu 0,15 mV; Senkung: < 0,2 mV
T-Welle		Weniger als 25 % der R-Höhe
Sonstiges		

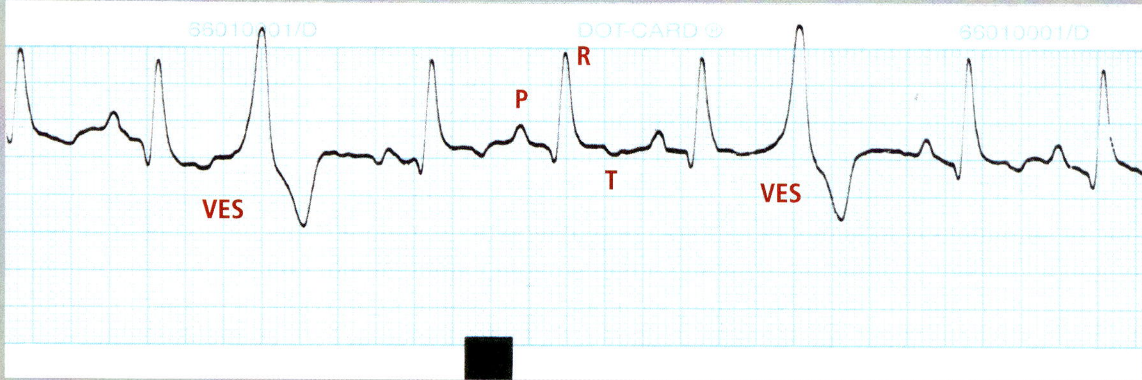

Untersuchte Parameter	
Grundrhythmus	**Sinusrhythmus mit VES**
Herzfrequenz	160 bpm
Elektrische Herzachse	—
P-Welle	0,04 s × 0,2 mV
PR-Intervall	0,10 s
QRS-Komplex	**0,07 s**
R-Zacke	1,3 mV
QT-Intervall	0,18 s
ST-Strecke	Normal
T-Welle	Normal
Sonstiges	—

▶ Welche Veränderungen sind im EKG zu beobachten?

Es sind rechtsventrikuläre Extrasystolen (VES) zu erkennen. Diese Komplexe sind breit und bizarr, die T-Wellen weisen entgegengesetzte Ausschlagrichtung wie die QRS-Komplexe auf. Bei rechtsventrikulären Extrasystolen sind die QRS-Komplexe vorwiegend positiv, und die T-Wellen negativ.

Die sinusalen QRS-Komplexe sind verbreitert und weisen auf eine Dilatation / Hypertrophie des linken Ventrikels hin.

▶ Was ist die wahrscheinlichste Diagnose bei einem Patienten mit diesen Charakteristika?

Es gibt zahlreiche Prozesse und Erkrankungen, die als Differentialdiagnosen für diese ventrikulären Arrhythmien infrage kommen:

- Extrakardiale Ursachen: Veränderungen im Tonus des autonomen Nervensystems (Aufregung, Unruhe, Fieber, Schmerzen etc.), Myokardhypoxie, Anämie, Azotämie, Septikämie, disseminierte intravasale Gerinnung (DIC) und andere Koagulopathien, Magendilatation / -drehung, Pankreatitis, Nährstoffmangel, bestimmte Endokrinopathien (insbesondere Hyperthyreose, Phäochromozytom).
- Neoplastische Prozesse (Hämangiosarkom).
- Diverse angeborene und erworbene Kardiopathien: dilatative Kardiomyopathie etc.
- Perikarditis.
- Infektiöse Myokarditiden.
- Intoxikation mit Antiarrhythmika oder bestimmten Narkotika (Halothan, Thiobarbiturate).
- Septikämischer Schock etc.

Da kein Herzgeräusch zu auskultieren war, ist aufgrund der Charakteristika der Arrhythmie und des Signalements des Patienten davon auszugehen, dass die arrhythmogene rechtsventrikuläre Kardiomyopathie der Boxer die wahrscheinlichste Diagnose darstellt.

▶ Welche Maßnahmen sind zu ergreifen?

Für diese Krankheit gibt es keine spezifische Therapie. Bei diesen Patienten zielt die Behandlung darauf ab, die Arrhythmien unter Kontrolle zu bringen und mithilfe einer entsprechenden Antiarrhythmikatherapie zu verhindern, dass das Tier plötzlich stirbt. Betablocker sind dafür die Arzneimittel der Wahl, insbesondere Sotalol, obwohl auch andere Präparate (Atenolol, Propranolol) eingesetzt werden können.

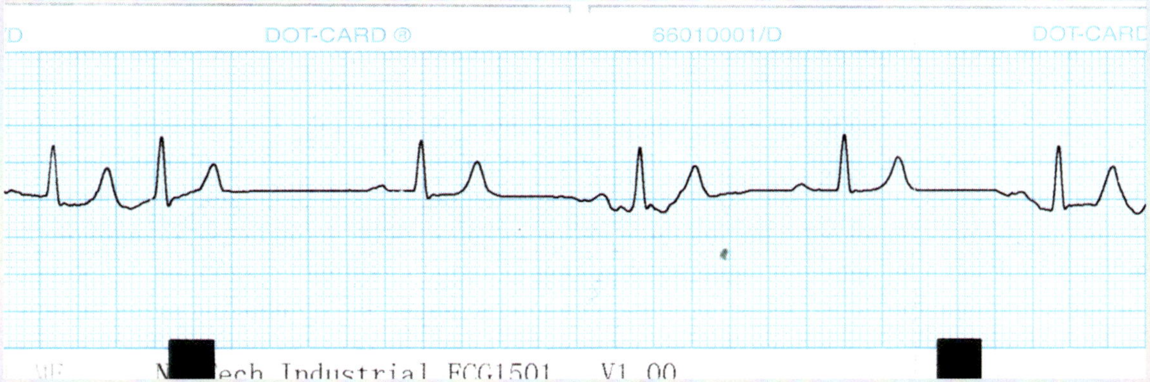

Ableitung II; 1 cm = 1 mV; 50 mm/s

Patient	
Rasse	Chow-Chow
Alter	5 Monate
Geschlecht	Männlich

Anamnese
Mattigkeit.

- ▶ Welche Veränderungen sind im EKG zu beobachten?
- ▶ Wofür sprechen diese Veränderungen?
- ▶ Wie sehen die weiteren Schritte aus?

Parameter	Patient	Normwerte
Grundrhythmus		Sinusrhythmus; Sinusarrhythmie
Herzfrequenz		70–160 bpm (bis zu 180 bei kleinen Rassen und bis zu 220 bei Welpen)
Elektrische Herzachse		+40° – +100°
P-Welle		Breite: 0,04 s; Höhe: 0,4 mV
PR-Intervall		0,06–0,13 s
QRS-Komplex		Bis zu 0,06 s (0,05 s bei kleinen Rassen)
R-Zacke		Bis zu 3 mV (2,5 mV bei kleinen Rassen)
QT-Intervall		0,15–0,25 s
ST-Strecke		Hebung: bis zu 0,15 mV; Senkung: < 0,2 mV
T-Welle		Weniger als 25 % der R-Höhe
Sonstiges		

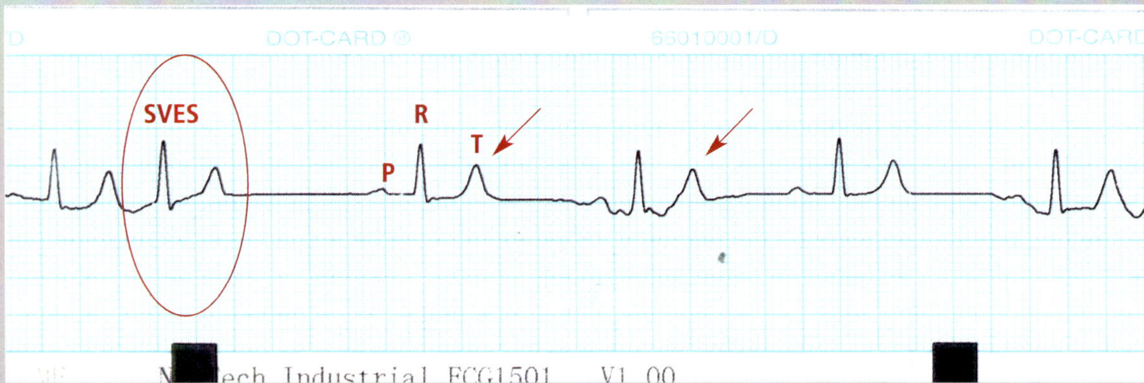

Untersuchte Parameter	
Grundrhythmus	**Sinusrhythmus mit SVES**
Herzfrequenz	120 bpm
Elektrische Herzachse	—
P-Welle	0,04 s × 0,1 mV
PR-Intervall	0,10 s
QRS-Komplex	0,04 s
R-Zacke	0,8 mV
QT-Intervall	0,20 s
ST-Strecke	Normal
T-Welle	**> 25 % der R-Höhe**
Sonstiges	—

▶ Welche Veränderungen sind im EKG zu beobachten?

Das EKG zeigt eine Vorhofextrasystole. Diese supraventrikulären Extrasystolen (SVES) sind vorzeitig einfallende Erregungen aus dem Vorhofgewebe, die durch abnorm konfigurierte P-Wellen gekennzeichnet sind (sogenannte P'-Wellen). Da die Erregungsausbreitung über den AV-Knoten und das His-Bündel auf normalem Wege erfolgt, gleichen die QRS-Komplexe jenen eines Sinuskomplexes.

Zu erkennen sind auch T-Wellen mit einer Amplitude von > 25 % der R-Höhe.

▶ Wofür sprechen diese Veränderungen?

Das Vorliegen von SVES weist auf eine hochgradige Vorhofdilatation hin. Die Vorhoferweiterung ist typisch für schwere und fortgeschrittene Kardiopathien wie die hochgradige chronische Klappenendokardiose oder die dilatative Kardiomyopathie sowie für diverse kongenitale kardiale Vitien. Auch verschiedene Stoffwechselstörungen und eine Myokarditis können derartige Arrhythmien verursachen, was jedoch eher selten vorkommt.

Die Veränderungen an der Morphologie der T-Welle (siehe Pfeile) stehen in Zusammenhang mit einer Hypoxie des Myokards und/oder mit Elektrolytimbalanzen.

▶ Wie sehen die weiteren Schritte aus?

Bei einem so jungen Patienten mit den genannten veränderten EKG-Parametern, insbesondere jenen, die auf eine Vorhofdilatation hinweisen, sollten zuerst alle möglichen Differentialdiagnosen im Bereich der angeborenen Herzfehler (persistierender Ductus arteriosus, Mitralklappendysplasie, Pulmonalstenose etc.) abgeklärt werden. Für eine genaue, definitive Diagnose der zugrundeliegenden Kardiopathie ist die Untersuchung mit dem Doppler-Ultraschall erforderlich. Auch der Schweregrad der vorliegenden Anomalie lässt sich sonographisch am besten beurteilen.

Eine spezifische antiarrhythmische Therapie ist bei einer so niedrigen Frequenz der SVES nicht notwendig.

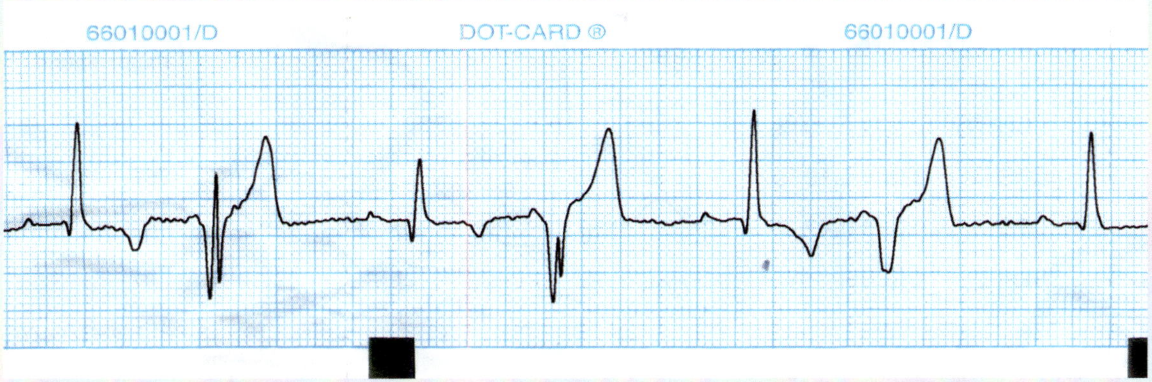

Ableitung II; 1 cm = 1 mV; 50 mm/s

Patient	
Rasse	Samojede
Alter	1 Jahr
Geschlecht	Weiblich

Anamnese

Verkehrsunfall.

- ▶ Welche Veränderungen sind im EKG zu beobachten?
- ▶ Was wäre die geeignetste Behandlung?

Parameter	Patient	Normwerte
Grundrhythmus		Sinusrhythmus; Sinusarrhythmie
Herzfrequenz		70–160 bpm (bis zu 180 bei kleinen Rassen und bis zu 220 bei Welpen)
Elektrische Herzachse		+40° – +100°
P-Welle		Breite: 0,04 s; Höhe: 0,4 mV
PR-Intervall		0,06–0,13 s
QRS-Komplex		Bis zu 0,06 s (0,05 s bei kleinen Rassen)
R-Zacke		Bis zu 3 mV (2,5 mV bei kleinen Rassen)
QT-Intervall		0,15–0,25 s
ST-Strecke		Hebung: bis zu 0,15 mV; Senkung: < 0,2 mV
T-Welle		Weniger als 25 % der R-Höhe
Sonstiges		

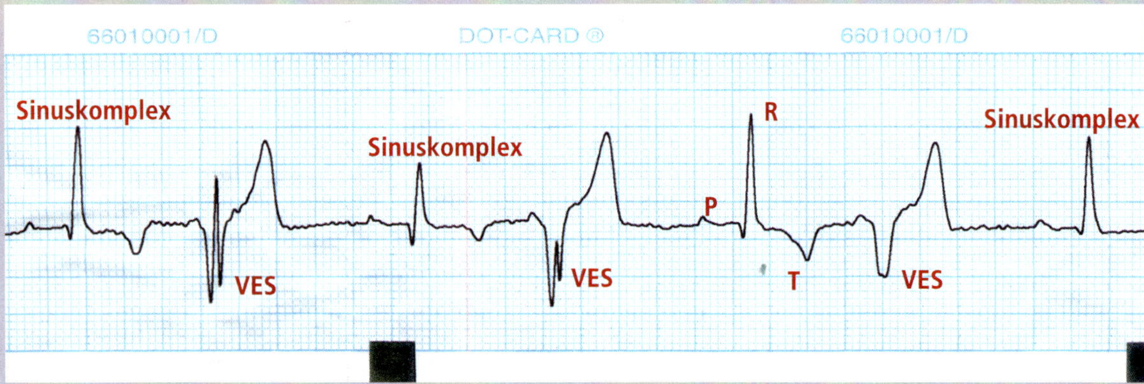

Untersuchte Parameter	
Grundrhythmus	**Sinusrhythmus mit VES**
Herzfrequenz	140 bpm
Elektrische Herzachse	—
P-Welle	0,04 s × 0,2 mV
PR-Intervall	0,12 s
QRS-Komplex	0,04 s
R-Zacke	0,8–1,5 mV
QT-Intervall	0,22 s
ST-Strecke	Normal
T-Welle	Normal
Sonstiges	**Elektrische Alternans**

▶ Welche Veränderungen sind im EKG zu beobachten?

Man erkennt linksventrikuläre Extrasystolen (VES), d. h. eine vorzeitige Erregung der linken Herzkammer. Wenn diese Arrhythmien im Wechsel (1:1) mit Sinuskomplexen auftreten, wird der Rhythmus als Bigeminus bezeichnet.

Diese Arrhythmie ventrikulären Ursprungs ist gekennzeichnet durch:

- Fehlen einer P-Welle vor dem QRS-Komplex.
- Deutlich verbreiterte und bizarre QRS-Komplexe.
- T-Wellen mit vergrößerter Amplitude (entgegengesetzt zur Hauptausschlagrichtung des QRS-Komplexes). Linksventrikuläre Extrasystolen weisen typischerweise QRS-Komplexe mit vorwiegend negativem Ausschlag und T-Wellen mit positiver Ausschlagrichtung auf. Bei rechtsventrikulären Extrasystolen ist die Polarität genau umgekehrt (positive QRS-Komplexe und negative T-Wellen).

▶ Was wäre die geeignetste Behandlung?

Die vorliegende ventrikuläre Arrhythmie kann sekundär nach primären strukturellen Kardiopathien (sowohl angeborenen wie erworbenen; Myokarditis etc.) auftreten, doch gibt es auch zahlreiche extrakardiale Prozesse, die diese Arrhythmie auslösen können, nämlich:

- Stoffwechselstörungen: Anämie, Septikämie, Azotämie etc.
- Schmerzen, Erregungszustände, Fieber.
- Hypoxie / Ischämie des Myokards verschiedenster Ätiologie.
- Hyperthyreose.
- Magendilatation / Magendrehung.
- Intoxikation durch Pharmaka (Digoxin, Thyroxin etc.).

Da in diesem Fall keine Herzgeräusche zu auskultieren waren, anamnestisch von keinen Symptomen eines Herzproblems berichtet wurde, normale Sinuskomplexe vorlagen und nichts auf eine kardiale Dilatation / Hypertrophie hinwies, ist die wahrscheinlichste Ursache der Arrhythmie eine sekundäre traumatische Myokarditis infolge des Unfalls.

In diesem Fall sollte die Therapie folgendermaßen ausgerichtet sein:

- Minimierung der durch den Unfall verursachten Herzmuskelentzündung (Kortikosteroide).
- Analgesie zur Kontrolle der Wirkung der schmerzbedingt vermehrt ausgeschütteten endogenen Katecholamine auf das Myokard.
- Antiarrhythmische Therapie mit Lidocain, Procainamid und Betablockern (Atenolol etc.).

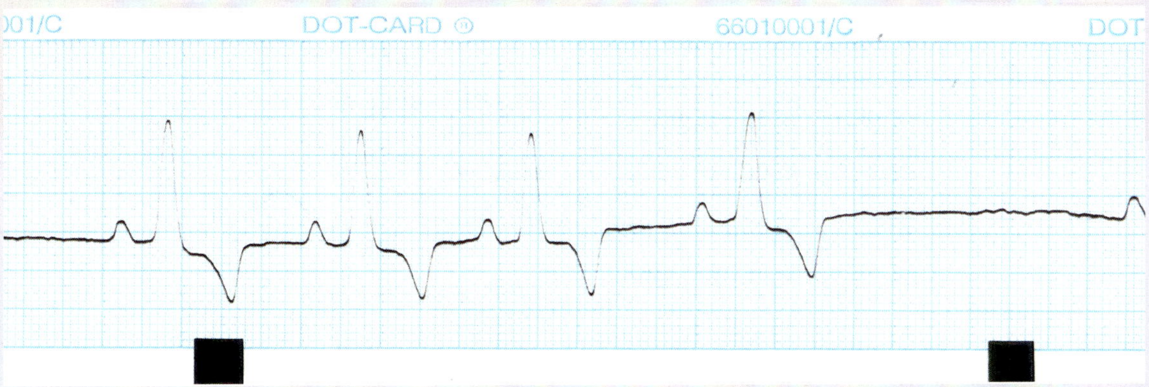

Ableitung II; 1 cm = 1 mV; 50 mm/s

Patient	
Rasse	Cocker Spaniel
Alter	12 Jahre
Geschlecht	Weiblich

Anamnese

Bekannte Klappenendokardiose, laufende Therapie mit Furosemid und Propanolol. Atmung verbessert, doch Patient sehr schwach. Verlängerte Kapillarfüllungszeit, blasse Schleimhäute.

▶ Welche Veränderungen sind im EKG zu beobachten und was bedeuten sie?

▶ Wie muss die gegenwärtige Therapie angepasst werden?

Parameter	Patient	Normwerte
Grundrhythmus		Sinusrhythmus; Sinusarrhythmie
Herzfrequenz		70–160 bpm (bis zu 180 bei kleinen Rassen und bis zu 220 bei Welpen)
Elektrische Herzachse		+40° – +100°
P-Welle		Breite: 0,04 s; Höhe: 0,4 mV
PR-Intervall		0,06–0,13 s
QRS-Komplex		Bis zu 0,06 s (0,05 s bei kleinen Rassen)
R-Zacke		Bis zu 3 mV (2,5 mV bei kleinen Rassen)
QT-Intervall		0,15–0,25 s
ST-Strecke		Hebung: bis zu 0,15 mV; Senkung: < 0,2 mV
T-Welle		Weniger als 25 % der R-Höhe
Sonstiges		

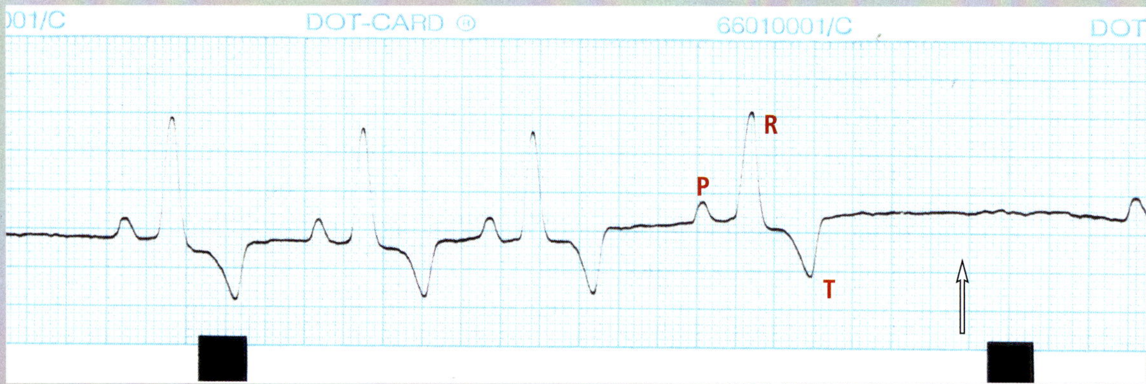

Untersuchte Parameter	
Grundrhythmus	Respiratorische Sinusarrhythmie
Herzfrequenz	80 bpm
Elektrische Herzachse	—
P-Welle	0,04 s × 0,35 mV
PR-Intervall	0,10 s
QRS-Komplex	0,06 s
R-Zacke	1,4 mV
QT-Intervall	0,22 s
ST-Strecke	Normal
T-Welle	**> 25 % der R-Höhe**
Sonstiges	—

▶ Welche Veränderungen sind im EKG zu beobachten und was bedeuten sie?

Es handelt sich um eine Sinusarrhythmie mit niedriger Frequenz, wobei die bei der Hündin diagnostizierte kongestive Herzinsuffizienz eigentlich eine Tachykardie erzeugen sollte. Wellen, Intervalle und Strecken sind normal konfiguriert, nur die T-Wellen übersteigen mit ihrer Amplitude den Maximalwert von 25 % der R-Höhe, was auf eine Myokardhypoxie oder ein gravierendes Ionenungleichgewicht hinweist.

P-Wellen und QRS-Komplexe befinden sich mit ihrer Dauer an der oberen Grenze des Normbereichs, was für eine Linksherzvergrößerung sprechen könnte.

Verantwortlich für diesen Rhythmus, der Phasen aufweist, die zu einem inkompletten Sinusblock gehören könnten (siehe Pfeil; für diese Feststellung müsste man aber über eine längere EKG-Aufzeichnung verfügen), ist die Behandlung mit Betablockern. Die Therapie mit Propranolol, das eine negativ inotrope Wirkung hat, kann zwar bei kongestiver Herzinsuffizienz aufgrund seines negativ chronotropen Effekts angezeigt sein, doch muss die Dosis exakt an den individuellen Patienten angepasst werden. In vielen Fällen kommt es zu Bradykardien und Blockierungen, die potenziell gefährlich sein können und daher in jedem Fall durch Dosiskorrektur und/oder Umstieg auf ein anderes Präparat vermieden werden müssen.

▶ Wie muss die gegenwärtige Therapie angepasst werden?

Das Propranolol sollte, wenn möglich, ausschleichend abgesetzt werden (Reduzierung der Dosis auf 50 % während einer Woche, danach eine weitere 50%ige Reduzierung und schließlich vollständiges Absetzen). Ein anderes Arzneimittel sollte gewählt werden, das in Kombination mit einem Diuretikum in der Lage ist, die Herzerkrankung zu stabilisieren. Verfügbare Optionen sind Pimobendan und ein ACE-Hemmer.

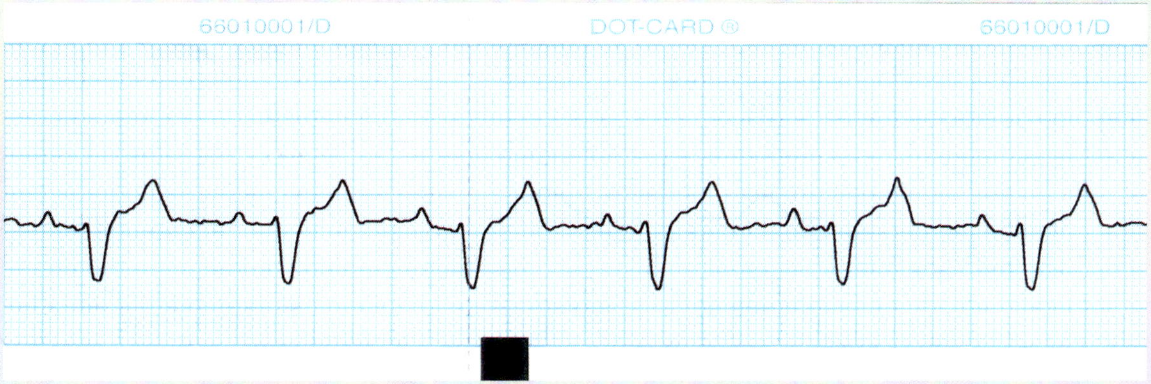

Ableitung II; 1 cm = 1 mV; 50 mm/s

Patient	
Rasse	Cocker Spaniel
Alter	3 Monate
Geschlecht	Männlich

Anamnese

Herzgeräusch II/V, das im rechten Hemithorax stärker ist. Leichte Belastungsintoleranz.

- ▶ Welche Veränderungen sind im EKG zu beobachten?
- ▶ Was ist die wahrscheinlichste Ursache? Welche Untersuchung eignet sich am besten zur Diagnosesicherung?
- ▶ Ist eine Therapie erforderlich?

Parameter	Patient	Normwerte
Grundrhythmus		Sinusrhythmus; Sinusarrhythmie
Herzfrequenz		70–160 bpm (bis zu 180 bei kleinen Rassen und bis zu 220 bei Welpen)
Elektrische Herzachse		+40° – +100°
P-Welle		Breite: 0,04 s; Höhe: 0,4 mV
PR-Intervall		0,06–0,13 s
QRS-Komplex		Bis zu 0,06 s (0,05 s bei kleinen Rassen)
R-Zacke		Bis zu 3 mV (2,5 mV bei kleinen Rassen)
QT-Intervall		0,15–0,25 s
ST-Strecke		Hebung: bis zu 0,15 mV; Senkung: < 0,2 mV
T-Welle		Weniger als 25 % der R-Höhe
Sonstiges		

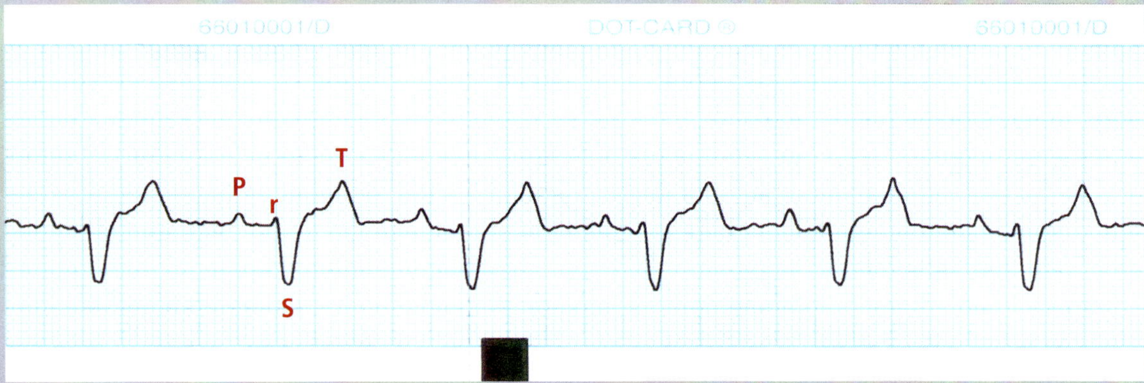

Untersuchte Parameter	
Grundrhythmus	Normaler Sinusrhythmus
Herzfrequenz	120 bpm
Elektrische Herzachse	—
P-Welle	0,04 s × 0,2 mV
PR-Intervall	0,12 s
QRS-Komplex	**0,08 s**
R-Zacke	**0,1 mV**
QT-Intervall	0,22 s
ST-Strecke	Normal
T-Welle	**> 25 % der R-Höhe**
Sonstiges	—

▶ Welche Veränderungen sind im EKG zu beobachten?

Man erkennt einen kompletten intraventrikulären Leitungsblock; wahrscheinlich handelt es sich um einen Ausfall der Erregungsleitung über den rechten Tawara-Schenkel (Rechtsschenkelblock). Die tiefen S-Zacken, die verbreiterten QRS-Komplexe vom Typ rS (typisch für einen kompletten intraventrikulären Leitungsblock) und die T-Wellen, deren Amplitude 25 % der R-Höhe übersteigt, stellen einen für diese Art von Blockierung charakteristischen Befund dar. Es liegt ein normaler Sinusrhythmus vor (jedem QRS-Komplex geht eine positive P-Welle voraus), und die Herzfrequenz liegt für einen Patienten mit diesen Charakteristika in der Norm.

▶ Was ist die wahrscheinlichste Ursache? Welche Untersuchung eignet sich am besten zur Diagnosesicherung?

Diese elektrokardiographischen Veränderungen können primärer Natur sein und ohne Zusammenhang mit einer Grundkrankheit bestehen; sie können aber auch sekundär nach diversen pathologischen Prozessen auftreten (Dirofilariose, Thoraxtraumata, Myokarditis, angeborenen oder erworbenen kardialen Vitien etc.). Bei einem so jungen Patienten mit Herzgeräuschen steht ein angeborener Herzfehler als Ursache der rechtsventrikulären Hypertrophie / Dilatation an erster Stelle aller möglichen Differentialdiagnosen (Pulmonalstenose, persistierender Ductus arteriosus, Trikuspidalklappendysplasie etc.). Bei Hunden dieser Rasse besteht eine besondere Prädisposition für eine Pulmonalstenose, doch ist zur Bestätigung der Verdachtsdiagnose die sonographische Untersuchung mit Doppler-Ultraschall unverzichtbar. Im Herzultraschall lässt sich auch der Schweregrad des Herzfehlers beurteilen und eine fundierte Aussage zur Prognose treffen.

▶ Ist eine Therapie erforderlich?

Bis zum Vorliegen des Ultraschallbefundes wäre eine Therapie mit einem ACE-Hemmer (Benazepril) sinnvoll.

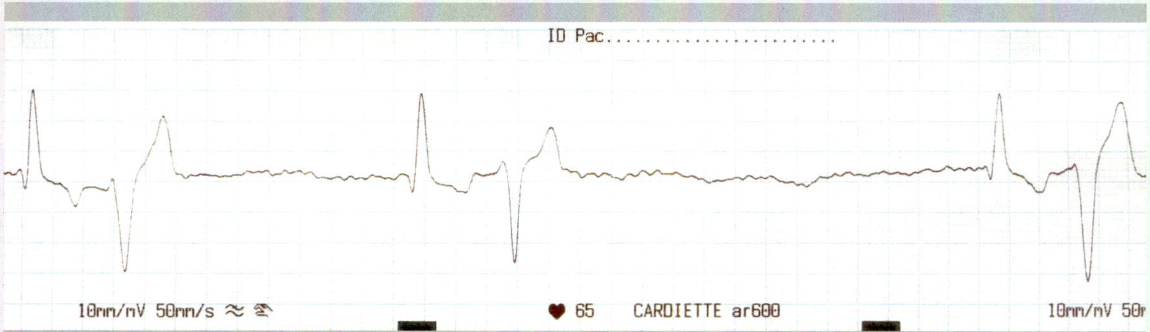

Bild auf 82 % verkleinert.

Ableitung II; 1 cm = 1 mV; 50 mm/s

Patient	
Rasse	Dogge
Alter	6 Jahre
Geschlecht	Männlich

Anamnese

Bekannte idiopathische dilatative Kardiomyopathie; seit einem Monat in Behandlung mit Benazepril, Furosemid und Digoxin. Häufige Synkopen, Schwäche und Anorexie seit mehreren Tagen.

- ▶ Welche Veränderungen sind im EKG zu beobachten?
- ▶ Wodurch können diese entstehen?
- ▶ Welche Therapie ist angezeigt?

Parameter	Patient	Normwerte
Grundrhythmus		Sinusrhythmus; Sinusarrhythmie
Herzfrequenz		70–160 bpm (bis zu 180 bei kleinen Rassen und bis zu 220 bei Welpen)
Elektrische Herzachse		+40° – +100°
P-Welle		Breite: 0,04 s; Höhe: 0,4 mV
PR-Intervall		0,06–0,13 s
QRS-Komplex		Bis zu 0,06 s (0,05 s bei kleinen Rassen)
R-Zacke		Bis zu 3 mV (2,5 mV bei kleinen Rassen)
QT-Intervall		0,15–0,25 s
ST-Strecke		Hebung: bis zu 0,15 mV; Senkung: < 0,2 mV
T-Welle		Weniger als 25 % der R-Höhe
Sonstiges		

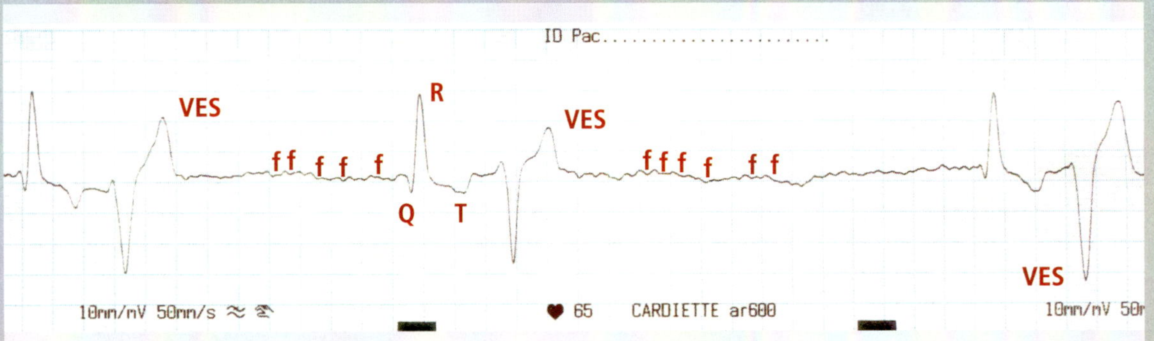

Bild auf 82 % verkleinert.

Untersuchte Parameter	
Grundrhythmus	**Vorhofflimmern und VES**
Herzfrequenz	**70 bpm**
Elektrische Herzachse	—
P-Welle	—
PR-Intervall	—
QRS-Komplex	0,06 s
R-Zacke	1,4 mV
QT-Intervall	0,22 s
ST-Strecke	Normal
T-Welle	Normal
Sonstiges	—

▶ Welche Veränderungen sind im EKG zu beobachten?

Das EKG zeigt ein Vorhofflimmern (f) mit linksventrikulären Extrasystolen und einem Bigeminus-Rhythmus bei einer Herzfrequenz von 70 bpm.

▶ Wodurch können diese entstehen?

Diese supraventrikuläre Arrhythmie weist zum Zeitpunkt der Diagnose in der Regel eine stark erhöhte Herzfrequenz von über 200 bpm auf. Eine antiarrhythmische Behandlung ist in der Regel meist nur in der Lage, die Frequenz auf Werte unter 180 bpm zu senken. Es handelt sich um den typischen EKG-Befund einer idiopathischen dilatativen Kardiomyopathie von Hunden großer Rassen.

Auch die Entwicklung von ventrikulären Extrasystolen ist relativ häufig zu beobachten, besonders bei dekompensierter Erkrankung.

Die niedrige ventrikuläre Frequenz zwingt zur Abklärung eines möglichen toxischen Effekts des Digoxins, der auch die ventrikuläre Arrhythmie erklären könnte.

Die Digoxintherapie erfordert eine strenge Überwachung der Dosis mittels regelmäßiger Bestimmung der Plasmaspiegel. Diese sollten sich im Bereich von 1–2 ng/ml bewegen, wobei versucht werden sollte, möglichst Werte um die 1,5 ng/ml aufrechtzuerhalten.

Zu kontrollieren sind auch die Kaliumspiegel, da eine Hypokaliämie den toxischen Effekt des Digoxins noch zu steigern vermag.

▶ Welche Therapie ist angezeigt?

Als Sofortmaßnahme sollten die Digoxinspiegel bestimmt und das Medikament vorübergehend abgesetzt werden. Sollte die Plasmakonzentration nicht im therapeutischen Bereich liegen, muss die Dosis entsprechend angepasst werden.

Das Therapiemonitoring ist bei Digoxin von elementarer Bedeutung, und zwar hinsichtlich folgender Aspekte:

- Einstellen oder Anpassen der Dosis.
- Hochgradige Veränderungen im EKG.
- Symptome wie Schwäche, Synkopen, Anorexie, Erbrechen, Durchfall etc.
- Kardiologische Kontrolluntersuchung alle 6–12 Monate.

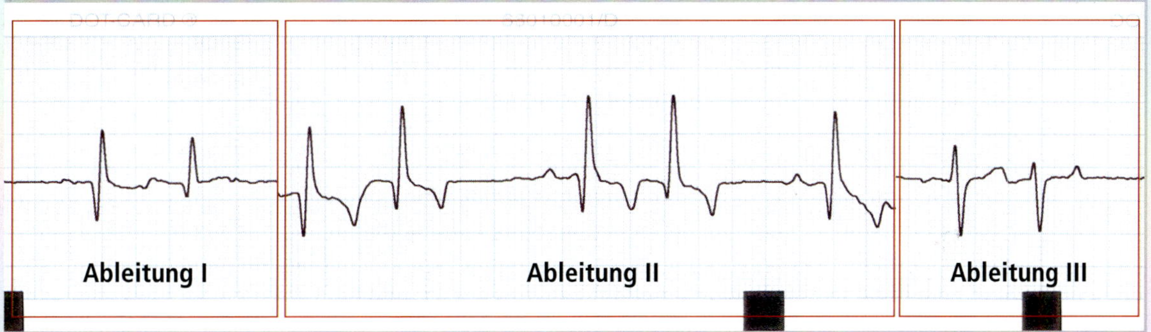

Bild auf 88 % verkleinert.

Ableitung II; 1 cm = 1 mV; 50 mm/s

Patient	
Rasse	Mischling
Alter	15 Jahre
Geschlecht	Männlich

Anamnese

Klappenendokardiose.

- Welcher Herzrhythmus liegt vor?
- Wofür spricht dieser Rhythmus und welche Folgen hat die Arrhythmie?
- Welches Therapieregime wird für diese Art von Arrhythmie empfohlen?

Parameter	Patient	Normwerte
Grundrhythmus		Sinusrhythmus; Sinusarrhythmie
Herzfrequenz		70–160 bpm (bis zu 180 bei kleinen Rassen und bis zu 220 bei Welpen)
Elektrische Herzachse		+40° – +100°
P-Welle		Breite: 0,04 s; Höhe: 0,4 mV
PR-Intervall		0,06–0,13 s
QRS-Komplex		Bis zu 0,06 s (0,05 s bei kleinen Rassen)
R-Zacke		Bis zu 3 mV (2,5 mV bei kleinen Rassen)
QT-Intervall		0,15–0,25 s
ST-Strecke		Hebung: bis zu 0,15 mV; Senkung: < 0,2 mV
T-Welle		Weniger als 25 % der R-Höhe
Sonstiges		

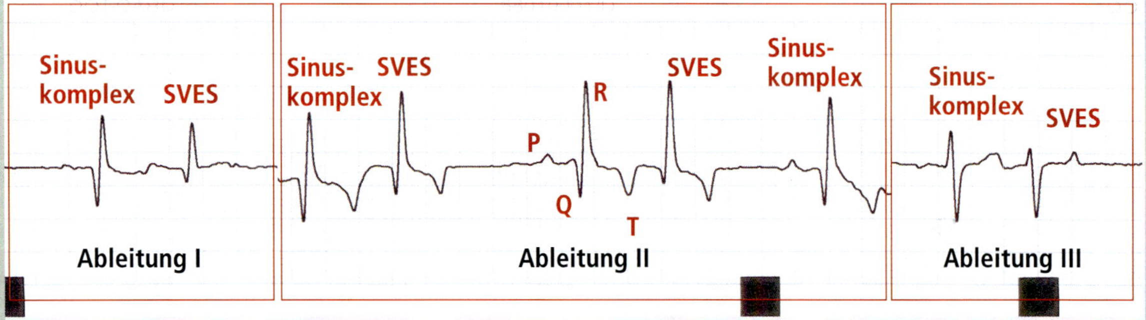

Bild auf 88 % verkleinert.

Untersuchte Parameter	
Grundrhythmus	Sinusarrhythmie mit SVES
Herzfrequenz	120 bpm
Elektrische Herzachse	**–53°**
P-Welle	0,04 s × 0,2 mV
PR-Intervall	0,10 s
QRS-Komplex	0,06 s
R-Zacke	1,2 mV
QT-Intervall	0,22 s
ST-Strecke	Normal
T-Welle	**> 25 % der R-Höhe**
Sonstiges	—

▶ Welcher Herzrhythmus liegt vor?

Der Grundrhythmus ist ein Sinusrhythmus mit Sinuskomplexen einer Frequenz von 60 bpm. Zu sehen sind einzelne monofokale supraventrikuläre Extrasystolen (Vorhofextrasystolen), deren Rhythmus als Bigeminus bezeichnet wird (jedem Sinusschlag folgt eine vorzeitig einfallende Vorhofextrasystole). Bei den Sinuskomplexen fallen überhöhte T-Wellen auf, was auf eine Hypoxie des Myokards hinweist.

▶ Wofür spricht dieser Rhythmus und welche Folgen hat die Arrhythmie?

Zu dieser Arrhythmie kommt es meist dann, wenn eine hochgradige sekundäre Vorhoferweiterung infolge eines Klappenvitiums, eines kongenitalen Defekts oder einer kardialen Neoplasie vorliegt. Durch jede Extrasystole steigt der Sauerstoffverbrauch des Myokards, ohne dass eine Kompensation durch ein erhöhtes Herzminutenvolumen erfolgt, weil dieser Extraschlag mit einer nur kurzen vorzeitigen diastolischen Phase abläuft, sodass keine entsprechende Ventrikelfüllung erfolgt und die Kontraktion des Herzmuskels keine adäquate Pumpaktion bewirkt. Dies manifestiert sich in Form eines Pulsdefizits, das erkennbar ist, wenn bei der Auskultation des Herzens gleichzeitig an der A. femoralis der Puls gemessen wird.

▶ Welches Therapieregime wird für diese Art von Arrhythmie empfohlen?

Neben der Stabilisierung der Herzinsuffizienz (mit Diuretika, Vasodilatatoren und inotropen Medikamenten) sollte eine antiarrhythmische Therapie eingeleitet werden. Zum Einsatz kommen in diesen Fällen vor allem Digitalispräparate (Digoxin), Betablocker (Sotalol, Atenolol, Propranolol) oder Kalziumkanalblocker (Diltiazem).

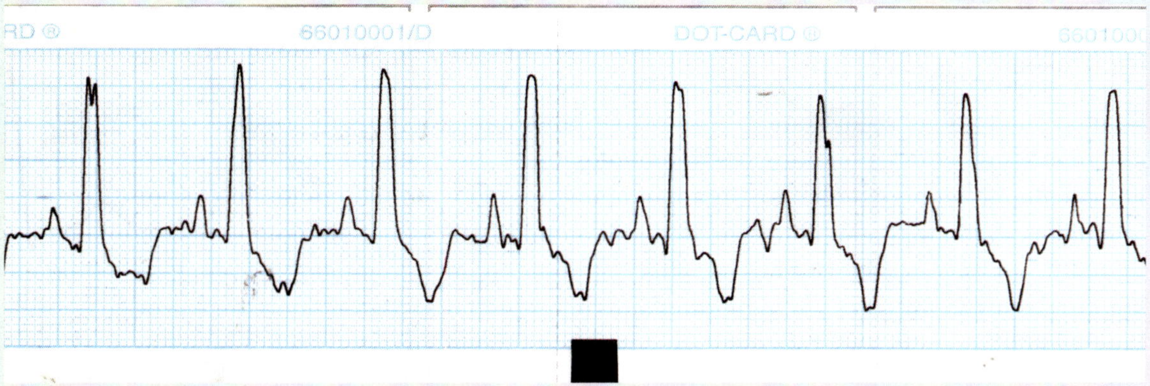

Ableitung II; 1 cm = 1 mV; 50 mm/s

Patient	
Rasse	Pudel
Alter	17 Jahre
Geschlecht	Männlich

Anamnese

Bilaterales Herzgeräusch, hochgradige Kardiomegalie mit Lungenödem, Azotämie. Husten und Dyspnoe in Ruhe. Laufende Therapie mit Benazepril, Spironolacton und Furosemid.

- Welche Veränderungen sind im EKG zu beobachten und was lässt sich daraus schließen?
- Was ist die wahrscheinlichste Diagnose?
- Welche therapeutischen Maßnahmen sind in einem Fall wie diesem zu ergreifen?

Parameter	Patient	Normwerte
Grundrhythmus		Sinusrhythmus; Sinusarrhythmie
Herzfrequenz		70–160 bpm (bis zu 180 bei kleinen Rassen und bis zu 220 bei Welpen)
Elektrische Herzachse		+40° – +100°
P-Welle		Breite: 0,04 s; Höhe: 0,4 mV
PR-Intervall		0,06–0,13 s
QRS-Komplex		Bis zu 0,06 s (0,05 s bei kleinen Rassen)
R-Zacke		Bis zu 3 mV (2,5 mV bei kleinen Rassen)
QT-Intervall		0,15–0,25 s
ST-Strecke		Hebung: bis zu 0,15 mV; Senkung: < 0,2 mV
T-Welle		Weniger als 25 % der R-Höhe
Sonstiges		

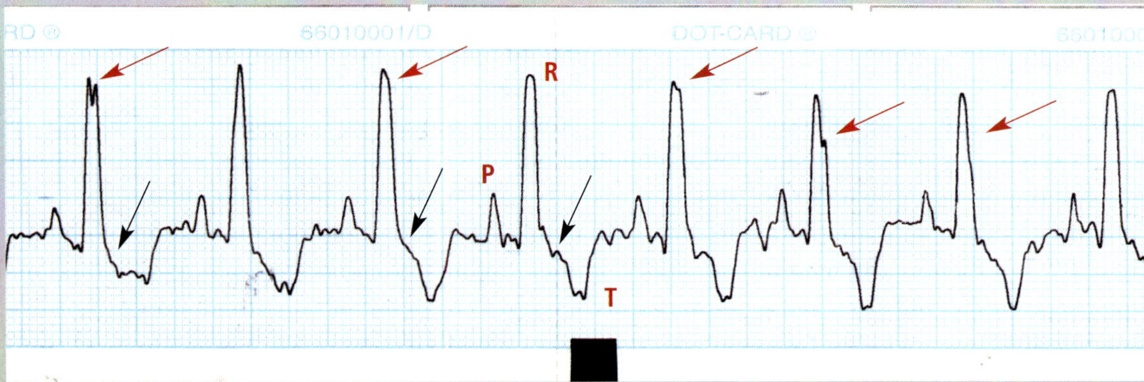

Untersuchte Parameter	
Grundrhythmus	Normaler Sinusrhythmus
Herzfrequenz	160 bpm
Elektrische Herzachse	—
P-Welle	0,04 s × **0,5 mV**
PR-Intervall	0,10 s
QRS-Komplex	**0,08 s**
R-Zacke	2,2 mV
QT-Intervall	0,22 s
ST-Strecke	**Senkung 0,25 mV**
T-Welle	**> 25 % der R-Höhe**
Sonstiges	**Kerbung der R-Zacke**

▶ Welche Veränderungen sind im EKG zu beobachten und was lässt sich daraus schließen?

Das EKG zeigt überhöhte P-Wellen (P-pulmonale). Dies weist auf eine Dilatation des rechten Vorhofs hin.

Die verbreiterten QRS-Komplexe können aufgrund einer Hypertrophie / Dilatation des linken Ventrikels bestehen oder auf einen Linksschenkelblock zurückzuführen sein.

Die ST-Strecken-Senkung (schwarze Pfeile), die tiefen T-Wellen und die gekerbten R-Zacken (rote Pfeile) können mit einer Myokardischämie in Zusammenhang stehen. Dies würde bedeuten, dass eine dekompensierte hämodynamische Situation vorliegt.

▶ Was ist die wahrscheinlichste Diagnose?

Aufgrund der vorhandenen EKG-Zeichen einer kardialen Hypertrophie / Dilatation und des auskultierten Herzgeräusches kann auf eine chronische Klappenendokardiose als wahrscheinlichste Diagnose geschlossen werden. Angesichts der beschriebenen elektrokardiographischen Veränderungen könnte sich die Endokardiose bereits in einem fortgeschrittenen und dekompensierten Stadium befinden.

▶ Welche therapeutischen Maßnahmen sind in einem Fall wie diesem zu ergreifen?

Der Zustand von Patienten wie diesem, mit dem beschriebenen klinischen Bild und den schwerwiegenden Auffälligkeiten im EKG, erfordert die stationäre Aufnahme und die sofortige Einleitung einer parenteralen Therapie.

Das hochgradige Lungenödem muss folgendermaßen aggressiv behandelt werden:

- Sauerstofftherapie.
- Parenterale Verabreichung eines hochdosierten Diuretikums (Furosemid).
- Zu empfehlen sind in dieser Phase außerdem: Dobutamin und Venodilatatoren (Nitroprussid).

Sobald der Patient stabil ist, kann die Behandlung ambulant fortgesetzt werden. Dazu wird die derzeitige orale Medikation weiterhin verabreicht und möglicherweise noch zusätzlich ein positives Inotropikum (Pimobendan) gegeben.

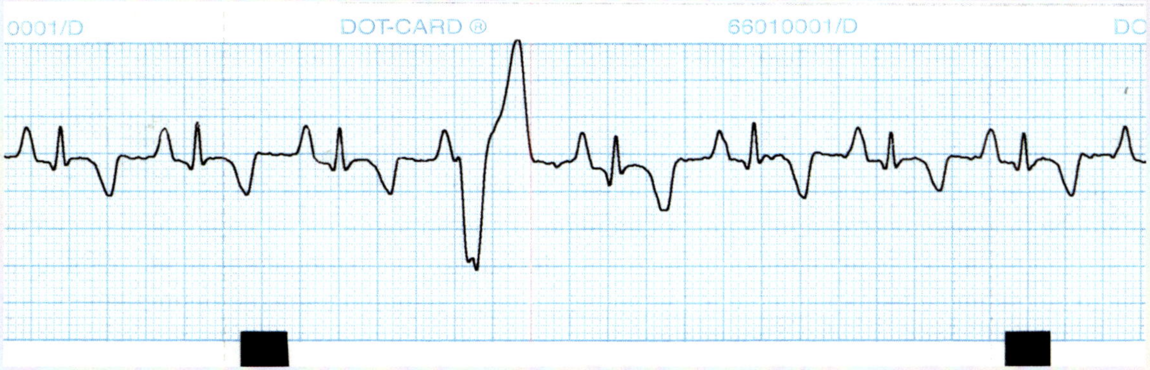

Ableitung II; 1 cm = 1 mV; 50 mm/s

Patient	
Rasse	Belgischer Schäferhund
Alter	3 Jahre
Geschlecht	Männlich

Anamnese

Mehrere Episoden mit Krampfanfällen und Bewusstseinsverlust.

- Welche Veränderungen sind im EKG zu beobachten?
- Wie wahrscheinlich ist das Vorliegen einer primär kardialen Ätiologie?
- Welche Maßnahmen sollten ergriffen werden?

Parameter	Patient	Normwerte
Grundrhythmus		Sinusrhythmus; Sinusarrhythmie
Herzfrequenz		70–160 bpm (bis zu 180 bei kleinen Rassen und bis zu 220 bei Welpen)
Elektrische Herzachse		+40° – +100°
P-Welle		Breite: 0,04 s; Höhe: 0,4 mV
PR-Intervall		0,06–0,13 s
QRS-Komplex		Bis zu 0,06 s (0,05 s bei kleinen Rassen)
R-Zacke		Bis zu 3 mV (2,5 mV bei kleinen Rassen)
QT-Intervall		0,15–0,25 s
ST-Strecke		Hebung: bis zu 0,15 mV; Senkung: < 0,2 mV
T-Welle		Weniger als 25 % der R-Höhe
Sonstiges		

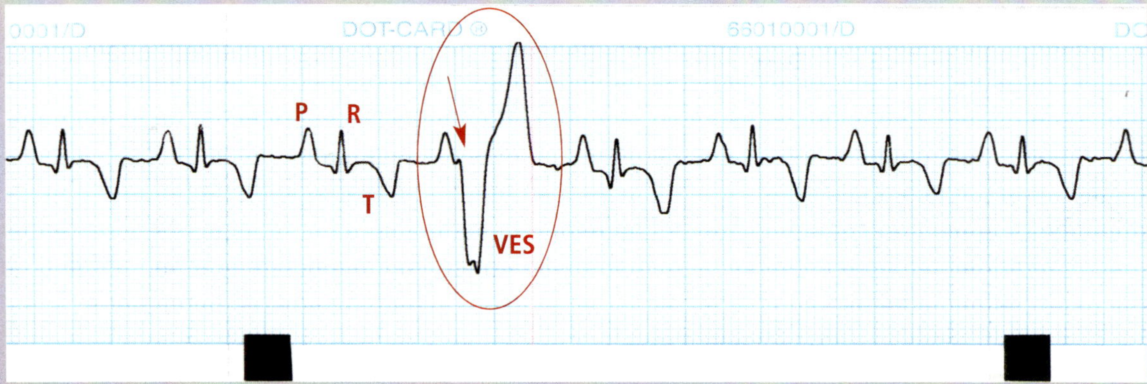

Untersuchte Parameter	
Grundrhythmus	**Sinusrhythmus mit einzelnen linksventrikulären Extrasystolen**
Herzfrequenz	160 bpm
Elektrische Herzachse	—
P-Welle	0,04 s × 0,35 mV
PR-Intervall	0,08 s
QRS-Komplex	0,04 s
R-Zacke	0,6 mV
QT-Intervall	0,18 s
ST-Strecke	Normal
T-Welle	**> 25 % der R-Höhe**
Sonstiges	—

▶ Welche Veränderungen sind im EKG zu beobachten?

Der Grundrhythmus ist ein Sinusrhythmus mit normaler Herzfrequenz, doch ist eine einzelne linksventrikuläre Extrasystole (VES) zu erkennen. Diese weist verschiedene charakteristische EKG-Zeichen auf:

- Fehlen einer P-Welle vor dem QRS-Komplex: In diesem Fall scheint eine P-Welle vorhanden zu sein, die jedoch dem Sinuskomplex und nicht der VES zuzurechnen ist, aber vor Beginn des QRS-Komplexes von der VES überlagert wurde. Man beachte, dass das PR-Intervall (Pfeil) hier kürzer ist, als dies bei normalen P-QRS-T-Komplexen der Fall ist.
- Deutliche Verbreiterung und bizarre Konfiguration des QRS-Komplexes.
- T-Wellen mit vergrößerter Amplitude (entgegengesetzt zur Hauptausschlagrichtung des QRS-Komplexes).

▶ Wie wahrscheinlich ist das Vorliegen einer primär kardialen Ätiologie?

Ventrikuläre Extrasystolen (VES) und andere ventrikuläre Arrhythmien (ventrikuläre Tachykardie etc.) können durch eine Vielzahl von Prozessen ausgelöst werden:

- Primäre Kardiopathien (sowohl angeboren als auch erworben, Myokarditis etc.).
- Stoffwechselstörungen: Anämie, Septikämie, Azotämie etc.
- Schmerzen, Erregungszustände, Fieber.
- Hypoxie / Ischämie des Myokards verschiedenster Ätiologie.
- Hyperthyreose.
- Magendilatation / Magendrehung.
- Intoxikation durch Pharmaka (Digoxin, Thyroxin etc.).

Da in diesem Fall weder Herzgeräusche noch EKG-Zeichen einer Ventrikelvergrößerung festgestellt werden konnten, ist die Ursache der Arrhythmie höchstwahrscheinlich extrakardialer Natur und steht offenbar mit den Krampfanfällen in Zusammenhang.

▶ Welche Maßnahmen sollten ergriffen werden?

Mögliche extrakardiale Ursachen der Arrhythmie sind durch weiterführende Untersuchungen (Blutbild, neurologische Untersuchung etc.) abzuklären. Das Auftreten einer einzigen ventrikulären Extrasystole ist kein Grund für eine antiarrhythmische Therapie.

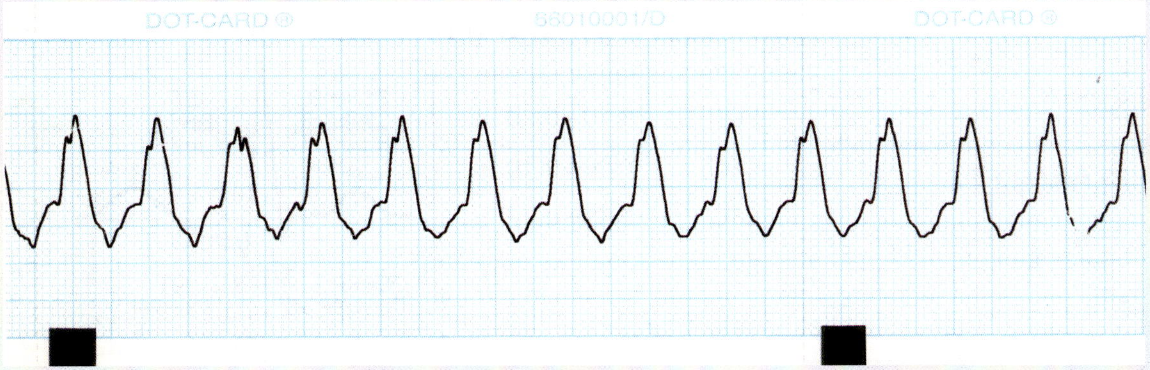

Ableitung II; 1 cm = 1 mV; 50 mm/s

Patient	
Rasse	Mischling
Alter	9 Jahre
Geschlecht	Männlich

Anamnese

Herzgeräusch, Belastungsintoleranz, Aszites, Anorexie.

- ▶ Welcher Herzrhythmus ist dargestellt und welche anderen Veränderungen sind zu beobachten?
- ▶ Mit welcher anderen Arrhythmie könnte die vorliegende verwechselt werden und wie kann man beide voneinander unterscheiden?
- ▶ Welche Differentialdiagnosen kommen infrage?

Parameter	Patient	Normwerte
Grundrhythmus		Sinusrhythmus; Sinusarrhythmie
Herzfrequenz		70–160 bpm (bis zu 180 bei kleinen Rassen und bis zu 220 bei Welpen)
Elektrische Herzachse		+40° – +100°
P-Welle		Breite: 0,04 s; Höhe: 0,4 mV
PR-Intervall		0,06–0,13 s
QRS-Komplex		Bis zu 0,06 s (0,05 s bei kleinen Rassen)
R-Zacke		Bis zu 3 mV (2,5 mV bei kleinen Rassen)
QT-Intervall		0,15–0,25 s
ST-Strecke		Hebung: bis zu 0,15 mV; Senkung: < 0,2 mV
T-Welle		Weniger als 25 % der R-Höhe
Sonstiges		

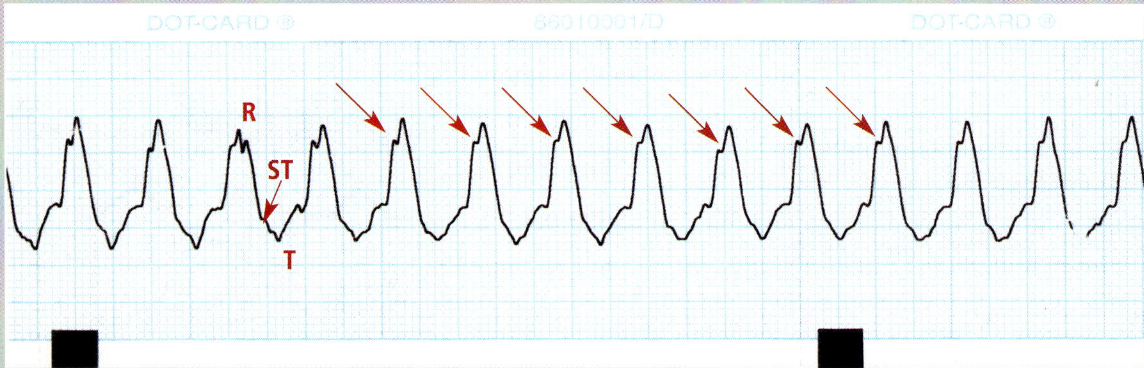

Untersuchte Parameter	
Grundrhythmus	Regulär
Herzfrequenz	**290 bpm**
Elektrische Herzachse	—
P-Welle	**Nicht zu beurteilen**
PR-Intervall	**Nicht zu beurteilen**
QRS-Komplex	**0,1 s**
R-Zacke	1,5 mV
QT-Intervall	0,2 s
ST-Strecke	**Senkung, doch nicht exakt feststellbar**
T-Welle	**> 25 % der R-Höhe**
Sonstiges	**Kerbung im letzten Drittel des aufsteigenden Schenkels der R-Zacke**

▶ Welcher Herzrhythmus ist dargestellt und welche anderen Veränderungen sind zu beobachten?

Der Herzrhythmus ist regelmäßig und es liegt eine Tachykardie vor. Die Unterscheidung zwischen einem supraventrikulären und einem ventrikulären Rhythmus ist jedoch schwierig, da keine P-Wellen auszumachen sind. Die ventrikulären Komplexe sind breit und weisen im letzten Drittel des aufsteigenden Schenkels der R-Zacke eine Kerbung bzw. Eindellung auf (Pfeile), und die Dauer der Komplexe ist länger als normal. Die T-Wellen sind überhöht und übersteigen mit ihrer Amplitude die 25 % der entsprechenden R-Höhe.

▶ Mit welcher anderen Arrhythmie könnte die vorliegende verwechselt werden und wie kann man beide voneinander unterscheiden?

Als Differentialdiagnosen kommen infrage: Vorhofflimmern, persistierende Vorhoftachykardie und permanente rechtsventrikuläre Tachykardie. Gelegentlich gelingt es, die Herzfrequenz mittels eines Vagusmanövers durch Bulbusdruck zu reduzieren, sodass eine genauere Beurteilung des EKG möglich wird. In anderen Fällen kann es hilfreich sein, alle EKG-Ableitungen zu untersuchen. Bei manchen Patienten kann das klinische Bild entscheidend sein: So ist es wenig wahrscheinlich, dass ein neunjähriger Hund mit rechtsventrikulärer Tachykardie nicht im Schock ist, da dieser Rhythmus sehr ineffizient ist und schnell schwere Symptome eines niedrigen Herzminutenvolumens erzeugt. Angesichts der vorliegenden kongestiven Symptomatik ist eine supraventrikuläre Tachykardie die wahrscheinlichste Diagnose.

▶ Welche Differentialdiagnosen kommen infrage?

Sind medikamentelle Wirkungen oder Intoxikationen durch Giftpflanzen auszuschließen, müsste an folgende Differentialdiagnosen gedacht werden: dilatative Kardiomyopathie, kardiale Neoplasie, Filariose im fortgeschrittenen Stadium, kongenitale Herzfehler mit bereits deutlich entwickelter Herzerweiterung, Myokarditis und – in seltener Fällen – sekundäre kardiale Dilatationen infolge einer Klappendegeneration.

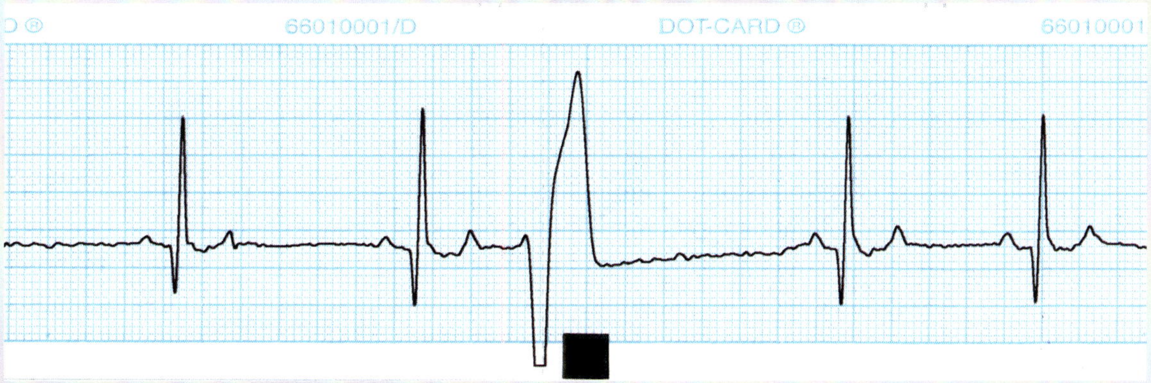

Ableitung II; 1 cm = 1 mV; 50 mm/s

Patient	
Rasse	Samojede
Alter	2 Jahre
Geschlecht	Weiblich

Anamnese

Präanästhetische Untersuchung. Orthopädischer Eingriff wegen Femurfraktur nach Verkehrsunfall. Anamnestische Hinweise auf eine Herzkrankheit liegen nicht vor.

- ▶ Welche Veränderungen sind im EKG zu beobachten?
- ▶ Wie wahrscheinlich ist das Vorliegen einer kardialen Ursache? Warum?
- ▶ Sind besondere Vorsichtsmaßnahmen oder Behandlungen vor und während des Eingriffs erforderlich?

Parameter	Patient	Normwerte
Grundrhythmus		Sinusrhythmus; Sinusarrhythmie
Herzfrequenz		70–160 bpm (bis zu 180 bei kleinen Rassen und bis zu 220 bei Welpen)
Elektrische Herzachse		+40° – +100°
P-Welle		Breite: 0,04 s; Höhe: 0,4 mV
PR-Intervall		0,06–0,13 s
QRS-Komplex		Bis zu 0,06 s (0,05 s bei kleinen Rassen)
R-Zacke		Bis zu 3 mV (2,5 mV bei kleinen Rassen)
QT-Intervall		0,15–0,25 s
ST-Strecke		Hebung: bis zu 0,15 mV; Senkung: < 0,2 mV
T-Welle		Weniger als 25 % der R-Höhe
Sonstiges		

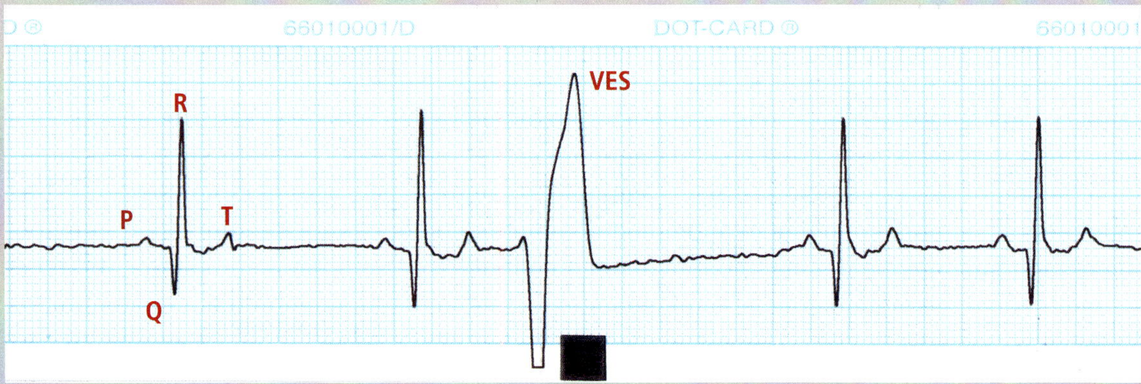

Untersuchte Parameter	
Grundrhythmus	**Sinusrhythmus mit VES**
Herzfrequenz	80 bpm
Elektrische Herzachse	—
P-Welle	0,04 s × 0,15 mV
PR-Intervall	0,08 s
QRS-Komplex	0,05 s
R-Zacke	1,9 mV
QT-Intervall	0,18 s
ST-Strecke	Normal
T-Welle	Normal
Sonstiges	**Tiefe Q-Zacken**

▶ Welche Veränderungen sind im EKG zu beobachten?

Bei einem Sinusrhythmus mit einer Frequenz von etwa 80 bpm ist eine einzelne linksventrikuläre Extrasystole zu erkennen. Die restlichen Wellen, Intervalle und Segmente liegen im Durchschnitt alle innerhalb der Norm. Die ventrikuläre Extrasystole (VES) ist breit und in Ableitung II negativ. Die T-Welle ist überhöht und entgegengesetzt zur Hauptausschlagrichtung des QRS-Komplexes gerichtet; die VES fällt vorzeitig ein und ist von einer kompensatorischen Pause gefolgt. Somit weist sie alle Charakteristika einer linksventrikulären Extrasystole auf.

▶ Wie wahrscheinlich ist das Vorliegen einer kardialen Ursache? Warum?

Bei einem Patienten mit den vorliegenden Charakteristika (Rasse, Alter, Vorgeschichte) und dem akuten klinischen Bild nach einem vor Kurzem erlittenen Verkehrsunfall kann mit hoher Wahrscheinlichkeit davon ausgegangen werden, dass die VES unfallbedingt ist: Das Tier befindet sich nämlich infolge des Unfalls in der hypokinetischen Phase des Schocks (niedrige Herzfrequenz), mit frakturbedingten Schmerzen oder auch einer traumatisch bedingten Myokardhypoxie bzw. Myokardkontusion.

▶ Sind besondere Vorsichtsmaßnahmen oder Behandlungen vor und während des Eingriffs erforderlich?

- Hämodynamische Stabilisierung des Patienten: Flüssigkeitstherapie, Plasmaexpander, Vasopressoren nach Bedarf.
- Gute perioperative Analgesie (Buprenorphin, Fentanyl, Alfentanil, Morphine oder Ähnliches) sowie fakultativ nichtsteroidale Antiphlogistika.
- Abdeckung mit einem Breitspektrum-Antibiotikum und Anästhesie mit nicht arrhythmogenen Narkotika: d. h. Vermeidung von zentralen α-Agonisten (Medetomidin, Detomidin, Xylazin etc.), Pentothal und Halothan, sondern Einsatz von Diazepam, Propofol und Isofluran / Sevofluran.
- Für den Fall, dass sich die Häufigkeit der Extrasystolen steigern sollte, muss als Antiarrhythmikum der Wahl Lidocain ohne Epinephrin zur intravenösen Verabreichung bereitliegen.

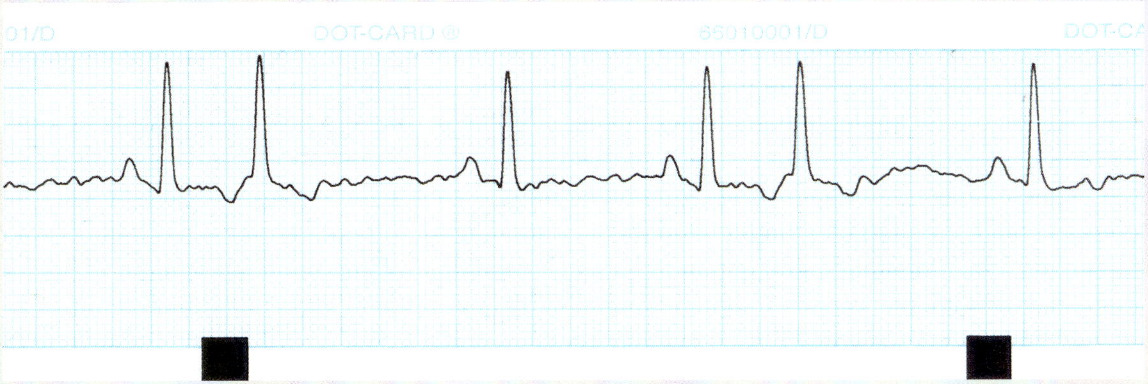

Ableitung II; 1 cm = 1 mV; 50 mm/s

Patient	
Rasse	Pudel
Alter	13 Jahre
Geschlecht	Männlich

Anamnese

Seit Monaten Husten. In letzter Zeit vermehrt müde. Systolisches Herzgeräusch IV/VI.

▶ Der Patient zeigt Arrhythmien – wie werden diese charakterisiert?

▶ Was ist die Therapie der Wahl für diese Gruppe von Arrhythmien? Wie sind die Dosierungen und das Therapiemonitoring?

Parameter	Patient	Normwerte
Grundrhythmus		Sinusrhythmus; Sinusarrhythmie
Herzfrequenz		70–160 bpm (bis zu 180 bei kleinen Rassen und bis zu 220 bei Welpen)
Elektrische Herzachse		+40° – +100°
P-Welle		Breite: 0,04 s; Höhe: 0,4 mV
PR-Intervall		0,06–0,13 s
QRS-Komplex		Bis zu 0,06 s (0,05 s bei kleinen Rassen)
R-Zacke		Bis zu 3 mV (2,5 mV bei kleinen Rassen)
QT-Intervall		0,15–0,25 s
ST-Strecke		Hebung: bis zu 0,15 mV; Senkung: < 0,2 mV
T-Welle		Weniger als 25 % der R-Höhe
Sonstiges		

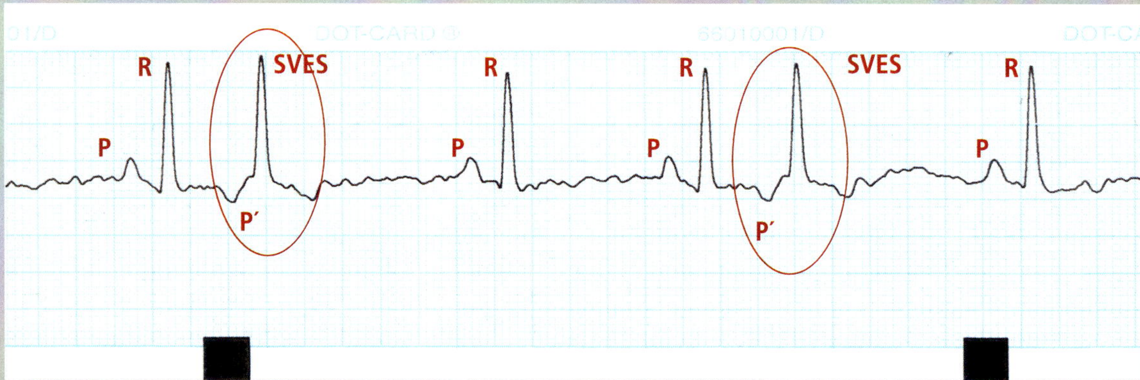

Untersuchte Parameter	
Grundrhythmus	**Sinusrhythmus mit SVES**
Herzfrequenz	120 bpm
Elektrische Herzachse	—
P-Welle	**0,05 s** × 0,2 mV
PR-Intervall	0,10 s
QRS-Komplex	0,05 s
R-Zacke	1,5 mV
QT-Intervall	0,22 s
ST-Strecke	Normal
T-Welle	Normal
Sonstiges	—

▶ Der Patient zeigt Arrhythmien – wie werden diese charakterisiert?

Das EKG zeigt supraventrikuläre Extrasystolen (SVES) (zweiter und fünfter Komplex). Man achte auf die Sinuskomplexe mit positiver P-Welle, die von SVES gefolgt werden, die eine unterschiedlich konfigurierte P-Welle aufweisen, nämlich in diesem Fall mit negativem Ausschlag (sogenannte P'-Wellen).

Es sind dies Depolarisationen, die nicht im Sinusknoten, sondern in anderen Regionen des Vorhofs ausgelöst werden. Sie fallen vorzeitig ein und sind, wie im vorliegenden Fall, von einer kompensatorischen Pause gefolgt.

Obwohl bei SVES wie auch bei VES die P-Wellen fehlen, lassen sich die beiden Arrhythmien aufgrund folgender Eigenschaften voneinander unterscheiden:

- SVES weisen QRS-Komplexe auf, deren Morphologie mit jener der Sinuskomplexe fast identisch ist.
- VES sind hingegen durch verbreiterte, bizarre QRS-Komplexe gekennzeichnet.

▶ Was ist die Therapie der Wahl für diese Gruppe von Arrhythmien? Wie sind die Dosierungen und das Therapiemonitoring?

Das Antiarrhythmikum der Wahl für supraventrikuläre Tachyarrhythmien ist Digoxin.

Die empfohlene Digoxin-Dosis für Hunde beträgt:

- 0,22 mg/m^2 KOF alle 12 h p. o. (bei Digoxin Elixir Reduzierung der Dosis um 10 %).

Empfohlene Dosierung für Katzen:

- 2–3 kg: 0,0312 mg alle 48 h, p. o.
- 4–5 kg: 0,0312 mg alle 24 h, p. o.
- > 6 kg: 0,0312 mg alle 12 h, p. o.

Eine genaue Überwachung der Patienten ist notwendig, indem regelmäßig kontrolliert wird, ob die Serumdigoxinspiegel im therapeutischen Bereich liegen (1–2 ng/ml).

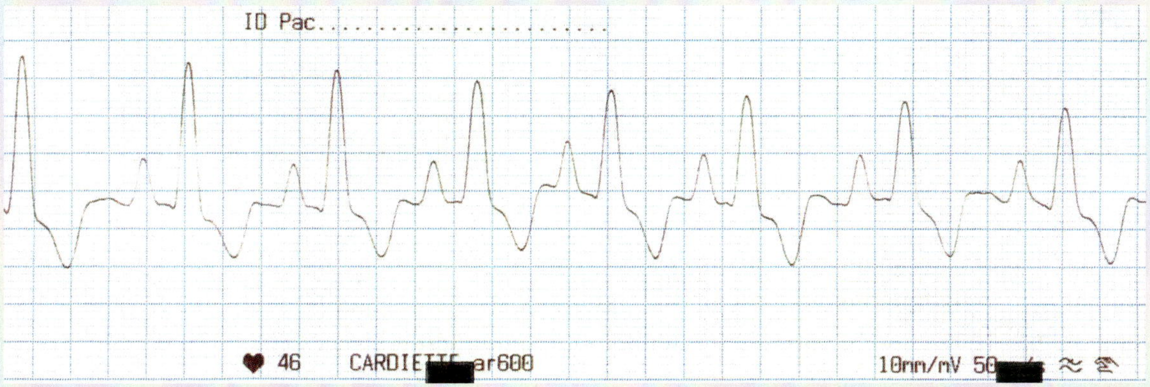

Ableitung II; 1 cm = 1 mV; 50 mm/s

Patient	
Rasse	Dackel
Alter	13 Jahre
Geschlecht	Weiblich

Anamnese

Belastungsintoleranz und Husten. Bei der klinischen Untersuchung wird ein systolisches mitrales und trikuspidales Herzgeräusch IV/VI auskultiert.

- ▶ Welche Veränderungen sind im EKG zu beobachten?
- ▶ Was ist die wahrscheinlichste Ursache der Veränderungen im EKG?
- ▶ Welche grundlegende Therapie ist angezeigt?

Parameter	Patient	Normwerte
Grundrhythmus		Sinusrhythmus; Sinusarrhythmie
Herzfrequenz		70–160 bpm (bis zu 180 bei kleinen Rassen und bis zu 220 bei Welpen)
Elektrische Herzachse		+40° – +100°
P-Welle		Breite: 0,04 s; Höhe: 0,4 mV
PR-Intervall		0,06–0,13 s
QRS-Komplex		Bis zu 0,06 s (0,05 s bei kleinen Rassen)
R-Zacke		Bis zu 3 mV (2,5 mV bei kleinen Rassen)
QT-Intervall		0,15–0,25 s
ST-Strecke		Hebung: bis zu 0,15 mV; Senkung: < 0,2 mV
T-Welle		Weniger als 25 % der R-Höhe
Sonstiges		

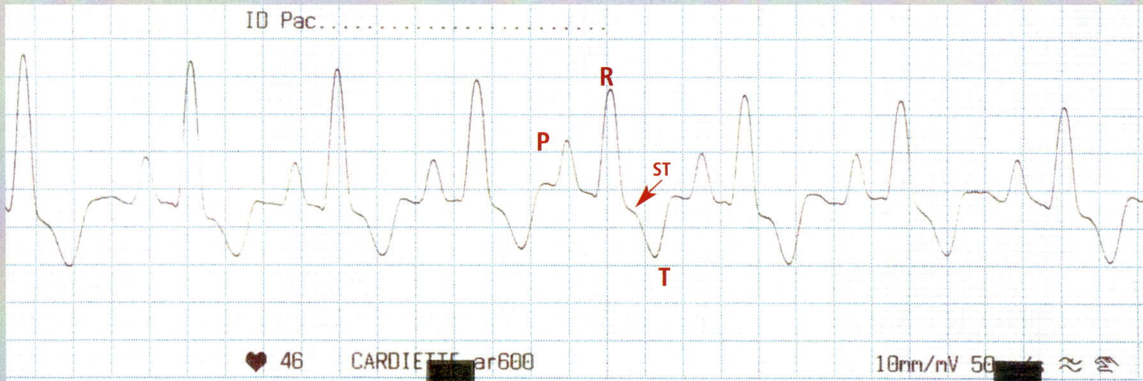

Untersuchte Parameter	
Grundrhythmus	Respiratorische Sinusarrhythmie
Herzfrequenz	150 bpm
Elektrische Herzachse	—
P-Welle	**0,06 s × 0,6 mV**
PR-Intervall	0,1 s
QRS-Komplex	**0,08 s**
R-Zacke	1,8 mV
QT-Intervall	0,21 s
ST-Strecke	**Senkung 0,25 mV**
T-Welle	**> 25 % der R-Höhe**
Sonstiges	—

▶ Welche Veränderungen sind im EKG zu beobachten?

Man erkennt P-mitrale und P-pulmonale, was für eine links- bzw. rechtsatriale Dilatation spricht. Die stark verbreiterten QRS-Komplexe weisen auf eine Hypertrophie / Dilatation des linken Ventrikels hin. Die ST-Strecken-Senkung und die tiefen T-Wellen sind in der Regel ein Zeichen für eine Myokardhypoxie.

▶ Was ist die wahrscheinlichste Ursache der Veränderungen im EKG?

Berücksichtigt man auch das entdeckte Herzgeräusch, sprechen diese Veränderungen für eine chronische Klappenendokardiose, möglicherweise mitral und trikuspidal, im weit fortgeschrittenen Stadium. Die Veränderungen an der ST-Strecke und bei den T-Wellen sind ein Zeichen dafür, dass ein dekompensierter klinischer Status sowie ein besonderer Schweregrad der Erkrankung vorliegen.

▶ Welche grundlegende Therapie ist angezeigt?

- ACE-Hemmer wie Benazepril (0,5 mg/kg SID) stellen den Grundpfeiler der Therapie dar, um die neuroendokrinen Mechanismen abzuschwächen, deren Wirkung ursächlich für die kongestive Herzinsuffizienz verantwortlich ist.
- Spironolacton: 1 mg/kg BID; dieser Aldosteronantagonist wirkt ebenfalls über o. g. Mechanismen.
- Potente Diuretika (Furosemid, Bumetanid, Torasemid), wobei für eine korrekte Dosierung der Grad des Lungenödems mithilfe einer Thoraxröntgenaufnahme ermittelt werden muss.

Weitere Arzneimittel, die zur Beherrschung der Krankheit beitragen können:

- Pimobendan (0,5 mg/kg, aufgeteilt in zwei Dosen, BID) ist in der Regel bei fortgeschrittener Klappenendokardiose hilfreich.
- Digoxin wird in der Regel erst eingesetzt, wenn supraventrikuläre Tachyarrhythmien auftreten. Aufgrund des für eine hochgradige Vorhoferweiterung repräsentativen EKG-Befundes ist festzustellen, dass dieser Patient wahrscheinlich kurz- bis mittelfristig solche Arrhythmien entwickeln wird.

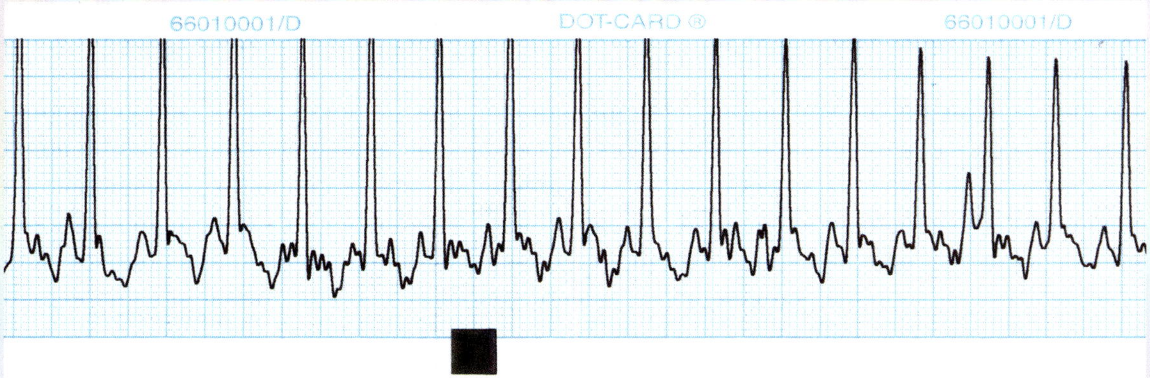

Ableitung II; 1 cm = 1 mV; 50 mm/s

Patient	
Rasse	Pudel
Alter	13 Jahre
Geschlecht	Männlich

Anamnese

Tachykardie und Tachypnoe. Nächtlicher Husten.

- ▶ Welchen Herzrhythmus zeigt dieser Patient?
- ▶ Worin besteht das Ziel der Behandlung?
- ▶ Welches antiarrhythmische Behandlungsregime wird in solchen Fällen angewandt?

Parameter	Patient	Normwerte
Grundrhythmus		Sinusrhythmus; Sinusarrhythmie
Herzfrequenz		70–160 bpm (bis zu 180 bei kleinen Rassen und bis zu 220 bei Welpen)
Elektrische Herzachse		+40° – +100°
P-Welle		Breite: 0,04 s; Höhe: 0,4 mV
PR-Intervall		0,06–0,13 s
QRS-Komplex		Bis zu 0,06 s (0,05 s bei kleinen Rassen)
R-Zacke		Bis zu 3 mV (2,5 mV bei kleinen Rassen)
QT-Intervall		0,15–0,25 s
ST-Strecke		Hebung: bis zu 0,15 mV; Senkung: < 0,2 mV
T-Welle		Weniger als 25 % der R-Höhe
Sonstiges		

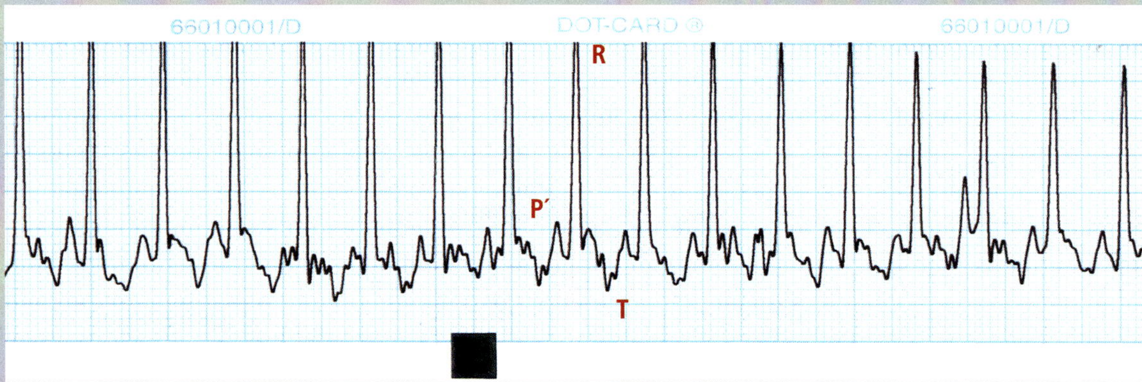

Untersuchte Parameter	
Grundrhythmus	**Vorhoftachykardie**
Herzfrequenz	**320 bpm**
Elektrische Herzachse	—
P-Welle	—
PR-Intervall	—
QRS-Komplex	0,05 s
R-Zacke	**2,6 mV**
QT-Intervall	0,15 s
ST-Strecke	Normal
T-Welle	Normal
Sonstiges	**Artefakte**

▶ Welchen Herzrhythmus zeigt dieser Patient?

Das EKG zeigt eine Vorhoftachykardie mit extrem erhöhter Herzfrequenz (320 bpm). Zu erkennen sind auch Anzeichen einer linksventrikulären Hypertrophie / Dilatation (überhöhte R-Zacken).

▶ Worin besteht das Ziel der Behandlung?

Ziel der Therapie von supraventrikulären Arrhythmien ist die Reduzierung der erhöhten ventrikulären Frequenz, um das Herzminutenvolumen zu verbessern und gleichzeitig den Grad der Überlastung sowie den Sauerstoffverbrauch des Myokards zu reduzieren.

▶ Welches antiarrhythmische Behandlungsregime wird in solchen Fällen angewandt?

Bei extrem erhöhter Herzfrequenz kann es schwierig sein festzustellen, ob ein Sinusrhythmus vorliegt (Sinusarrhythmie) oder ob die Erregung von einem ektopischen atrialen Zentrum außerhalb des Sinusknotens ausgeht (Vorhoftachykardie). Dies liegt an der Überlappung der P-Wellen, die normalerweise einen Sinusrhythmus definieren, durch die T-Wellen der vorhergehenden QRS-Komplexe.

Um eine Reduzierung der Herzfrequenz zu erreichen und beurteilen zu können, ob normale P-Wellen vorliegen, die einen Sinusrhythmus hoher Frequenz (Sinustachykardie) bestätigen würden, kann man eine Vagusstimulation (durch Bulbusdruck oder Karotissinusdruck) durchführen.

Das Mittel der Wahl zur Behandlung dieser Fälle ist Digoxin. Zur Vermeidung von Problemen aufgrund des bei Digoxin bestehenden Intoxikationsrisikos bei Überdosierung (gastrointestinale Störungen, proarrhythmischer Effekt etc.) erfordert diese Therapie eine enge Überwachung mit regelmäßiger Bestimmung der Serumkonzentrationen. Die Blutspiegel von Digoxin sollten sich im Bereich von 1–2 ng/ml bewegen.

Liegen therapeutische Digoxinspiegel vor und ist die supraventrikuläre Tachyarrhythmie dennoch nicht unter Kontrolle, sollte zusätzlich ein Betablocker (Atenolol, Propranolol) verabreicht werden.

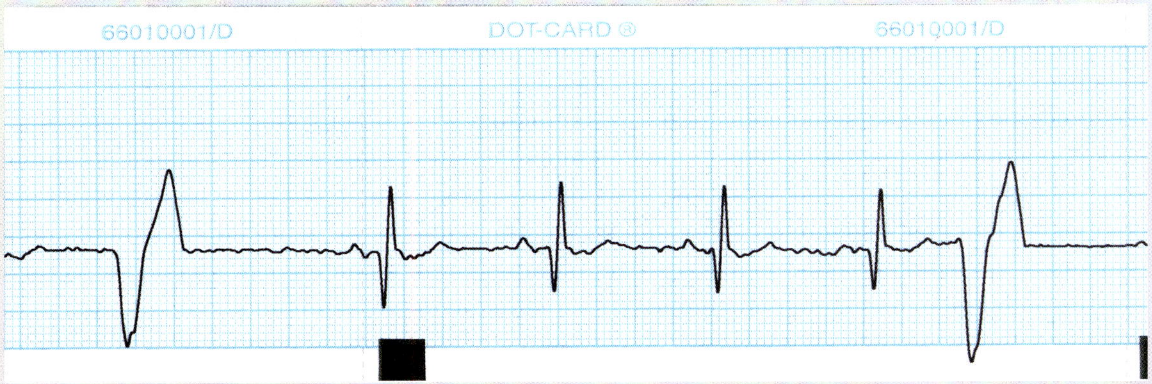

Ableitung II; 1 cm = 1 mV; 50 mm/s

Patient	
Rasse	Boxer
Alter	5 Jahre
Geschlecht	Männlich

Anamnese

Asymptomatisch. Seit drei Tagen Synkopen. Ein Herzgeräusch ist nicht zu auskultieren.

- ▶ Welche Veränderungen sind im EKG zu beobachten?
- ▶ Was ist die wahrscheinlichste Ursache?
- ▶ Was wäre die geeignetste Behandlung?

Parameter	Patient	Normwerte
Grundrhythmus		Sinusrhythmus; Sinusarrhythmie
Herzfrequenz		70–160 bpm (bis zu 180 bei kleinen Rassen und bis zu 220 bei Welpen)
Elektrische Herzachse		+40° – +100°
P-Welle		Breite: 0,04 s; Höhe: 0,4 mV
PR-Intervall		0,06–0,13 s
QRS-Komplex		Bis zu 0,06 s (0,05 s bei kleinen Rassen)
R-Zacke		Bis zu 3 mV (2,5 mV bei kleinen Rassen)
QT-Intervall		0,15–0,25 s
ST-Strecke		Hebung: bis zu 0,15 mV; Senkung: < 0,2 mV
T-Welle		Weniger als 25 % der R-Höhe
Sonstiges		

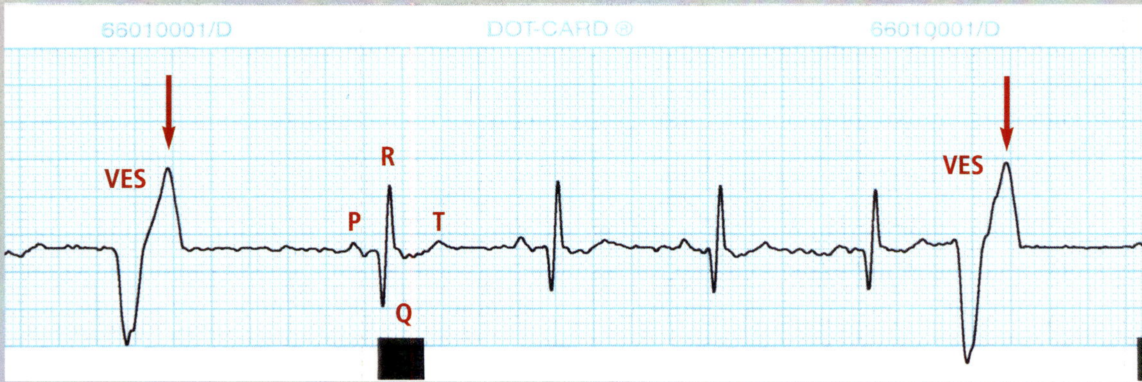

Untersuchte Parameter	
Grundrhythmus	Sinusrhythmus mit VES
Herzfrequenz	120 bpm
Elektrische Herzachse	—
P-Welle	0,03 s × 0,15 mV
PR-Intervall	0,08 s
QRS-Komplex	0,05 s
R-Zacke	0,8 mV
QT-Intervall	0,17 s
ST-Strecke	Normal
T-Welle	Normal
Sonstiges	—

▶ Welche Veränderungen sind im EKG zu beobachten?

Bei einem regelmäßigen Sinusgrundrhythmus mit einer Frequenz von 120 bpm sind einzelne monofokale und relativ häufige (bis zu 20 bpm) linksventrikuläre Extrasystolen zu beobachten, jedoch ohne ein R-auf-T-Phänomen. Wellen, Intervalle und Strecken des Sinusrhythmus zeigen sich normal.

▶ Was ist die wahrscheinlichste Ursache?

Mögliche, doch wenig wahrscheinliche Ursachen für die im EKG dargestellten Veränderungen sind Endokarditis, kongenitale Anomalien mit Veränderungen am Ventrikelmyokard, Myokarditis oder akuter Myokardinfarkt (sehr selten bei Hunden).

Eine dilatative Kardiomyopathie oder die arrhythmogene Kardiomyopathie der Boxer stellen die wahrscheinlichste Diagnose dar. Bei Kardiomyopathien liegen in der Regel neben den Synkopen auch Symptome einer Kongestion sowie Hinweise auf eine kardiale Dilatation vor, während bei der arrhythmogenen Kardiomyopathie die Extrasystolen vom rechten Ventrikel ausgehen; dennoch sind dies die beiden wahrscheinlichsten Diagnosen. Auch kardiale Neoplasien können in seltenen Fällen diese Art von Arrhythmie verursachen.

▶ Was wäre die geeignetste Behandlung?

Ohne definitive Abklärung solcher Fälle scheint die Verabreichung von Betablockern (Sotalol) die beste Behandlungsoption. Auch Mexiletin (ein Antiarrhythmikum der Klasse I B) kann gegeben werden, doch ist hier die Dosierung aufgrund der für die Humanmedizin konzipierten Handelsformen schwierig. Außerdem finden sich in den bislang erschienenen Publikationen keine Hinweise auf bessere Therapieergebnisse mit diesem Medikament. Als alternative Option steht für die ambulante Antiarrhythmikatherapie auch oral zu verabreichendes Procainamid (ein Antiarrhythmikum der Klasse I A) zur Verfügung.

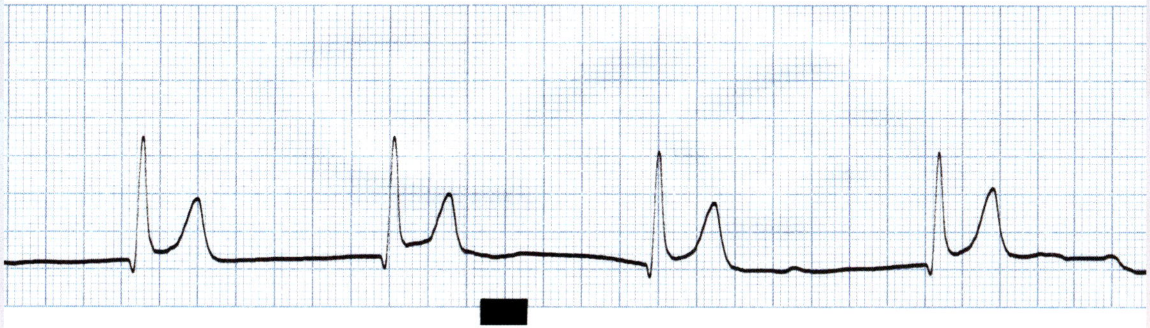

Ableitung II; 1 cm = 1 mV; 50 mm/s

Patient	
Rasse	Deutsche Bracke
Alter	9 Jahre
Geschlecht	Männlich

Anamnese
Allgemeine Schwäche. Gewichtsverlust. Erbrechen.

- Welche Arrhythmie ist im EKG dargestellt?
- Durch welche Erkrankungen oder Umstände kann diese entstehen?
- Welche Therapie sollte eingeleitet werden?

Parameter	Patient	Normwerte
Grundrhythmus		Sinusrhythmus; Sinusarrhythmie
Herzfrequenz		70–160 bpm (bis zu 180 bei kleinen Rassen und bis zu 220 bei Welpen)
Elektrische Herzachse		+40° – +100°
P-Welle		Breite: 0,04 s; Höhe: 0,4 mV
PR-Intervall		0,06–0,13 s
QRS-Komplex		Bis zu 0,06 s (0,05 s bei kleinen Rassen)
R-Zacke		Bis zu 3 mV (2,5 mV bei kleinen Rassen)
QT-Intervall		0,15–0,25 s
ST-Strecke		Hebung: bis zu 0,15 mV; Senkung: < 0,2 mV
T-Welle		Weniger als 25 % der R-Höhe
Sonstiges		

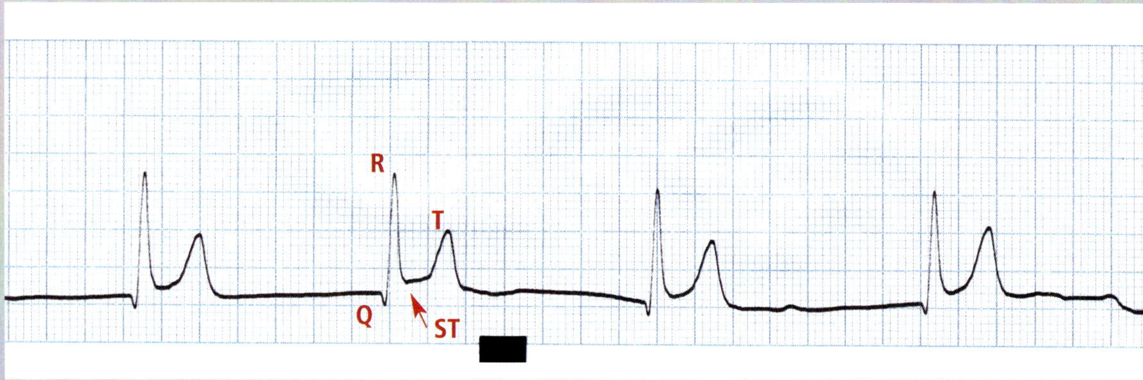

Untersuchte Parameter	
Grundrhythmus	**Persistierender Vorhofstillstand**
Herzfrequenz	80 bpm
Elektrische Herzachse	—
P-Welle	**Keine**
PR-Intervall	—
QRS-Komplex	0,06 s
R-Zacke	1,6 mV
QT-Intervall	0,24 s
ST-Strecke	**Hebung 0,2 mV**
T-Welle	**> 25 % der R-Höhe**
Sonstiges	—

▶ Welche Arrhythmie ist im EKG dargestellt?

Es handelt sich um einen persistierenden Vorhofstillstand mit einem Ersatzrhythmus von 80 bpm. Typisch dafür sind die fehlenden P-Wellen und der regelmäßige Ersatzrhythmus mit normalen QRS-Komplexen supraventrikulären oder ventrikulären Ursprungs. Diese Arrhythmie geht normalerweise mit einer sehr niedrigen Herzfrequenz einher, die 40–60 bpm nicht übersteigt, wenn der Ersatzrhythmus von den Ventrikeln ausgeht.

Man achte auf das Fehlen von P-Wellen, die überhöhten T-Wellen und die ST-Strecken-Hebung.

▶ Durch welche Erkrankungen oder Umstände kann diese entstehen?

- Digitalisintoxikation.
- Hyperkaliämie: Addison-Krankheit, Harnwegsobstruktion etc.
- Muskeldystrophie, eine beim Englischen Springer Spaniel und anderen Rassen beschriebene hereditäre Krankheit. Bei dieser Erkrankung kommt es zu einer Fibrose der Myozyten im Vorhofgewebe.

▶ Welche Therapie sollte eingeleitet werden?

Im Fall einer Hyperkaliämie muss die Primärursache identifiziert und eine entsprechende Behandlung eingeleitet werden (hormonelle Supplementierung mit Glukokortikoiden und Mineralokortikoiden, Beheben der Harnwegsobstruktion etc.). Unabhängig davon und je nach vorliegenden Kaliumspiegeln können andere Notfallmaßnahmen vorrangig durchzuführen sein: Flüssigkeitstherapie mit 0,9%iger physiologischer Kochsalzlösung, Glukokortikoiden, Furosemid, Insulin und Dextrose.

Bei Patienten mit sekundären Veränderungen infolge einer strukturellen kardialen Pathologie kann, abgesehen von der spezifischen Behandlung der kongestiven Herzinsuffizienz, die Implantation eines permanenten Herzschrittmachers eine klinische Besserung bewirken, da das niedrige Herzminutenvolumen normalisiert wird.

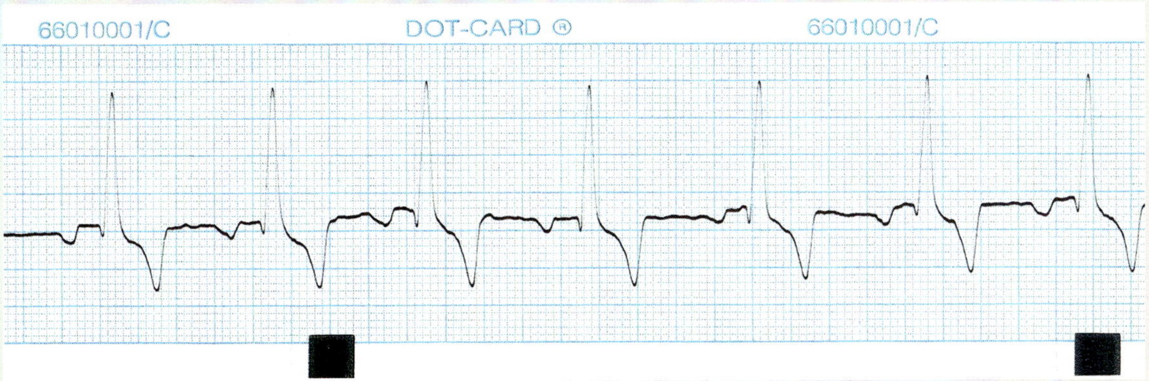

Ableitung II; 1 cm = 1 mV; 50 mm/s

Patient	
Rasse	Bretonischer Spaniel
Alter	14 Jahre
Geschlecht	Männlich

Anamnese

Seit zwei Jahren bekannte Klappenendokardiose. Laufende Therapie mit Benazepril, Furosemid und einer natriumreduzierten Diät. Derzeit stabil, bei Anstrengung gelegentlich Dyspnoe und Hustenanfälle.

- Wie lautet die elektrokardiographische Diagnose?
- Ist eine spezifische Therapie erforderlich?

Parameter	Patient	Normwerte
Grundrhythmus		Sinusrhythmus; Sinusarrhythmie
Herzfrequenz		70–160 bpm (bis zu 180 bei kleinen Rassen und bis zu 220 bei Welpen)
Elektrische Herzachse		+40° – +100°
P-Welle		Breite: 0,04 s; Höhe: 0,4 mV
PR-Intervall		0,06–0,13 s
QRS-Komplex		Bis zu 0,06 s (0,05 s bei kleinen Rassen)
R-Zacke		Bis zu 3 mV (2,5 mV bei kleinen Rassen)
QT-Intervall		0,15–0,25 s
ST-Strecke		Hebung: bis zu 0,15 mV; Senkung: < 0,2 mV
T-Welle		Weniger als 25 % der R-Höhe
Sonstiges		

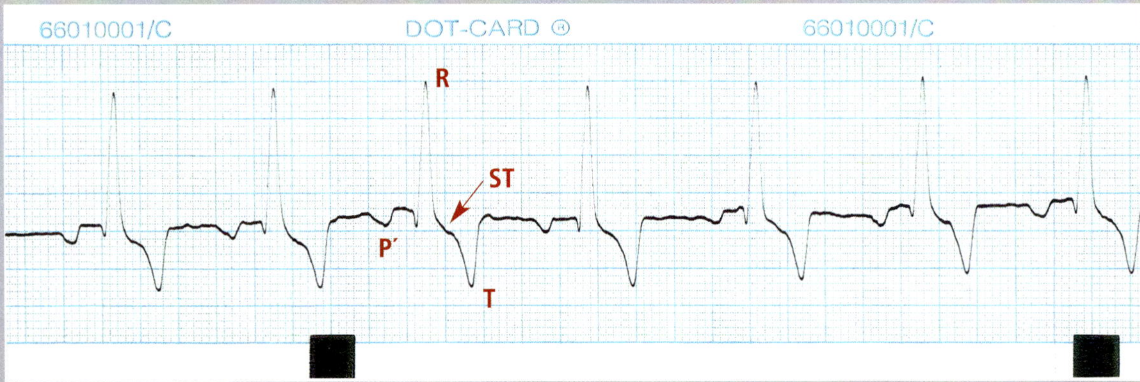

Untersuchte Parameter	
Grundrhythmus	**Atrioventrikuläre Tachykardie**
Herzfrequenz	**140 bpm**
Elektrische Herzachse	—
P-Welle	0,04 s × **(–0,2) mV**
PR-Intervall	0,08 s
QRS-Komplex	0,06 s
R-Zacke	1,6 mV
QT-Intervall	0,20 s
ST-Strecke	**Senkung 0,2 mV**
T-Welle	**> 25 % der R-Höhe**
Sonstiges	—

▶ Wie lautet die elektrokardiographische Diagnose?

Es liegt ein normaler Herzrhythmus mit einer Frequenz von 140 bpm vor. Auffällig ist die anomale Morphologie der P-Wellen, die negativ sind, obwohl sie in Ableitung II positiv sein sollten.

Dies kommt dadurch zustande, dass der elektrische Schrittmacherimpuls von einem tiefer gelegenen Zentrum, nämlich konkret dem Bereich des atrioventrikulären Übergangs, ausgeht. Um die Vorhöfe stimulieren zu können, muss der elektrische Impuls in entgegensetzte Richtung laufen, was sich im EKG als invertierte P-Wellen darstellt. Die Erregungsausbreitung in den Ventrikeln ist normal, weshalb sich die QRS-Komplexe in vertrauter Art und Weise darstellen.

Es liegt somit ein ektopischer supraventrikulärer Rhythmus vor, der als atrioventrikuläre (AV-)Tachykardie bezeichnet wird.

Diese Herzrhythmusstörung ist sehr selten und steht, wie in diesem Fall, mit Primärerkrankungen des Herzens in Zusammenhang, obwohl sie auch in Fällen einer Digitalisintoxikation beobachtet werden kann.

Als »Tachykardie« wird diese Arrhythmie bezeichnet, weil die normale Herzfrequenz am atrioventrikulären Übergang 40–60 bpm beträgt (dies ist die zu erwartende Frequenz bei einem Ersatzrhythmus, der von dieser Region ausgeht).

▶ Ist eine spezifische Therapie erforderlich?

Entscheidend ist die Behandlung der Primärursache. Um möglichst umfangreiche Informationen zu erhalten und die Therapie der kongestiven Herzinsuffizienz entsprechend anpassen zu können, sollte eine Thoraxröntgenaufnahme angefertigt werden.

Bezüglich der Arrhythmie sollte versucht werden, den sinusalen Grundrhythmus wiederherzustellen. Dies lässt sich gelegentlich durch ein Vagusmanöver mittels Bulbusdruck erreichen.

Meist werden bei diesen Patienten jedoch Antiarrhythmika eingesetzt, wobei die Digitalispräparate die Mittel der Wahl darstellen und Betablocker (Propranolol, Atenolol) als zweite Option verwendet werden können.

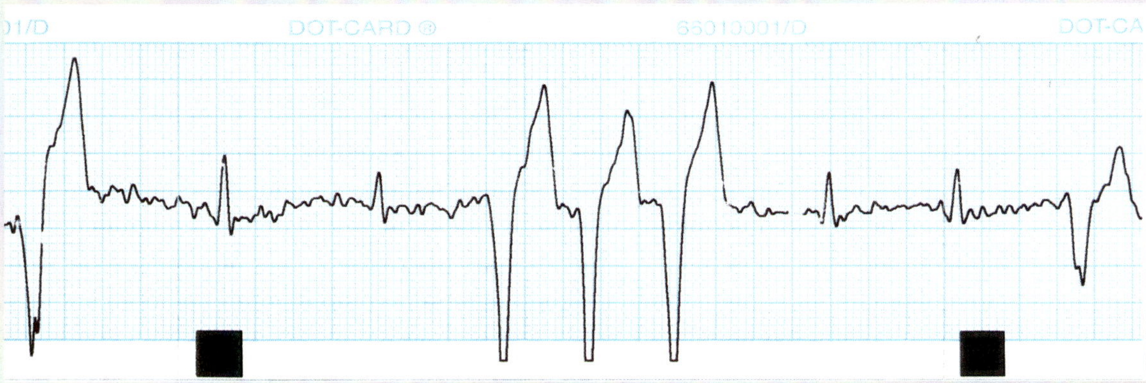

Ableitung II; 1 cm = 1 mV; 50 mm/s

Patient	
Rasse	Irischer Setter
Alter	5 Jahre
Geschlecht	Weiblich

Anamnese

Erbrechen und Durchfall.

▶ Welche Veränderungen sind im EKG zu beobachten?

▶ Muss eine Therapie eingeleitet werden? Worauf sollte sich diese stützen? Worin besteht sie?

Parameter	Patient	Normwerte
Grundrhythmus		Sinusrhythmus; Sinusarrhythmie
Herzfrequenz		70–160 bpm (bis zu 180 bei kleinen Rassen und bis zu 220 bei Welpen)
Elektrische Herzachse		+40° – +100°
P-Welle		Breite: 0,04 s; Höhe: 0,4 mV
PR-Intervall		0,06–0,13 s
QRS-Komplex		Bis zu 0,06 s (0,05 s bei kleinen Rassen)
R-Zacke		Bis zu 3 mV (2,5 mV bei kleinen Rassen)
QT-Intervall		0,15–0,25 s
ST-Strecke		Hebung: bis zu 0,15 mV; Senkung: < 0,2 mV
T-Welle		Weniger als 25 % der R-Höhe
Sonstiges		

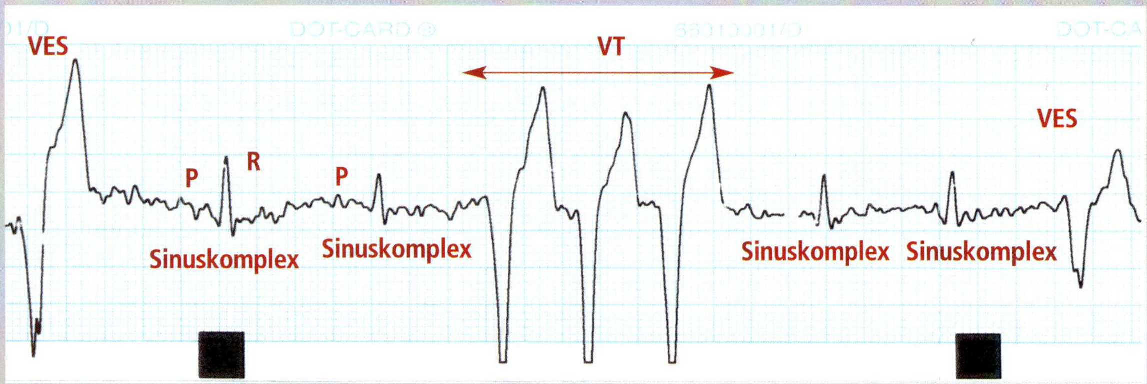

Untersuchte Parameter	
Grundrhythmus	**Sinusrhythmus mit VT und VES**
Herzfrequenz	170 bpm
Elektrische Herzachse	—
P-Welle	0,04 s × 0,1 mV
PR-Intervall	0,10 s
QRS-Komplex	0,04 s
R-Zacke	0,6–0,8 mV
QT-Intervall	0,18 s
ST-Strecke	Normal
T-Welle	Normal
Sonstiges	**Elektrische Alternans, Artefakte**

▶ Welche Veränderungen sind im EKG zu beobachten?

Zu erkennen sind:

- Paroxysmale linksventrikuläre Tachykardie (VT). Man achte auf die wiederkehrenden ventrikulären Extrasystolen (VES).
- Linksventrikuläre Extrasystolen (VES).

Um die Grundlinie sind multiple Artefakte zu sehen, die die eindeutige Beurteilung der P-Wellen erschweren. Die Sinuskomplexe mit positiven P-Wellen sind jedoch klar erkennbar.

Die ventrikulären Extrasystolen zeigen sich in der typischen breiten und bizarren Form, mit den QRS-Komplexen entgegengesetzter Ausschlagrichtung der T-Wellen. Die ventrikuläre Tachykardie ist definiert als Folge von drei oder mehr ventrikulären Extrasystolen.

▶ Muss eine Therapie eingeleitet werden? Worauf sollte sich diese stützen? Worin besteht sie?

Der Schweregrad bzw. die Bedeutung der entdeckten Arrhythmie ist bei Patienten mit folgenden Krankheitsbildern erhöht:

- Ventrikuläre Tachykardie (VT) oder multifokale ventrikuläre Extrasystolen (VES) (VT mit VES unterschiedlicher Morphologie).
- VT oder VES mit R-auf-T-Phänomen (Einfallen der R-Zacke der Extrasystole in die T-Welle der vorigen Herzaktion).
- VT mit einer Ventrikelfrequenz von über 200 bpm.
- Persistierende VT.
- Patienten mit Anzeichen signifikanter hämodynamischer Veränderungen (Schwäche, anamnestisch belegte Synkopen, Hypotonie, Schock, kongestive Herzinsuffizienz etc.)

In allen vorgenannten Fällen muss bei Vorliegen von ventrikulären Extrasystolen oder einer ventrikulären Tachykardie eine spezifische antiarrhythmische Therapie eingeleitet werden.

Die Antiarrhythmika der Wahl sind Lidocain und Procainamid. Als zweite Option stehen Betablocker (Atenolol, Propranolol) zur Verfügung. Kalziumkanalblocker (Diltiazem), Amiodaron etc. wären die Präparate der dritten Wahl.

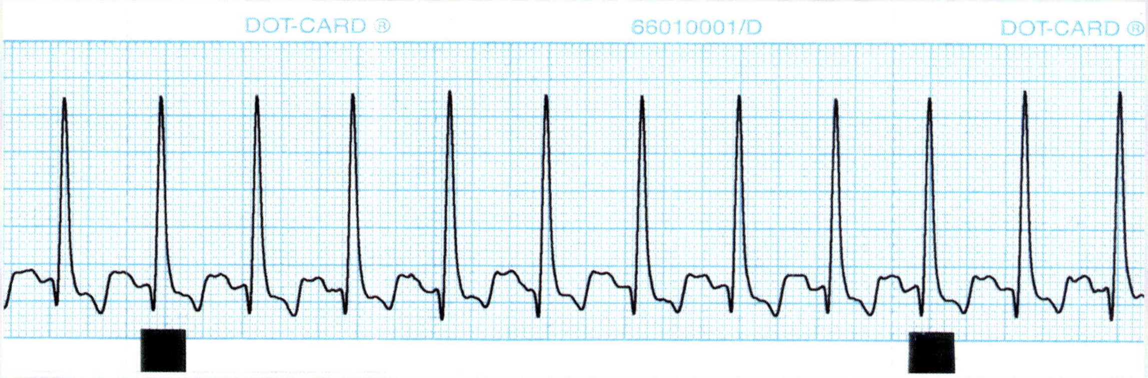

Ableitung II; 1 cm = 1 mV; 50 mm/s

Patient	
Rasse	Mastín Leonés
Alter	7 Jahre
Geschlecht	Männlich

Anamnese

Seit einigen Wochen Schwäche, Kachexie und Apathie. In den letzten Tagen abdominale Atmung, Belastungsintoleranz, Anorexie und Pendelabdomen.

▶ Welche Veränderungen sind im EKG zu beobachten?

▶ Was ist die wahrscheinlichste Diagnose?

▶ Was wäre die geeignetste Behandlung?

Parameter	Patient	Normwerte
Grundrhythmus		Sinusrhythmus; Sinusarrhythmie
Herzfrequenz		70–160 bpm (bis zu 180 bei kleinen Rassen und bis zu 220 bei Welpen)
Elektrische Herzachse		+40° – +100°
P-Welle		Breite: 0,04 s; Höhe: 0,4 mV
PR-Intervall		0,06–0,13 s
QRS-Komplex		Bis zu 0,06 s (0,05 s bei kleinen Rassen)
R-Zacke		Bis zu 3 mV (2,5 mV bei kleinen Rassen)
QT-Intervall		0,15–0,25 s
ST-Strecke		Hebung: bis zu 0,15 mV; Senkung: $<$ 0,2 mV
T-Welle		Weniger als 25 % der R-Höhe
Sonstiges		

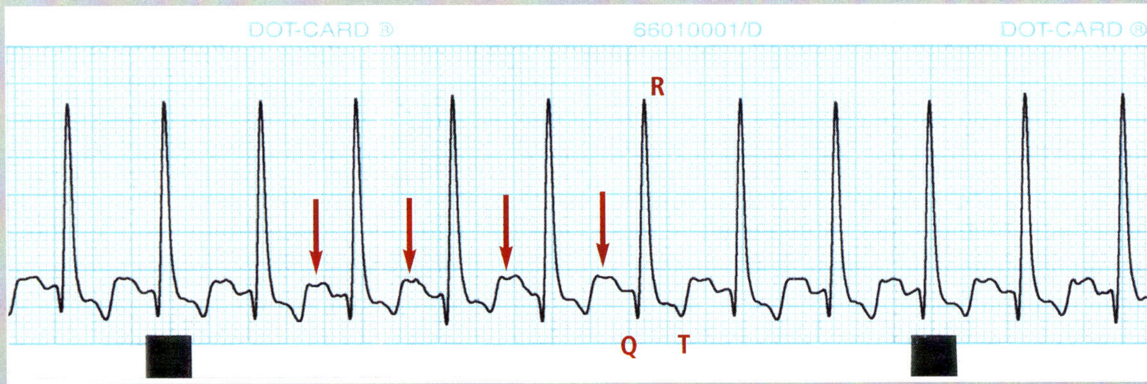

Untersuchte Parameter	
Grundrhythmus	**Supraventrikuläre Tachykardie**
Herzfrequenz	**210 bpm**
Elektrische Herzachse	—
P-Welle	—
PR-Intervall	—
QRS-Komplex	**0,07 s**
R-Zacke	2,7 mV
QT-Intervall	0,17 s
ST-Strecke	Normal
T-Welle	Normal
Sonstiges	—

▶ Welche Veränderungen sind im EKG zu beobachten?

Das EKG zeigt eine Tachykardie (mehr als 160 bpm bei einem Hund dieser Größe) supraventrikulären Ursprungs, bei der keine P-Wellen zu identifizieren sind (Pfeile). Dabei kann es sich um eine paroxysmale Vorhoftachykardie handeln (in einem solchen Fall verschmelzen die P-Wellen mit der T-Welle des vorhergehenden Komplexes), oder aber um ein Vorhofflimmern, bei dem anstelle der P-Wellen f-Wellen vorhanden sind. Flimmerwellen (f-Wellen) sind kleine zittrige Ausschläge der Grundlinie, die jedoch nicht zu erkennen sind, weil die Frequenz so hoch ist, dass das T-QRS-Intervall so stark verkürzt wird, dass keine Wellenbildung mehr wahrzunehmen ist.

In diesem Fall ist eine permanente supraventrikuläre Tachykardie wahrscheinlicher. Allerdings sind bei beiden Arten von Arrhythmien die hämodynamischen Konsequenzen wie auch die medikamentösen Behandlungsmöglichkeiten dieselben, sodass sich die Diagnose der Arrhythmie bestätigen wird, wenn sich bei dem Patienten unter der Therapie die Herzfrequenz verringert.

▶ Was ist die wahrscheinlichste Diagnose?

Am wahrscheinlichsten handelt es sich um eine dilatative Kardiomyopathie großer Hunderassen, obwohl auch ein Hämangiosarkom des rechten Vorhofs und stark fortgeschrittene kongenitale Kardiopathien (unwahrscheinlich bei einem siebenjährigen Hund) eine derartige Arrhythmie verursachen können, wenn dabei eine hochgradige kardiale Dilatation besteht.

▶ Was wäre die geeignetste Behandlung?

Unabhängig von der Behandlung der kongestiven Herzinsuffizienz (mit Diuretika, Inotropika, Vasodilatatoren) muss die Herzfrequenz mithilfe von Digitalispräparaten (Digoxin), Betablockern (Atenolol, Propranolol) oder Kalziumkanalblockern (Diltiazem) normalisiert werden.

Wichtiger Hinweis: Schreibgeschwindigkeit = 25 mm/s

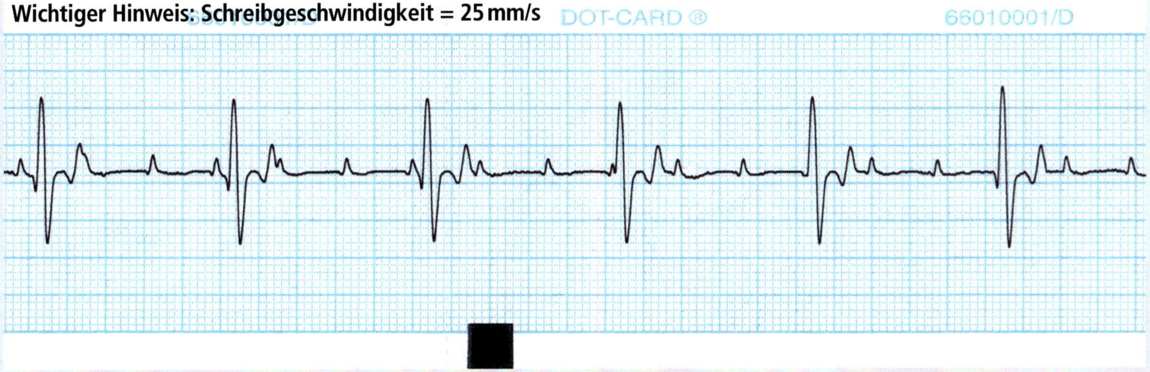

Ableitung II; 1 cm = 1 mV; 25 mm/s

Patient	
Rasse	Boxer
Alter	7 Jahre
Geschlecht	Männlich

Anamnese

Hochgradige Schwäche. Anorexie.

- Welcher Herzrhythmus ist im EKG zu erkennen?
- Wie lautet die mögliche Differentialdiagnose?
- Was ist zu diesem Zeitpunkt zu tun?

Parameter	Patient	Normwerte
Grundrhythmus		Sinusrhythmus; Sinusarrhythmie
Herzfrequenz		70–160 bpm (bis zu 180 bei kleinen Rassen und bis zu 220 bei Welpen)
Elektrische Herzachse		+40° – +100°
P-Welle		Breite: 0,04 s; Höhe: 0,4 mV
PR-Intervall		0,06–0,13 s
QRS-Komplex		Bis zu 0,06 s (0,05 s bei kleinen Rassen)
R-Zacke		Bis zu 3 mV (2,5 mV bei kleinen Rassen)
QT-Intervall		0,15–0,25 s
ST-Strecke		Hebung: bis zu 0,15 mV; Senkung: $< 0,2$ mV
T-Welle		Weniger als 25 % der R-Höhe
Sonstiges		

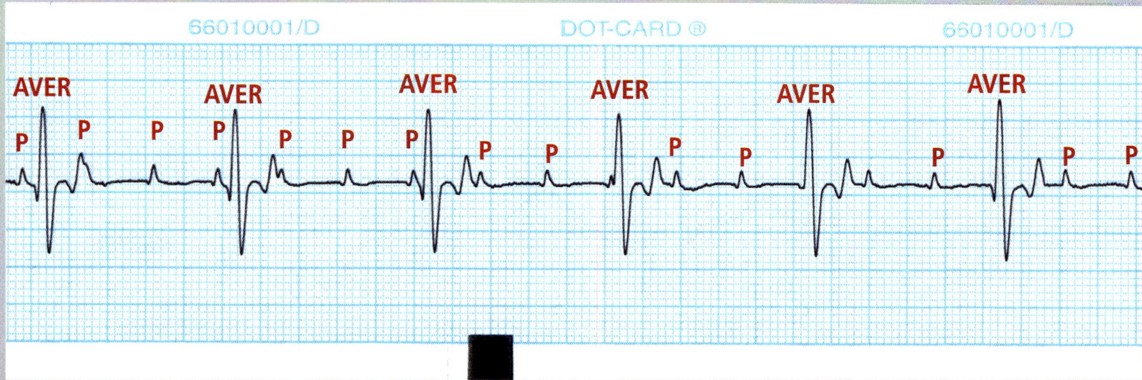

Untersuchte Parameter	
Grundrhythmus	**AV-Block III° (totaler AV-Block)**
Herzfrequenz	**60 bpm**
Elektrische Herzachse	—
P-Welle	0,04 s × 0,2 mV
PR-Intervall	**Nicht zu beurteilen**
QRS-Komplex	**0,10 s**
R-Zacke	1,1 mV
QT-Intervall	**0,28 s**
ST-Strecke	Normal
T-Welle	Normal
Sonstiges	**Atrioventrikulärer Ersatzrhythmus**

▶ Welcher Herzrhythmus ist im EKG zu erkennen?

Das EKG zeigt einen AV-Block III° (totaler AV-Block) mit einem atrioventrikulären Ersatzrhythmus von 60 bpm. Diese Bradyarrhythmie ist die Folge einer kompletten Blockierung der Überleitung der Erregung im AV-Knoten. Eine Assoziation zwischen P-Welle und QRS-Komplex ist nicht mehr vorhanden, vielmehr sind beide Rhythmen unabhängig voneinander. Diese Komplexe entstehen im AV-Knoten und stellen einen Schutzmechanismus dar, der eine Asystolie der Ventrikel verhindern soll. Während die Frequenz des Sinusknotens (P-Wellen) 165 Impulse pro Minute beträgt, erreicht ein AV-Ersatzrhythmus nur 60 Impulse pro Minute.

▶ Wie lautet die mögliche Differentialdiagnose?

Mögliche Ursachen eines AV-Blocks III° sind:

- Verschiedene Herzerkrankungen (infiltrative Myokarditis, Neoplasie, Amyloidose, infektiöse Myokarditis, subendokardialer Infarkt, senile Myokardfibrose, Myokardiopathien).
- Extrakardiale Ursachen: Hyperkaliämie etc.

▶ Was ist zu diesem Zeitpunkt zu tun?

Der erste Schritt besteht in einer Doppler-Ultraschalluntersuchung des Herzens, um strukturelle kardiale Veränderungen, die für die Arrhythmie verantwortlich sein könnten, abzuklären (dilatative Kardiomyopathie, infiltrative Myokarditis verschiedenster Ätiologie etc.). Auch eine komplette Blutuntersuchung sollte durchgeführt werden, um schwere Stoffwechselstörungen (z. B. Hyperkaliämie) ausschließen zu können.

Abgesehen von der Primärtherapie der Grundkrankheit stehen zur Behandlung der Bradyarrhythmie generell folgende Optionen zur Verfügung: positiv inotrope Medikamente (Theophyllin, Hexoprenalin etc.) oder Implantation eines permanenten Herzschrittmachers. Da sich diese Art von Arrhythmie in der Regel nicht durch eine positiv inotrope Therapie beherrschen lässt, ist bei den meisten Patienten angesichts der Symptome des reduzierten Herzminutenvolumens eine dauerhafte Implantation eines Herzschrittmachers erforderlich.

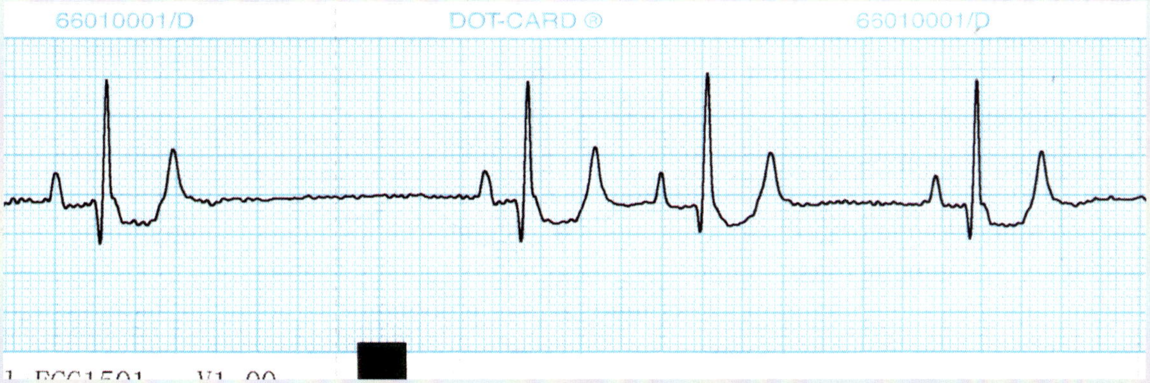

Ableitung II; 1 cm = 1 mV; 50 mm/s

Patient	
Rasse	Irischer Setter
Alter	6 Jahre
Geschlecht	Weiblich

Anamnese

Präanästhetische Untersuchung vor Pyometra-Operation.

- Welche Veränderungen sind im EKG zu beobachten?
- Was ist die wahrscheinlichste Ursache?
- Welche Vorsichtsmaßnahmen sind angesichts dieses EKG für den operativen Eingriff zu treffen?

Parameter	Patient	Normwerte
Grundrhythmus		Sinusrhythmus; Sinusarrhythmie
Herzfrequenz		70–160 bpm (bis zu 180 bei kleinen Rassen und bis zu 220 bei Welpen)
Elektrische Herzachse		+40° – +100°
P-Welle		Breite: 0,04 s; Höhe: 0,4 mV
PR-Intervall		0,06–0,13 s
QRS-Komplex		Bis zu 0,06 s (0,05 s bei kleinen Rassen)
R-Zacke		Bis zu 3 mV (2,5 mV bei kleinen Rassen)
QT-Intervall		0,15–0,25 s
ST-Strecke		Hebung: bis zu 0,15 mV; Senkung: < 0,2 mV
T-Welle		Weniger als 25 % der R-Höhe
Sonstiges		

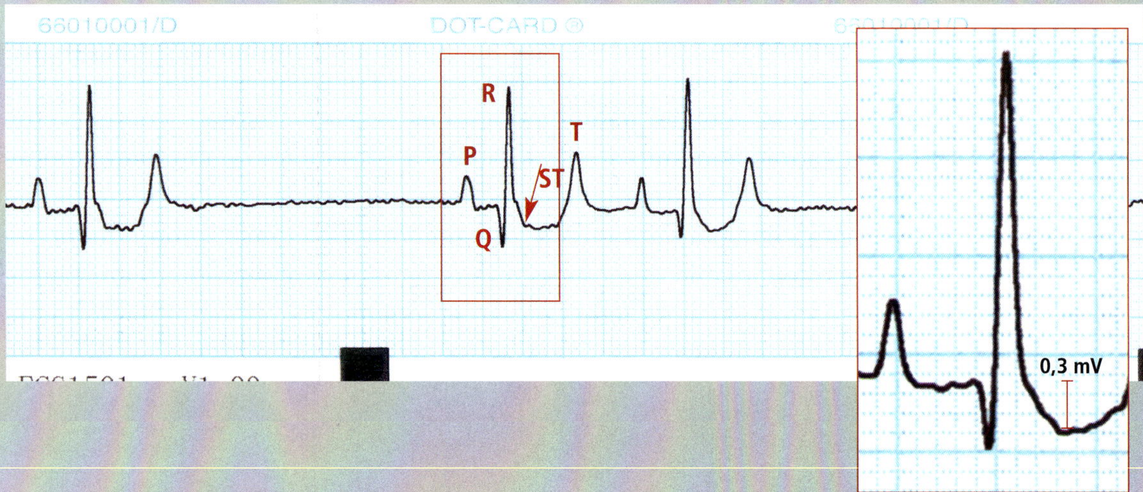

Untersuchte Parameter	
Grundrhythmus	Sinusarrhythmie
Herzfrequenz	100 bpm
Elektrische Herzachse	—
P-Welle	0,04 s × 0,3 mV
PR-Intervall	0,10 s
QRS-Komplex	0,05 s
R-Zacke	1,5 mV
QT-Intervall	0,24 s
ST-Strecke	**Senkung 0,3 mV**
T-Welle	**> 25 % der R-Höhe**
Sonstiges	—

▶ Welche Veränderungen sind im EKG zu beobachten?

Es liegt ein normaler Sinusrhythmus mit einer Frequenz von 100 bpm vor.

Die ST-Strecke weist eine deutliche Senkung auf (siehe Pfeil). Zudem sind T-Wellen mit einer Amplitude zu sehen, die 25 % der R-Zacke übersteigt.

▶ Was ist die wahrscheinlichste Ursache?

Die Ursachen dieser EKG-Zeichen sind unspezifisch, aber durchaus aussagekräftig. Sie stehen in der Regel mit Elektrolytimbalanzen und/oder einer Myokardhypoxie unterschiedlichen Ursprungs in Zusammenhang.

Der vorliegende infektiöse Prozess (Pyometra) verursacht eine ganze Reihe von Veränderungen des Stoffwechsels und des Elektrolythaushalts, die alle für die im EKG entdeckten Auffälligkeiten verantwortlich sein können. Angesichts des klinischen Bildes und der verfügbaren Daten erscheint eine primäre kardiale Ätiologie unwahrscheinlich.

▶ Welche Vorsichtsmaßnahmen sind angesichts dieses EKG für den operativen Eingriff zu treffen?

In einem Fall wie dem vorliegenden sollte angesichts der Infektion und der im EKG erkennbaren Entgleisungen des Elektrolythaushalts ein komplettes Blutbild einschließlich eines Ionogramms angefertigt werden. Vor der Operation ist eine Flüssigkeitstherapie einzuleiten, um die Dehydratation und die Elektrolytimbalanzen zu beheben. Zu empfehlen ist des Weiteren eine Sauerstofftherapie vor Einleitung der Narkose.

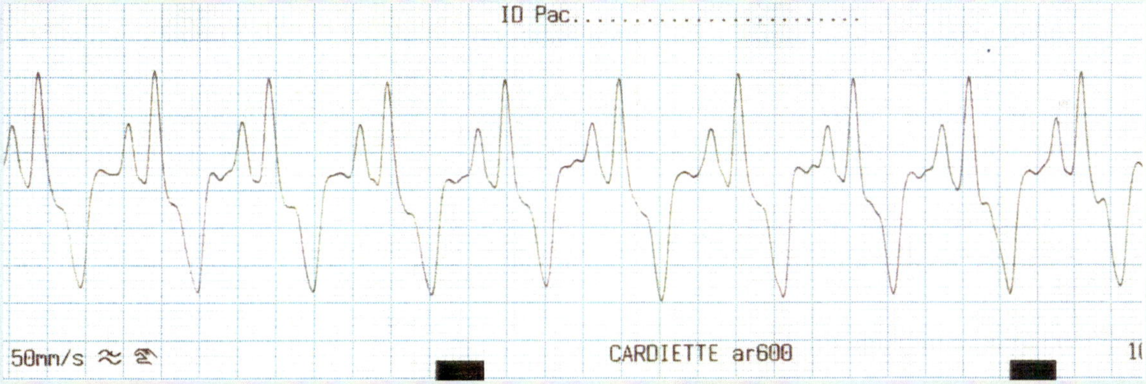

Ableitung II; 1 cm = 1 mV; 50 mm/s

Patient	
Rasse	Cavalier King Charles Spaniel
Alter	6 Jahre
Geschlecht	Männlich

Anamnese

Belastungsintoleranz und Husten. Bei der klinischen Untersuchung wird ein systolisches mitrales und trikuspidales Herzgeräusch Grad V/VI auskultiert.

- ▶ Welche Veränderungen sind im EKG zu beobachten?
- ▶ Was ist die wahrscheinlichste Ursache dieser Veränderungen und wie lautet die wahrscheinlichste klinische Diagnose?

Parameter	Patient	Normwerte
Grundrhythmus		Sinusrhythmus; Sinusarrhythmie
Herzfrequenz		70–160 bpm (bis zu 180 bei kleinen Rassen und bis zu 220 bei Welpen)
Elektrische Herzachse		+40° – +100°
P-Welle		Breite: 0,04 s; Höhe: 0,4 mV
PR-Intervall		0,06–0,13 s
QRS-Komplex		Bis zu 0,06 s (0,05 s bei kleinen Rassen)
R-Zacke		Bis zu 3 mV (2,5 mV bei kleinen Rassen)
QT-Intervall		0,15–0,25 s
ST-Strecke		Hebung: bis zu 0,15 mV; Senkung: < 0,2 mV
T-Welle		Weniger als 25 % der R-Höhe
Sonstiges		

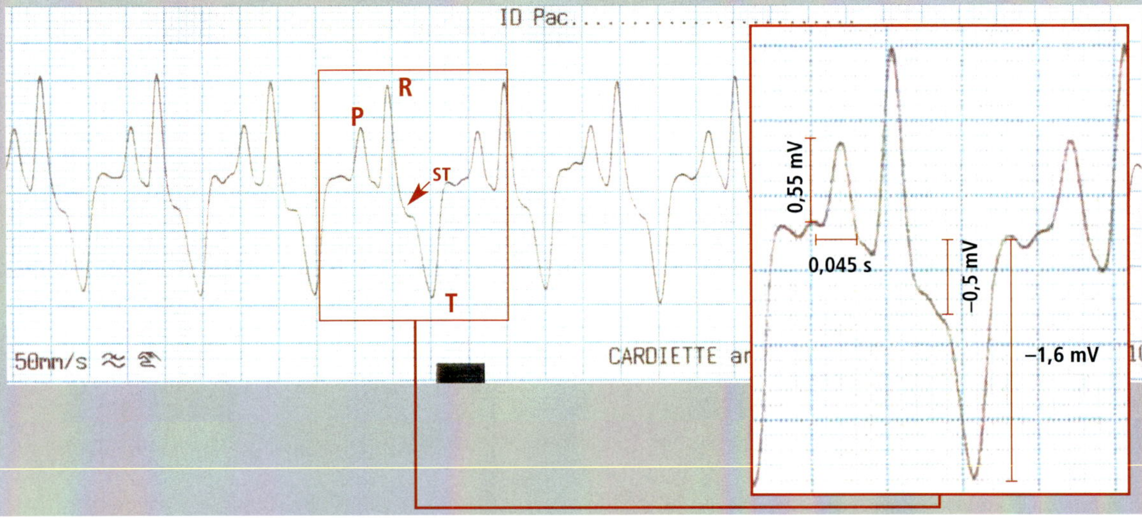

Untersuchte Parameter	
Grundrhythmus	**Sinustachykardie**
Herzfrequenz	**200 bpm**
Elektrische Herzachse	—
P-Welle	**0,045 s × 0,6 mV**
PR-Intervall	0,06 s
QRS-Komplex	0,05 s
R-Zacke	1,4 mV
QT-Intervall	0,18 s
ST-Strecke	**Senkung 0,5 mV**
T-Welle	**> 25 % der R-Höhe**
Sonstiges	—

▶ Welche Veränderungen sind im EKG zu beobachten?

Das EKG zeigt eine Sinustachykardie mit einer Herzfrequenz von 200 bpm sowie P-mitrale und P-pulmonale.

Außerdem sind eine sehr deutliche ST-Strecken-Senkung und hohe T-Wellen zu erkennen.

▶ Was ist die wahrscheinlichste Ursache dieser Veränderungen und wie lautet die wahrscheinlichste klinische Diagnose?

P-mitrale ist ein recht spezifischer Hinweis auf eine Dilatation des linken Vorhofs. P-pulmonale kann sich im EKG bei erhöhter Herzfrequenz zeigen; in diesem Fall aber ist es angesichts der zahlreichen Veränderungen in der EKG-Kurve wahrscheinlicher, dass P-pulmonale durch eine rechtsatriale Erweiterung infolge Rechtsherzbelastung verursacht wird.

Die auffälligen Veränderungen bei ST-Strecke und T-Wellen entstehen in der Regel bei hochgradiger Hypoxie / Ischämie des Myokards.

Betrachtet man dieses EKG in Verbindung mit dem klinischen Bild und dem Befund der klinischen Allgemeinuntersuchung des Patienten, so bietet sich eine dekompensierte kongestive Herzinsuffizienz, sekundär infolge einer chronischen atrioventrikulären Klappenendokardiose, als wahrscheinlichste Diagnose an.

Diese Erkrankung entwickelt sich in der Regel bei Patienten in fortgeschrittenem Alter, etwa ab dem siebten bis achten Lebensjahr. Im konkreten Fall ist jedoch zu berücksichtigen, dass es sich um einen Hund der Rasse Cavalier King Charles Spaniel handelt und dass diese Rasse *per se* eine besondere Prädisposition für eine sehr früh einsetzende und rasch progrediente Krankheitsform mit ungünstiger Diagnose aufweist.

Bei Patienten anderer Rassen mit gleichem Befund käme eine kongenitale Herzkrankheit als primäre diagnostische Möglichkeit infrage.

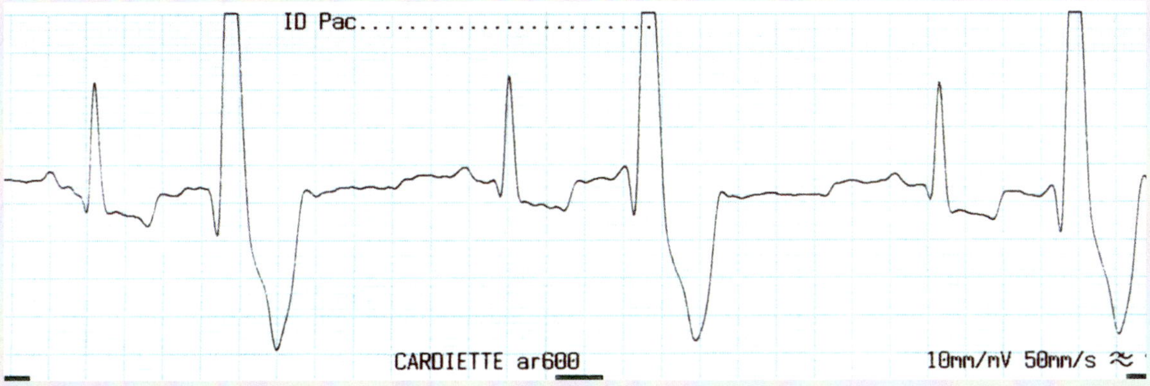

Ableitung II; 1 cm = 1 mV; 50 mm/s

Patient	
Rasse	Deutscher Schäferhund
Alter	5 Jahre
Geschlecht	Männlich

Anamnese

EKG während der Narkoseeinleitung mit Thiopental (i. v.) erstellt.

- ▶ Welche Veränderungen sind im EKG zu beobachten?
- ▶ Wodurch können diese entstehen?
- ▶ Welche therapeutischen Maßnahmen sind zu ergreifen?

Parameter	Patient	Normwerte
Grundrhythmus		Sinusrhythmus; Sinusarrhythmie
Herzfrequenz		70–160 bpm (bis zu 180 bei kleinen Rassen und bis zu 220 bei Welpen)
Elektrische Herzachse		+40° – +100°
P-Welle		Breite: 0,04 s; Höhe: 0,4 mV
PR-Intervall		0,06–0,13 s
QRS-Komplex		Bis zu 0,06 s (0,05 s bei kleinen Rassen)
R-Zacke		Bis zu 3 mV (2,5 mV bei kleinen Rassen)
QT-Intervall		0,15–0,25 s
ST-Strecke		Hebung: bis zu 0,15 mV; Senkung: < 0,2 mV
T-Welle		Weniger als 25 % der R-Höhe
Sonstiges		

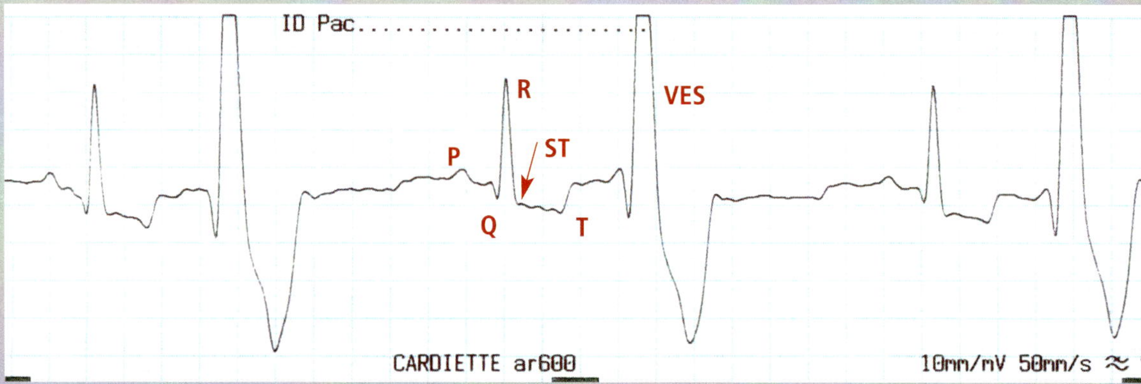

Untersuchte Parameter	
Grundrhythmus	**Sinusrhythmus mit VES**
Herzfrequenz	100 bpm
Elektrische Herzachse	—
P-Welle	0,04 s × 0,2 mV
PR-Intervall	0,09 s
QRS-Komplex	0,05 s
R-Zacke	1,4 mV
QT-Intervall	0,22 s
ST-Strecke	**–0,25 mV**
T-Welle	Normal
Sonstiges	—

▶ Welche Veränderungen sind im EKG zu beobachten?

Bei einem Sinusrhythmus mit einer Frequenz von 100 bpm sind rechtsventrikuläre Extrasystolen in der Konfiguration eines Bigeminus zu erkennen.

Auch eine Senkung der ST-Strecke ist zu bemerken.

▶ Wodurch können diese entstehen?

Diese Art von ventrikulären Arrhythmien kann auf eine Vielzahl von Erkrankungen oder Umständen zurückzuführen sein und ist nicht immer primär kardialen Ursprungs. Mögliche Ursachen sind:

- Herzerkrankungen: Fortgeschrittene chronische Klappenendokardiose, idiopathische dilatative Kardiomyopathie, Myokarditis, kongenitale Herzschäden.
- Alle Vorgänge, die mit einer Myokardhypoxie bzw. -ischämie einhergehen, wie z. B. schwere Atemwegserkrankungen.
- Magendilatation / Volvulus, Pankreatitis, Anämie, Elektrolytimbalanzen, Azotämie, Fieber, Schmerzen, Stress etc.

Auch viele Anästhetika, insbesondere Barbiturate, können die Entwicklung solcher ventrikulärer Arrhythmien sogar bei gesunden Patienten fördern.

Besonders die Kombination von Thiopental mit Halothan ist aufgrund einer Sensibilisierung des Myokards gegenüber endogenen Katecholaminen in der Lage, ventrikuläre Extrasystolen zu verursachen.

Die ST-Strecken-Senkung ist wahrscheinlich ein Zeichen für eine mangelnde Sauerstoffversorgung des Myokards.

▶ Welche therapeutischen Maßnahmen sind zu ergreifen?

Wenn bei Patienten vor der Anästhesie keinerlei Erkrankung erkennbar war, ist in der Regel keine antiarrhythmische Behandlung erforderlich. Empfehlenswert ist jedoch eine adäquate Sauerstoffversorgung des Patienten während des gesamten Eingriffs zur Vermeidung einer möglichen Hyperkapnie sowie die Kontrolle des Blutdrucks. Im vorliegenden Fall handelt es sich ziemlich sicher um eine selbstlimitierende Arrhythmie, sodass die Narkose fortgesetzt und der geplante Eingriff vorgenommen werden kann.

Sollte aus irgendwelchen Gründen doch die Entscheidung für eine Antiarrhythmikatherapie fallen, wären dies die Arzneimittel der Wahl: Lidocain, Procainamid oder Betablocker (Propranolol etc.).

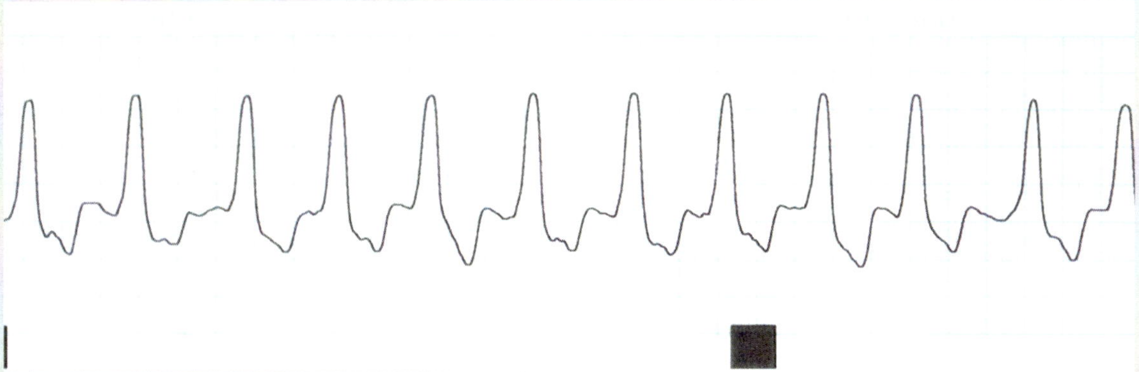

Ableitung II; 1 cm = 1 mV; 50 mm/s

Patient	
Rasse	Boxer
Alter	5 Jahre
Geschlecht	Männlich

Anamnese

Belastungsintoleranz. Abdominale Atmung. Aszites. Kachexie.

- Welche Veränderungen sind im EKG zu beobachten?
- Was sind die wahrscheinlichsten Differentialdiagnosen bzw. welche Diagnose ist am wahrscheinlichsten?
- Welche Therapie wäre zu empfehlen?

Parameter	Patient	Normwerte
Grundrhythmus		Sinusrhythmus; Sinusarrhythmie
Herzfrequenz		70–160 bpm (bis zu 180 bei kleinen Rassen und bis zu 220 bei Welpen)
Elektrische Herzachse		+40° – +100°
P-Welle		Breite: 0,04 s; Höhe: 0,4 mV
PR-Intervall		0,06–0,13 s
QRS-Komplex		Bis zu 0,06 s (0,05 s bei kleinen Rassen)
R-Zacke		Bis zu 3 mV (2,5 mV bei kleinen Rassen)
QT-Intervall		0,15–0,25 s
ST-Strecke		Hebung: bis zu 0,15 mV; Senkung: < 0,2 mV
T-Welle		Weniger als 25 % der R-Höhe
Sonstiges		

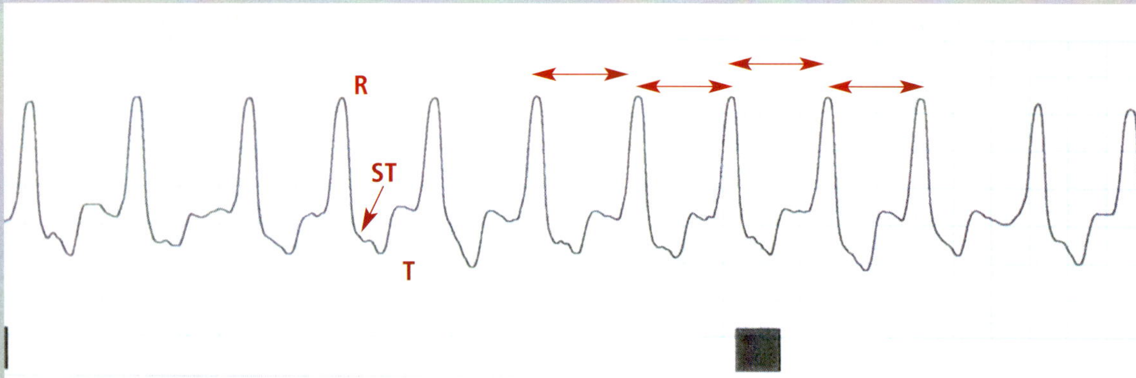

Untersuchte Parameter	
Grundrhythmus	Vorhoftachykardie
Herzfrequenz	220 bpm
Elektrische Herzachse	—
P-Welle	—
PR-Intervall	—
QRS-Komplex	0,10 s
R-Zacke	1,6 mV
QT-Intervall	0,20 s
ST-Strecke	Senkung 0,4 mV
T-Welle	> 25 % der R-Höhe
Sonstiges	—

▶ Welche Veränderungen sind im EKG zu beobachten?

Zu erkennen ist eine Vorhoftachykardie mit einer Herzfrequenz von 220 bpm. Diese Arrhythmie ist gekennzeichnet durch ein Fehlen der P-Wellen, eine erhöhte ventrikuläre Frequenz und einen sehr regelmäßigen Rhythmus (siehe Pfeile); Letzteres stellt den Unterschied zum Vorhofflimmern dar, bei dem die RR-Intervalle sehr unregelmäßig sind.

Die verbreiterten QRS-Komplexe weisen auf eine Hypertrophie / Dilatation des linken Ventrikels hin. Die Veränderung kann auch von einer intraventrikulären Blockierung der Erregungsleitung im linken Tawara-Schenkel (Linksschenkelblock) herrühren.

Die Senkung der ST-Strecke und die tiefen T-Wellen zeigen sich in Fällen einer Myokardhypoxie und / oder bei Störungen des Elektrolythaushalts. Eine weitere Ursache wäre die Hypertrophie bzw. Dilatation der linken Herzkammer. Im vorliegenden Fall erscheint dies sogar die wahrscheinlichste Erklärung zu sein.

▶ Was sind die wahrscheinlichsten Differentialdiagnosen bzw. welche Diagnose ist am wahrscheinlichsten?

Bei einer derart erhöhten Herzfrequenz und eindeutigen Anzeichen für eine linksventrikuläre Hypertrophie / Dilatation ist die naheliegendste Diagnose eine dilatative Kardiomyopathie.

Als mögliche, aber weniger wahrscheinliche Differentialdiagnosen kommen verschiedene angeborene Anomalien des Herzens infrage (z. B. Aortenstenose etc.).

▶ Welche Therapie wäre zu empfehlen?

Zur Behandlung supraventrikulärer Tachyarrhythmien sollte Digoxin verwendet werden.

Digoxin trägt zur Normalisierung der erhöhten ventrikulären Frequenz bei, optimiert das Herzminutenvolumen und reduziert gleichzeitig den Grad der Überlastung sowie den Sauerstoffverbrauch des Myokards.

Zusätzlich sollte die kongestive Herzinsuffizienz entsprechend therapiert werden (ACE-Hemmer, Diuretika, positiv inotrope Präparate etc.).

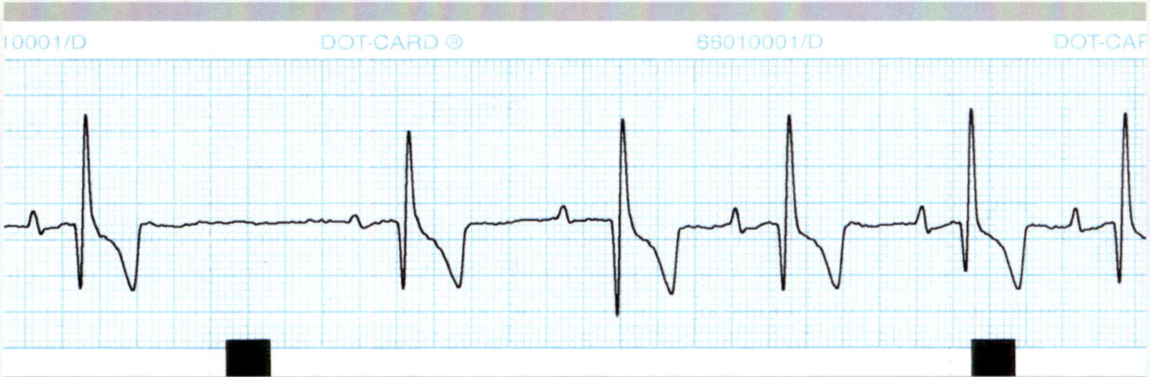

Bild auf 97 % verkleinert.

Ableitung II; 1 cm = 1 mV; 50 mm/s

Patient	
Rasse	Pudel
Alter	15 Jahre
Geschlecht	Weiblich

Anamnese

Husten, der nicht auf die Therapie mit ACE-Hemmern und Furosemid anspricht. Herzgeräusch.

- Welche Veränderungen sind im EKG zu beobachten?
- Was könnte das fehlende Ansprechen auf die Therapie erklären?
- Welche weiteren Schritte sind zu unternehmen?

Parameter	Patient	Normwerte
Grundrhythmus		Sinusrhythmus; Sinusarrhythmie
Herzfrequenz		70–160 bpm (bis zu 180 bei kleinen Rassen und bis zu 220 bei Welpen)
Elektrische Herzachse		+40° – +100°
P-Welle		Breite: 0,04 s; Höhe: 0,4 mV
PR-Intervall		0,06–0,13 s
QRS-Komplex		Bis zu 0,06 s (0,05 s bei kleinen Rassen)
R-Zacke		Bis zu 3 mV (2,5 mV bei kleinen Rassen)
QT-Intervall		0,15–0,25 s
ST-Strecke		Hebung: bis zu 0,15 mV; Senkung: < 0,2 mV
T-Welle		Weniger als 25 % der R-Höhe
Sonstiges		

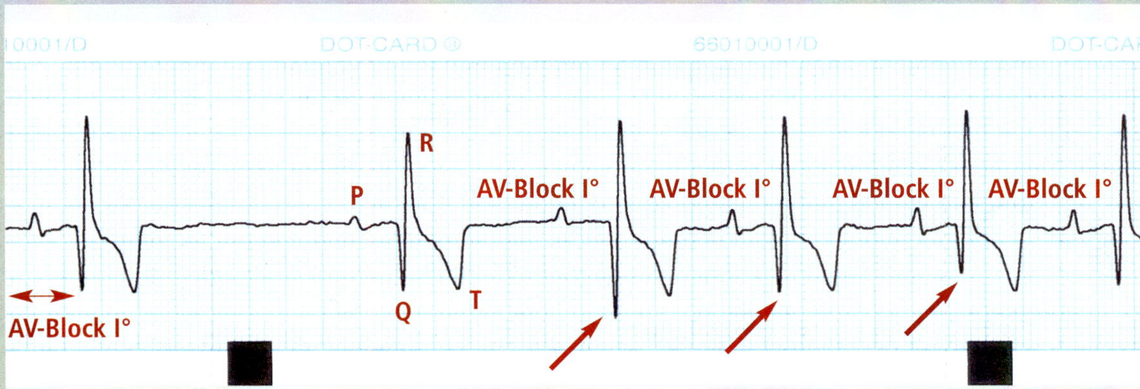

Bild auf 97 % verkleinert.

Untersuchte Parameter	
Grundrhythmus	Respiratorische Sinusarrhythmie
Herzfrequenz	110 bpm
Elektrische Herzachse	—
P-Welle	0,04 s × 0,2 mV
PR-Intervall	**Variabel (0,14–0,16 s)**
QRS-Komplex	0,05 s
R-Zacke	1,8 mV
QT-Intervall	0,20 s
ST-Strecke	Normal
T-Welle	Normal
Sonstiges	**Wandernder Schrittmacher Typ A, Tiefe Q-Zacken, AV-Block I°**

► Welche Veränderungen sind im EKG zu beobachten?

Zu erkennen sind:

- Tiefe Q-Zacken: Weisen auf eine Hypertrophie / Dilatation des rechten Ventrikels hin.
- AV-Blöcke I°: Können durch eine Erweiterung des linken Vorhofs infolge chronischer Klappenendokardiose, seniler Myokardfibrose oder parasympathischer Hypertonie entstehen bzw. iatrogen bedingt sein (Medikation mit Betablockern, Digoxin etc.) oder auf Elektrolytimbalanzen (Hyperkaliämie, Hyperkalzämie etc.) zurückzuführen sein. Diese Art von Blockierung der Erregungsleitung erfordert keine spezielle Therapie und bleibt ohne hämodynamische Folgen.
- Wandernder Schrittmacher Typ A: Dies ist ein häufiges und physiologisches Phänomen beim EKG gesunder Hunde, bei dem die P-Wellen sowohl in der Amplitude als auch in der Form stark variieren. Ein wandernder Schrittmacher stellt als solches keine pathologische Veränderung dar. Die Ursache dafür ist ein Wechsel des Schrittmacherzentrums innerhalb des Sinusknotens, wodurch es zu vorübergehenden Konfigurationsveränderungen bei den P-Wellen kommt.

► Was könnte das fehlende Ansprechen auf die Therapie erklären?

Im Verlauf einer dekompensierten kongestiven Herzinsuffizienz entwickelt sich nur selten eine Sinusarrhythmie, und zwar aufgrund des vorherrschenden Sympathikotonus als Reaktion auf das hämodynamische Versagen. Dieser Rhythmus ist bei Hunden mit respiratorischer Symptomatik eher auf aktive pathologische Prozesse in den Atemwegen als auf eine kongestive Herzinsuffizienz zurückzuführen.

► Welche weiteren Schritte sind zu unternehmen?

Es sollte eine Thoraxröntgenaufnahme angefertigt werden, um zu bestätigen, dass das klinische Bild von einem respiratorischen Krankheitsprozess in Zusammenhang mit einer Valvulopathie herrührt. Das Fehlen typischer Symptome einer kongestiven Herzinsuffizienz (Ödem, Stauungslunge) wäre ein weiterer Beweis dafür, dass eine dekompensierte Herzerkrankung definitiv ausgeschlossen werden kann.

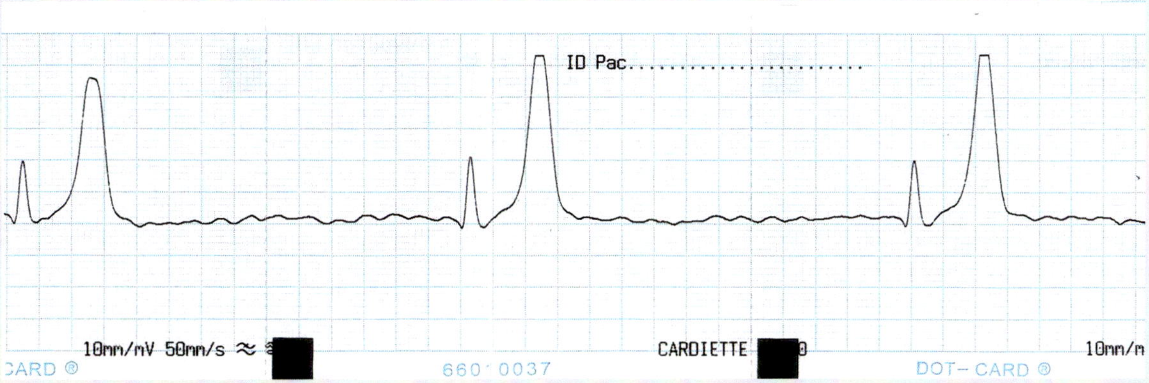

Ableitung II; 1 cm = 1 mV; 50 mm/s

Patient	
Rasse	Labrador
Alter	9 Jahre
Geschlecht	Weiblich

Anamnese

Hochgradige Schwäche. Anorexie.

- Welcher Herzrhythmus ist dargestellt?
- Wie lauten die möglichen Differentialdiagnosen?
- Was ist zu diesem Zeitpunkt zu tun?

Parameter	Patient	Normwerte
Grundrhythmus		Sinusrhythmus; Sinusarrhythmie
Herzfrequenz		70–160 bpm (bis zu 180 bei kleinen Rassen und bis zu 220 bei Welpen)
Elektrische Herzachse		+40° – +100°
P-Welle		Breite: 0,04 s; Höhe: 0,4 mV
PR-Intervall		0,06–0,13 s
QRS-Komplex		Bis zu 0,06 s (0,05 s bei kleinen Rassen)
R-Zacke		Bis zu 3 mV (2,5 mV bei kleinen Rassen)
QT-Intervall		0,15–0,25 s
ST-Strecke		Hebung: bis zu 0,15 mV; Senkung: < 0,2 mV
T-Welle		Weniger als 25 % der R-Höhe
Sonstiges		

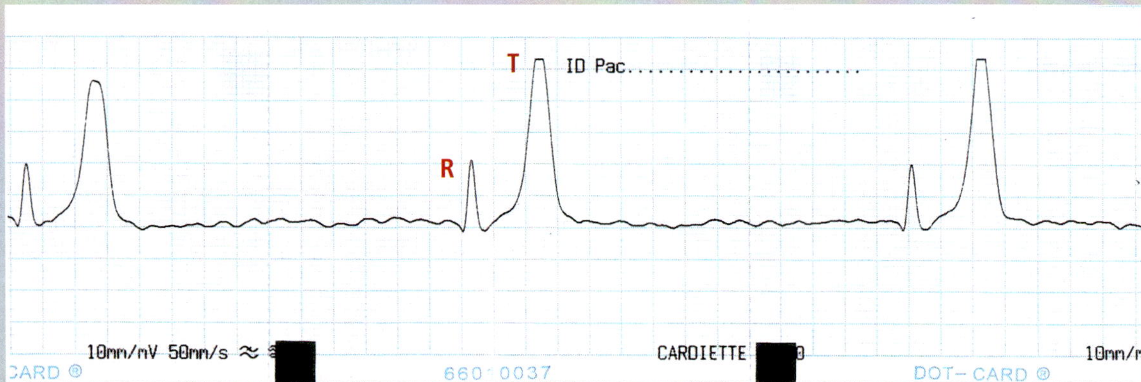

Untersuchte Parameter	
Grundrhythmus	**Persistierender Vorhofstillstand**
Herzfrequenz	**50 bpm**
Elektrische Herzachse	—
P-Welle	**Nicht zu beurteilen**
PR-Intervall	**Nicht zu beurteilen**
QRS-Komplex	0,04 s
R-Zacke	1,0 mV
QT-Intervall	**0,28 s**
ST-Strecke	Normal
T-Welle	**> 25 % der R-Höhe**
Sonstiges	—

▶ Welcher Herzrhythmus ist dargestellt?

Das EKG zeigt einen persistierenden Vorhofstillstand bei einer Herzfrequenz von 50 bpm. Diese Bradyarrhythmie ist gekennzeichnet durch fehlende P-Wellen und einen regelmäßigen Ersatzrhythmus mit QRS-Komplexen supraventrikulären oder ventrikulären Ursprungs. Dazu kommt es, wenn das Vorhofmyokard nicht zur Depolarisation fähig ist.

▶ Wie lauten die möglichen Differentialdiagnosen?

Mögliche Ursachen für diese Veränderungen im EKG sind:

- Digitalisintoxikation.
- Hyperkaliämie, vor allem bei Hypoadrenokortizismus (Addison-Krankheit) und anderen Prozessen, die mit erhöhten Kaliumspiegeln einhergehen (Harnwegsobstruktion etc.). Der Überschuss an Kalium bewirkt, dass das Ruhepotenzial der Zellmembranen der Vorhofmuskulatur so niedrig ist, dass eine Depolarisation unmöglich ist.
- Muskeldystrophie, eine beim Englischen Springer Spaniel und anderen Rassen beschriebene hereditäre Krankheit. Bei dieser Erkrankung kommt es zu einer Fibrose der Myozyten im Vorhofgewebe.

▶ Was ist zu diesem Zeitpunkt zu tun?

Auszuschließen sind folgende Erkrankungen:

- Stoffwechselstörungen (durch Blutuntersuchung einschließlich Bestimmung der Kaliumspiegel im Serum).
- Strukturelle kardiale Anomalien (mittels Doppler-Ultraschall).

Die Diagnose einer Muskelveränderung (Muskeldystrophie) erfolgt in der Regel durch Ausschluss der anderen möglichen Differentialdiagnosen.

Die Implantation eines permanenten Schrittmachers könnte das klinische Bild bessern, da sich das niedrige Herzminutenvolumen normalisieren würde. Langfristig ist die Prognose bei dieser Erkrankung allerdings aufgrund des progredienten Verlaufs der atrioventrikulären Regurgitation und der ventrikulären Funktionsstörung schlecht.

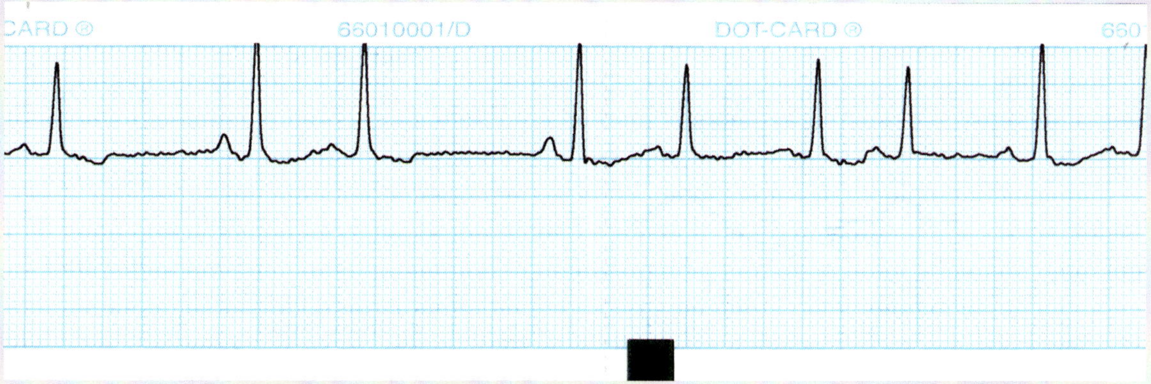

Ableitung II; 1 cm = 1 mV; 50 mm/s

Patient	
Rasse	Yorkshire Terrier
Alter	12 Jahre
Geschlecht	Weiblich

Anamnese

Chronischer Husten und Dyspnoe bei Belastung. In den letzten Tagen Verschlimmerung des Zustandes.

- ▶ Welche Veränderungen sind im EKG zu beobachten?
- ▶ Was sind die häufigsten Ursachen dieser Veränderungen?
- ▶ Gibt es Grund zur Sorge?

Parameter	Patient	Normwerte
Grundrhythmus		Sinusrhythmus; Sinusarrhythmie
Herzfrequenz		70–160 bpm (bis zu 180 bei kleinen Rassen und bis zu 220 bei Welpen)
Elektrische Herzachse		+40° – +100°
P-Welle		Breite: 0,04 s; Höhe: 0,4 mV
PR-Intervall		0,06–0,13 s
QRS-Komplex		Bis zu 0,06 s (0,05 s bei kleinen Rassen)
R-Zacke		Bis zu 3 mV (2,5 mV bei kleinen Rassen)
QT-Intervall		0,15–0,25 s
ST-Strecke		Hebung: bis zu 0,15 mV; Senkung: < 0,2 mV
T-Welle		Weniger als 25 % der R-Höhe
Sonstiges		

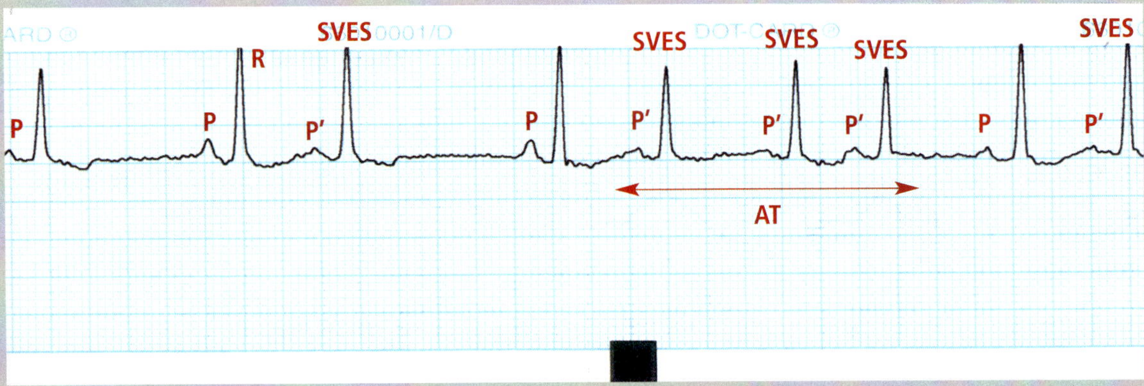

Untersuchte Parameter	
Grundrhythmus	**Sinusrhythmus mit SVES und ST**
Herzfrequenz	**180 bpm**
Elektrische Herzachse	—
P-Welle	0,04 s × 0,2 mV
PR-Intervall	0,10 s
QRS-Komplex	0,04 s
R-Zacke	1,5 mV
QT-Intervall	0,18 s
ST-Strecke	Normal
T-Welle	Normal
Sonstiges	—

▶ Welche Veränderungen sind im EKG zu beobachten?

Die Herzfrequenz ist erhöht und es besteht eine supraventrikuläre Tachyarrhythmie. Man erkennt supraventrikuläre Extrasystolen (SVES) und eine Phase mit paroxysmaler Vorhoftachykardie.

Diese supraventrikulären Extrasystolen sind vorzeitig einfallende Erregungen aus dem Vorhofgewebe, die durch P-Wellen gekennzeichnet sind, deren Morphologie sich von jener der normalen Sinuskomplexe unterscheidet (sogenannte P'-Wellen). Die Vorhoftachykardie (ST) ist definiert als eine Serie von drei oder mehr Vorhofextrasystolen (SVES).

▶ Was sind die häufigsten Ursachen dieser Veränderungen?

Sowohl isolierte supraventrikuläre Extrasystolen als auch eine supraventrikuläre Tachykardie weisen auf eine hochgradige Vorhoferweiterung hin. Eine solche Dilatation ist typisch für hochgradige und fortgeschrittene Kardiopathien. Bei diesem Patienten steht eine fortgeschrittene chronische Klappenendokardiose mit hochgradiger Vorhoferkrankung an erster Stelle aller Differentialdiagnosen.

▶ Gibt es Grund zur Sorge?

Die Entwicklung einer Vorhoftachykardie stellt bei herzkranken Patienten einen Hinweis auf eine Dekompensation und eine signifikante Verschlimmerung des Krankheitsprozesses dar. In diesen Fällen ist in der Regel eine sofortige antiarrhythmische Therapie erforderlich. Das Mittel der Wahl zur Behandlung von Vorhofarrhythmien ist Digoxin.

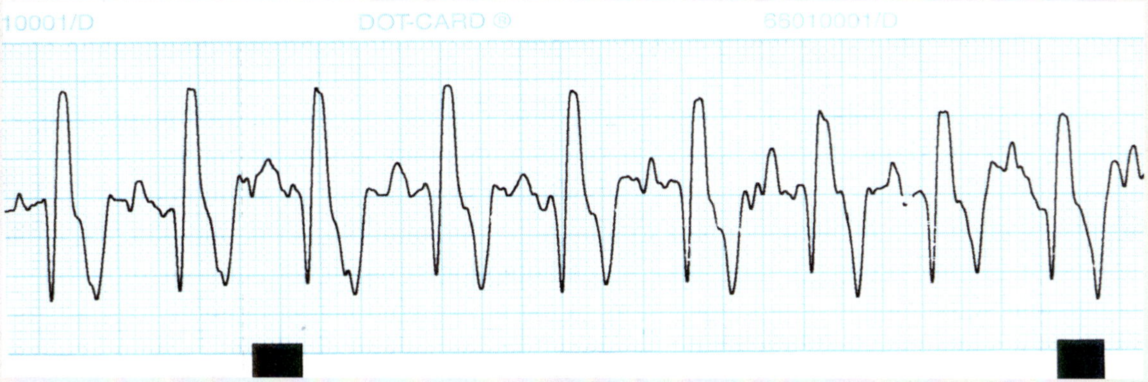

Ableitung II; 1 cm = 1 mV; 50 mm/s

Patient	
Rasse	Pekinese
Alter	15 Jahre
Geschlecht	Männlich

Anamnese

Notfall. Ateminsuffizienz mit Orthopnoe. Akutes Lungenödem. Laufende Therapie mit Benazepril, Pimobendan und Furosemid.

- ▶ Welche Veränderungen sind im EKG zu beobachten und was bedeuten sie?
- ▶ Wie ist dieser medizinische Notfall zu behandeln?

Parameter	Patient	Normwerte
Grundrhythmus		Sinusrhythmus; Sinusarrhythmie
Herzfrequenz		70–160 bpm (bis zu 180 bei kleinen Rassen und bis zu 220 bei Welpen)
Elektrische Herzachse		+40° – +100°
P-Welle		Breite: 0,04 s; Höhe: 0,4 mV
PR-Intervall		0,06–0,13 s
QRS-Komplex		Bis zu 0,06 s (0,05 s bei kleinen Rassen)
R-Zacke		Bis zu 3 mV (2,5 mV bei kleinen Rassen)
QT-Intervall		0,15–0,25 s
ST-Strecke		Hebung: bis zu 0,15 mV; Senkung: $< 0,2$ mV
T-Welle		Weniger als 25 % der R-Höhe
Sonstiges		

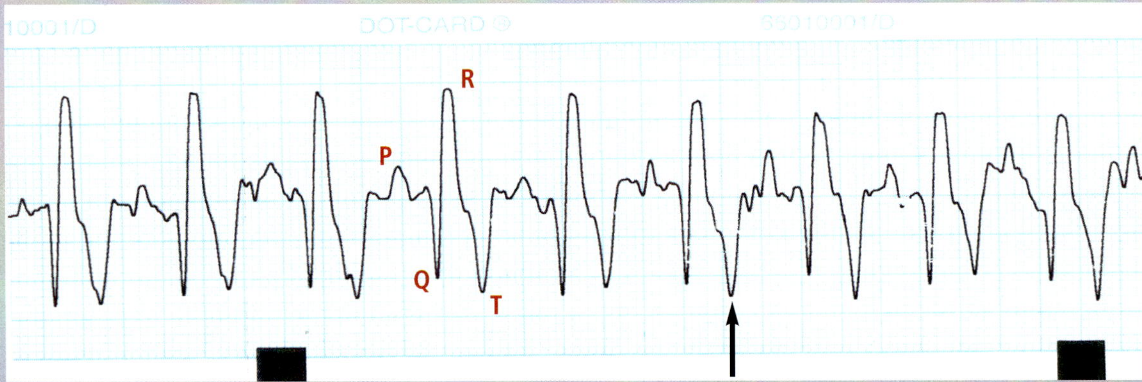

Untersuchte Parameter	
Grundrhythmus	**Sinustachykardie**
Herzfrequenz	**200 bpm**
Elektrische Herzachse	—
P-Welle	0,04 s × 0,4 mV
PR-Intervall	0,10 s
QRS-Komplex	**0,07 s**
R-Zacke	1,4 mV
QT-Intervall	0,17 s
ST-Strecke	Normal
T-Welle	**> 25 % der R-Höhe**
Sonstiges	**Tiefe Q-Zacken**

▶ Welche Veränderungen sind im EKG zu beobachten und was bedeuten sie?

Es handelt sich um eine persistierende Sinustachykardie mit einer Frequenz von 200 bpm. Die Dauer der QRS-Komplexe liegt deutlich über den Maximalwerten des Referenzbereichs für Hunde. Die P-Wellen sind aufgrund der Artefakte infolge von Bewegungen und Myoklonien des Patienten zwar schwierig zu beurteilen, doch ist zu erkennen, dass sie praktisch nie die Normwerte übersteigen. Bei den ST-Strecken liegt eine geringe, noch im Normbereich liegende Senkung vor, während die T-Wellen (Pfeil) überhöht sind. Die Q-Zacken weisen Amplituden von –1,2 mV auf, was über der Norm liegt.

Ein solches EKG kann in Fällen von dekompensierter kongestiver Herzinsuffizienz vorliegen, und zwar als Folge einer schweren Valvulopathie, die eine hochgradige sekundäre kardiale Dilatation verursacht oder die aufgrund der Ruptur einer der Chordae tendineae perakut wird.

▶ Wie ist dieser medizinische Notfall zu behandeln?

Unter ambulanter Behandlung mit oraler Medikation ist ein derartiger Notfall nicht zu beherrschen, sodass nach stationärer Aufnahme des Patienten unverzüglich eine intensive intravenöse Behandlung sowie die üblichen Notfallmaßnahmen einsetzen müssen: Sauerstofftherapie; Sedierung mit Diazepam und Morphin, Buprenorphin oder Butorphanol; Hospitalisierung bei maximaler Bewegungsrestriktion; intravenöse Flüssigkeitstherapie mit natriumfreien Infusionen (Dextrose 5 %); Furosemid (4 mg/kg i. v. alle 2 h bis zur Besserung). Die Therapie kann noch vervollständigt werden durch Verabreichung von Dopamin per Dauertropfinfusion (5 mg/kg/min), bzw. Dobutamin (5 mg/kg/min). Bei Überwachung des Blutdrucks kann auch noch Nitroprussid-Natrium in einer Dosierung von 5 mg/kg/min gegeben werden, wobei die Dosisanpassung in Abhängigkeit vom weiteren Verlauf erfolgt.

Wichtiger Hinweis: Schreibgeschwindigkeit = 25 mm/s

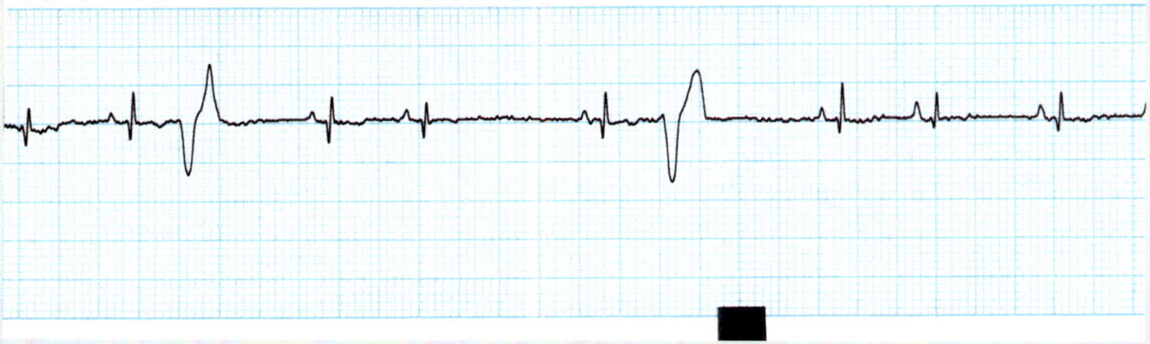

Ableitung II; 1 cm = 1 mV; 25 mm/s

Patient	
Rasse	Mastín Español
Alter	3 Jahre
Geschlecht	Männlich

Anamnese

Vor zwei Tagen Operation wegen Magendrehung. Kontrolluntersuchung.

- ▶ Welcher Herzrhythmus ist bei diesem Patienten zu beobachten?
- ▶ Worauf ist dieser Herzrhythmus zurückzuführen?
- ▶ Muss eine Therapie eingeleitet werden?

Parameter	Patient	Normwerte
Grundrhythmus		Sinusrhythmus; Sinusarrhythmie
Herzfrequenz		70–160 bpm (bis zu 180 bei kleinen Rassen und bis zu 220 bei Welpen)
Elektrische Herzachse		+40° – +100°
P-Welle		Breite: 0,04 s; Höhe: 0,4 mV
PR-Intervall		0,06–0,13 s
QRS-Komplex		Bis zu 0,06 s (0,05 s bei kleinen Rassen)
R-Zacke		Bis zu 3 mV (2,5 mV bei kleinen Rassen)
QT-Intervall		0,15–0,25 s
ST-Strecke		Hebung: bis zu 0,15 mV; Senkung: < 0,2 mV
T-Welle		Weniger als 25 % der R-Höhe
Sonstiges		

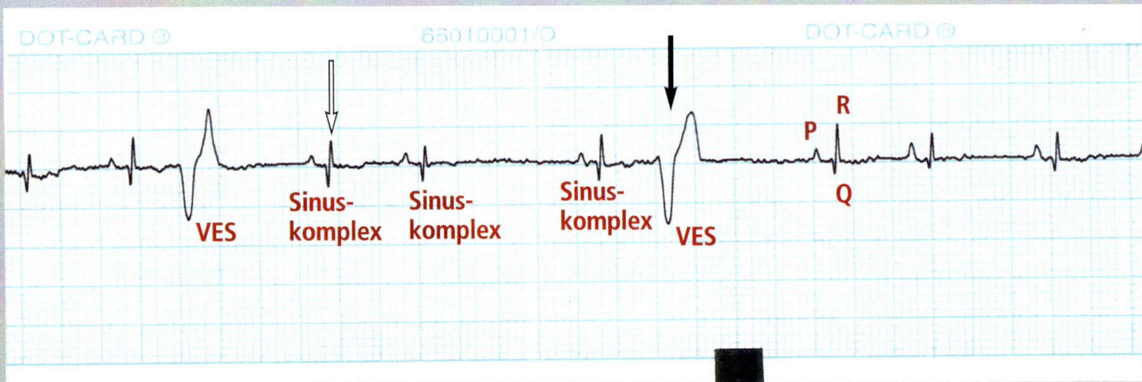

Untersuchte Parameter	
Grundrhythmus	**Sinusrhythmus mit VES**
Herzfrequenz	100 bpm
Elektrische Herzachse	—
P-Welle	0,04 s × 0,4 mV
PR-Intervall	0,10 s
QRS-Komplex	0,04 s
R-Zacke	0,9 mV
QT-Intervall	0,20 s
ST-Strecke	Normal
T-Welle	Normal
Sonstiges	—

▶ Welcher Herzrhythmus ist bei diesem Patienten zu beobachten?

Bei einer Sinusarrhythmie (weißer Pfeil) als Grundrhythmus sind isolierte monofokale linksventrikuläre Extrasystolen (schwarzer Pfeil) ohne R-auf-T-Phänomen und mit einer Frequenz von 20 Extrasystolen pro Minute (in diesem EKG-Abschnitt) zu sehen.

Die Sinuskomplexe sind normal.

▶ Worauf ist dieser Herzrhythmus zurückzuführen?

Die wahrscheinlichste Ursache ist, dass es sich um eine Folge der Magendrehung handelt. Die Veränderungen können auf mehrere Prozesse zurückzuführen sein: Reperfusionstrauma nach Zurückdrehen des Volvulus, Freisetzung von freien Radikalen oder ein Hypoxiephänomen infolge der thorakalen Kompression und vaskulärer Stauungen, aufgrund derer sich der Hauptteil des zirkulierenden Blutes im Abdomen / hinteren Körperdrittel befindet. Die Arrhythmie kann aber auch auf die Anästhesie bei der Operation, auf eine Sepsis aufgrund von parietalen Läsionen am Verdauungstrakt, auf schwere Elektrolytimbalanzen bzw. auf eine Kombination aus allen diesen Faktoren zurückzuführen sein.

▶ Muss eine Therapie eingeleitet werden?

Wenn das klinische Bild und die Ergebnisse des operativen Eingriffs den Erwartungen entsprechen (Dekompression und Leerung des Magens, Gastropexie, Überprüfung der Intaktheit des Verdauungstrakts mit Untersuchung der Milz bzw. gegebenenfalls Durchführung einer Splenektomie), ist angesichts der Tatsache, dass nicht mehr als 20 Extrasystolen pro Minute vorliegen, keine spezifische medikamentöse Behandlung erforderlich. Was sichergestellt sein muss, sind eine entsprechende Analgesie und ein guter Hydratationsstatus. Zudem dürfen keinerlei Anzeichen einer Infektion oder Peritonitis vorliegen. Handelt es sich, wie bei diesem Patienten, um keinen Notfall, kann bei Bedarf und bei entsprechend vorsichtiger, sicherer Dosierung eine ambulante antiarrhythmische Behandlung mit oraler Verabreichung von Procainamid oder Sotalol erfolgen.

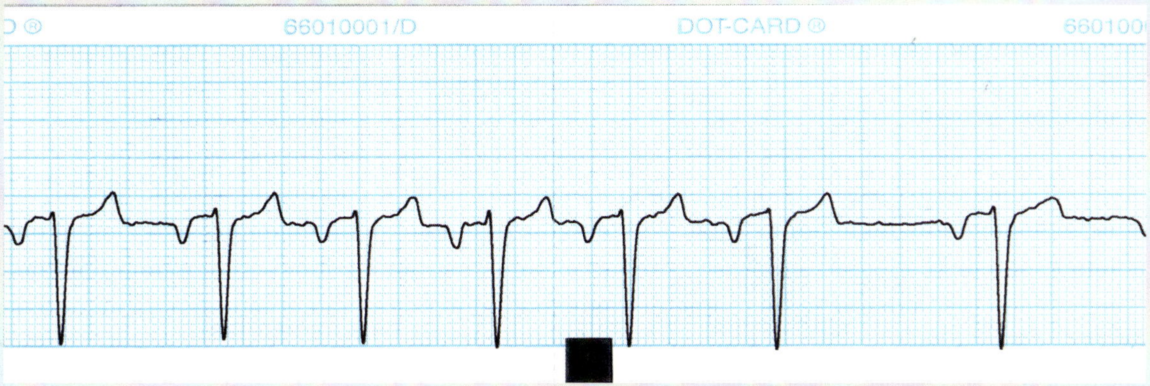

Ableitung II; 1 cm = 1 mV; 50 mm/s

Patient	
Rasse	Bullterrier
Alter	2 Jahre
Geschlecht	Weiblich

Anamnese

Präanästhetische Untersuchung vor Ovariohysterektomie.
Asymptomatisch.

- ▶ Ist das abgebildete EKG normal? Wenn nicht, was ist die Ursache für die Veränderungen?
- ▶ Was ist angesichts dieser Situation zu tun?

Parameter	Patient	Normwerte
Grundrhythmus		Sinusrhythmus; Sinusarrhythmie
Herzfrequenz		70–160 bpm (bis zu 180 bei kleinen Rassen und bis zu 220 bei Welpen)
Elektrische Herzachse		+40° – +100°
P-Welle		Breite: 0,04 s; Höhe: 0,4 mV
PR-Intervall		0,06–0,13 s
QRS-Komplex		Bis zu 0,06 s (0,05 s bei kleinen Rassen)
R-Zacke		Bis zu 3 mV (2,5 mV bei kleinen Rassen)
QT-Intervall		0,15–0,25 s
ST-Strecke		Hebung: bis zu 0,15 mV; Senkung: < 0,2 mV
T-Welle		Weniger als 25 % der R-Höhe
Sonstiges		

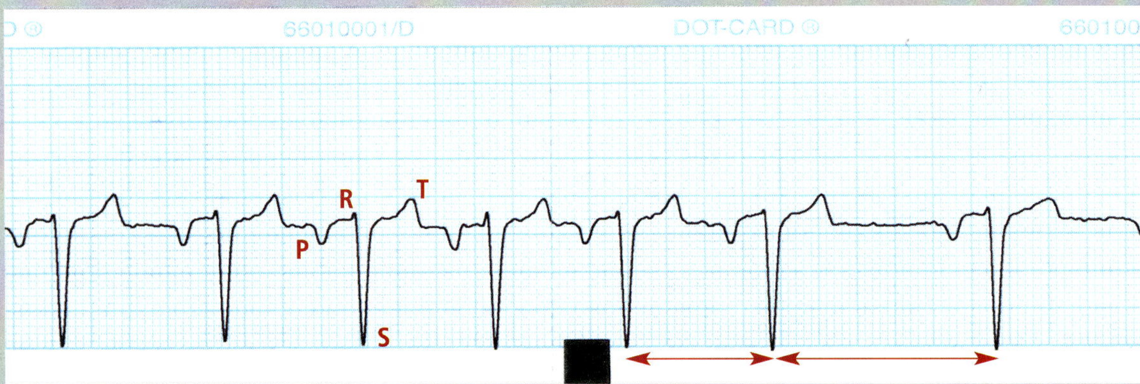

Untersuchte Parameter	
Grundrhythmus	Respiratorische Sinusarrhythmie
Herzfrequenz	140 bpm
Elektrische Herzachse	—
P-Welle	0,04 s **(Amplitude nicht zu beurteilen)**
PR-Intervall	0,10 s
QRS-Komplex	0,05 s
R-Zacke	**Nicht zu beurteilen**
QT-Intervall	0,20 s
ST-Strecke	Normal
T-Welle	**Nicht zu beurteilen**
Sonstiges	—

► Ist das abgebildete EKG normal? Wenn nicht, was ist die Ursache für die Veränderungen?

Das Vorliegen negativer P-Wellen in Ableitung II und eine abnorme Polarität der QRS-Komplexe kann zwar gelegentlich in Fällen von atrioventrikulären Tachykardien mit intraventrikulärem Block beobachtet werden, ist in der Regel aber auf eine falsche Platzierung der Elektroden bei der Durchführung des EKG zurückzuführen. Sollte es sich um ein Artefakt dieser Art handeln, würden in Ableitung aVR positive P-Wellen zu sehen sein.

Eine falsche Platzierung der Elektroden kann in der Praxis durchaus einmal aufgrund von Zerstreutheit vorkommen, und oft fällt dies erst bei der entsprechenden Aufzeichnung auf. Aus diesem Grund sollte man bei einem solchen EKG stets an die Möglichkeit eines derartigen Fehlers denken, denn eine tatsächliche AV-Tachykardie ist überaus selten.

► Was ist angesichts dieser Situation zu tun?

Supraventrikuläre Arrhythmien stellen in der Regel eine schwere Erkrankung dar und treten vor allem bei fortgeschrittenen Primärerkrankungen des Herzens auf. Zudem weisen diese Arrhythmien einen ziemlich regelmäßigen Rhythmus auf, was im vorliegenden Fall nicht zutrifft (siehe Pfeile).

Haben wir es außerdem mit einem asymptomatischen Patienten zu tun, so sollte der naheliegendste Verdacht auf einen menschlichen bzw. technischen Fehler bei der Aufzeichnung des EKG fallen.

Man sollte sich auch die anderen Ableitungen und vor allem die Konfiguration von P-Wellen und QRS-Komplexen ansehen.

Entdeckt man dabei negative P-Wellen in Ableitung II und positive P-Wellen in Ableitung aVR sowie QRS-Komplexe von umgekehrter Polarität, muss ein neues EKG angefertigt werden, nachdem man sich von der korrekten Platzierung aller Elektroden überzeugt hat.

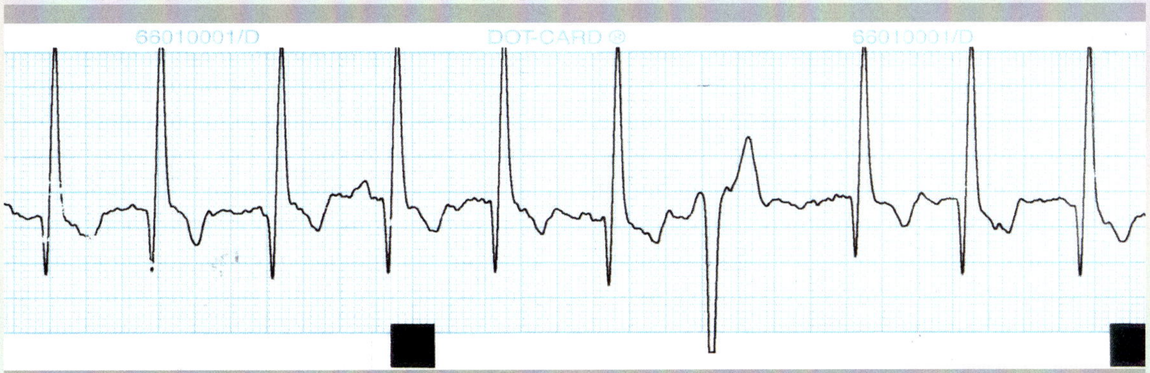

Bild auf 95 % verkleinert.

Ableitung II; 1 cm = 1 mV; 50 mm/s

Patient	
Rasse	Dogge
Alter	5 Jahre
Geschlecht	Männlich

Anamnese

Bewegungsintoleranz. Dyspnoe. In den letzten Wochen Gewichtsverlust. Aszites.

- ▶ Welcher Herzrhythmus liegt vor?
- ▶ Welche Veränderungen sind im EKG zu beobachten und was bedeuten sie?
- ▶ Was ist die wahrscheinlichste Diagnose?

Parameter	Patient	Normwerte
Grundrhythmus		Sinusrhythmus; Sinusarrhythmie
Herzfrequenz		70–160 bpm (bis zu 180 bei kleinen Rassen und bis zu 220 bei Welpen)
Elektrische Herzachse		+40° – +100°
P-Welle		Breite: 0,04 s; Höhe: 0,4 mV
PR-Intervall		0,06–0,13 s
QRS-Komplex		Bis zu 0,06 s (0,05 s bei kleinen Rassen)
R-Zacke		Bis zu 3 mV (2,5 mV bei kleinen Rassen)
QT-Intervall		0,15–0,25 s
ST-Strecke		Hebung: bis zu 0,15 mV; Senkung: < 0,2 mV
T-Welle		Weniger als 25 % der R-Höhe
Sonstiges		

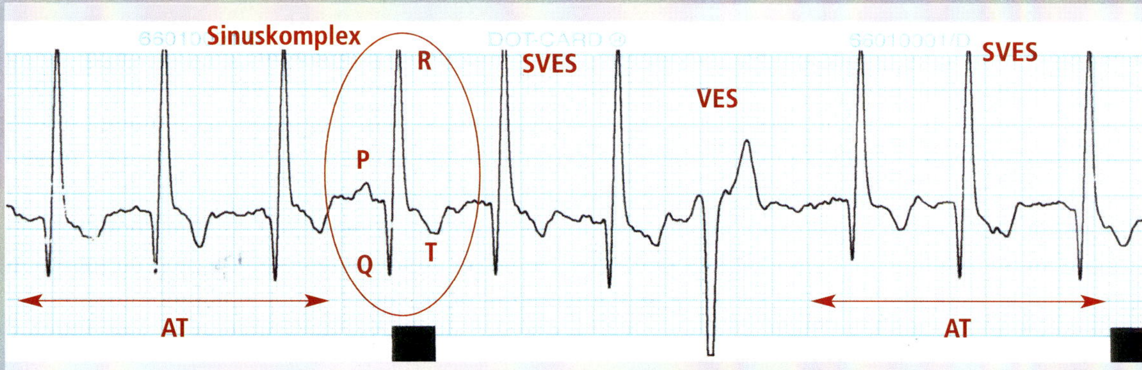

Bild auf 95 % verkleinert.

Untersuchte Parameter	
Grundrhythmus	**Sinusrhythmus mit SVES und VES**
Herzfrequenz	**180 bpm**
Elektrische Herzachse	—
P-Welle	**0,05 s** × 0,2 mV
PR-Intervall	0,08 s
QRS-Komplex	0,06 s
R-Zacke	> 2,1 mV
QT-Intervall	0,18 s
ST-Strecke	Normal
T-Welle	Normal
Sonstiges	**Tiefe Q-Zacken**

▶ Welcher Herzrhythmus liegt vor?

Man erkennt einen normalen Sinuskomplex mit einer positiven P-Welle, während die restlichen Komplexe pathologisch verändert erscheinen. Zu sehen sind Vorhofextrasystolen (supraventrikuläre Extrasystolen / SVES), die paarweise auftreten (5. und 6. Komplex), zwei Phasen einer Vorhoftachykardie (AT) und eine einzelne ventrikuläre Extrasystole (VES).

▶ Welche anderen Veränderungen sind im EKG zu beobachten und was bedeuten sie?

Die P-Welle des Sinuskomplexes weist eine Dauer von 0,05 s auf, was über dem Referenzbereich liegt. Dies wird als P-mitrale bezeichnet und steht mit einer Erweiterung des linken Vorhofs in Zusammenhang.

▶ Was ist die wahrscheinlichste Diagnose?

Bei einem Patienten dieser Rasse liegt der Schluss nahe, dass es sich bei den Veränderungen im EKG um das typische elektrokardiographische Erscheinungsbild einer dilatativen Kardiomyopathie handelt.

Vorhofarrhythmien (Vorhofextrasystolen und -tachykardie) zeigen sich in der Regel bei hochgradiger atrialer Dilatation, die ihrerseits charakteristisch für schwere primäre Herzerkrankungen ist. Die ventrikuläre Extrasystole ist eine weitere schwere Herzrhythmusstörung, die bei Patienten mit dilatativer Kardiomyopathie meist sekundär infolge der Herzinsuffizienz und der Myokardhypoxie auftritt.

Das Mittel der Wahl zur Behandlung von Vorhofarrhythmien ist Digoxin. Möglicherweise gelingt es bei entsprechender Therapie der Herzinsuffizienz und der Vorhoftachykardie auch, die ventrikuläre Arrhythmie unter Kontrolle zu bringen; dies ist vor allem dann realistisch, wenn diese wie hier nur sporadisch auftritt.

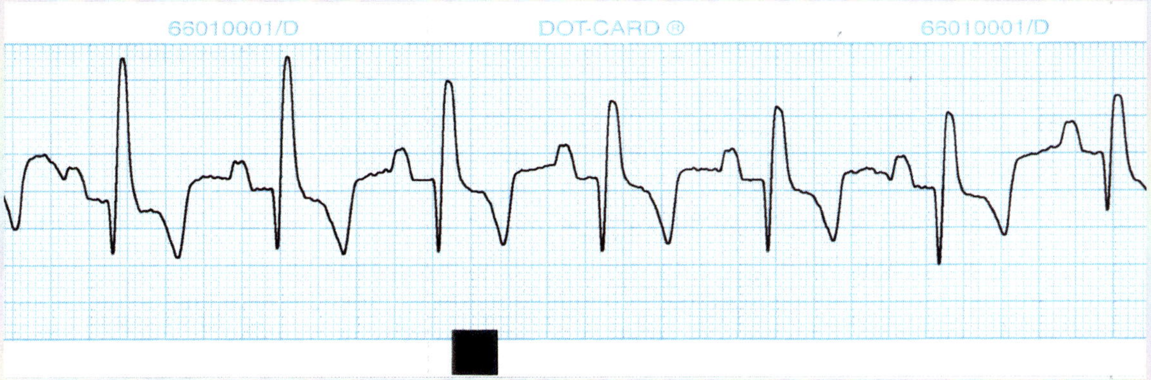

Ableitung II; 1 cm = 1 mV; 50 mm/s

Patient	
Rasse	Rottweiler
Alter	8 Jahre
Geschlecht	Männlich

Anamnese

Belastungsintoleranz. Abdominale Atmung.

- Welche Veränderungen sind im EKG zu beobachten und was bedeuten sie?
- Welche Untersuchungen sollten noch durchgeführt werden?
- Welche Therapie wäre für die wahrscheinlichste Ätiologie am geeignetsten?

Parameter	Patient	Normwerte
Grundrhythmus		Sinusrhythmus; Sinusarrhythmie
Herzfrequenz		70–160 bpm (bis zu 180 bei kleinen Rassen und bis zu 220 bei Welpen)
Elektrische Herzachse		+40° – +100°
P-Welle		Breite: 0,04 s; Höhe: 0,4 mV
PR-Intervall		0,06–0,13 s
QRS-Komplex		Bis zu 0,06 s (0,05 s bei kleinen Rassen)
R-Zacke		Bis zu 3 mV (2,5 mV bei kleinen Rassen)
QT-Intervall		0,15–0,25 s
ST-Strecke		Hebung: bis zu 0,15 mV; Senkung: < 0,2 mV
T-Welle		Weniger als 25 % der R-Höhe
Sonstiges		

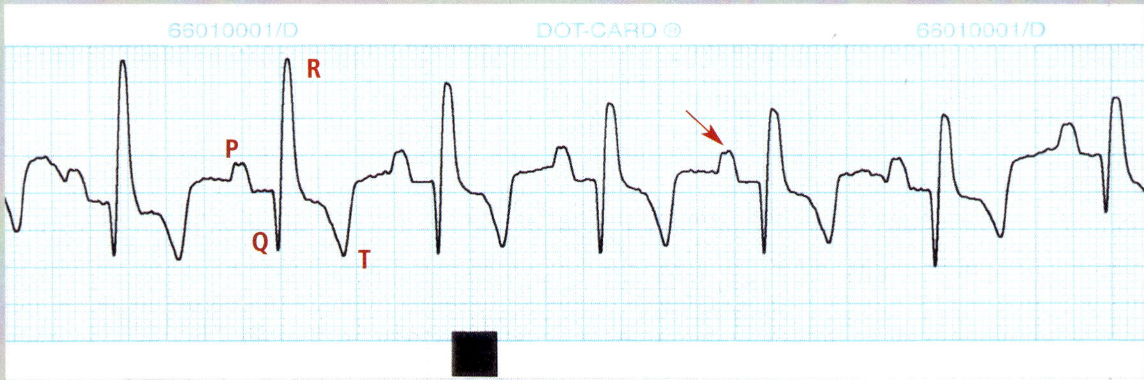

Untersuchte Parameter	
Grundrhythmus	Normaler Sinusrhythmus
Herzfrequenz	140 bpm
Elektrische Herzachse	—
P-Welle	**0,05 s** × 0,3 mV
PR-Intervall	0,10 s
QRS-Komplex	**0,08 s**
R-Zacke	Variabel (1,2–2,0 mV) **(elektrische Alternans)**
QT-Intervall	0,22 s
ST-Strecke	Normal
T-Welle	**> 25 % der R-Höhe**
Sonstiges	**Tiefe Q-Zacken**

▶ Welche Veränderungen sind im EKG zu beobachten und was bedeuten sie?

Die EKG-Kurve zeigt mehrere Veränderungen:

- P-mitrale: spricht für eine Dilatation des linken Vorhofs (P-Wellen > 0,04 s). In diesem Fall weisen einige P-Wellen kleine Einkerbungen bzw. Dellen auf. Dieses EKG-Zeichen ist immer dann vorhanden, wenn eine starke linksatriale Vergrößerung vorliegt (siehe Pfeil).
- T-Wellen, deren Höhe 25 % der R-Zacke übersteigt: Typisch für Myokardhypoxie und/oder Störungen des Elektrolythaushalts.
- Verbreiterte QRS-Komplexe: Sprechen für eine Hypertrophie / Dilatation des linken Ventrikels.
- Tiefe Q-Zacken: Weisen auf eine Hypertrophie / Dilatation der rechten Herzkammer hin.
- Elektrische Alternans: Diese kann auf verschiedene Ursachen zurückzuführen sein (Perikard- oder Pleuraerguss, Adipositas, Artefakt infolge der Position des Patienten bei der EKG-Aufzeichnung etc.).

▶ Welche Untersuchungen sollten noch durchgeführt werden?

Die Anfertigung einer Thoraxröntgenaufnahme ist unverzichtbar, um:

- Die Hypertrophie / Dilatation des Herzens beurteilen zu können, da diese auf eine kardiale Primärerkrankung hinweisen kann.
- Das Vorliegen eines Perikard- oder Pleuraergusses ausschließen zu können.

▶ Welche Therapie wäre für die wahrscheinlichste Ätiologie am geeignetsten?

Sollte tatsächlich ein Pleura- oder Perikarderguss bestehen, ist unverzüglich eine Pleuro- / Perikardiozentese durchzuführen. Zeigt sich das Herz in der Röntgenaufnahme vergrößert, sollte mithilfe einer Doppler-Ultraschalluntersuchung abgeklärt werden, ob die Herzvergrößerung auf einen Perikarderguss oder eine ventrikuläre / atriale Hypertrophie bzw. Erweiterung zurückzuführen ist.

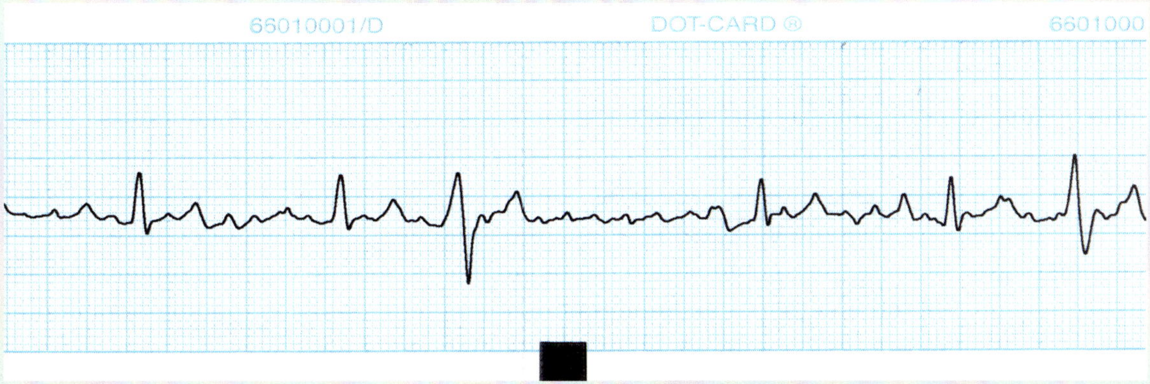

Ableitung II; 1 cm = 1 mV; 50 mm/s

Patient	
Rasse	Dobermann
Alter	7 Jahre
Geschlecht	Männlich

Anamnese
Belastungsintoleranz.

- ▶ Welcher Herzrhythmus liegt vor?
- ▶ Was ist die wahrscheinlichste Diagnose?
- ▶ Was wäre die geeignetste Behandlung?

Parameter	Patient	Normwerte
Grundrhythmus		Sinusrhythmus; Sinusarrhythmie
Herzfrequenz		70–160 bpm (bis zu 180 bei kleinen Rassen und bis zu 220 bei Welpen)
Elektrische Herzachse		+40° – +100°
P-Welle		Breite: 0,04 s; Höhe: 0,4 mV
PR-Intervall		0,06–0,13 s
QRS-Komplex		Bis zu 0,06 s (0,05 s bei kleinen Rassen)
R-Zacke		Bis zu 3 mV (2,5 mV bei kleinen Rassen)
QT-Intervall		0,15–0,25 s
ST-Strecke		Hebung: bis zu 0,15 mV; Senkung: < 0,2 mV
T-Welle		Weniger als 25 % der R-Höhe
Sonstiges		

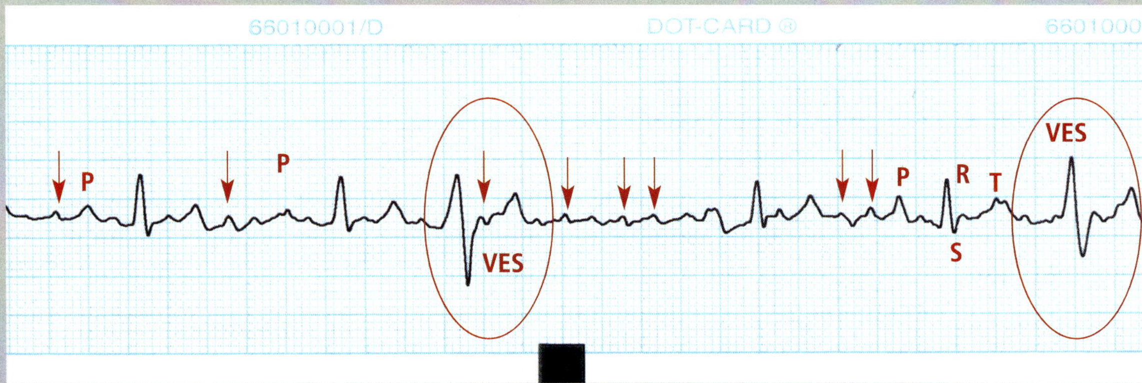

Untersuchte Parameter	
Grundrhythmus	**Sinusrhythmus mit VES**
Herzfrequenz	120 bpm
Elektrische Herzachse	—
P-Welle	0,04 s × 0,2 mV
PR-Intervall	0,12 s
QRS-Komplex	0,04 s
R-Zacke	0,6 mV
QT-Intervall	0,20 s
ST-Strecke	Normal
T-Welle	Normal
Sonstiges	**Artefakte an der Grundlinie**

▶ Welcher Herzrhythmus liegt vor?

Dargestellt ist ein Sinusrhythmus mit zwei ventrikulären Extrasystolen (VES). Man beachte, dass diesen Komplexen im Gegensatz zu normalen Sinuskomplexen keine P-Welle vorausgeht, dass die QRS-Komplexe eine bizarre Konfiguration aufweisen und die T-Wellen überhöht und von entgegengesetzter Polarität wie die QRS-Komplexe sind.

An der Grundlinie sind Artefakte (Pfeile) zu erkennen, die nicht mit P-Wellen oder Arrhythmien verwechselt werden dürfen.

▶ Was ist die wahrscheinlichste Diagnose?

Bei einem Patienten mit diesen Charakteristika (Rasse, Alter) rührt die ventrikuläre Tachyarrhythmie möglicherweise von der dilatativen Kardiomyopathie des Dobermanns her. Bei dieser Erkrankung kommt es infolge der Dilatation und der hochgradig verminderten Wandstärke der Ventrikel zu einem systolischen Defizit. In der Regel zeigen sich die typischen Symptome einer hochgradigen kongestiven Herzinsuffizienz mit ventrikulären Arrhythmien. Die Erkrankung schreitet sehr rasch fort und die Prognose ist ungünstig.

▶ Was wäre die geeignetste Behandlung?

Abgesehen von der Standardbehandlung bei kongestiver Herzinsuffizienz (vasodilatatorische ACE-Hemmer [Ramipril, Benazepril], Diuretika [Furosemid], positive Inotropika [Pimobendan]) sind Betablocker (Atenolol, Propranolol) als Mittel der Wahl zur Therapie der ventrikulären Arrhythmien angezeigt.

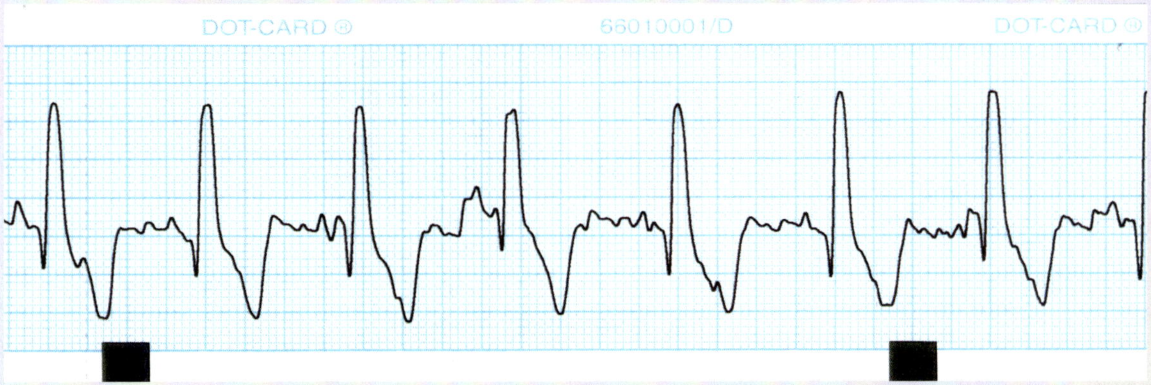

Ableitung II; 1 cm = 1 mV; 50 mm/s

Patient	
Rasse	Bobtail
Alter	12 Jahre
Geschlecht	Weiblich

Anamnese
Belastungsintoleranz.

- ▶ Welche Veränderungen sind im EKG zu beobachten?
- ▶ Auf welche krankhaften Prozesse könnten diese hinweisen?
- ▶ Was sind in einem Fall wie diesem die üblichen Ursachen?

Parameter	Patient	Normwerte
Grundrhythmus		Sinusrhythmus; Sinusarrhythmie
Herzfrequenz		70–160 bpm (bis zu 180 bei kleinen Rassen und bis zu 220 bei Welpen)
Elektrische Herzachse		+40° – +100°
P-Welle		Breite: 0,04 s; Höhe: 0,4 mV
PR-Intervall		0,06–0,13 s
QRS-Komplex		Bis zu 0,06 s (0,05 s bei kleinen Rassen)
R-Zacke		Bis zu 3 mV (2,5 mV bei kleinen Rassen)
QT-Intervall		0,15–0,25 s
ST-Strecke		Hebung: bis zu 0,15 mV; Senkung: $< 0,2$ mV
T-Welle		Weniger als 25 % der R-Höhe
Sonstiges		

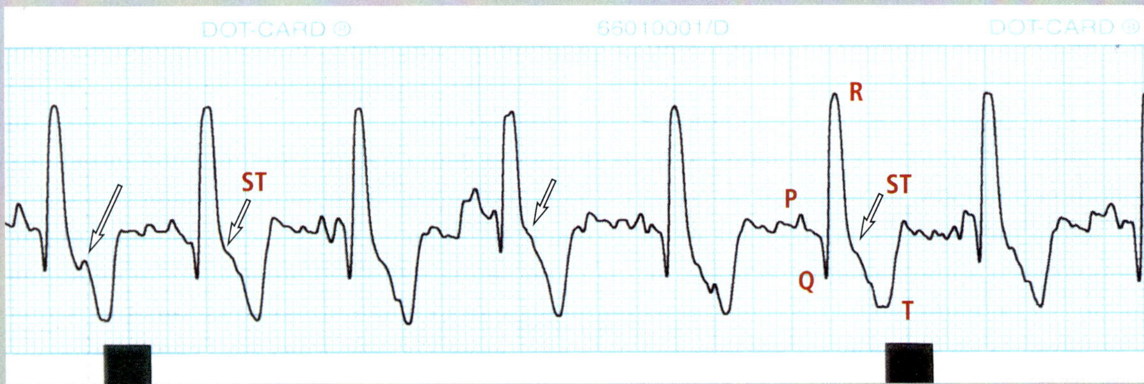

Untersuchte Parameter	
Grundrhythmus	Normaler Sinusrhythmus
Herzfrequenz	150
Elektrische Herzachse	—
P-Welle	0,04 s × 0,2 mV
PR-Intervall	**0,08 s**
QRS-Komplex	0,08 s
R-Zacke	1,7 mV
QT-Intervall	0,22 s
ST-Strecke	**Senkung 0,3 mV**
T-Welle	**> 25 % der R-Höhe**
Sonstiges	—

▶ Welche Veränderungen sind im EKG zu beobachten?

Die bizarre Morphologie der QRS-Komplexe (R-Zacken mit Einkerbung und stark verlängerter Dauer [0,08 s]) ist mit einem Linksschenkelblock vereinbar. Diese Veränderung ist auch bei linksventrikulärer Hypertrophie / Dilatation zu sehen. Die ST-Strecken-Senkung (weiße Pfeile) und die T-Wellen, deren Amplitude 25 % der R-Zacke übersteigt, sind ebenfalls typische EKG-Zeichen einer Störung der Erregungsleitung im linken Tawara-Schenkel.

▶ Auf welche krankhaften Prozesse könnten diese hinweisen?

Die vorliegenden Veränderungen können sekundär nach verschiedenen Prozessen auftreten:

- Dilatative Kardiomyopathie.
- Hypertrophe Kardiomyopathie.
- Angeborene kardiale Vitien: Aortenstenose, persistierender Ductus arteriosus etc.
- Folgen einer Myokarditis.
- Intrakardiale Neoplasien etc.

▶ Was sind in einem Fall wie diesem die üblichen Ursachen?

Die Krankheit, die bei einem Patienten mit diesen Charakteristika am häufigsten solche Veränderungen im EKG verursacht, ist die dilatative Kardiomyopathie. Für eine sichere Diagnose ist die sonographische Untersuchung mittels Doppler-Ultraschall erforderlich.

Blockierungen der intraventrikulären Erregungsleitung, und zwar egal ob Rechts- oder Linksschenkelblock, verursachen von sich aus keine relevanten hämodynamischen Veränderungen und bedürfen daher auch keiner spezifischen Therapie. Das Wichtigste in diesen Fällen ist die Identifizierung und Behandlung des zugrunde liegenden Problems.

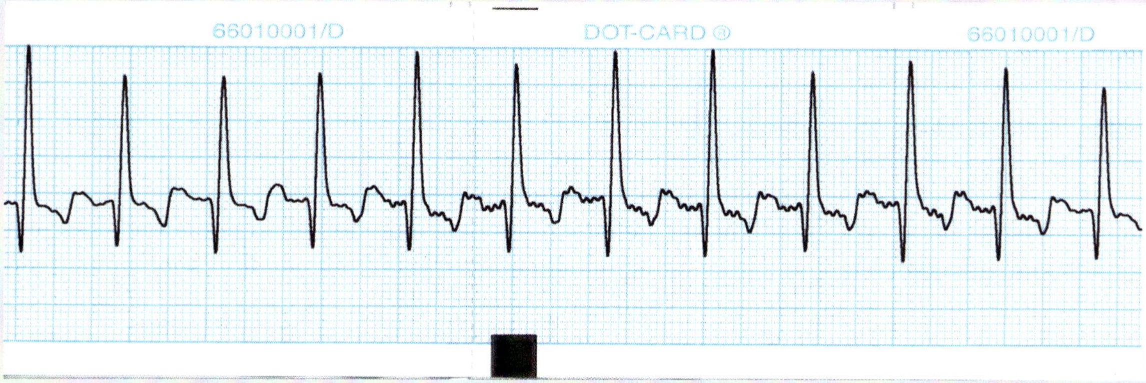

Ableitung II; 1 cm = 1 mV; 50 mm/s

Patient	
Rasse	Deutscher Schäferhund
Alter	10 Jahre
Geschlecht	Männlich

Anamnese

Belastungsintoleranz, Dyspnoe, Synkopen. Ultraschalluntersuchung: Erweiterung der Herzkammern, verringerte Verkürzungsfraktion, Perikarderguss.

- ▶ Welcher Herzrhythmus liegt vor? Welche sonstigen Veränderungen sind im EKG zu beobachten?
- ▶ Welche klinische Relevanz haben sie?
- ▶ Was wäre die geeignetste Behandlung?

Parameter	Patient	Normwerte
Grundrhythmus		Sinusrhythmus; Sinusarrhythmie
Herzfrequenz		70–160 bpm (bis zu 180 bei kleinen Rassen und bis zu 220 bei Welpen)
Elektrische Herzachse		+40° – +100°
P-Welle		Breite: 0,04 s; Höhe: 0,4 mV
PR-Intervall		0,06–0,13 s
QRS-Komplex		Bis zu 0,06 s (0,05 s bei kleinen Rassen)
R-Zacke		Bis zu 3 mV (2,5 mV bei kleinen Rassen)
QT-Intervall		0,15–0,25 s
ST-Strecke		Hebung: bis zu 0,15 mV; Senkung: < 0,2 mV
T-Welle		Weniger als 25 % der R-Höhe
Sonstiges		

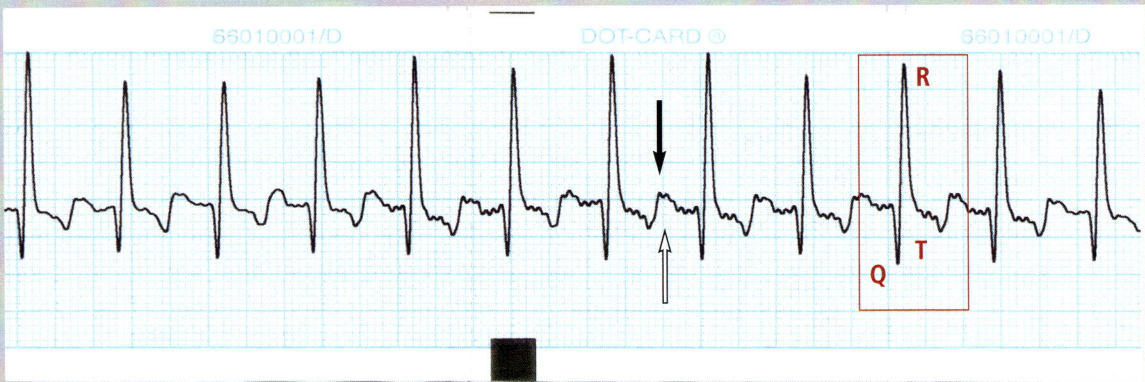

Untersuchte Parameter	
Grundrhythmus	**Vorhoftachykardie**
Herzfrequenz	240 bpm
Elektrische Herzachse	—
P-Welle	**Grenzen nicht zu beurteilen**
PR-Intervall	**Grenzen nicht zu beurteilen**
QRS-Komplex	0,06 s
R-Zacke	**Variabel: 1,5–2,0 mV**
QT-Intervall	0,16 s
ST-Strecke	Normal
T-Welle	Normal
Sonstiges	**Elektrische Alternans**

▶ Welcher Herzrhythmus liegt vor? Welche sonstigen Veränderungen sind im EKG zu beobachten?

Es liegt eine konstant auftretende Vorhoftachykardie mit einer Frequenz von 240 bpm vor. Der ventrikuläre Anteil der QRS-Komplexe (QRS-T im EKG rot umrahmt) ist normal. Die P-Wellen (weißer Pfeil) sind mit der T-Welle des vorangegangenen Komplexes (schwarzer Pfeil) verschmolzen und können in ihrer Dauer und Amplitude nicht klar unterschieden werden; auch das PR-Intervall lässt sich nicht messen.

Neben der Arrhythmie ist auch eine ausgeprägte elektrische Alternans zu erkennen; die R-Zacken der Komplexe variieren beträchtlich in ihrer Amplitude.

▶ Welche klinische Relevanz haben sie?

Die hier vorliegende Veränderung in der Amplitude der R-Zacken ist sehr häufig bei Patienten mit Perikardergüssen zu beobachten, kann aber auch bei Pleuraergüssen, subkutanem Emphysem, Elektrolytimbalanzen oder schweren Atemwegserkrankungen zu sehen sein (Lungenödem, Emphysem, infektiöse Bronchopneumopathien). In vielen Fällen liegen beim Perikarderguss auch QRS-Komplexe mit in allen Ableitungen verringerter Amplitude vor, doch ist dieser Befund nicht pathognomonisch für einen Perikarderguss. Häufig fehlt dieses EKG-Zeichen auch, wie hier im vorliegenden Fall, wo die Diagnose sonographisch bestätigt wurde.

▶ Was wäre die geeignetste Behandlung?

Eine Perikardiozentese mithilfe eines Venenkatheters (14–16 G) dient der Entleerung des Perikards und ermöglicht eine normale Diastole mit ordnungsgemäßer ventrikulärer Füllung. Entnommene Proben werden zur Analyse an ein Labor eingesandt, um die Ursache des Ergusses zu bestätigen. Danach ist eine Behandlung der kongestiven Herzinsuffizienz für Fälle mit dilatativer Kardiomyopathie einzuleiten: Diuretika, Vasodilatatoren, Inotropika, Digitalispräparate, Spironolacton etc., wobei sich die individuelle Therapie am klinischen Zustand des Patienten nach Punktion des Perikardergusses orientiert.

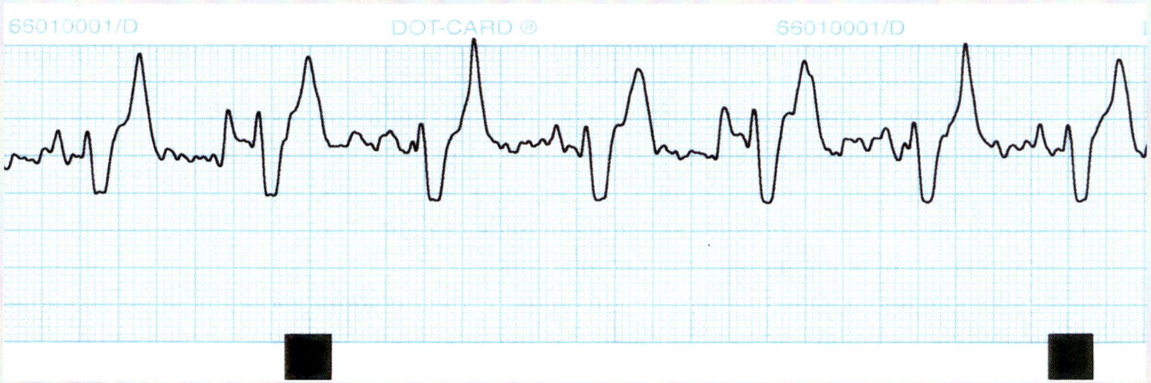

Ableitung II; 1 cm = 1 mV; 50 mm/s

Patient	
Rasse	Mastín Español
Alter	11 Jahre
Geschlecht	Männlich

Anamnese

Ermüdung. Bekannte ventrikuläre Tachykardie. Patient spricht auf Lidocain (i. v.) nicht an.

- ▶ Welcher Herzrhythmus ist dargestellt?
- ▶ Aus welchem Grund spricht die Arrhythmie nicht auf Lidocain an?
- ▶ Was ist zu tun?

Parameter	Patient	Normwerte
Grundrhythmus		Sinusrhythmus; Sinusarrhythmie
Herzfrequenz		70–160 bpm (bis zu 180 bei kleinen Rassen und bis zu 220 bei Welpen)
Elektrische Herzachse		+40° – +100°
P-Welle		Breite: 0,04 s; Höhe: 0,4 mV
PR-Intervall		0,06–0,13 s
QRS-Komplex		Bis zu 0,06 s (0,05 s bei kleinen Rassen)
R-Zacke		Bis zu 3 mV (2,5 mV bei kleinen Rassen)
QT-Intervall		0,15–0,25 s
ST-Strecke		Hebung: bis zu 0,15 mV; Senkung: < 0,2 mV
T-Welle		Weniger als 25 % der R-Höhe
Sonstiges		

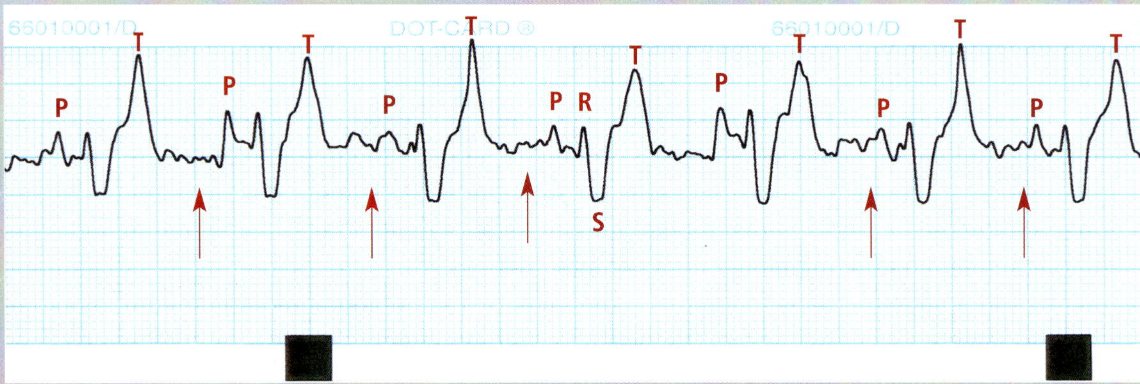

Untersuchte Parameter	
Grundrhythmus	Normaler Sinusrhythmus
Herzfrequenz	140 bpm
Elektrische Herzachse	—
P-Welle	0,04 s × 0,2 mV
PR-Intervall	0,12 s
QRS-Komplex	**0,09 s**
R-Zacke	0,4 mV
QT-Intervall	0,22 s
ST-Strecke	Normal
T-Welle	**> 25 % der R-Höhe**
Sonstiges	**Komplette Leitungsblockierung IV**

▶ Welcher Herzrhythmus ist dargestellt?

Der vorliegende Grundrhythmus ist ein Sinusrhythmus. Obwohl an der Grundlinie einige Artefakte zu sehen sind (Pfeile), lassen sich positive P-Wellen vor den Komplexen erkennen. Diese Komplexe weisen die typischen Eigenschaften eines kompletten Blocks der intraventrikulären Erregungsleitung über den rechten Tawara-Schenkel (Rechtsschenkelblock) auf. Die T-Wellen, die > 25 % der R-Höhe ausmachen, sind unmittelbar auf den Defekt in der Erregungsleitung zurückzuführen.

▶ Aus welchem Grund spricht die Arrhythmie nicht auf Lidocain an?

Lidocain ist ein Mittel zur Behandlung ventrikulärer Arrhythmien. Dieser Rhythmus zeigt QRS-Komplexe, die identisch sind mit jenen bei ventrikulären Extrasystolen; dennoch ist die Art des Rhythmus ein Sinusrhythmus. Die elektrischen Impulse gehen vom Sinusknoten aus und erst die Erregungsleitung nach dem AV-Knoten, also die Impulsweiterleitung über den rechten Tawara-Schenkel, ist gestört. Bei ventrikulären Arrhythmien geht dem QRS-Komplex keine P-Welle voraus, da der elektrische Stimulus im Ventrikelgewebe selbst erzeugt wird.

▶ Was ist zu tun?

Blockierungen der intraventrikulären Erregungsleitung erfordern keine spezifische antiarrhythmische Therapie, da sie keine hämodynamischen Veränderungen bewirken. In diesen Fällen ist nur die Behandlung jenes pathologischen Prozesses erforderlich, der ursächlich an der Weiterleitungsstörung beteiligt ist.

Die vorliegende Veränderung kann sekundär bei verschiedenen Erkrankungen (Dirofilariose, primäre Kardiopathie, Thoraxtrauma etc.) auftreten, obwohl sie bei vielen Patienten auf keine Grundkrankheit zurückzuführen ist und als primär angesehen wird. Das empfohlene Diagnoseprotokoll zum Ausschluss einer zugrunde liegenden Kardiopathie muss ein Thoraxröntgen und eine Untersuchung mit Doppler-Ultraschall beinhalten.

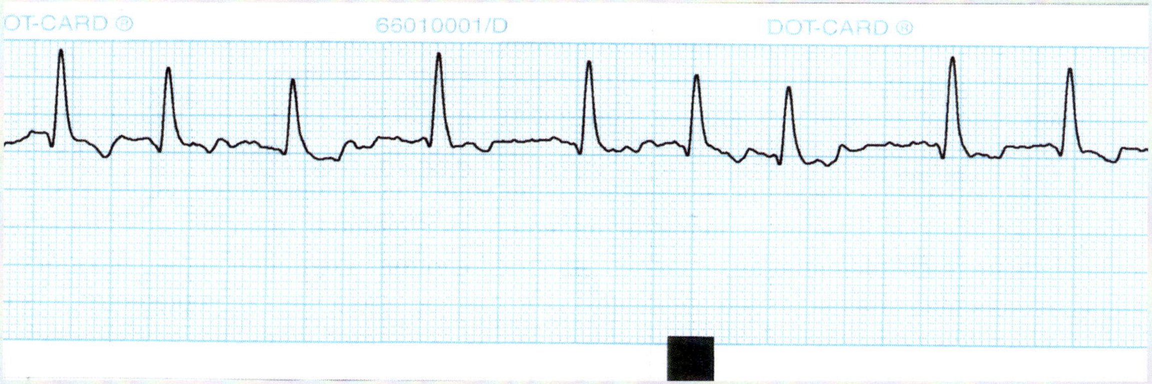

Ableitung II; 1 cm = 1 mV; 50 mm/s

Patient	
Rasse	Dackel
Alter	15 Jahre
Geschlecht	Weiblich

Anamnese

Seit Jahren bekannte kongestive Herzinsuffizienz aufgrund einer Klappenendokardiose. Laufende Therapie mit Benazepril, Spironolacton und Furosemid. Seit einigen Wochen verstärkt müde und apathisch.

▶ Welcher Herzrhythmus ist dargestellt?

▶ Welche therapeutischen Optionen gibt es für diese Arrhythmie?

Parameter	Patient	Normwerte
Grundrhythmus		Sinusrhythmus; Sinusarrhythmie
Herzfrequenz		70–160 bpm (bis zu 180 bei kleinen Rassen und bis zu 220 bei Welpen)
Elektrische Herzachse		+40° – +100°
P-Welle		Breite: 0,04 s; Höhe: 0,4 mV
PR-Intervall		0,06–0,13 s
QRS-Komplex		Bis zu 0,06 s (0,05 s bei kleinen Rassen)
R-Zacke		Bis zu 3 mV (2,5 mV bei kleinen Rassen)
QT-Intervall		0,15–0,25 s
ST-Strecke		Hebung: bis zu 0,15 mV; Senkung: < 0,2 mV
T-Welle		Weniger als 25 % der R-Höhe
Sonstiges		

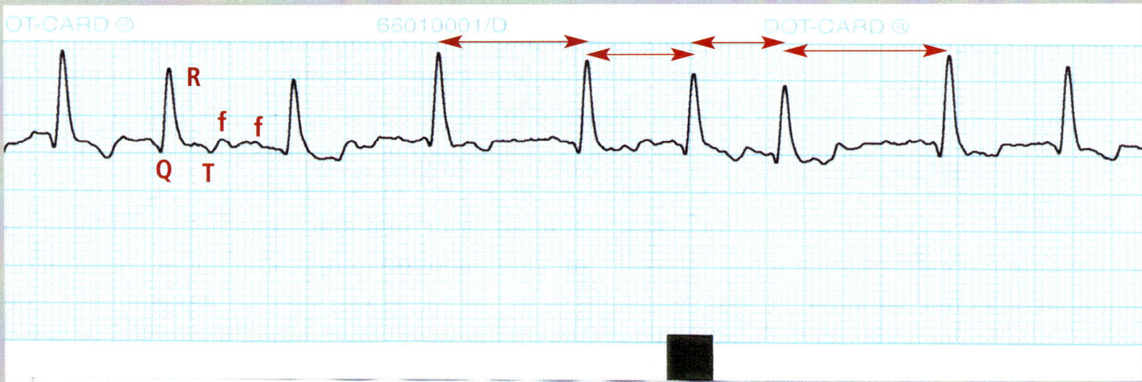

Untersuchte Parameter	
Grundrhythmus	**Vorhofflimmern**
Herzfrequenz	**180 bpm**
Elektrische Herzachse	—
P-Welle	**Nicht zu beurteilen**
PR-Intervall	**Nicht zu beurteilen**
QRS-Komplex	**0,07 s**
R-Zacke	1,2 mV
QT-Intervall	0,18 s
ST-Strecke	Normal
T-Welle	Normal
Sonstiges	—

▶ Welcher Herzrhythmus ist dargestellt?

Das EKG zeigt ein Vorhofflimmern (f) bei einer Herzfrequenz von 180 bpm. Diese Arrhythmie steht in der Regel in Zusammenhang mit primären Kardiopathien, die mit einer hochgradigen Vorhoferweiterung einhergehen. Bei einem Patienten mit chronischer Klappenendokardiose ist sie ein typisches Zeichen einer signifikanten Verschlechterung des Prozesses. Vorhofflimmern bewirkt typischerweise eine Erhöhung der Kammerfrequenz bei sehr unregelmäßigem Rhythmus und ohne sichtbare P-Wellen in der gesamten EKG-Aufzeichnung. Sowohl die erhöhte Kammerfrequenz als auch die hochgradige Hypertrophie / Dilatation des Herzens führen zu einem höchst defizienten hämodynamischen Status, in dessen Folge sich auch das klinische Bild merklich verschlechtert. Sobald sich eine solche Arrhythmie entwickelt hat, kommt es nur selten zu einer Rückkehr zum normalen Sinusrhythmus.

Auch verbreiterte QRS-Komplexe sind zu entdecken, ein Befund, der auf eine Hypertrophie / Dilatation des linken Ventrikels hinweist.

▶ Welche therapeutischen Optionen gibt es für diese Arrhythmie?

Das Antiarrhythmikum der Wahl zur Behandlung des Vorhofflimmerns und auch anderer supraventrikulärer Tachyarrhythmien ist Digoxin.

Digoxin senkt die Kammerfrequenz und verbessert das Herzminutenvolumen bei gleichzeitiger Entlastung des Herzens. Die Plasmakonzentration des Digoxins muss öfters kontrolliert werden, insbesondere zu Beginn der Behandlung und vor jeder Dosisanpassung bzw. bei Nicht-Ansprechen des Patienten auf die Therapie.

Auch die folgenden Antiarrhythmika sind bei Vorhofflimmern angezeigt: Betablocker und Kalziumkanalblocker.

Wichtiger Hinweis: Schreibgeschwindigkeit = 25 mm/s

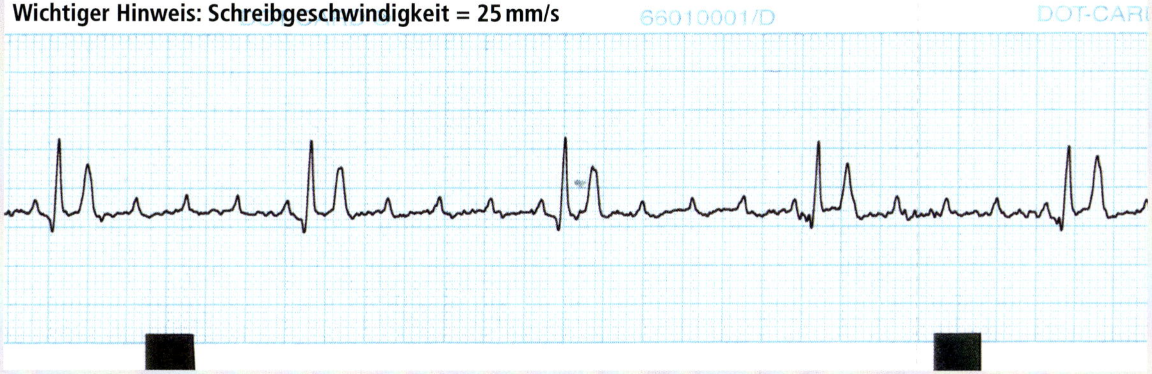

Ableitung II; 1 cm = 1 mV; 25 mm/s

Patient	
Rasse	Labrador
Alter	10 Jahre
Geschlecht	Weiblich

Anamnese

Bewegungsintoleranz. Synkopen. Kugelherz. Stark gedämpftes Herzgeräusch.

- Welche Art von Arrhythmie liegt vor? Worin besteht sie?
- Was ist angesichts der Anamnese die wahrscheinlichste Diagnose?
- Was kann in einem Fall wie diesem getan werden?

Parameter	Patient	Normwerte
Grundrhythmus		Sinusrhythmus; Sinusarrhythmie
Herzfrequenz		70–160 bpm (bis zu 180 bei kleinen Rassen und bis zu 220 bei Welpen)
Elektrische Herzachse		+40° – +100°
P-Welle		Breite: 0,04 s; Höhe: 0,4 mV
PR-Intervall		0,06–0,13 s
QRS-Komplex		Bis zu 0,06 s (0,05 s bei kleinen Rassen)
R-Zacke		Bis zu 3 mV (2,5 mV bei kleinen Rassen)
QT-Intervall		0,15–0,25 s
ST-Strecke		Hebung: bis zu 0,15 mV; Senkung: $<$ 0,2 mV
T-Welle		Weniger als 25 % der R-Höhe
Sonstiges		

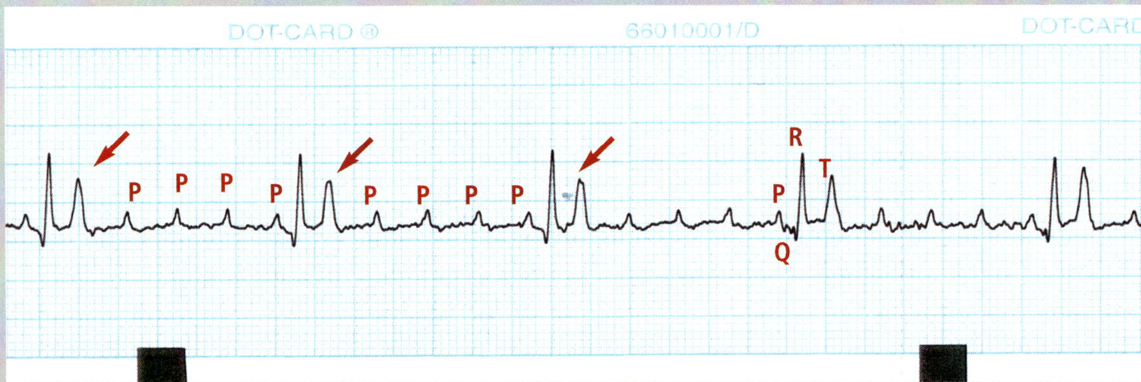

Untersuchte Parameter	
Grundrhythmus	**Sinusbradykardie mit AV-Block II°, Typ Mobitz II**
Herzfrequenz	**50 bpm**
Elektrische Herzachse	—
P-Welle	0,04 s × 0,2 mV
PR-Intervall	0,10 s
QRS-Komplex	0,06 s
R-Zacke	1,0 mV
QT-Intervall	0,25 s
ST-Strecke	Normal
T-Welle	**> 25 % der R-Höhe**
Sonstiges	—

▶ Welche Art von Arrhythmie liegt vor? Worin besteht sie?

Das EKG zeigt eine Sinusbradykardie mit einer blockierten Erregungsausbreitung in Form eines AV-Blocks II°, Typ Mobitz II. Ursache ist ein Ausfall der Überleitung der elektrischen Impulse im AV-Knoten. In diesem Fall wird nur ein vom Sinusknoten ausgehender Impuls (man achte auf die drei isolierten P-Wellen, denen kein QRS-Komplex folgt) über den AV-Knoten weitergeleitet, sodass eine ventrikuläre Depolarisation erfolgen kann (QRS-Komplex).

Erkennbar sind auch T-Wellen mit einer Amplitude von > 25 % der R-Höhe (Pfeile).

▶ Was ist angesichts der Anamnese die wahrscheinlichste Diagnose?

Diese Art von Blockierung der Erregungsausbreitung kann bei Patienten mit parasympathischer Hypertonie (infolge von gastrointestinalen, intrathorakalen oder intrakraniellen Prozessen) beobachtet werden. Andere mögliche Ursachen sind: Myokardfibrose, Myokarditis, Medikation mit bestimmten Antiarrhythmika und Sedativa (z. B. Medetomidin).

Bei diesem Patienten ist der AV-Block möglicherweise auf einen intrakardialen Krankheitsprozess (Myokarditis, Perikarderguss) zurückzuführen.

▶ Was kann in einem Fall wie diesem getan werden?

Bei hochgradiger Bradyarrhythmie mit verringertem Herzminutenvolumen (wie bei diesem Patienten) ist Atropin das Arzneimittel der Wahl. In jedem Fall muss mithilfe einer Ultraschalluntersuchung abgeklärt werden, ob ein Perikarderguss vorliegt oder nicht, da bei dessen Bestätigung sofort die entsprechenden Notfallmaßnahmen (Perikardiozentese) eingeleitet werden müssten. Liegt tatsächlich ein Perikarderguss vor, so liefert die Analyse der durch die Punktion gewonnenen Flüssigkeit (zytologische und biochemische Untersuchung) in der Regel wichtige Informationen zur Konkretisierung der Diagnose.

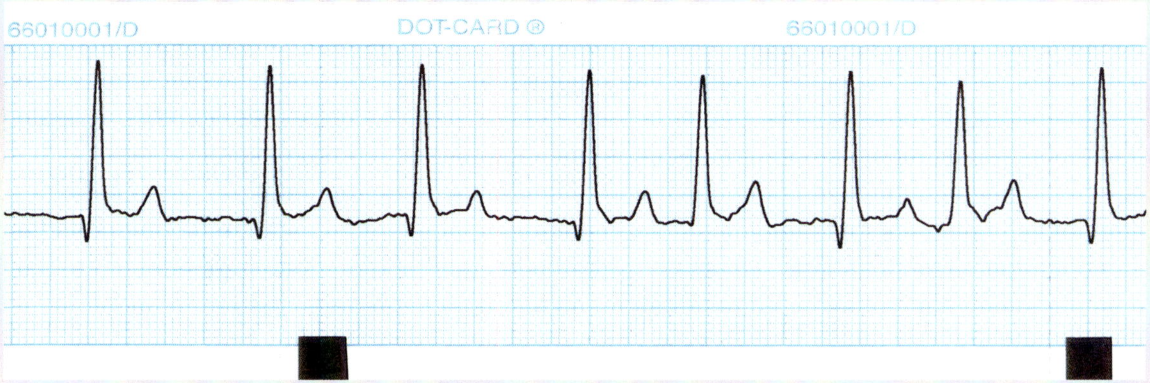

Ableitung II; 1 cm = 1 mV; 50 mm/s

Patient	
Rasse	Deutscher Schäferhund
Alter	4 Monate
Geschlecht	Weiblich

Anamnese

Belastungsintoleranz, Dyspnoe, Zyanose. Kontinuierliches Herzgeräusch IV/V (Maschinengeräusch). Thoraxröntgenbefund: Generalisierte Kardiomegalie.

- Welcher Herzrhythmus ist dargestellt?
- Was ist die wahrscheinlichste Diagnose?
- Welche Maßnahmen sind zu ergreifen?

Parameter	Patient	Normwerte
Grundrhythmus		Sinusrhythmus; Sinusarrhythmie
Herzfrequenz		70–160 bpm (bis zu 180 bei kleinen Rassen und bis zu 220 bei Welpen)
Elektrische Herzachse		+40° – +100°
P-Welle		Breite: 0,04 s; Höhe: 0,4 mV
PR-Intervall		0,06–0,13 s
QRS-Komplex		Bis zu 0,06 s (0,05 s bei kleinen Rassen)
R-Zacke		Bis zu 3 mV (2,5 mV bei kleinen Rassen)
QT-Intervall		0,15–0,25 s
ST-Strecke		Hebung: bis zu 0,15 mV; Senkung: < 0,2 mV
T-Welle		Weniger als 25 % der R-Höhe
Sonstiges		

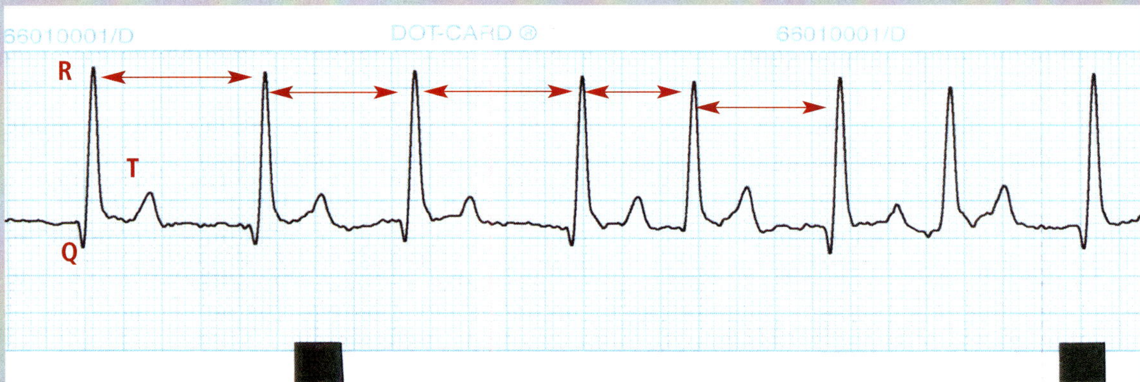

Untersuchte Parameter	
Grundrhythmus	**Vorhofflimmern**
Herzfrequenz	160 bpm
Elektrische Herzachse	—
P-Welle	**Nicht vorhanden**
PR-Intervall	**Nicht vorhanden**
QRS-Komplex	**0,08 s**
R-Zacke	2,0 mV
QT-Intervall	0,22 s
ST-Strecke	Normal
T-Welle	Normal
Sonstiges	—

▶ Welcher Herzrhythmus ist dargestellt?

Es liegt ein Vorhofflimmern mit einer Frequenz von 160 bpm vor. Man achte auf das Fehlen der P-Wellen und den unregelmäßigen Rhythmus. Die verbreiterten QRS-Komplexe (0,08 s) weisen auf eine Hypertrophie / Dilatation des linken Ventrikels hin. Vorhofflimmern ist eine schwere Tachyarrhythmie, die in der Regel auf eine hochgradige atriale Erweiterung zurückzuführen ist, die generell bei fortgeschrittenen Primärerkrankungen des Herzens bestehen kann. Andere, weniger wahrscheinliche Ursachen sind: Myokarditis, primäres Vorhofflimmern (bei Hunden von Riesenrassen), Hypothyreose etc.

▶ Was ist die wahrscheinlichste Diagnose?

Bei einem so jungen Patienten mit Herzgeräusch und einer im EKG sowie bei der Röntgenuntersuchung festgestellten Hypertrophie / Dilatation des Herzens, stellt ein angeborener Herzfehler die naheliegendste Diagnose dar. Die Art des Herzgeräusches ist typisch für einen persistierenden Ductus arteriosus (PDA), der bei dieser Rasse häufig vorkommt und vorwiegend Hündinnen betrifft.

▶ Welche Maßnahmen sind zu ergreifen?

Das Vorhofflimmern erfordert eine spezifische antiarrhythmische Behandlung mit Digoxin, um die Kammerfrequenz unter Kontrolle zu bringen. Angesichts der vorliegenden kongestiven Herzinsuffizienz empfiehlt sich auch die Gabe von einem ACE-Hemmer und einem Diuretikum (Furosemid) sowie von Spironolacton. Außerdem ist in jedem Fall eine sonographische Untersuchung mit Doppler-Ultraschall durchzuführen, um die Diagnose konkretisieren zu können. Damit lässt sich außerdem der Schweregrad des Herzfehlers ermitteln und eine realistische Prognose erstellen.

Die Art des angeborenen Herzfehlers muss so rasch wie möglich geklärt werden, da bei tatsächlichem Vorliegen eines persistierenden Ductus arteriosus (Links-Rechts-Shunt) eine chirurgische Therapie erforderlich ist. Die langfristige Prognose für betroffene Hunde ist nach diesem Eingriff übrigens ausgezeichnet.

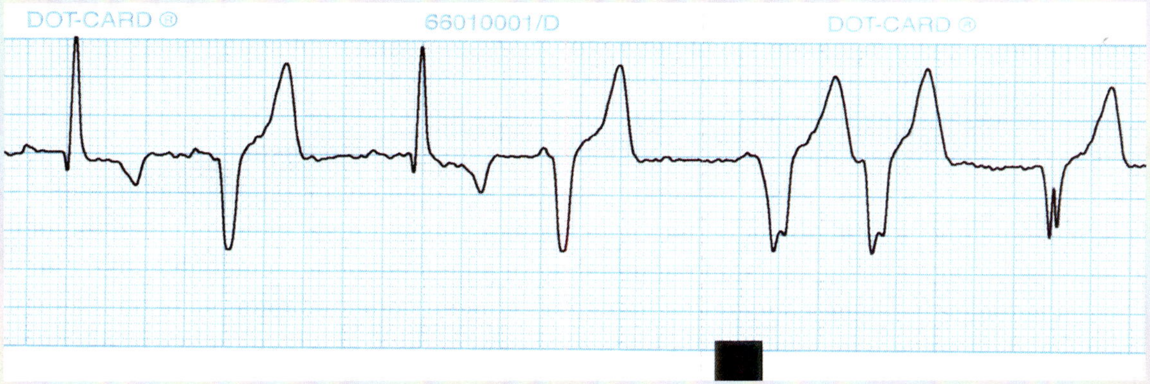

Ableitung II; 1 cm = 1 mV; 50 mm/s

Patient	
Rasse	Boxer
Alter	7 Jahre
Geschlecht	Männlich

Anamnese

Erschöpfung, Apathie. Arrhythmie bei Auskultation. In den letzten Wochen mehrere Synkopen. Sonographische Diagnose: dilatative Kardiomyopathie. Laufende Therapie mit Pimobendan und Benazepril.

- ▶ Welche Veränderungen sind im EKG zu erkennen?
- ▶ Welche therapeutischen Optionen gibt es für diese Erkrankung und insbesondere für die Arrhythmie?
- ▶ Wie lautet die Prognose?

Parameter	Patient	Normwerte
Grundrhythmus		Sinusrhythmus; Sinusarrhythmie
Herzfrequenz		70–160 bpm (bis zu 180 bei kleinen Rassen und bis zu 220 bei Welpen)
Elektrische Herzachse		+40° – +100°
P-Welle		Breite: 0,04 s; Höhe: 0,4 mV
PR-Intervall		0,06–0,13 s
QRS-Komplex		Bis zu 0,06 s (0,05 s bei kleinen Rassen)
R-Zacke		Bis zu 3 mV (2,5 mV bei kleinen Rassen)
QT-Intervall		0,15–0,25 s
ST-Strecke		Hebung: bis zu 0,15 mV; Senkung: < 0,2 mV
T-Welle		Weniger als 25 % der R-Höhe
Sonstiges		

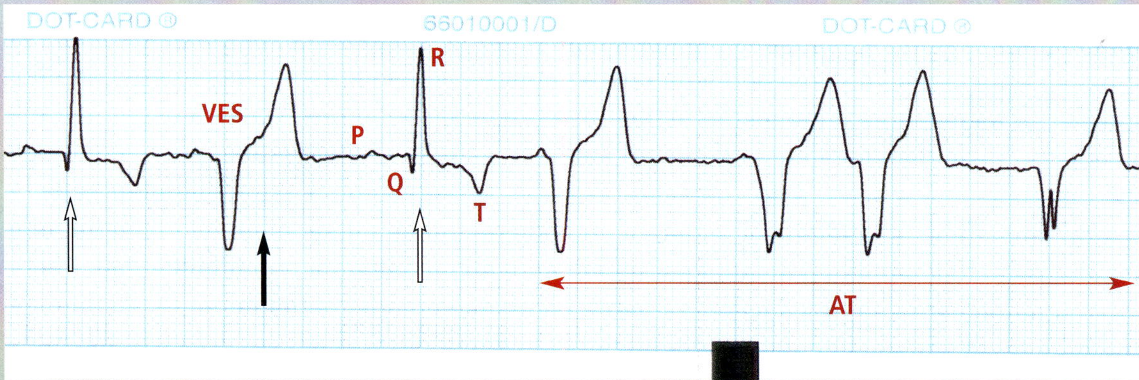

Untersuchte Parameter	
Grundrhythmus	**Sinusrhythmus mit VES und ST**
Herzfrequenz	**40 Sinuskomplexe und 100 Extrasystolen pro Minute**
Elektrische Herzachse	—
P-Welle	0,04 s × 0,1 mV
PR-Intervall	0,10 s
QRS-Komplex	0,05 s
R-Zacke	1,4 mV
QT-Intervall	0,2 s
ST-Strecke	Normal
T-Welle	**> 25 % der R-Höhe**
Sonstiges	—

► Welche Veränderungen sind im EKG zu erkennen?

Bei einem Sinusrhythmus (weiße Pfeile) mit relativ niedriger Frequenz sind einzelne linksventrikuläre Extrasystolen (schwarzer Pfeil) und in Phasen bzw. Salven einer paroxysmalen linksventrikulären Tachykardie drei oder mehr Extrasystolen in Serie (Vorhoftachykardie / AT) zu erkennen. Diese Salven einer paroxysmalen Ventrikeltachykardie erreichen Spitzenfrequenzen von über 200 Extrasystolen pro Minute.

► Welche therapeutischen Optionen gibt es für diese Erkrankung und insbesondere für die Arrhythmie?

Als mögliche Ursachen für dieses auffällige EKG kommen eine dilatative Kardiomyopathie, ein Herztumor oder die arrhythmogene Kardiomyopathie der Boxer infrage (obwohl bei letztgenannter Erkrankung meist rechtsventrikuläre und nicht linksventrikuläre Extrasystolen zu beobachten sind). Zusätzlich zur Behandlung der kongestiven Herzinsuffizienz, so sie sich bestätigt, empfiehlt sich eine natriumreduzierte Diät und eine Supplementierung des Futters mit L-Carnitin und Taurin. Die Arrhythmie erfordert eine spezifische Therapie, für die im vorliegenden Fall Sotalol das Mittel der Wahl darstellt, und Mexiletin als zweite Option möglich wäre.

► Wie lautet die Prognose?

Die Prognose ist vorsichtig zu stellen. Häufig kommt es aufgrund von ventrikulären Tachykardien und Kammerflimmern zu plötzlichen Todesfällen. Andererseits wird in vielen Fällen durch die Therapie auch eine erfolgreiche Stabilisierung der Patienten erreicht, sodass diese noch lange Jahre symptomfrei leben können.

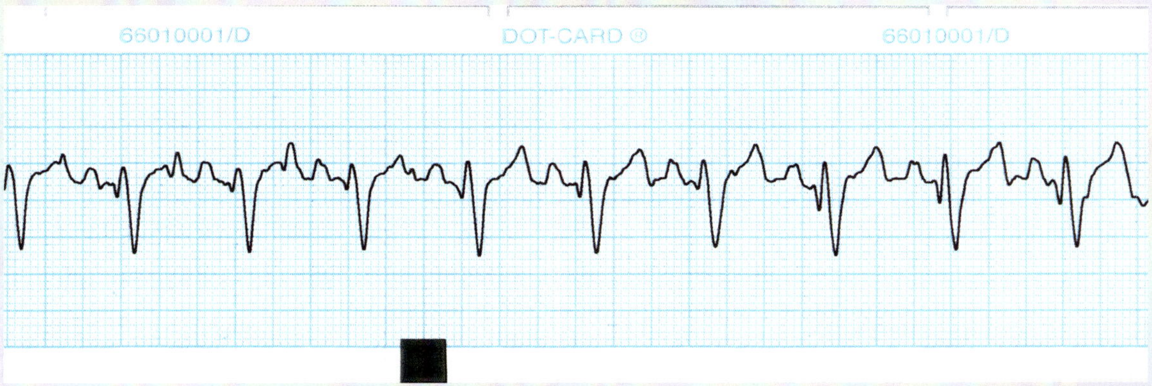

Ableitung II; 1 cm = 1 mV; 50 mm/s

Patient	
Rasse	West Highland White Terrier
Alter	3 Monate
Geschlecht	Weiblich

Anamnese

Systolisches Herzgeräusch IV/VI. Belastungsintoleranz, Dyspnoe. Polyzythämie.

▶ Welchen Herzrhythmus zeigt dieser Patient?

▶ Welche Veränderungen sind im EKG zu beobachten?

▶ Was ist die wahrscheinlichste Diagnose und wie ist weiter zu verfahren?

Parameter	Patient	Normwerte
Grundrhythmus		Sinusrhythmus; Sinusarrhythmie
Herzfrequenz		70–160 bpm (bis zu 180 bei kleinen Rassen und bis zu 220 bei Welpen)
Elektrische Herzachse		+40° – +100°
P-Welle		Breite: 0,04 s; Höhe: 0,4 mV
PR-Intervall		0,06–0,13 s
QRS-Komplex		Bis zu 0,06 s (0,05 s bei kleinen Rassen)
R-Zacke		Bis zu 3 mV (2,5 mV bei kleinen Rassen)
QT-Intervall		0,15–0,25 s
ST-Strecke		Hebung: bis zu 0,15 mV; Senkung: $<$ 0,2 mV
T-Welle		Weniger als 25 % der R-Höhe
Sonstiges		

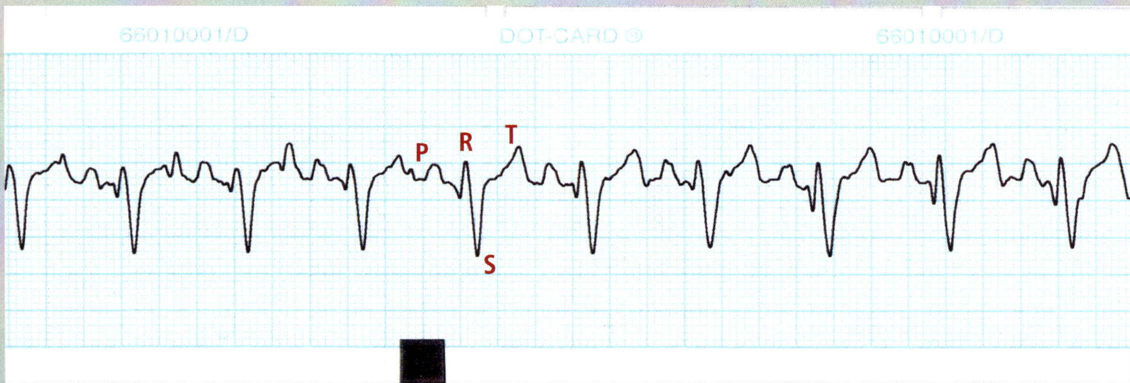

Untersuchte Parameter	
Grundrhythmus	**Sinustachykardie**
Herzfrequenz	**190 bpm**
Elektrische Herzachse	—
P-Welle	**0,06 s × 0,3 mV**
PR-Intervall	0,08 s
QRS-Komplex	**0,07 s**
R-Zacke	0,4 mV
QT-Intervall	0,18 s
ST-Strecke	Normal
T-Welle	**> 25 % der R-Höhe**
Sonstiges	—

▶ Welchen Herzrhythmus zeigt dieser Patient?

Grundlegend besteht ein Sinusrhythmus (man beachte die positiven P-Wellen vor jedem QRS-Komplex).

▶ Welche Veränderungen sind im EKG zu beobachten?

Es besteht eine Sinustachykardie. Die verbreiterten P-Wellen (P-mitrale) weisen auf eine Dilatation des linken Vorhofs hin.

Die Morphologie der QRS-Komplexe spricht für eine vollständige Blockierung der intraventrikulären Erregungsleitung über den rechten Tawara-Schenkel (Rechtsschenkelblock). Die verbreiterten QRS-Komplexe und die überhöhten T-Wellen (> 25 % der R-Höhe) sind typisch für diese Art von Blockierungen, obwohl diese Vermutung durch Beurteilung der restlichen Ableitungen noch bestätigt werden muss.

▶ Was ist die wahrscheinlichste Diagnose und wie ist weiter zu verfahren?

Ein Rechtsschenkelblock (RSB) kann sekundär bei bestimmten Erkrankungen (Dirofilariose, kongenitale oder erworbene Herzkrankheiten, Thoraxtraumata etc.) auftreten, ist jedoch bei vielen gesunden Patienten vorhanden, ohne dass dies von klinischer Bedeutung ist. Angesichts des entdeckten Herzgeräusches und aufgrund der EKG-Zeichen einer Herzerweiterung (P-mitrale) sowie der Polyzythämie ist bei diesem Patienten als wahrscheinlichste Diagnose eine kongenitale Herzkrankheit (persistierender Ductus arteriosus, Ventrikelseptumdefekt oder Fallot-Tetralogie) anzunehmen.

Diese angeborenen Vitien können einen Anstieg des Hämatokrits bewirken, der auf die Hypoxie infolge von abnormen Gefäßverbindungen (Shunts) oder Defekten im Kammerseptum zurückzuführen ist. Für eine definitive Diagnose ist die Untersuchung mit dem Doppler-Ultraschall erforderlich.

Blockierungen der intraventrikulären Erregungsausbreitung erfordern keine spezielle Therapie, da sie *per se* keine hämodynamischen Veränderungen hervorrufen. Notwendig ist einzig die Behandlung der Primärursache dieser elektrokardiographischen Veränderungen.

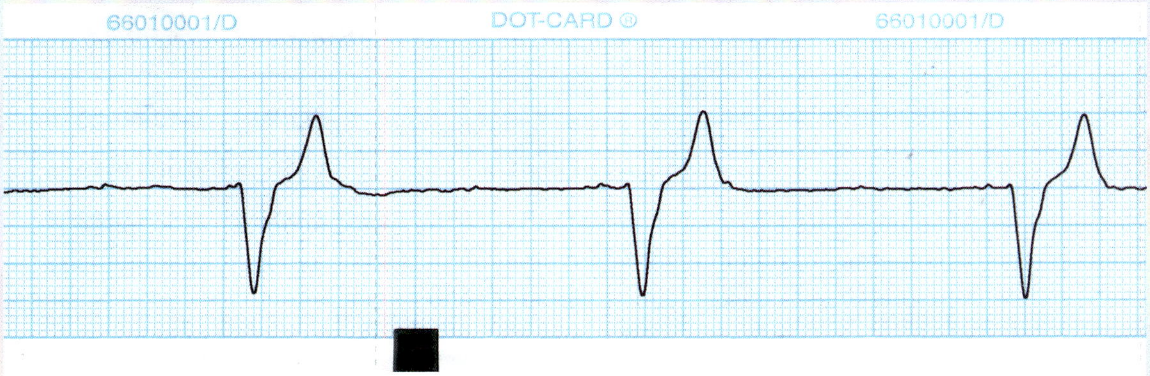

Ableitung II; 1 cm = 1 mV; 50 mm/s

Patient	
Rasse	Irischer Setter
Alter	14 Jahre
Geschlecht	Weiblich

Anamnese
Schwäche und Synkopen.

- Welche Veränderungen sind im EKG zu beobachten?
- Was ist die wahrscheinlichste Diagnose?
- Welche therapeutischen Möglichkeiten gibt es?

Parameter	Patient	Normwerte
Grundrhythmus		Sinusrhythmus; Sinusarrhythmie
Herzfrequenz		70–160 bpm (bis zu 180 bei kleinen Rassen und bis zu 220 bei Welpen)
Elektrische Herzachse		+40° – +100°
P-Welle		Breite: 0,04 s; Höhe: 0,4 mV
PR-Intervall		0,06–0,13 s
QRS-Komplex		Bis zu 0,06 s (0,05 s bei kleinen Rassen)
R-Zacke		Bis zu 3 mV (2,5 mV bei kleinen Rassen)
QT-Intervall		0,15–0,25 s
ST-Strecke		Hebung: bis zu 0,15 mV; Senkung: $<$ 0,2 mV
T-Welle		Weniger als 25 % der R-Höhe
Sonstiges		

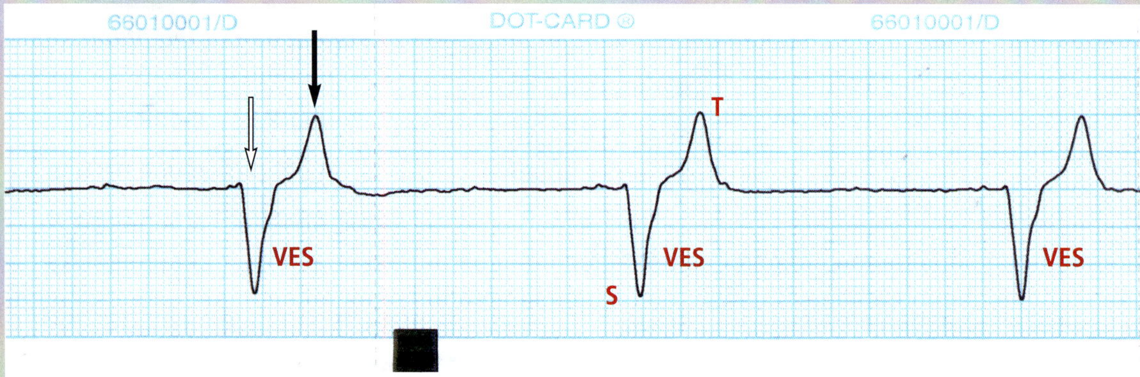

Untersuchte Parameter	
Grundrhythmus	Linksventrikulärer Ersatzrhythmus, erhöhter Kammerrhythmus
Herzfrequenz	60 bpm
Elektrische Herzachse	—
P-Welle	**Nicht vorhanden**
PR-Intervall	**Nicht vorhanden**
QRS-Komplex	**0,1 s**
R-Zacke	**Komplexe vom QS-Typ**
QT-Intervall	**0,28 s**
ST-Strecke	Normal
T-Welle	**> 25 % der R-Höhe**
Sonstiges	—

▶ Welche Veränderungen sind im EKG zu beobachten?

Es handelt sich um einen regelmäßigen Rhythmus, der von einem ektopischen Zentrum im linken Ventrikel ausgeht. Die Frequenz liegt bei 60 bpm, was für einen idioventrikulären Ersatzrhythmus mit normalerweise 40 bpm erhöht ist. P-Wellen fehlen, die Ventrikelkomplexe sind bizarr und von deutlich längerer Dauer als normal. R-Zacken sind in Ableitung II nicht zu sehen (weißer Pfeil), was auf den linksventrikulären Ursprung hinweist. Die T-Wellen (schwarzer Pfeil) sind hoch und weisen eine umgekehrte Polarität zum – in diesem Fall – QS-Komplex auf. Alle Komplexe sind ähnlich konfiguriert, sodass ein mono- oder unifokaler Ursprung des Ersatzrhythmus zu vermuten ist.

▶ Was ist die wahrscheinlichste Diagnose?

Ein Rhythmus mit diesen Charakteristika kann durch einen persistierenden Vorhofstillstand mit Rechtsschenkelblock, die Addison-Krankheit im fortgeschrittenen Stadium oder eine Hyperkaliämie unterschiedlicher Ursache hervorgerufen werden.

Mögliche Ursachen: pathologische Veränderungen des intrinsischen kardialen Systems mit Beeinträchtigung des AV-Knotens und der Region der atrioventrikulären Verbindung, Myokardfibrose, wiederholte Herzpunktionen, Arteriosklerose, Herzbasistumor, schwere Elektrolytimbalanzen und gelegentlich auch idiopathischer Ursprung.

▶ Welche therapeutischen Möglichkeiten gibt es?

Bestehen keine gravierenden therapiepflichtigen Veränderungen der Serumkaliumspiegel, gibt es für gewöhnlich außer der Implantation eines Herzschrittmachers keine anderen erfolgversprechenden Behandlungsoptionen. In jedem Fall sollte ein Atropin-Test bzw. ein Provokationstest mit Isoprenalin durchgeführt werden. Mit medikamentösen Therapien wird kaum je ein klinischer Erfolg erzielt.

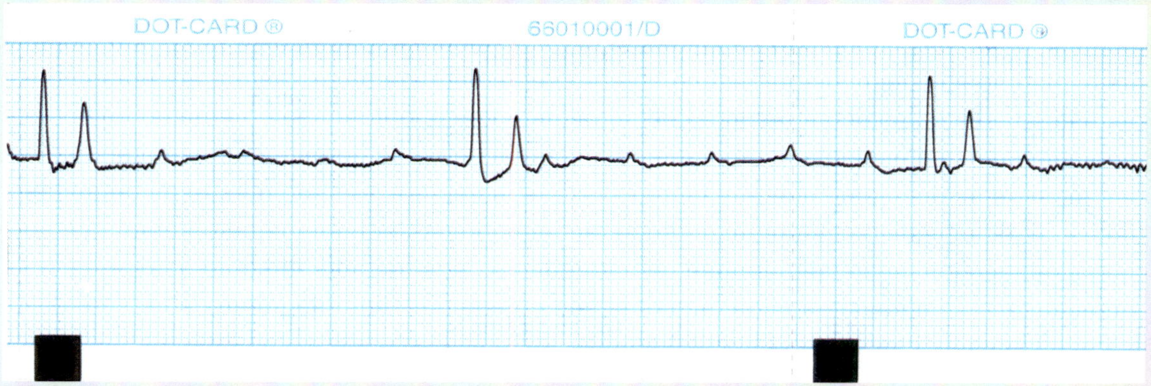

Ableitung II; 1 cm = 1 mV; 50 mm/s

Patient	
Rasse	Cocker Spaniel
Alter	17 Jahre
Geschlecht	Weiblich

Anamnese

Schwäche, Belastungsintoleranz. In den letzten Tagen mehrere Synkopen.

- Welche Art von Arrhythmie liegt vor?
- Was sind die üblichen Differentialdiagnosen bei dieser Art von Arrhythmie?
- Welche Ätiologie ist bei diesem Patienten am wahrscheinlichsten und welche Behandlung ist angezeigt?

Parameter	Patient	Normwerte
Grundrhythmus		Sinusrhythmus; Sinusarrhythmie
Herzfrequenz		70–160 bpm (bis zu 180 bei kleinen Rassen und bis zu 220 bei Welpen)
Elektrische Herzachse		+40° – +100°
P-Welle		Breite: 0,04 s; Höhe: 0,4 mV
PR-Intervall		0,06–0,13 s
QRS-Komplex		Bis zu 0,06 s (0,05 s bei kleinen Rassen)
R-Zacke		Bis zu 3 mV (2,5 mV bei kleinen Rassen)
QT-Intervall		0,15–0,25 s
ST-Strecke		Hebung: bis zu 0,15 mV; Senkung: < 0,2 mV
T-Welle		Weniger als 25 % der R-Höhe
Sonstiges		

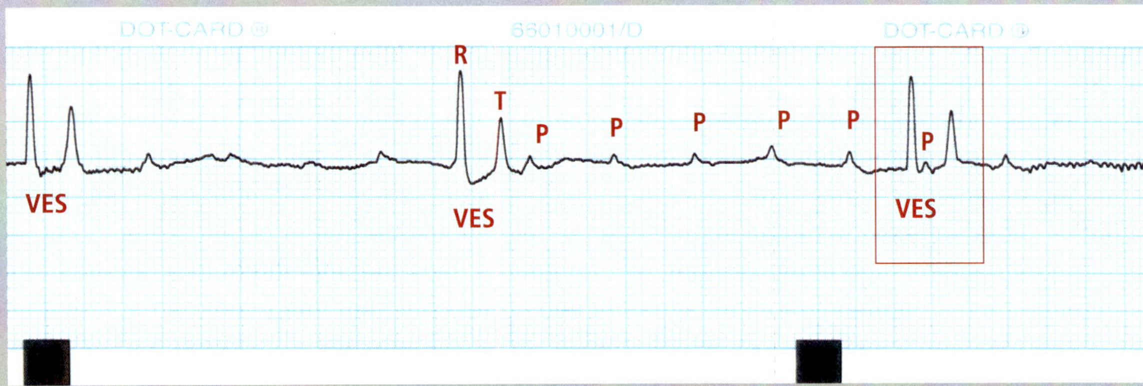

Untersuchte Parameter	
Grundrhythmus	**AV-Block III° (totaler AV-Block)**
Herzfrequenz	**60 bpm**
Elektrische Herzachse	—
P-Welle	0,04 s × 0,2 mV
PR-Intervall	**Nicht zu beurteilen**
QRS-Komplex	0,05 s
R-Zacke	1,2 mV
QT-Intervall	0,18 s
ST-Strecke	Normal
T-Welle	**> 25 % der R-Höhe**
Sonstiges	—

▶ Welche Art von Arrhythmie liegt vor?

Das EKG zeigt einen AV-Block III° (totaler AV-Block) mit idioventrikulärem Ersatzrhythmus (Ersatzkomplexe ventrikulären Ursprungs, aufgrund der Morphologie und der Frequenz von 60 bpm wahrscheinlich aus der Region der atrioventrikulären Verbindung). Es handelt sich hier um eine schwere Arrhythmie, bei der aufgrund der totalen Blockierung der Impulsweiterleitung am AV-Knoten ein von den Ventrikeln unabhängiger Vorhofrhythmus herrscht. Während die Frequenz des Sinusknotens (P-Wellen) 135 Impulse pro Minute beträgt, erreicht ein AV-Ersatzrhythmus nur 60 Impulse pro Minute. Ersatzrhythmen stellen einen Schutzmechanismus dar, der eine Asystolie der Ventrikel verhindern soll. Es sei daran erinnert, dass der Unterschied zwischen einem AV-Block III° und einem AV-Block II° darin besteht, dass bei letzterem die Blockierung intermittierend auftritt und dass es daher P-Wellen gefolgt von den entsprechenden QRS-Komplexen gibt; dabei sind die PR-Intervalle immer dann konstant, wenn die Überleitung normal abläuft.

▶ Was sind die üblichen Differentialdiagnosen bei dieser Art von Arrhythmie?

Diese Art von Blockierung der Erregungsüberleitung kann mit folgenden Erkrankungen in Zusammenhang stehen:

- Herzerkrankungen: Myokarditis, Neoplasien, subendokardialer Infarkt, senile Myokardfibrose, Kardiomyopathien etc.
- Extrakardiale Ursachen: Hyperkaliämie etc.

▶ Welche Ätiologie ist bei diesem Patienten am wahrscheinlichsten und welche Behandlung ist angezeigt?

Solange die Ergebnisse der weiterführenden Untersuchungen (Doppler-Sonographie, Thoraxröntgen, Blutbild) noch nicht vorliegen, ist angesichts der Charakteristika des Patienten (Rasse und Alter) von einer altersbedingten Myokardfibrose als wahrscheinlichster Ursache auszugehen. Die adäquate Behandlung dieser Patienten mit der Symptomatik eines reduzierten Herzminutenvolumens besteht in der Implantation eines permanenten Herzschrittmachers.

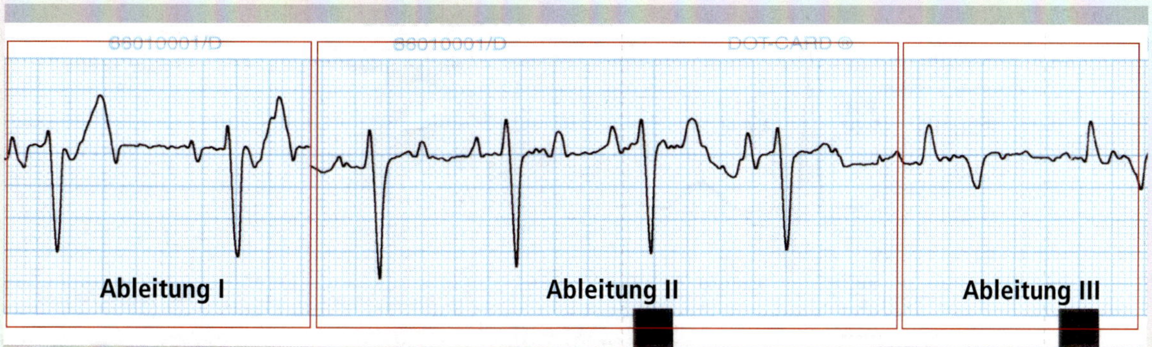

Bild auf 86 % verkleinert.

Ableitung II; 1 cm = 1 mV; 50 mm/s

Patient	
Rasse	Podenco
Alter	6 Jahre
Geschlecht	Weiblich

Anamnese

Husten. Diagnostizierte Dirofilariose.

▶ Welcher Herzrhythmus und welche Veränderungen sind im EKG dargestellt?

▶ Was wäre die geeignetste Behandlung?

Parameter	Patient	Normwerte
Grundrhythmus		Sinusrhythmus; Sinusarrhythmie
Herzfrequenz		70–160 bpm (bis zu 180 bei kleinen Rassen und bis zu 220 bei Welpen)
Elektrische Herzachse		+40° – +100°
P-Welle		Breite: 0,04 s; Höhe: 0,4 mV
PR-Intervall		0,06–0,13 s
QRS-Komplex		Bis zu 0,06 s (0,05 s bei kleinen Rassen)
R-Zacke		Bis zu 3 mV (2,5 mV bei kleinen Rassen)
QT-Intervall		0,15–0,25 s
ST-Strecke		Hebung: bis zu 0,15 mV; Senkung: $<$ 0,2 mV
T-Welle		Weniger als 25 % der R-Höhe
Sonstiges		

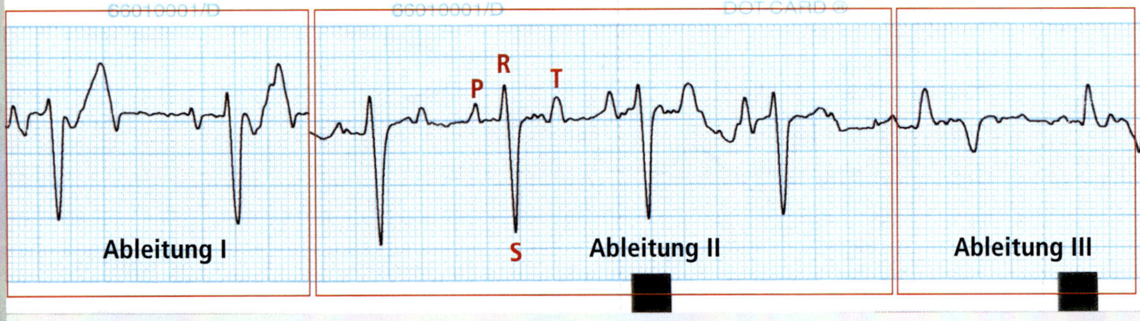

Bild auf 86 % verkleinert.

Untersuchte Parameter	
Grundrhythmus	Normaler Sinusrhythmus
Herzfrequenz	100 bpm
Elektrische Herzachse	**–177°**
P-Welle	0,04 s × 0,25 mV
PR-Intervall	0,10 s
QRS-Komplex	**0,07 s**
R-Zacke	0,4 mV
QT-Intervall	0,20 s
ST-Strecke	Normal
T-Welle	**> 25 % der R-Höhe**
Sonstiges	**S-Zacke –1,6 mV in Ableitung II**

▶ Welcher Herzrhythmus und welche Veränderungen sind im EKG dargestellt?

Es handelt sich um einen normalen Sinusrhythmus mit einer Herzfrequenz von 100 bpm. Die P-Wellen sind positiv und anterograd, die R-Zacken positiv und von geringer Amplitude, gefolgt von S-Zacken, die –0,5 mV übersteigen. Schließlich ist noch eine überhöhte T-Welle zu erkennen, die > 25 % der Höhe der R-Zacke aufweist. Die QRS-Komplexe dauern übermäßig lang. Die elektrische Herzachse ist in der Frontalebene stark nach rechts verschoben. Da drei Ableitungen vorliegen, kann sie berechnet werden; der Wert beträgt –177°.

Das vorliegende EKG ist charakteristisch für einen Rechtsschenkelblock (RSB). Dieser ist oftmals idiopathischer Natur, kann aber in Zusammenhang mit kongenitalen Herzkrankheiten, erworbenen Klappenvitien, kardialen Tumoren, Traumata bzw. Kontusionen des Herzens stehen. Auch bei der Infektion mit Trypanosomen ist ein Rechtsschenkelblock beschrieben worden. Gelegentlich wird ein RSB auch bei kardialen oder extrakardialen Krankheitsbildern beobachtet, bei denen es zu einer hochgradigen Vergrößerung des rechten Ventrikels kommt.

▶ Was wäre die geeignetste Behandlung?

Ein Rechtsschenkelblock hat als solcher keine hämodynamischen Konsequenzen und erfordert daher keine spezielle Therapie.

Im vorliegenden Fall ist die Behandlung der Filariose angezeigt. Nach deren Abschluss muss der Patient erneut kardiologisch untersucht werden. Eine Therapie dieser Arrhythmie in Abwesenheit von klinischen Symptomen entbehrt jeder Grundlage. Eine anerkannte Behandlung mit direkter Wirkung auf diese Blockierungen gibt es nicht.

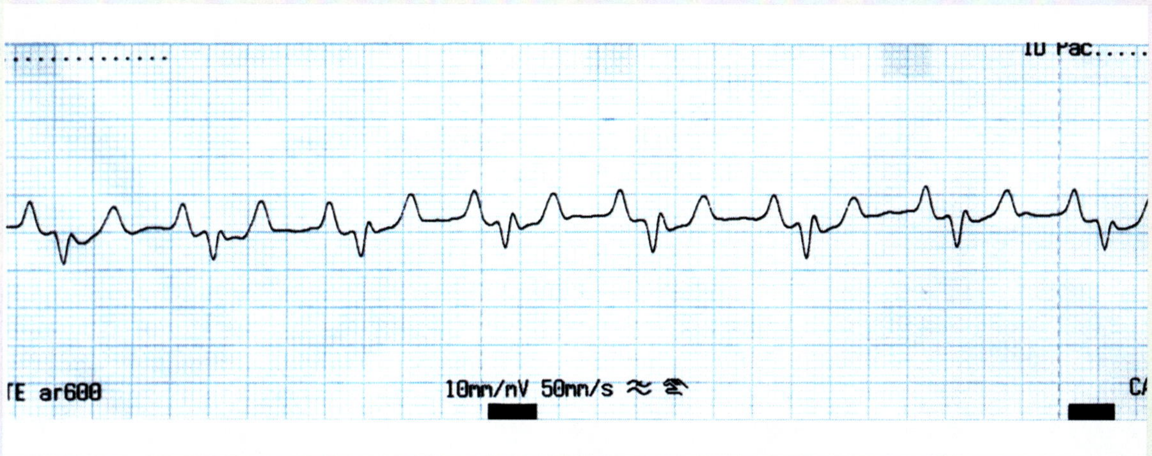

Ableitung II; 1 cm = 1 mV; 50 mm/s

Patient	
Rasse	Mittelschnauzer
Alter	2 Jahre
Geschlecht	Weiblich

Anamnese

Asymptomatisch.

- Welcher Grundrhythmus herrscht hier vor?
- Wie lautet die elektrokardiographische Diagnose?
- Ist eine spezifische Therapie erforderlich?

Parameter	Patient	Normwerte
Grundrhythmus		Sinusrhythmus; Sinusarrhythmie
Herzfrequenz		70–160 bpm (bis zu 180 bei kleinen Rassen und bis zu 220 bei Welpen)
Elektrische Herzachse		+40° – +100°
P-Welle		Breite: 0,04 s; Höhe: 0,4 mV
PR-Intervall		0,06–0,13 s
QRS-Komplex		Bis zu 0,06 s (0,05 s bei kleinen Rassen)
R-Zacke		Bis zu 3 mV (2,5 mV bei kleinen Rassen)
QT-Intervall		0,15–0,25 s
ST-Strecke		Hebung: bis zu 0,15 mV; Senkung: < 0,2 mV
T-Welle		Weniger als 25 % der R-Höhe
Sonstiges		

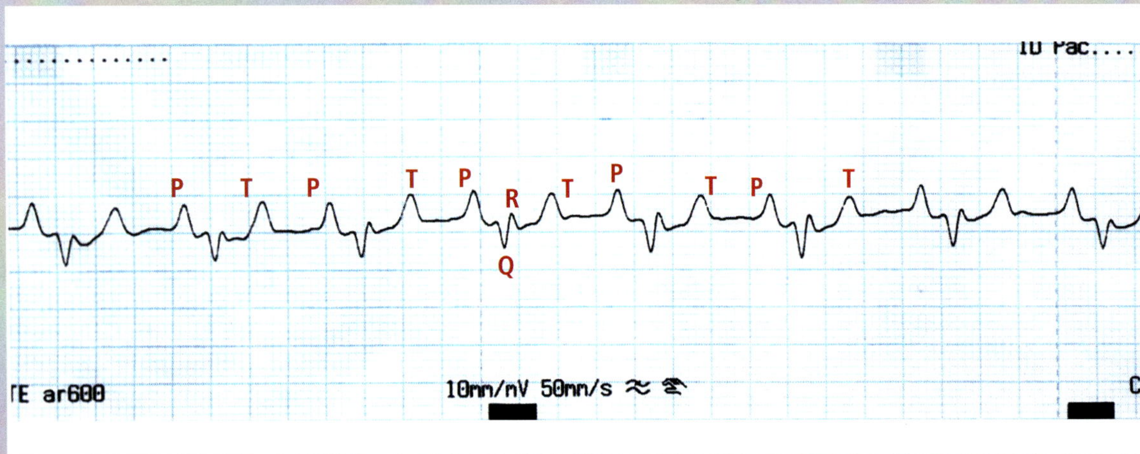

Untersuchte Parameter	
Grundrhythmus	Normaler Sinusrhythmus
Herzfrequenz	160 bpm
Elektrische Herzachse	—
P-Welle	0,04 s × 0,3 mV
PR-Intervall	0,09 s
QRS-Komplex	0,06 s
R-Zacke	**0,2 mV**
QT-Intervall	0,20 s
ST-Strecke	Normal
T-Welle	**> 25 % der R-Höhe**
Sonstiges	**Intraventrikuläre Leitungsblockierung**

▶ Welcher Grundrhythmus herrscht hier vor?

Als Erstes muss der Grundrhythmus ermittelt werden, d. h. es muss herausgefunden werden, ob die Erregungsbildung ausschließlich im Sinusknoten erfolgt oder ob sie teilweise oder zur Gänze von ektopischen Zentren ausgeht.

Die Anwesenheit von QRS-Komplexen mit abnormer Konfiguration kann leicht fehlinterpretiert und mit ventrikulären Arrhythmien verwechselt werden. Vor der Beurteilung der Morphologie der QRS-Komplexe – so wichtig diese auch sein mag – muss jedoch die Ursache des vorliegenden Herzrhythmus ermittelt werden. In diesem Fall kann man deutlich erkennen, dass jedem einzelnen QRS-Komplex eine positive P-Welle vorausgeht. Die positiven T-Wellen, die in ihrer Konfiguration den P-Wellen äußerst ähnlich sind, können für die Interpretation des EKG eine zusätzliche Schwierigkeit darstellen.

Wir können jedoch vollkommen zweifelsfrei davon ausgehen, dass es sich beim vorliegenden Grundrhythmus um einen Sinusrhythmus handelt.

▶ Wie lautet die elektrokardiographische Diagnose?

Die abnorme Konfiguration der QRS-Komplexe (vom Typ Qr) lässt den Schluss zu, dass eine Störung in der intraventrikulären Erregungsleitung vorliegt. Um genau definieren zu können, in welchem der beiden Tawara-Schenkel die Blockierung vorliegt, müssen die restlichen Ableitungen beurteilt werden, wobei dazu manchmal auch die präkordialen Ableitungen herangezogen werden müssen.

▶ Ist eine spezifische Therapie erforderlich?

Intraventrikuläre Leitungsblockaden stellen *per se* keinen gravierenden Befund dar. Sie können durch zahlreiche Ursachen entstehen. Bei manchen Tieren können sie ausschließlich idiopathischer Natur sein. In keinem Fall darf bei betroffenen Hunden ohne Weiteres eine Therapie zur Korrektur des Blocks eingeleitet werden. Vielmehr muss die diagnostische Aufarbeitung fortgesetzt werden, um anhand der anamnestischen Angaben und der Befunde aller einschlägigen Untersuchungen zu einer definitiven Diagnose zu gelangen.

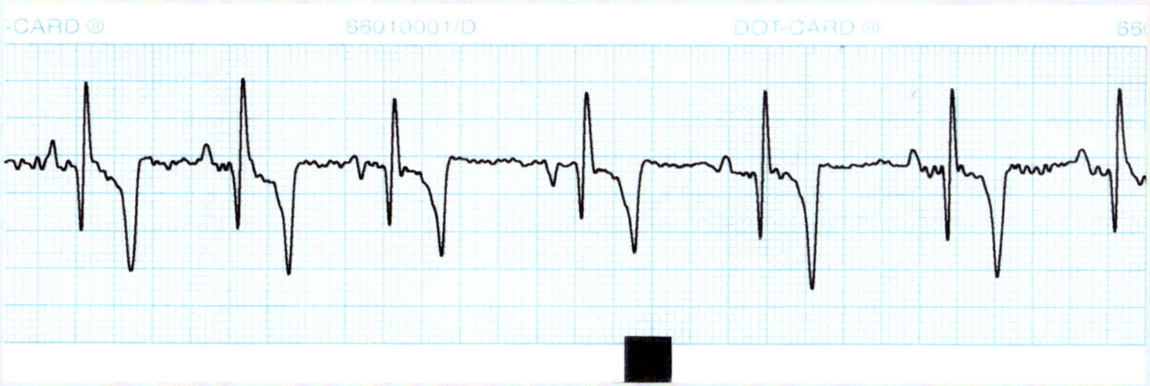

Ableitung II; 1 cm = 1 mV; 50 mm/s

Patient	
Rasse	Bulldogge
Alter	3 Jahre
Geschlecht	Weiblich

Anamnese

Ateminsuffizienz. Ein Herzgeräusch ist nicht zu auskultieren. Thoraxröntgenbefund: Kardiomegalie.

▶ Welche Veränderungen sind im EKG zu beobachten?

▶ Was sind in diesem Fall die wahrscheinlichsten Ursachen?

Parameter	Patient	Normwerte
Grundrhythmus		Sinusrhythmus; Sinusarrhythmie
Herzfrequenz		70–160 bpm (bis zu 180 bei kleinen Rassen und bis zu 220 bei Welpen)
Elektrische Herzachse		+40° – +100°
P-Welle		Breite: 0,04 s; Höhe: 0,4 mV
PR-Intervall		0,06–0,13 s
QRS-Komplex		Bis zu 0,06 s (0,05 s bei kleinen Rassen)
R-Zacke		Bis zu 3 mV (2,5 mV bei kleinen Rassen)
QT-Intervall		0,15–0,25 s
ST-Strecke		Hebung: bis zu 0,15 mV; Senkung: < 0,2 mV
T-Welle		Weniger als 25 % der R-Höhe
Sonstiges		

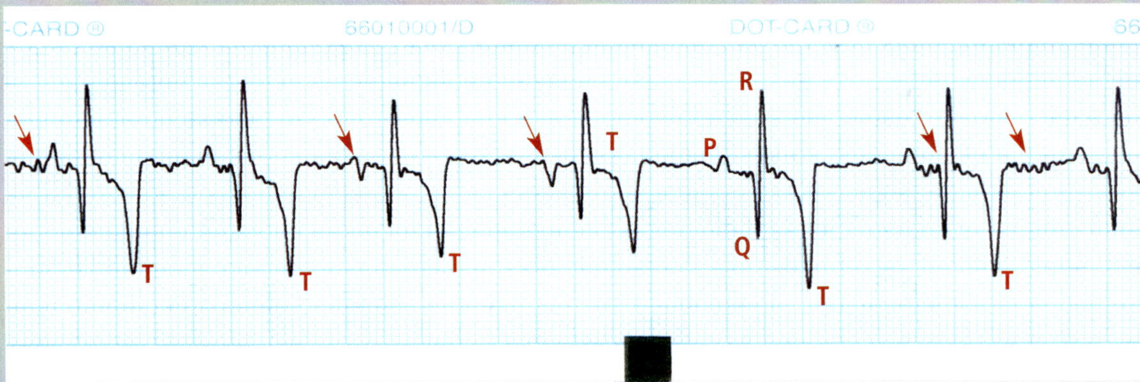

Untersuchte Parameter	
Grundrhythmus	Sinusarrhythmie
Herzfrequenz	130 bpm
Elektrische Herzachse	—
P-Welle	0,04 s × 0,2 mV
PR-Intervall	0,08 s
QRS-Komplex	0,05 s
R-Zacke	1,1 mV
QT-Intervall	0,18 s
ST-Strecke	Normal
T-Welle	**> 25 % der R-Höhe**
Sonstiges	**Tiefe Q-Zacken, Artefakte an der Grundlinie**

▶ Welche Veränderungen sind im EKG zu beobachten?

Am auffälligsten sind die extrem tiefen T-Wellen.

Zu sehen sind auch Artefakte (Pfeile), die in einigen Abschnitten die Morphologie der P-Wellen so sehr verändern, dass diese von der Grundlinie abweichen und negativen Ausschlag zeigen, was jedoch nichts mit tatsächlich negativen P-Wellen zu tun hat. Somit handelt es sich um keine Arrhythmie, sondern eben um Artefakte.

Auch tiefe Q-Zacken sind zu sehen.

▶ Was sind in diesem Fall die wahrscheinlichsten Ursachen?

Derartige Veränderungen der T-Welle können bei Myokardhypoxie sowie bei bestimmten Störungen des Elektrolythaushalts (z. B. Hyperkaliämie) auftreten. Berücksichtigt man die in der Vorgeschichte erwähnte respiratorische Symptomatik, steht das veränderte EKG in diesem Fall möglicherweise mit dem brachyzephalen Syndrom in Zusammenhang, und die Hypoxie ist auf eine Obstruktion der Atemwege infolge der besonderen anatomischen Rassenmerkmale kurzköpfiger Hunde zurückzuführen.

Die Morphologie der QRS-Komplexe mit den tiefen Q-Zacken ist mit einer Hypertrophie / Dilatation des rechten Ventrikels vereinbar. Bei chronischen Atemwegsproblemen kann sich durch die pulmonale Hypertonie eine Rechtsherzbelastung entwickeln, in deren Folge es zur Hypertrophie bzw. Dilatation der rechten Herzkammer kommt. Dies zeigt sich auch in der Röntgenaufnahme: Im laterolateralen Strahlengang ist eine Rechtsherzvergrößerung und ein eher rundliches Herz, das breit am Sternum aufliegt, zu sehen, während im dorso-ventralen bzw. ventro-dorsalen Strahlengang die rechtsventrikuläre Dilatation als sogenanntes »umgekehrtes D-Zeichen« zu erkennen ist.

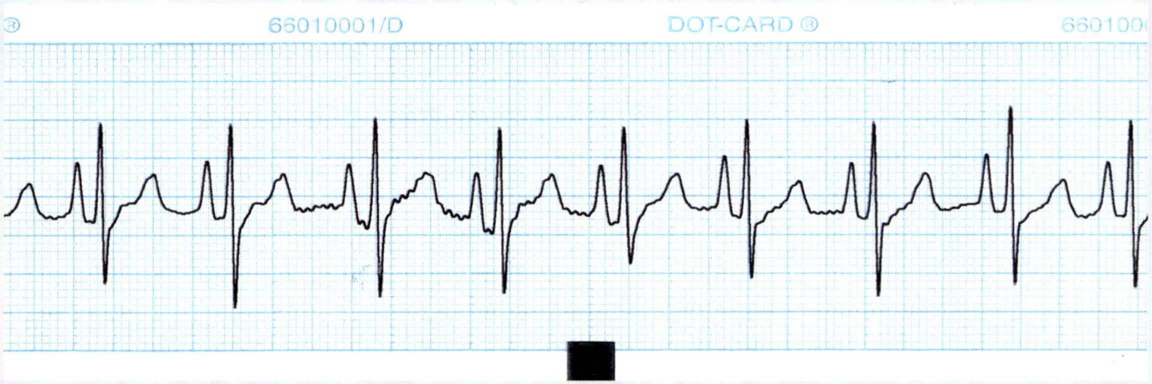

Ableitung II; 1 cm = 1 mV; 50 mm/s

Patient	
Rasse	Englischer Setter
Alter	7 Jahre
Geschlecht	Weiblich

Anamnese

Husten und Dyspnoe. Belastungsintoleranz. Ein Herzgeräusch ist nicht zu auskultieren. Thoraxröntgenbefund: Rechtsherzvergrößerung, deutlich vaskuläres Muster. Ein Lungenödem ist nicht erkennbar.

- ▶ Welche Veränderungen sind im EKG zu beobachten?
- ▶ Welche Differentialdiagnosen sind bei einem solchen EKG zu berücksichtigen?
- ▶ Was ist die wahrscheinlichste Diagnose und wie ist weiter vorzugehen?

Parameter	Patient	Normwerte
Grundrhythmus		Sinusrhythmus; Sinusarrhythmie
Herzfrequenz		70–160 bpm (bis zu 180 bei kleinen Rassen und bis zu 220 bei Welpen)
Elektrische Herzachse		+40° – +100°
P-Welle		Breite: 0,04 s; Höhe: 0,4 mV
PR-Intervall		0,06–0,13 s
QRS-Komplex		Bis zu 0,06 s (0,05 s bei kleinen Rassen)
R-Zacke		Bis zu 3 mV (2,5 mV bei kleinen Rassen)
QT-Intervall		0,15–0,25 s
ST-Strecke		Hebung: bis zu 0,15 mV; Senkung: < 0,2 mV
T-Welle		Weniger als 25 % der R-Höhe
Sonstiges		

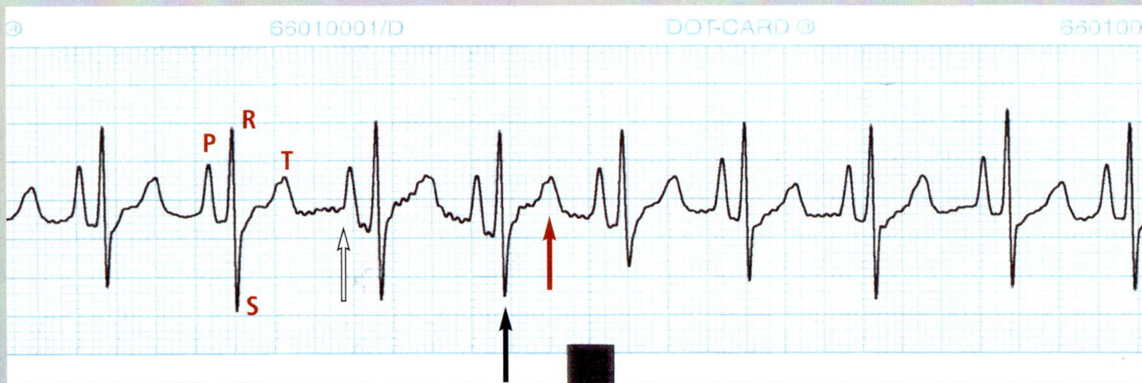

Untersuchte Parameter	
Grundrhythmus	Normaler Sinusrhythmus
Herzfrequenz	180 bpm
Elektrische Herzachse	—
P-Welle	0,04 s × **0,6 mV**
PR-Intervall	0,07 s
QRS-Komplex	0,05 s
R-Zacke	1,4 mV
QT-Intervall	0,20 s
ST-Strecke	Normal
T-Welle	**> 25 % der R-Höhe**
Sonstiges	**S-Zacke > 0,5 mV in Ableitung II**

▶ Welche Veränderungen sind im EKG zu beobachten?

Das EKG zeigt einen Sinusrhythmus mit einer Frequenz von 180 bpm sowie überhöhte P-Wellen (P-pulmonale; weißer Pfeil), tiefe S-Zacken mit einer Amplitude von > 0,5 mV (schwarzer Pfeil) und T-Wellen mit einer Höhe von > 25 % der R-Zacke (roter Pfeil). Dies spricht für eine Erweiterung des rechten Vorhofs und stellt einen Hinweis auf eine rechtsventrikuläre Dilatation / Hypertrophie bzw. eine Blockierung der intraventrikulären Erregungsleitung dar (für genauere Aussagen sind auch die restlichen Ableitungen zu beurteilen). Die T-Wellen sprechen für eine Myokardhypoxie oder eine Elektrolytimbalanz.

▶ Welche Differentialdiagnosen sind bei einem solchen EKG zu berücksichtigen?

P-pulmonale weist für gewöhnlich auf das Vorhandensein einer Erweiterung des rechten Vorhofs hin. Obwohl dies gelegentlich auf primäre kardiale Probleme wie bestimmte kongenitale Anomalien oder eine altersbedingte myxomatöse Degeneration der Trikuspidalklappe zurückzuführen ist, sollte in den meisten Fällen eher an chronische Atemwegserkrankungen als Differentialdiagnose gedacht werden.

Die T-Wellen legen eine mangelnde Sauerstoffversorgung des Myokards nahe, was manchmal auf eine Fibrosierung des Herzmuskels oder das Vorliegen mikroskopischer intramuraler Mikroinfarkte zurückzuführen ist, aber auch durch eine Atemwegserkrankung bzw. einen Verlust an Lungenkapazität verursacht werden kann. Diese unspezifische Anomalie steht gelegentlich in Zusammenhang mit Störungen von Ionen-, Elektrolyt- oder Säure-Basen-Haushalt bzw. mit endokrinen Erkrankungen (Addison, Diabetes etc.).

▶ Was ist die wahrscheinlichste Diagnose und wie ist weiter vorzugehen?

Es sollte eine spezifische serologische Untersuchung auf Filariose durchgeführt werden. Bestätigt sich diese, muss eine entsprechende Behandlung erfolgen und der hämodynamische Status des Patienten stabilisiert werden.

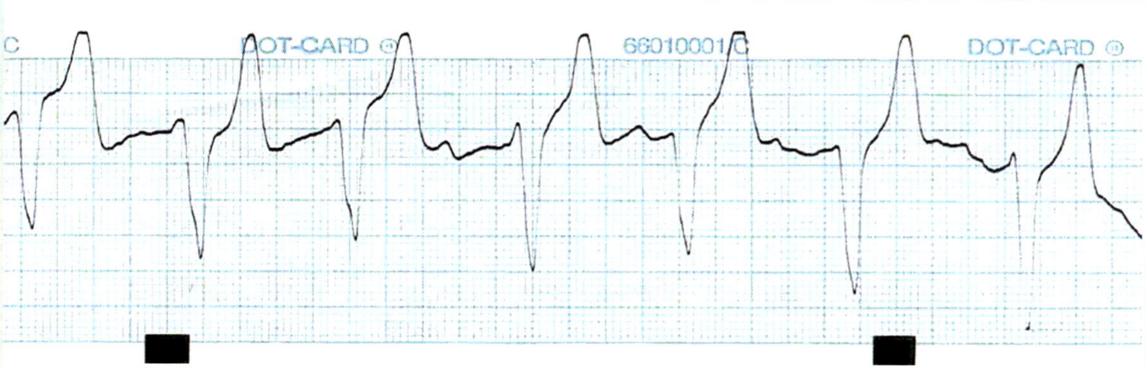

Ableitung II; 1 cm = 1 mV; 50 mm/s

Patient	
Rasse	Pyrenäenberghund
Alter	9 Jahre
Geschlecht	Männlich

Anamnese

Mattigkeit, erschwerte Atmung.

▶ Welche Arrhythmie ist im EKG zu erkennen?

▶ Welche antiarrhythmische Behandlung ist zu empfehlen?

Parameter	Patient	Normwerte
Grundrhythmus		Sinusrhythmus; Sinusarrhythmie
Herzfrequenz		70–160 bpm (bis zu 180 bei kleinen Rassen und bis zu 220 bei Welpen)
Elektrische Herzachse		+40° – +100°
P-Welle		Breite: 0,04 s; Höhe: 0,4 mV
PR-Intervall		0,06–0,13 s
QRS-Komplex		Bis zu 0,06 s (0,05 s bei kleinen Rassen)
R-Zacke		Bis zu 3 mV (2,5 mV bei kleinen Rassen)
QT-Intervall		0,15–0,25 s
ST-Strecke		Hebung: bis zu 0,15 mV; Senkung: < 0,2 mV
T-Welle		Weniger als 25 % der R-Höhe
Sonstiges		

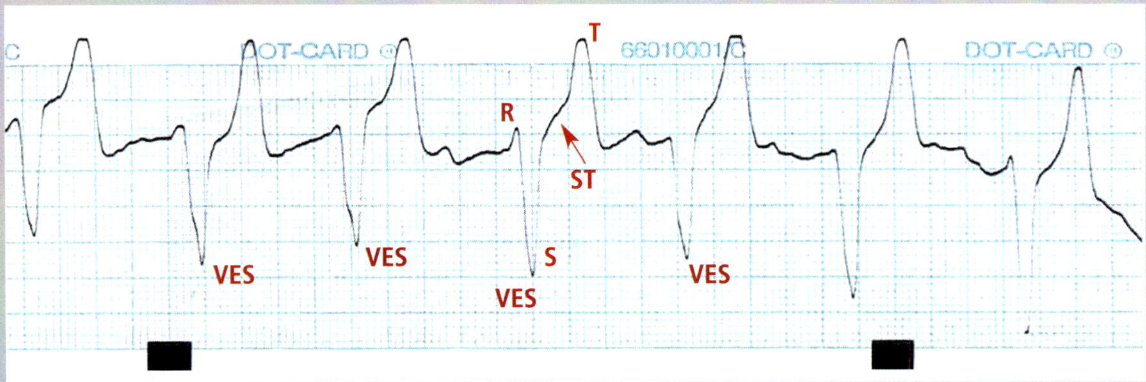

Untersuchte Parameter	
Grundrhythmus	**Ventrikuläre Tachykardie**
Herzfrequenz	140 bpm
Elektrische Herzachse	—
P-Welle	—
PR-Intervall	—
QRS-Komplex	**0,09 s**
R-Zacke	0,2 mV
QT-Intervall	0,23 s
ST-Strecke	**Hebung 0,3 mV**
T-Welle	**> 25 % der R-Höhe**
Sonstiges	—

▶ Welche Arrhythmie ist im EKG zu erkennen?

Es handelt sich um eine ventrikuläre Tachykardie (VT, mit drei oder mehr ventrikulären Extrasystolen [VES]); die VT ist unifokal (alle frühzeitig einfallenden Komplexe zeigen dieselbe Konfiguration) und persistierend. Diese schwere Arrhythmie erfordert eine sofortige spezielle Therapie, da sie für den Patienten aufgrund gravierender hämodynamischer Auswirkungen und daraus resultierender Symptome wie Synkopen, Schwäche oder Hypotonie lebensbedrohend sein kann. Es kann aufgrund der zahlreichen unkoordinierten, gleichzeitigen, lokalen Erregungen zu Kammerflimmern und zum plötzlichen Tod des Tieres kommen.

Die ektopischen QRS-Komplexe ventrikulären Ursprungs (VES) sind verbreitert und bizarr. Vorausgehende P-Wellen fehlen vollständig und die T-Wellen zeigen eine im Vergleich zur Ausschlagrichtung des QRS-Komplexes umgekehrte Polarität.

▶ Welche antiarrhythmische Behandlung ist zu empfehlen?

Das Mittel der Wahl zur Behandlung der VT beim Hund ist Lidocain. Unter EKG-Kontrolle wird ein Bolus von 2–3 mg/kg i. v. verabreicht. Lässt sich die VT dadurch noch nicht normalisieren, können alle zehn Minuten weitere Boli i. v. verabreicht werden, jedoch nur bis zu einer Maximaldosis von 8–9 mg/kg.

Sobald das Antiarrhythmikum Wirkung zeigt, kann zur Aufrechterhaltung therapeutischer Blutspiegel nach den Boli eine intravenöse Dauerinfusion mit konstanter Abgaberate (25–80 mg/kg/min) eingeleitet werden.

Procainamid wäre die zweitbeste Option zur Behandlung der ventrikulären Tachykardie. Die für Hunde empfohlene Dosis beträgt 10–30 mg/kg p. o. alle 6–8 h oder 5–20 mg/kg i. v. (langsam injiziert und mit der niedrigsten Dosierung beginnend).

Als Arzneimittel der dritten Wahl stehen unter anderem zur Verfügung: Antiarrhythmika der Klasse III (Sotalol, Amiodaron) und Betablocker.

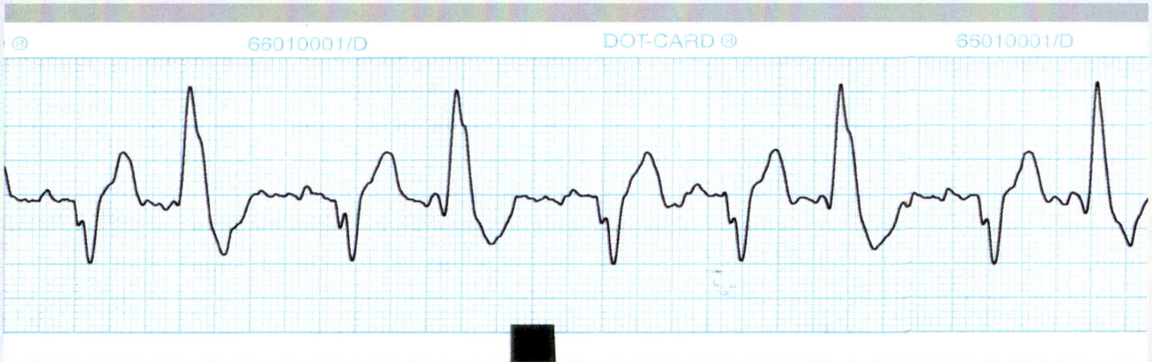

Bild auf 92 % verkleinert.

Ableitung II; 1 cm = 1 mV; 50 mm/s

Patient	
Rasse	Boxer
Alter	15 Jahre
Geschlecht	Weiblich

Anamnese

Belastungsintoleranz. Dyspnoe.

- Welcher Herzrhythmus ist dargestellt? Welche Anomalien sind im EKG zu beobachten?
- Welches Behandlungsregime ist zu empfehlen?

Parameter	Patient	Normwerte
Grundrhythmus		Sinusrhythmus; Sinusarrhythmie
Herzfrequenz		70–160 bpm (bis zu 180 bei kleinen Rassen und bis zu 220 bei Welpen)
Elektrische Herzachse		+40° – +100°
P-Welle		Breite: 0,04 s; Höhe: 0,4 mV
PR-Intervall		0,06–0,13 s
QRS-Komplex		Bis zu 0,06 s (0,05 s bei kleinen Rassen)
R-Zacke		Bis zu 3 mV (2,5 mV bei kleinen Rassen)
QT-Intervall		0,15–0,25 s
ST-Strecke		Hebung: bis zu 0,15 mV; Senkung: < 0,2 mV
T-Welle		Weniger als 25 % der R-Höhe
Sonstiges		

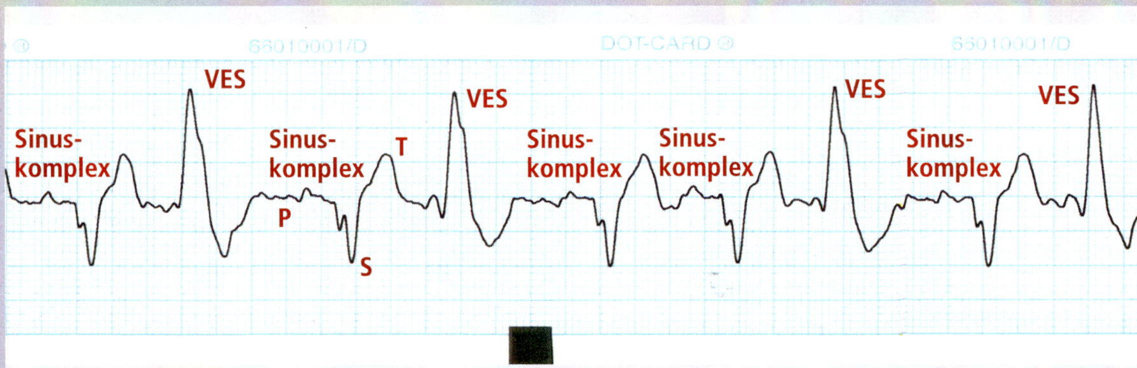

Bild auf 92 % verkleinert.

Untersuchte Parameter	
Grundrhythmus	**Sinusrhythmus mit VES**
Herzfrequenz	170 bpm
Elektrische Herzachse	—
P-Welle	0,04 s × 0,2 mV
PR-Intervall	0,10 s
QRS-Komplex	**0,07 s**
R-Zacke	**Komplexe vom QS-Typ: keine R-Zacke in Ableitung II**
QT-Intervall	0,20 s
ST-Strecke	Normal
T-Welle	**> 25 % der R-Höhe**
Sonstiges	**Komplette Leitungs-blockierung IV**

► Welcher Herzrhythmus ist dargestellt? Welche Anomalien sind im EKG zu beobachten?

Das dargestellte EKG ist recht komplex und zeigt einen normalen Sinusrhythmus mit Sinuskomplexen, die positive und anterograde P-Wellen aufweisen. Die Morphologie der Komplexe ist abnorm, da es sich um einen QS-Typ handelt, bei dem in Ableitung II keine R-Zacke vorhanden ist. Außerdem sind die Komplexe verbreitert und die T-Welle ist überhöht. Aufgrund ihrer Konfiguration weisen diese Komplexe sinusalen Ursprungs auf eine hochgradige Blockierung der intraventrikulären Erregungsleitung hin. Obwohl für eine genaue Diagnose alle anderen Ableitungen beurteilt werden müssen, erscheint es wahrscheinlich, dass es sich hier um eine Blockierung im rechten Tawara-Schenkel bzw. im rechten Tawara-Schenkel und im anterioren Faszikel des linken Tawara-Schenkels handelt. Die Konfiguration der T-Welle lässt auf eine beträchtliche Hypoxie des Myokards schließen.

Zu diesem Rhythmus kommen noch häufige isolierte und monofokale rechtsventrikuläre Extrasystolen (VES, mehr als 20 pro Minute). Diese VES haben keine P-Wellen und sind breit und bizarr; die T-Wellen sind überhöht und von umgekehrter Polarität wie die Extrasystole.

► Welches Behandlungsregime ist zu empfehlen?

Die ventrikulären Extrasystolen müssen korrigiert werden. Obwohl über die optimale Therapie dieser kombinierten Arrhythmie keine definitiven, gesicherten Daten vorliegen, stellt die Behandlung mit Sotalol (Betablocker mit antiarrhythmischen Eigenschaften) die sicherste und wirksamste Option dar. Die Dosis von Sotalol ist zunächst niedrig und kann bis zum Erreichen des gewünschten Effekts alle vier bis sechs Tage gesteigert werden. Alternativ können Mexiletin und Procainamid verabreicht werden, die in vielen Fällen ebenfalls gute Wirkung erzielen.

Anhang

Die wichtigsten kardiotherapeutischen Pharmaka für Hunde und Katzen

Zusammengestellt von PD Dr. Marianne Skrodzki

Präparat	Wirkstoffklasse	Indikationen	Dosierung Hund	Dosierung Katze	Wirkungen	Unerwünschte Wirkungen	Kontraindikationen	Besonderheiten
Adrenalin (Epinephrin)	Katecholamin	■ Einsatz nur, wenn externe Herzmassage erfolglos! ■ kardiale Reanimation ■ Asystolie ■ elektromechanische Dissoziation ■ Kammerflimmern (Cave!) ■ anaphylaktischer Schock	0,5–5 µg/kg KM i. c. 0,05–0,5 mg i. v./intratracheal (0,5–5 ml einer Lösung 1:10.000) alle 5–10 min*	0,5–5 µg/kg KM i. c. 0,05–0,5 mg i. v./intratracheal (0,5–5 ml einer Lösung 1:10.000) alle 5–10 min*	■ positiv chronotrop, dromotrop, inotrop und bathmotrop ■ blutdrucksteigernd	■ Arrhythmiegefahr! ■ Kammerflimmern (v.a. bei Hypoxie und gleichzeitigem Herz- und Lungenversagen, künstliche Beatmung erforderlich!) ■ Sinustachykardie ■ Vorhoftachykardie ■ Bluthochdruck	■ DCM ■ koronare Insuffizienz ■ Herzinsuffizienz ■ Hypertonie ■ Tachyarrhythmie ■ Glaukom ■ Niereninsuffizienz ■ Hyperthyreose ■ D. mellitus ■ Trächtigkeitstoxikose	Anwendung als Adrenalinlösung 1:10.000 (= 0,01 %ig = 0,1 mg/ml). Dazu 1 ml der 0,1 %igen Lösung (1 mg/ml) mit 9 ml NaCl-Lösung mischen.
Aminophyllin	Xanthinderivat	■ Bronchospasmus ■ Asthma bronchiale ■ Sinusbradykardie ■ Sinusstillstand ■ AV-Block II° ■ Herzinsuffizienz	5–8 (–10) mg/kg KM BID p. o./i v./i. m.	5–8 mg/kg KM BID p. o./ i. v./i. m.	■ bronchodilatatorisch ■ ggr. positiv chronotrop und inotrop ■ ggr. diuretisch	■ zentralnervöse Erregung ■ gastrointestinale Störungen ■ Tachykardie	■ Tachykardie	Intramuskuläre Injektion sehr schmerzhaft!
Amlodipin	Kalziumkanalblocker	■ arterielle Hypertonie	0,1 (–0,2) mg/kg KM SID–BID p. o. 2,5 mg/Tier SID-BID p. o.	0,1–0,2 mg/kg KM SID p. o. 0,625–1,25 mg/Tier SID p. o.	■ Arteriolendilatation mit Nachlastsenkung	■ Hypotonie ■ Apathie ■ Inappetenz ■ gesteigertes Schlafbedürfnis	■ Hypotonie ■ kardiogener Schock	Keine therapeutische Wirkung am Erregungsbildungs- und Reizleitungssystem. Bei Nebenwirkungen Dosis für einige Tage reduzieren.
Amrinon	Phosphodiesterase-III-Hemmer	■ schwere Herzinsuffizienz (nur kurzzeitiger Einsatz bei Versagen anderer therapeutischer Maßnahmen)	0,75 mg/kg KM als Bolus über 2–3 min, dann 5–10 µg/kg KM/min als DTI nach Wirkung i. v.	1–3 mg/kg KM, dann 30–100 µg/kg KM/min als DTI i. v.	■ Vor- und Nachlastsenkung ■ positiv inotrop und chronotrop ■ Vasodilatation ■ myokardialer O_2-Verbrauch vermindert	■ Arrhythmien ■ Blutdruckabfall ■ gastrointestinale Störungen ■ Hepatotoxizität ■ Myositis	■ schwere Klappenerkrankung ■ propranololinduzierte Kardiodepression ■ HCM	Nur Ausnahmemedikament wegen schwerer Nebenwirkungen!
Atenolol	selektiver β_1-Blocker	■ supraventrikuläre Tachykardie ■ ventrikuläre Tachyarrhythmie ■ HCM, HOCM ■ Aortenstenose ■ Hyperthyreose mit Sinustachykardie und Myokardhypertrophie ■ arterielle Hypertonie	0,25–1 mg/kg KM BID p. o.	6,25–12,5 mg/Tier SID–BID p. o.	■ antiarrhythmisch ■ negativ chrontrop	■ kardiodepressiv (Bradykardie, verlängerte AV-Überleitung) ■ Hypotonie ■ Lethargie ■ Diarrhoe ■ Bronchokonstriktion ■ Hypoglykämie	■ kongestive Herzinsuffizienz ■ Sinusbradykardie ■ Sick-Sinus-Syndrom ■ AV-Block II° und III° ■ Bronchospasmen ■ D. mellitus	Dekompensationsgefahr bei Herzinsuffizienz. Verlängerung der AV-Überleitung mit Bradykardie bei gleichzeitiger Gabe von Digitalispräparaten, Lidocain, Mexiletin, Kalziumantagonisten oder Procainamid. Bei Therapieabbruch Atenolol ausschleichen!

* Dosis und Applikationswege dem Schweregrad entsprechend anpassen!

Präparat	Wirkstoffklasse	Indikationen	Dosierung Hund	Dosierung Katze	Wirkungen	Unerwünschte Wirkungen	Kontraindikationen	Besonderheiten
Atropin	Parasympatholytikum	■ Sinusstillstand ■ Sinusbradykardie ■ AV-Blockade ■ SA-Blockade ■ Atropintest zur Einschätzung des Vaguseinflusses auf die Sinusknoten- bzw. AV-Knotenfunktion ■ Antidot (Cholinergikaüberdosierung, Organophosphat- und Verapamilintoxikation)	0,02–0,04 mg/kg KM i. v. Cholinergikaüberdosierung: 0,2–2 mg/kg KM i. v. Organophosphatintoxikation: 0,1 mg/kg KM i. v. Verapamilintoxikation: 0,04 mg/kg KM i. v.	0,02–0,04 mg/kg KM i. v. Organophosphatintoxikation: 0,1–2 mg/kg KM (¼ der Dosis i. v., Rest i. m.)	■ positiv chronotrop ■ Reduktion des Vaguseinflusses ■ Sinusknotenfrequenz gesteigert ■ AV-Überleitung vermindert	■ Sinustachykardie ■ (supra)ventrikuläre Tachyarrhythmien ■ Vasodilatation ■ Mydriasis ■ Speichelsekretion vermindert ■ Harnblasenatonie	■ kongestive Herzinsuffizienz ■ Tachykardie ■ Tachyarrhythmie ■ Hypertyreose ■ instabiler Kreislaufzustand bei akuter Blutung ■ Glaukom ■ Harnwegsobstruktion ■ Niereninsuffizienz ■ Hepathopathie	Atropintest: 0,04 mg/kg KM KM langsam i. v., nach 2–15 min EKG-Kontrolle. Physiologisch: Herzfrequenzsteigerung ≥ 140/min. AV-Knotenerkrankung: weiterhin AV-Block.
Benazepril	ACE-Hemmer	■ Herzinsuffizienz ■ chronische AV-Klappenerkrankung ■ DCM, HCM ■ Vitien mit Links-Rechts-Shunt ■ milde Hypertonie ■ chronische Niereninsuffizienz ■ protein losing nephropathy	0,25–0,5 mg/kg KM SID–BID p. o.	0,25–0,5 mg/kg KM SID–BID p. o.	■ RAAS-Blockade mit Vor- und Nachlastsenkung ■ Vasodilatation ■ Aldosteronfreisetzung reduziert ■ Rückgang von Remodeling-Effekten möglich ■ Nephroprotektion ■ milde Blutdrucksenkung	■ Hypotonie ■ Apathie ■ Inappetenz ■ gesteigertes Schlafbedürfnis ■ Reizhusten (sehr selten)	■ hämodynamisch relevante Aorten-/Pulmonal-/Mitralklappenstenose ■ HOCM ■ Hypotonie	Kontrolle des Serumkaliumspiegels bei gleichzeitiger Gabe eines Aldosteronantagonisten bzw. bei Niereninsuffizienz. Bei Nebenwirkungen Dosis für einige Tage reduzieren.
Bumetanid	Schleifendiuretikum	■ kardiale und extrakardiale Ödeme/Ergüsse ■ akute Niereinsuffizienz ■ akute pulmonale Hypertonie ■ hypertensive Krise ■ Hyperkaliämie ■ forcierte Diurese bei Intoxikationen	0,05–0,1 mg/kg KM SID–BID p. o.	0,05–0,1 mg/kg KM SID–BID p. o.	■ antiödematös ■ harntreibend ■ natriuretisch ■ kaliuretisch ■ blutdrucksenkend	■ Dehydratation ■ Hypokaliämie ■ Hypomagnesiämie ■ Anorexie ■ gastrointestinale Störungen ■ Hypotension ■ Lethargie/Schwäche ■ Bewusstlosigkeit	■ Dehydratation ■ Hypovolämie ■ Hypokaliämie ■ Hypomagnesiämie ■ Hyponatriämie ■ Hypokalzämie ■ Hypotonie ■ Anurie ■ metabolische Alkalose	Bei gleichzeitiger ACE-Hemmer-Gabe Ausgleich von Kaliumverlusten durch Kaliumrückresorption. Kombination mit anderen Diuretika (Spironolacton und Hydrochlorothiazid) möglich.
Carvediol	nichtselektive β- und α-Blocker	chronische Herzinsuffizienz	0,05 mg/kg KM SID p. o., über > 6 w auf 0,5–1 mg/kg KM BID p. o. steigern (nach Wirkung)	Unbekannt.	■ arterielle Vasodilatation ■ Herzfrequenzsenkung	■ AV-Block II° und III° ■ SA-Block ■ Sick-Sinus-Syndrom ■ kardiogener Schock ■ Bradykardie (< 50/min.) ■ ausgeprägte Hypotonie ■ obstruktive Bronchialerkrankung ■ Asthma bronchiale	■ dekompensierte Herzinsuffizienz ■ Cor pulmonale ■ Phäochromozytom ■ Myokarditis ■ kompletter Schenkelblock	
Digitoxin	Digitalisglykosid	s. β-Metildigoxin	0,01–0,02 mg/kg KM BID–TID p. o.	Aufgrund langer Halbwertszeit (> 100 h) nicht geeignet.	s. β-Metildigoxin	s. β-Metildigoxin	s. β-Metildigoxin	s. β-Metildigoxin

Präparat	Wirkstoffklasse	Indikationen	Dosierung Hund	Dosierung Katze	Wirkungen	Unerwünschte Wirkungen	Kontraindikationen	Besonderheiten
Digoxin	Digitalisglykosid	s. β-Metildigoxin	≤ 20 kg KM: 0,005–1 mg/kg KM BID p. o. > 20 kg KM: 0,22 mg/m² KOF BID p. o. Bolus: 0,0025 mg/kg KM i. v., stündlich wiederholt drei- bis viermal bis maximal 0,01 mg/kg KM	0,01 mg/kg KM SID p. o.	s. β-Metildigoxin	s. β-Metildigoxin	s. β-Metildigoxin	s. β-Metildigoxin
β-Metildigoxin	Digitalisglykosid	■ zur Frequenzkontrolle bei Vorhoftachykardie, supraventrikulärer Tachykardie, Vorhofflimmern / Vorhofflattern, Wolff-Parkinson-White-Syndrom ■ Herzinsuffizienz (Aufgrund der schwachen positiv inotropen Wirkung als Indikation nur von untergeordneter Bedeutung.)	0,01 mg/kg KM p. o. (SID oder auf zwei Dosen verteilt)	0,005–0,07 mg/kg KM p. o. (SID oder auf zwei Dosen verteilt)	■ negativ chronotrop und dromodrop ■ positiv inotrop ■ Herz-Zeit-Volumen gesteigert ■ Herzarbeit ökonomisiert: – myokardialer O_2-Verbrauch gesenkt – systolische Ventrikelentleerung gesteigert, Auswurfleistung gesteigert – Herzgröße reduziert	■ alle Erregungsbildungs-/-überleitungsstörungen ■ Gewichtsverlust, Anorexie ■ gastrointestinale Störungen	■ AV-Block I°/II°/III° ■ ventrikuläre Arrhythmien ■ schwere Bradykardie ■ HOCM ■ akuter myokardialer Infarkt ■ konstriktive Perikarditis	Individuelle Dosisanpassung durch Kontrolle des Blutspiegels. Dosisreduktion bei Hypernatriämie, Hypokaliämie, Hyperkalzämie. Verstärkte Digitaliswirkung bei Hypokaliämie. Abnahme der positiv inotropen Wirkung bei Hyponatriämie. Überempfindlichkeit bei Hunden mit MDR1-Gendefekt möglich.
Diltiazem	Kalziumkanalblocker	■ supraventrikuläre Tachyarrhythmien ■ HCM ■ Hypertonie	Akuttherapie supraventrikulärer Tachyarrhythmien: 0,25 mg/kg KM langsam i. v. über 2 min, Wiederholung alle 15 min bis zur Rhythmuskonversion bzw. bis max. 0,75 mg/kg KM Dauertherapie aller Indikationen: 0,5–1,5 mg/kg KM TID p. o.	Akuttherapie supraventrikulärer Tachyarrhythmien: 0,25 mg/kg KM langsam i. v. über 2 min, Wiederholung alle 15 min bis zur Rhythmuskonversion bzw. bis max. 0,75 mg/kg KM Dauertherapie aller Indikationen: 7,5 mg/Tier BID–TID p. o.	■ positiv lusitrop ■ negativ chronotrop ■ AV-Überleitungszeit erhöht (im EKG dosisabhängige PR-Intervallverlängerung) ■ Refraktärzeit erhöht	■ Bradykardie ■ Herzblock ■ AV-Block ■ negative Inotropie ■ Ödeme infolge kardialer Dekompensation ■ Hypotension	■ Hypotonie (systolisch < 90 mmHg) ■ Sick-Sinus-Syndrom ■ AV-Block II°/III° ■ akute Myokardischämie	Überempfindlichkeit bei Hunden mit MDR1-Gendefekt möglich.
Dobutamin	β-Mimetikum	■ schwere dekompensierte Herzinsuffizienz ■ schwere dekompensierte DCM ■ zur Erhaltung der Kontraktilität unter Anästhesie bei Myokardinsuffizienz	5–20 µg/kg KM/min i. v.	5–15 µg/kg KM/min i. v.	■ positiv inotrop (schnell wirksam) und chronotrop	■ ektopische Erregungen ■ Sinustachykardie ■ Blutdruckanstieg ■ (supra-)ventrikuläre Arrhythmien, i.d.R. Überdosierungsfolge ■ Hund: bei > 20 µg/kg KM Tachyarrhythmie möglich	■ Aortenstenose ■ Hypovolämie ■ HCM ■ Vorhofflimmern ■ ventrikuläre Arrhythmien	Mit niedrigster Dosis beginnen und nach Wirkung hochtitrieren. Bei Vorhofflimmern nur nach vorangegangener Digitalisierung einsetzen!

Präparat	Wirkstoff-klasse	Indikationen	Dosierung Hund	Dosierung Katze	Wirkungen	Unerwünschte Wirkungen	Kontraindikationen	Besonderheiten
Dopamin	β-Mimetikum	■ schwere dekompensierte Herzinsuffizienz ■ Bradyarrhythmien, die nicht auf Anticholinergika ansprechen ■ Schock ■ schwere Hypotonie ■ akutes Nierenversagen (Oligurie)	akutes Herzversagen: 1–10 µg/kg KM/min i. v., langsam hochtitrieren Kreislaufschock: 1–3 (–10) µg/kg KM/min i. v. akutes oligurisches Nierenversagen: 0,5–3 µg/kg KM/min i. v.	akutes Herzversagen: 1–10 µg/kg KM/min i. v., langsam hochtitrieren Kreislaufschock: 1–3 (–10) µg/kg KM/min i. v. akutes oligurisches Nierenversagen: 2–5 µg/kg KM/min i. v.	■ positiv inotrop	■ Erbrechen ■ Tachykardien ■ Arrhythmien ■ Hypotension ■ Hypertension	■ Phäochromozytom ■ Kammerflimmern ■ Tachyarrhythmie ■ ventrikuläre Arrhythmien ■ Pulmonalstenose ■ Aortenstenose	Mit niedrigster Dosis beginnen, nach Wirkung hochtitrieren.
Enalapril	ACE-Hemmer	■ Herzinsuffizienz ■ chronische AV-Klappen-erkrankung ■ DCM ■ Vitien mit Links-Rechts-Shunt ■ milde Hypertonie ■ chronische Niereni-nsuffizienz	0,5 mg/kg KM SID–BID p. o.	0,25–0,5 mg/kg KM SID–BID p. o.	■ RAAS-Blockade mit Vor- und Nachlastsenkung ■ Vasodilatation ■ Aldosteronfreisetzung vermindert ■ Rückgang von Remodeling-Effekten möglich ■ Nephroprotektion ■ milde Blutdrucksenkung	■ Hypotonie ■ Apathie ■ Inappetenz ■ gesteigertes Schlafbedürfnis ■ Reizhusten (sehr selten)	■ hämodynamisch relevante Aorten-/Pulmonal-/Mitralklappenstenose ■ HOCM ■ Hypotonie	Kontrolle des Serumkaliumspiegels, besonders bei gleichzeitiger Aldosteronantagonistengabe bzw. Niereninsuffizienz. Bei Nebenwirkungen Dosis für einige Tage reduzieren.
Esmolol	β_1-Blocker (Klasse-II-Antiarrhythmikum)	■ zur Korrektur von Tachykardien/Arrhythmien während der Narkose bei Tieren mit Hypertonie und Herzkrankheiten ■ zur Prämedikation (Verringerung der Arrhythmiegefahr bei Halothannarkose) ■ Hund: bei ventrikulären Arrhythmien zur sehr kurzen β-Blockade	Bolus: 0,25–0,5 mg/kg KM i. v. über 2 min, anschließend 0,2 mg/kg KM/min als DTI supraventrikuläre Tachyarrhythmie, ventrikuläre Tachykardie: Bolus: 0,05–0,5 mg/kg KM alle 5 min	Bolus: 0,25–0,5 mg/kg KM i. v. über 2 min, anschließend 0,2 mg/kg KM/min als DTI supraventrikuläre Tachyarrhythmie, ventrikuläre Tachykardie: Bolus: 0,05–0,5 mg/kg KM alle 5 min	■ Hemmung ektopischer ventrikulärer Reizbildung ■ negativ chronotrop und inotrop ■ myokardialer O_2-Verbrauch vermindert ■ systolischer und diastolischer Blutdruck gesenkt	■ Bradykardie ■ Hypotonie ■ negative Inotropie ■ Bronchokonstriktion	■ dekompensierte Herzinsuffizienz ■ AV-Block II°/III° ■ Sinusbradykardie ■ kardiogener Schock	Dekompensationsgefahr bei Herzinsuffizienz. Langsam i. v. (kardiodepressive Wirkung und Unterdrückung der Depolarisation im Sinusknoten). Additive kardiotoxische Wirkung bei gleichzeitiger Anwendung von kardiodepressiven Anästhetika.
Furosemid	Schleifen-diuretikum	■ kardiale und extrakardiale Ödeme/Ergüsse ■ akute Niereinsuffizienz ■ akute pulmonale Hypertonie ■ hypertensive Krise ■ Hyperkaliämie ■ forcierte Diurese bei Intoxikationen	1–4 mg/kg KM SID – QID p. o./s. c. 2–8 mg/kg KM max. 1 × alle 2 h i. v. 0,5 mg/kg KM/h i. v. als DTI*	1–4 mg/kg KM SID–QID p. o./s. c. 1–2 mg/kg KM max. 1 × alle 3 h i. v. 0,5 mg/kg KM/h i. v. als DTI*	■ antiödematös ■ harntreibend ■ natriuretisch ■ kaliuretisch ■ blutdrucksenkend	■ Dehydratation ■ Hypokaliämie ■ Hypomagnesiämie ■ Anorexie ■ gastrointestinale Störungen ■ Hypotension ■ Lethargie/Schwäche ■ Bewusstlosigkeit	■ Dehydratation ■ Hypovolämie ■ Hypokaliämie ■ Hypomagnesiämie ■ Hyponatriämie ■ Hypokalzämie ■ Hypotonie ■ Anurie ■ metabolische Alkalose	Bei gleichzeitiger ACE-Hemmer Gabe Ausgleich von Kaliumverlusten durch Kaliumrückresorption. Kombination mit anderen Diuretika (Spironolacton und Hydrochlorothiazid) möglich.

* Dosis und Applikationswege dem Schweregrad entsprechend anpassen!

Präparat	Wirkstoff-klasse	Indikationen	Dosierung Hund	Dosierung Katze	Wirkungen	Unerwünschte Wirkungen	Kontraindikationen	Besonderheiten
Gylko-pyrrolat	Parasympa-tolytikum	■ Bradyarrhythmie ■ AV-Blockade ■ Sinusbradykardie ■ SA-Stillstand ■ ventrikuläre Asystolie	0,01 mg/kg KM i. v.	0,005–0,1 mg/kg KM i. v.	■ Antagonist peripherer cholinerger Rezeptoren am Herzmuskel sowie Sinus- und AV-Knoten	■ Bradykardie ■ Tachykardie ■ Bluthochdruck ■ Arrhythmien ■ Kreislaufversagen ■ Dysphagie ■ Obstipation ■ Vomitus ■ Durst ■ Harnverhalten	■ Hypertonie ■ kongestive Kardiomyopathie ■ Tachyarrhythmien ■ Tachykardien ■ Hyperthyreose ■ gastrointestinale Erkrankungen ■ Harnwegserkrankungen ■ Hepathopatie	
Hydralazin/ Dihydralazin	Hydrazine	■ Mitralinsuffizienz ■ Aorteninsuffizienz ■ Herzinsuffizienz ■ systemische Hypertonie	Herzinsuffizienz: initial 1 mg/kg KM SID p. o., bis 1–3 mg/kg KM BID hoch-titrieren Hypertonie: 0,5–2 mg/kg KM BID–TID p. o.	Herzinsuffizienz: initial 2,5 mg/Tier SID p. o., bis 1,25–5 mg/Tier BID hoch-titrieren Hypertonie: 2,5 mg/Tier BID p. o.	■ antihypertensiv (Nachlast-senkung, Vasodilatation)	■ Hypotension ■ reflektorische Tachykardie ■ kurzzeitige Lethargie ■ NaCl- und Wasserretention ■ gastrointestinale Störungen	■ Hypotension ■ Hypovolmämie	Gleichzeitige Diuretika-gabe notwendig wegen NaCl- und Wasser-retention. Dosisanpassung bis zur gewünschten Wirkung nur unter Überwachung von Herzfrequenz, Blut-druck bzw. klinischen Symptomen.
Hydrochloro-thiazid	Thiazid-diuretikum	■ kardiale Ödeme (zusätzlich zum Schleifendiuretikum) ■ nephrotische Ödeme ■ systemische Hypertension ■ kardiovaskuläre Neoplasie ■ D. insipidus ■ Hypertension (Katze)	2–4 mg/kg KM BID p. o.	2–4 mg/kg KM BID p. o.	■ antiödematös ■ harntreibend ■ natriuretisch ■ kaliuretisch ■ blutdrucksenkend	■ Hyponatriämie ■ Hypokaliämie (selten) ■ Hypomagnesiämie (selten) ■ Blutzuckeranstieg	■ Hyponatriämie ■ Hypokaliämie ■ Hyperkalzämie ■ pulmonäres Trauma ■ D. mellitus	Geringere Effizienz im Vergleich zu Schleifen-diuretika.
Isoproterenol/ Isoprenalin	β_1- und β_2-Agonist	■ Sinusstillstand ■ SA-Block ■ Sinusbradykardie ■ AV-Block II°/III° ■ Felines Asthma	0,4 mg in 250 ml 5%iger Dextrose als langsame DTI nach Wirkung i. v.	Arrhythmien: 0,4 mg in 250 ml 5%iger Dextrose als langsame DTI nach Wirkung i. v. Felines Asthma: 0,2 mg in 100 ml 5%iger Dextrose als langsame DTI nach Wirkung TID i. v.	■ α-adrenerger Agonist ■ positiv chronotrop und inotrop ■ Herzminutenvolumen gesteigert ■ blutdrucksenkend ■ bronchiale Gefäßdilatation	■ Tachykardien ■ ektope Erregungen ■ Ängstlichkeit/Zittern ■ Erregbarkeit ■ Schwäche ■ Vomitus	■ Herzstillstand	Erhebliche arrhythmogene Wirkung durch erhöhte Schrittmacheraktivität.
Imidapril	ACE-Hemmer	■ Herzinsuffizienz ■ chronische AV-Klappen-erkrankung ■ DCM ■ Vitien mit Links-Rechts-Shunt ■ milde Hypertonie ■ chronische Nieren-insuffizienz	0,25–0,5 mg/kg KM SID p. o.	0,25–0,5 (–1,0) mg/kg KM SID p. o.	■ RAAS-Blockade mit Vor- und Nachlastsenkung ■ Vasodilatation ■ Aldosteronfreisetzung vermindert ■ Rückgang von Remode-ling-Effekten möglich ■ Nephroprotektion ■ milde Blutdrucksenkung	■ Hypotonie ■ Apathie ■ Inappetenz ■ gesteigertes Schlaf-bedürfnis ■ Reizhusten (sehr selten)	■ hämodynamisch relevante Aorten-/Pulmonal-/Mitral-klappenstenose ■ HOCM ■ Hypotonie	Kontrolle des Serum-kaliumspiegels, besonders bei gleichzeitiger Aldoste-ronantagonistengabe bzw. bei Niereninsuffizienz. Bei Nebenwirkungen Dosis für einige Tage reduzieren.

Präparat	Wirkstoff-klasse	Indikationen	Dosierung Hund	Dosierung Katze	Wirkungen	Unerwünschte Wirkungen	Kontraindikationen	Besonderheiten
Ipratropium-bromid	Parasympatho-lytikum	■ AV-Block II°/III° ■ Bradyarrhythmien ■ sinuatrialer Block	0,1–0,2 mg/kg KM BID–TID p. o.	Unbekannt.	■ Blockade der muskarinischen Rezeptoren (wie Atropin, aber ohne ZNS-Wirkung): – Sinusknotenfrequenz gesteigert – AV-Überleitung vermindert	■ Sinustachykardie ■ (supra-)ventrikuläre Tachyarrhythmien ■ Vasodilatation ■ Mydriasis ■ Speichelsekretion vermindert ■ Harnblasenatonie	■ kongestive Herzinsuffizienz ■ Tachykardie ■ Tachyarrhythmie ■ Hypertyreose ■ instabiler Kreislauf bei akuter Blutung ■ Glaukom ■ Harnwegsobstruktion ■ Niereninsuffizienz ■ Hepathopathie	Bei Asystolie sollte Adrenalin vorgezogen werden.
Lidocain	Klasse-I-Anti-arrhythmikum	■ (supra-)ventrikuläre Arrhythmien ■ katecholamininduzierte Arrhythmien bei Inhalationsnarkose ■ Glykosidintoxikation ■ Torsade-de-Pointes-Arrhythmien	2–4 mg/kg KM langsam als Bolus i. v., danach DTI	0,2–0,75 mg/kg KM langsam i. v., danach DTI	■ antiarrhythmisch ■ negativ inotrop	■ Blutdruckabfall ■ Arrhythmien ■ PR-Intervallverlängerung ■ QRS-Verbreiterung ■ QT-Intervallverkürzung ■ Frequenzanstieg bei Vorhofflimmern ■ Cave: Katze »Lidocain-Toxikose« mit Krampfanfällen	■ SA-Block ■ AV-Block II°/III° ■ Adam-Stokes-Syndrom ■ Sick-Sinus-Syndrom ■ idioventrikulärer Rhythmus ■ Sinusbradykardie mit Ersatzrhythmus	Anwendung beim Wolff-Parkinson-White-Syndrom wird kontrovers diskutiert.
Magnesium-sulfat	Magnesiumsalz der Schwefel-säure	■ Hypomagnesiämie ■ Arryhthmien ■ Ketoazidose	0,8–1 mEq/kg KM/Tag i. v.	0,8–1 mEq/kg KM/Tag i. v.	■ physiol. Kalziumkanal-blocker ■ Erregungsleitungs-verzögerung ■ Verlangsamung der Impulsbildungsfrequenz am Sinusknoten	■ Malabsorption ■ Diarrhoe	■ Ileus ■ Dehydratation ■ Schock ■ Niereninsuffizienz	
Metoprolol	β_1-Blocker	■ ventrikuläre Extrasystolen ■ systemische Hypertonie ■ supraventrikuläre Tachyarrhythmien ■ zur Prämedikation (bei Halothannarkose zur Verringerung der Arrhythmiegefahr)	5–50 mg/Hund BID–TID p. o. nach Wirkung	2–5 mg/Tier TID p. o. nach Wirkung	■ negativ inotrop und chronotrop (s. auch Propranolol)	■ Bradykardie ■ AV-Überleitung gesteigert ■ kongestive Herzinsuffizienz ■ Hypotension	■ dekompensierte Herz-insufffizienz ■ AV-Block II°/III° ■ Sinusbradykardie	Gefahr der Dekompensation einer Herzinsuffizienz aufgrund kardiodepressiver, negativ inotroper Wirkung. Additive kardiotoxische Wirkung bei gleichzeitiger Anwendung kardiodepressiver Anästhetika. Kein abruptes Absetzten von Metroprolol, Ausschleichen nach Langzeittherapie!

Präparat	Wirkstoff-klasse	Indikationen	Dosierung Hund	Dosierung Katze	Wirkungen	Unerwünschte Wirkungen	Kontraindikationen	Besonderheiten
Mexiletin	Klasse-IB-Antiarrhythmikum	■ ventrikuläre Arrhythmien	4–8 mg/kg KM BID–TID p. o.	Unbekannt.	■ antiarrhythmisch ■ membranstabilisierend (s. auch Lidocain)	■ gastrointestinale Störungen	■ AV-Block II°/III° ■ kardiogener Schock ■ kongestive Herzinsuffizienz ■ akuter Myokardinfarkt ■ Hypotension ■ intraventrikuläre Überleitungsstörungen ■ Sinusknotenerkrankung ■ Leberinsuffizienz ■ Synkope	Langzeittherapie von Arrhythmien, die auf Lidocain reagieren. Bei Verbreiterung der PQ-/QT-Intervalle und QRS-Komplexe > 50 % des Normwertes Dosisreduktion! Geringe therapeutische Breite!
Milrinon	Phosphodiesterase-III-Hemmer	■ kongestive Herzinsuffizienz ■ rechtsventrikuläre HCM ■ Herzinsuffizienz induziert durch: – Phenobarbital – Nifedipin – Propranolol	0,05 mg/kg KM/min über 10 min, dann 0,5–1 µg/kg/min i. v. 0,5–1 mg/kg KM BID (–QID) p. o.	Unbekannt.	■ positiv inotrop ■ Vasodilatation ■ Nachlastsenkung ■ Refraktärzeitverkürzung	■ Tachyarrhythmien ■ ventrikuläre Arrhythmie ■ ST-Streckensenkung ■ plötzlicher Herztod ■ Ruptur der Chordae tendinae bei chronischer Mitralklappenerkrankung ■ Hypotension	■ frühe Herzinsuffizienz-Stadien bei Mitralinsuffizienz (Gefahr der Ruptur der Chordae tendineae)	Dosisreduktion bei eingeschränkter Nierenfunktion!
Nitroprussid-Natrium	Vasodilatator	■ hypertone Krise ■ hochgradiges Lungenödem ■ bei systolischem Versagen- nur in Kombination mit Dopamin o. Dobutamin	0,5–3 (–10) µg/kg/min als DTI nach Wirkung streng i. v. 50 mg Nitroprussid in 2–3 ml 5%iger Dextrose lösen und zu 1000 ml 5 %iger Dextrose hinzufügen (= 50 µg/ml Nitroprussid). Sofort mit Alufolie vor Licht schützen (instabile Lösung).	0,5–3 (–10) µg/kg/min als DTI nach Wirkung streng i. v.	■ Hypotensivum mit sofortiger Wirkung (Vasodilatation, peripherer Widerstand verringert) ■ Herzfrequenz steigt, Herzminutenvolumen sinkt ■ Mitralregugurgitation vermindert (Nitroprussid erhöht den, bei eingeschränkter Herzfunktion reduzierten Anteil des linken Vorhofs an der Füllung des Ventrikels)	■ schneller Blutdruckabfall	■ Hypotonie ■ Hypovolämie ■ Leber-/Niereninsuffizienz ■ Hyponatriämie ■ Hypothyreose	Nur Notfalltherapie! Regelmäßige Blutdruck- und Elektrolytkontrollen, besonders Natrium.
Pimobendan	Klasse-I-Kalziumsensitizer	■ DCM ■ Myokardinsuffizienz ■ Mitralinsuffizienz infolge chronischer degenerativer Klappenerkrankungen	0,1–0,3 mg/kg KM BID p. o. (1 h vor Fütterung)	Unbekannt.	■ Inodilatator: – intrazelluläre Kalziumsensibilisierung mit Anstieg der Kontraktionsfähigkeit der Herzmuskelfasern (positiv inotrop) – Phosphodiesterasehemmung (Typ III) mit vasodilatatorischer Wirkung (Vor- u. Nachlastsenkung)	■ Tachykardie ■ Vomitus	■ HCM, HCOM ■ Aorten-/Pulmonalklappenstenose ■ schwere Leberinsuffizienz	Reduktion der gesteigerten Herzkontraktilität bei gleichzeitiger Gabe von Verapamil oder Propranolol.

Präparat	Wirkstoff-klasse	Indikationen	Dosierung Hund	Dosierung Katze	Wirkungen	Unerwünschte Wirkungen	Kontraindikationen	Besonderheiten
Propanthelin	Parasympatholytikum	■ Sinusbradykardie ■ inkompletter AV-Block	7,5–30 mg/Tier BID–TID p. o.	7,5 mg/Tier BID–TID p. o.	■ positiv chronotrop ■ Reduktion des Vaguseinfluß ■ Sinusknotenfrequenz gesteigert ■ AV-Überleitung vermindert	■ Sinustachykardie ■ (supra-)ventrikuläre Tachyarrhythmien ■ Vasodilatation ■ Mydriasis ■ Speichelsekretion vermindert ■ Harnblasenatonie	■ Tachykardie/Tachyarrhythmie ■ Hypertension ■ kongestive Herzinsuffizienz ■ Glaukom ■ gastrointestinale, renale oder hepatische Erkrankungen ■ oesophagealer Reflux ■ obstruktive Uropathie ■ Prostatahypertrophie ■ Hyperthyreoidismus ■ bei alten oder jungen Tieren ■ autonome Neuropathie ■ Myasthenia gravis (außer zur Aufhebung unerwünschter muskarinerger Wirkungen)	Meist nur temporäre Verbesserung der Symptome.
Propentophyllin	Phosphodiesterase-inhibitor	■ zerebrale und periphere Durchblutungsstörungen ■ Felines Asthma (?)	3 mg/kg KM BID p. o.	3 mg/kg KM BID p. o.	■ periphere Vasodilatation ■ ggr. Bronchiodilatation	■ Inappetenz, Vomitus, Diarrhoe ■ Ataxie ■ Hyperaktivität ■ Tachykardie	■ Trächtigkeit bei Hündinnen	Dosisreduktion bei schwerer Niereninsuffizienz.
Propranolol	nichtselektiver β-Blocker	■ (supra-)ventrikuläre Tachyarrhythmien ■ HCM, HOCM ■ Aortenstenose ■ Hypertonie	0,03–0,06 mg/kg KM i. v. über 2 min, Wiederholung nach Bedarf 0,2–1 mg/kg KM BID–TID p. o.*	0,02 mg/kg KM i. v. über 2 min, Wiederholung bis max. 0,1 mg/kg 0,5–1 mg/kg KM BID–TID p. o.*	■ Wirkungshemmung endogener Katecholamine ■ negativ chronotrop (Senkung der Herzfrequenz reduziert Energieverbrauch des Myokards, die diastolische Füllung wird verbessert) und inotrop ■ membranstabilisierend ■ Sinusfrequenz reduziert ■ AV-Überleitung gesteigert	■ Dekompensation Herzinsuffizienz ■ Hypotonie ■ Bronchokonstriktion ■ Hypoglykämie	■ manifeste Herzinsuffizienz ■ kongestive Herzinsuffizienz ■ AV-Block I°/II°/III° ■ Sinusbradykardie ■ Bronchospasmus	Einsatz auch bei kongestiver Herzinsuffizienz möglich, wenn diese Folge einer auf β-Blocker ansprechenden Tachykardie ist. Cave: Kombinationen mit Digitalis.
Ramipril	ACE-Hemmer	■ Herzinsuffizienz ■ chronische AV-Klappenerkrankungen ■ DCM ■ Vitien mit Links-Rechts-Shunt ■ milde Hypertonie ■ chronische Niereninsuffizienz	0,125–0,25 mg/kg KM SID p. o.	0,125–0,25 mg/kg KM SID p. o.	■ RAAS-Blockade mit Vor- und Nachlastsenkung (Aldosteronfreisetzung vermindert) ■ Nephroprotektion ■ Vasodilatation, milde Blutdrucksenkung ■ Rückgang von Remodeling-Effekten möglich	■ Hypotonie ■ Apathie ■ Inappetenz ■ gesteigertes Schlafbedürfnis ■ Reizhusten (sehr selten)	■ hämodynamisch relevante Aorten-/Pulmonal-/Mitralklappenstenose ■ HOCM ■ Hypotonie	Kontrolle des Serumkaliumspiegels, besonders bei gleichzeitiger Aldosteronantagonistengabe bzw. Niereninsuffizienz. Bei unerwünschten Nebenwirkungen Dosis für einige Tage reduzieren.

* Dosis und Applikationswege dem Schweregrad entsprechend anpassen!

Präparat	Wirkstoffklasse	Indikationen	Dosierung Hund	Dosierung Katze	Wirkungen	Unerwünschte Wirkungen	Kontraindikationen	Besonderheiten
Sotalol	nichtselektiver β-Blocker	■ ventrikuläre Arryhthmien ■ symptomatische Arrhythmien, u.a. bei DCM ■ arrhythmogene rechtsventrikuläre Kardiomyopathie beim Boxer	0,5–2 mg/kg KM SID–BID i. v./p. o.	10 mg/Tier (1/8 der 80mg-Tabl.) BID p. o.	■ antiarrhythmisch ■ verlängertes QT-Intervall	■ Kardiodepression ■ Dekompensation einer manifesten Herzinsuffizienz bzw. Herzversagen ■ Hypotonie ■ Bronchokonstriktion	■ Herzinsuffizienz	
Spironolacton	Aldosteronantagonist, Diuretikum	■ kongestive Herzinsuffizienz	2–4 mg/kg KM SID–BID p. o.	1–2 mg/kg KM SID–BID p. o.	■ RAAS-Blockade (Aldosteronfreisetzung vermindert) ■ Volumenreduktion, milde Blutdrucksenkung ■ antifibrotisch	■ reversible Prostataatrophie (Hund)	■ Hypoadrenokortizismus ■ Hyperkaliämie ■ Hyponatriämie ■ Laktation	Kontrolle des Serumkaliumspiegels, besonders bei gleichzeitiger ACE-Hemmer-Gabe bzw. bei Niereninsuffizienz.
Taurin	Aminosäure	■ Taurinmangel-Kardiomyopathie (v.a. Cocker Spaniel, Retriever sowie Katzen)	250–50 mg/kg KM BID p. o.	250 mg/kg KM BID p. o.	■ Taurinsubstitution			
Torasemid	Schleifendiuretikum	■ kardiale und extrakardiale Ödeme / Ergüsse ■ akute Niereinsuffizienz ■ akute pulmonale Hypertonie ■ hypertensive Krise ■ Hyperkaliämie ■ forcierte Diurese bei Intoxikationen	0,5–1,0 mg/kg KM BID p. o.	Unbekannt.	■ antiödematös ■ harntreibend ■ natriuretisch ■ kaliuretisch ■ blutdrucksenkend	■ Dehydratation ■ Hypokaliämie ■ Hypomagnesiämie ■ Anorexie ■ gastrointestinale Störungen ■ Hypotension ■ Lethargie / Schwäche ■ Bewusstlosigkeit	■ Dehydratation ■ Hypovolämie ■ Hypotonie ■ Anurie ■ Hypokaliämie ■ Hypomagnesiämie ■ Hyponatriämie ■ Hypokalzämie ■ metabolische Alkalose	Bei gleichzeitiger ACE-Hemmer-Gabe Ausgleich von Kaliumverlusten durch Kaliumrückresorption. Kombination mit anderen Diuretika (Spironolacton und Hydrochlorothiazid) möglich.
Theophyllin	Xanthinderivat	■ Bronchospasmus, Asthma bronchiale ■ Sinusbradykardie, Sinus-Stillstand ■ AV-Block II° ■ Herzinsuffizienz	5–10 mg/kg KM TID p. o.	Unbekannt.	■ bronchodilatatorisch ■ ggr positiv chronotrop und inotrop ■ ggr. diuretisch	■ zentralnervöse Erregung ■ gastrointestinale Störungen ■ Tachykardie	■ schwere Herzerkrankungen ■ schwere Hypertension ■ Arrhythmien ■ Magenulkus	
Theophyllin retard	Xanthinderivat	s. Theophyllin	5–8 (–10) mg/kg KM alle 12 h p.o	5–8 mg/kg KM alle 12 h p. o	s. Theophyllin	s. Theophyllin	s. Theophyllin	
Verapamil	Kalziumkanalblocker (Klasse-IV-Antiarrhythmikum)	■ ventrikuläre Tachyarrhythmie ■ Vorhofflimmern / Vorhofflattern ■ Hypertonie ■ HCM	normale Myokardfunktion: 1 mg/kg KM langsam i. v. oder 5(–10) mg/kg KM BID–TID p. o. eingeschränkte Myokardfunktion: 0,05–0,1 mg/kg KM nach Wirkung langsam i. v. bis maximal 0,3 mg/kg KM innerhalb von 20 min oder 0,1–0,2 mg/kg TID p. o.	Nicht empfohlen!	■ negativ chronotrop und inotrop ■ antiarrhythmisch ■ antihypertensiv	■ Herzstillstand ■ Bradykardie ■ AV-Block ■ dekompensierte Herzinsuffizienz ■ Hypotension	■ Hypotonie (systolisch < 90 mmHg) ■ Sick-Sinus-Syndrom ■ AV-Block II°/III° ■ akute Myokardischämie ■ kongestive Herzinsuffizienz ■ Wolff-Parkinson-White-Syndrom	Katze: Ditiazem ist aufgrund geringer Nebenwirkungen vorzuziehen. Überempfindlichkeit bei Hunden mit MDR1-Gendefekt möglich.

Literatur

Bolton GR, Ettinger SJ (1972): Right bundle branch block in the dog. J Am Vet Med Assoc 160: 1104–19.

Detweiler DK (1989): The dog electrocardiogram: a critical review. In: MacFarlane PW, Veitch Lawrie TD (eds.): Comprehensive Electrocardiology: Theory and Practice in Health and Disease. Oxford, UK, Pergamon Press; pp. 1267–1329.

Edwards NJ (1987): Bolton's Handbook of Canine and Feline Electrocardiography. 2nd ed., Saunders, Philadelphia.

Ettinger SJ, Le Bobinnec G, Coté E (2000): Electrocardiography. In: Ettinger SJ, Feldman EC (eds.): Textbook of Veterinary Internal Medicine. 5th ed., Saunders, Philadelphia; pp. 800–33.

Fox PR, Sisson D, Moise NS (1999): Canine and Feline Cardiology. 2nd ed., Churchill Livingstone, New York.

Gelzer ARM, Kraus MS (2004): Management of atrial fibrillation. Vet Clin North Am Small Anim Pract 34: 1127–44.

Goodwin JK, Strickland KN (1998): Managing arrhythmias in dogs and cats with congestive heart failure. Vet Med 93: 823–9.

Grubb T, Muir WW (1999): III. Overview of supraventricular tachycardia in dogs and cats. Comp Cont Ed Pract Vet 21: 428–39.

Hamlin RL (1968): Electrocardiographic detection of ventricular enlargement in the dog. J Am Vet Med Assoc 153: 1461.

Hamlin RL (1995): What is the best heart rate for a dog in atrial fibrillation? In: Proceedings, 13th Annual ACVIM Forum, Lake Buena Vista; pp. 325–6.

Harpster NK (1987): The cardiovascular system. In: Holzworth J (ed.): Diseases of the Cat: Medicine and Surgery. Saunders, Philadelphia; pp. 820–933.

Hinchcliff KW, Constable PD, Farris JW, Schmidt KE, Hamlin RL (1997): Electrocardiographic characteristics of endurance-trained Alaskan sled dogs. J Am Vet Med Assoc 211: 1138–41.

Hurst JW (1998): Naming of the waves in the ECG, with a brief account of their genesis. Circulation 98: 1937–42.

Kittleson MD (1998): Diagnosis and treatment of arrhythmias (Dysrhythmias) In: Kittleson MD, Kienle RD: Small Animal Cardiovascular Medicine. Mosby, St. Louis; pp. 449–94.

Kittleson MD (1998): Drugs used in treatment of cardiac arrhythmias In: Kittleson MD, Kienle RD: Small Animal Cardiovascular Medicine. Mosby, St. Louis; pp. 510–6.

Knight DH (2000): Reason must supersede dogma in the management of ventricular arrhythmias. In: Bonagura JD (ed.): Kirk's Current Veterinary Therapy XIII. Saunders, Philadelphia; pp. 730–3.

Moise NS (1999): Pacemaker therapy. In: Fox PR, Sisson DD, Moise NS (eds.): Textbook of Canine and Feline Cardiology. 2nd ed., Saunders, Philadelphia; pp. 400–25.

Moise NS, Meyers-Walen V, Flahive WJ, Valentine BA, Scarlett JM, Brown CA, et al. (1994): Inhereted ventricular arrhythmias and sudden death in German shepherd dogs. J Am Coll Cardiol 24: 233.

Muir WW, Sams RA, Moise NS (1999): Pharmacology and pharmacokinetics of antiarrhythmic drugs. In: Fox PR (ed.): Canine and Feline Cardiology. 2nd ed., Churchill Livingstone, New York; pp. 320–2.

Patterson DF, Detweiler DK, Hubben K, and Botts RP (1961): Spontaneous abnormal cardiac arrhythmias and conduction disturbances in the dog: a clinical and pathologic study of 3,000 dogs. Am J Vet Res 22: 355–69.

RISHNIW M, PORCIELLO F, ERB HN, FRUGANTI G (2002): Effect of body position on the 6-lead ECG of dogs. J Vet Intern Med 16: 69–73.

SISSON D (1987): Acquired valvular heart disease. In: Bonagura JD (ed.): Contemporary Issues in Small Animal Practice. Cardiology. Churchill Livingstone, New York; p. 59.

TILLEY LP (1992): Essentials of Canine and Feline Electrocardiography. 3rd ed., Lea & Febiger, Philadelphia.

TILLEY LP (1997): EKG bei Hund und Katze. Grundlagen, Auswertung und Therapie. 2. Aufl., Schlütersche, Hannover.

WARE WA (1992): Current uses and hazards of b-blockers. In: Kirk RW, and Bonagura JD (eds.): Current Veterinary Therapy XI. Saunders, Philadelphia; pp. 676–84.

WESS G, THOMAS WP, BERGER DM, KITTLESON MD (2003): Indications, breed associations, complications and outcomes of pacemaker implantation in 105 dogs (1997–2002) (Abstract). J Vet Int Med 17: 745.

WRIGHT KN (2000): Assessment and treatment of supraventricular tachyarrhythmias. In: Bonagura JD (ed.): Kirk's Current Veterinary Therapy XIII. Saunders, Philadelphia; 726–30.

YNARAJA E, MOTOYA JA (1995): Manual Clínico de Cardiología básico en el perro y el gato. Pulso Ediciones, Barcelona.

YNARAJA E, MONTOYA JA (2004): Manual de electrocardiografía en la clínica del perro. Boehringer-Ingelheim España, Barcelona.

Sachverzeichnis